HZ BOOKS

华 章 图 书

一本打开的书，一扇开启的门，
通向科学殿堂的阶梯，托起一流人才的基石。

智能系统与技术丛书

Keras
深度学习

入门、实战与进阶

谢佳标 著

Deep Learning
by Keras

From Novice to Expert

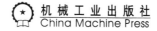

机械工业出版社
China Machine Press

图书在版编目（CIP）数据

Keras 深度学习：入门、实战与进阶 / 谢佳标著 . -- 北京：机械工业出版社，2021.9
（智能系统与技术丛书）
ISBN 978-7-111-69150-1

I. ①K… II. ①谢… III. ①机器学习 IV. ① TP181

中国版本图书馆 CIP 数据核字（2021）第 187140 号

Keras 深度学习：入门、实战与进阶

出版发行：机械工业出版社（北京市西城区百万庄大街 22 号 邮政编码：100037）	
责任编辑：杨绣国　李 艺	责任校对：马荣敏
印　　刷：三河市宏图印务有限公司	版　　次：2021 年 10 月第 1 版第 1 次印刷
开　　本：186mm×240mm　1/16	印　　张：26.5
书　　号：ISBN 978-7-111-69150-1	定　　价：109.00 元

客服电话：（010）88361066　88379833　68326294　　　　投稿热线：（010）88379604
华章网站：www.hzbook.com　　　　　　　　　　　　　　　读者信箱：hzjsj@hzbook.com

前　　言

为什么要写这本书

人工智能引领了一个新的研究和发展方向，机器学习和深度学习均属于人工智能范畴。现在各个领域都处于运用深度学习技术进行业务创新和技术创新的阶段。Keras 是一个对零基础用户非常友好且简单的深度学习框架，它是 TensorFlow 高级集成 API，特点是能够快速实现模型的搭建。模型快速搭建是高效进行科学研究的关键。

本书涵盖了全连接神经网络（MLP）、卷积神经网络（CNN）、循环神经网络（RNN）、自编码器（AE）、生成式对抗网络（GAN）等模型原理及 Keras 实践，重点讲解了如何对图像数据和中文文本数据进行分析处理，以帮助读者学会训练这些模型并实现真实的图像处理和语言处理任务。

本书由浅入深、循序渐进，尽可能用通俗易懂的语言讲解深度学习各种模型的基本原理，在讲解 Keras 实现深度学习的知识点时更注重方法和经验的传递，力求做到"授之以渔"，让读者能将本书所学应用到日常学习或工作中。

本书特色

本书采用大量的实例，覆盖了使用 Keras 进行深度学习建模的常用知识，同时对所用实例中的 Keras 代码和模型效果均进行了深入解读，以帮助读者更好地将所学知识移植到各自的实际工作中。

深度学习在实际工作中常用于图像数据和文本数据的深度挖掘，本书也详细阐述了如何对图像数据和中文文本数据进行数据处理及转换，以帮助初学者了解如何将原始数据处理成深度学习模型可以识别的数据。

本书适用对象

本书适合以下人员阅读：

❑ 高等院校相关专业师生；

❑ 培训机构的师生；

❑ 数据分析、数据挖掘人员；

❑ 人工智能、深度学习入门读者；

❑ 数据科学家；

❑ 进行深度学习应用研究的科研人员。

如何阅读本书

全书一共 14 章，涵盖了主流深度学习框架介绍、TensorFlow 和 Keras 深度学习环境搭建，以及如何利用 Keras 开发深度学习模型。本书的重点是深度学习在图像和文本方面的数据处理及应用，各种深度学习网络均有相应的实例，目的是让读者既能通过本书学到深度学习理论，又能通过实例学习提升动手能力，将所学知识迁移到实际工作中。

第 1 章首先介绍了机器学习与深度学习的区别及联系，以及目前主流的深度学习框架。然后详细介绍了如何安装 Python 的科学计算环境 Anaconda、R 语言的 IDE 工具 RStudio，以及如何在 Anaconda 和 RStudio 中安装 TensorFlow 和 Keras。最后以深度学习中的入门数据集 MNIST 为例，介绍如何利用 Keras 构建深度学习模型。

第 2 章介绍了深度学习的基础知识。首先介绍神经网络常用激活函数、网络拓扑结构及损失函数，然后介绍网络优化的方法及如何防止模型过拟合，最后通过一个综合实例介绍如何使用技巧优化深度学习神经网络，提升模型的预测能力。

第 3 章详细介绍了如何用 Keras 开发深度学习模型。内容包括 Keras 模型的生命周期、Keras 的两种模型、模型可视化、Keras 中的回调函数与模型的保存及序列化等。

第 4 章介绍了深度学习的图像数据预处理技术。首先重点介绍了图像处理 EBImage 包的使用，包含图像的读取和保存、图像处理等技术，然后介绍了利用 Keras 如何进行图像预处理，最后通过一个综合实例介绍了如何对小数据集的彩色花图像进行批量读取及处理，并建立多种深度学习模型来对比效果，及通过数据增强技术提升模型的预测能力。

第 5 章～第 9 章分别详细介绍了深度学习常用的神经网络模型：全连接神经网络、卷积神经网络、循环神经网络、自编码器和生成式对抗网络。

第 5 章通过多个实例引导读者如何用全连接神经网络解决各种经典的预测问题，包含波士顿房价预测的回归问题、鸢尾花分类和彩色手写数字图像识别的多分类问题、印第安人糖尿病诊断和泰坦尼克号旅客生存预测的二分类问题。

第 6 章首先介绍了卷积神经网络的基本原理及 Keras 实现，并通过多个实例帮助读者掌握卷积神经网络的使用，包含小数据集的图像识别、彩色手写数字图像识别以及经典的 CIFAR-10 图像识别的多分类实例。

第 7 章首先介绍了简单循环网络（SimpleRNN）的基本原理及 Keras 实现，并利用 SimpleRNN 实现手写数字识别及预测纽约出生人口数量。然后介绍了长短期记忆网络（LSTM）的基本原理及 Keras 实现，并利用 LSTM 实现股价预测。最后介绍了门控循环单元网络（GRU）的基本原理及 Keras 实现，并基于 GRU 网络对温度进行预测。

第 8 章介绍了自编码器的基本结构以及常用自编码器（稀疏自编码器、降噪自编码器以及栈式自编码器）的基本原理及 Keras 实现，并利用两个实例引导读者将自编码器应用在不同的实际场景中。

第 9 章首先介绍了生成式对抗网络（GAN）的基本原理，然后给出了两个实例：使用 GAN 生成手写数字，深度卷积生成式对抗网络。

第 10 章～第 13 章详细介绍了利用深度学习对文本数据进行预处理及建模的技术，并重点介绍了对中文文本的处理及建模。

第 10 章介绍了 R 语言用于文本挖掘的常用扩展包，包括 tm 包、tmcn 包、Rwordseg 包、jiebaR 包以及 tidytext 包。

第 11 章介绍了如何使用 Keras 处理文本数据，包括文本分词、独热编码、分词器和填充文本序列，还介绍了词嵌入。

第 12 章首先介绍 IMDB 影评数据集，接着利用机器学习进行情感分析，最后利用多种深度学习模型进行情感分析。

第 13 章首先对新浪体育新闻进行文本分析，然后分别利用机器学习（朴素贝叶斯、决策树、随机森林、GBM、人工神经网络）和深度学习（MLP、CNN、RNN、LSTM、GRU、双向 LSTM）进行中文文本分类。

第 14 章首先对迁移学习和 Keras 预训练模型进行概述，接着对 VGGNet 模型进行概述，最后对 ResNet 原理进行概述，并演示如何通过 Keras 的预训练 ResNet50 模型实现图像预测。

勘误和支持

由于笔者的水平有限，加之编写时间仓促，书中难免会出现错误或者不准确的地方，恳请读者批评指正。读者可以把意见或建议直接发至我的邮箱（jiabiao1602@163.com），我将尽力提供满意的解答。期待你们的反馈。

书中全部数据及源代码都可以从华章公司网站（www.hzbook.com）下载。

致谢

感谢机械工业出版社华章公司杨福川的信任，感谢编辑李艺帮助我审阅全部章节。有了你们的支持、鼓励和帮助，本书才得以顺利出版。

感谢家人，感谢你们一直以来的理解、陪伴和支持。

谨以此书献给我最亲爱的家人以及众多深度学习爱好者及从业者！

谢佳标

2021 年 6 月

C O N T E N T S

目　录

第 1 章

准备深度学习的环境

人工智能用于描述机器与周围世界交互的各种方式，机器学习和深度学习均属于人工智能范畴。本书的重点是深度学习实战，书中会尽量以通俗易懂的语言来介绍深度学习的基本原理，以及如何利用工具实现算法。我们选取的工具是数据领域的耀眼明星——R 语言，通过调用 Keras 深度学习框架，让深度学习像搭积木一样轻松。

本章先简单介绍机器学习和深度学习的关系和区别，然后介绍常用的深度学习框架，最后会用较大篇幅介绍如何准备一套可供学习的深度学习环境，并通过实例展示如何利用 R 语言的 keras 接口实现深度学习模型构建及评估。

1.1 机器学习与深度学习

人工智能、机器学习、深度学习是近年来非常流行的三个词。三者之间的关系如图 1-1 所示。

图 1-1 人工智能、机器学习与深度学习之间的关系

从图 1-1 可知，可以将深度学习、机器学习、人工智能想象成一组由小到大、一个套一个的俄罗斯套娃。深度学习是机器学习的一个子集，而机器学习则是人工智能的一个子集。

人工智能、机器学习、深度学习三者的定义可以用以下较通俗的语言进行阐述。

- ❑ 人工智能（Artificial Intelligence，AI）：人工智能涵盖的内容非常广泛，从广义上讲，任何能够从事某种智能活动的计算机程序都是人工智能。
- ❑ 机器学习（Machine Learning，ML）：利用计算机、概率论、统计学等知识，输入数据，让计算机学会新知识。机器学习的过程，就是训练数据去优化目标函数的过程。
- ❑ 深度学习（Deep Learning，DL）：是一种特殊的机器学习，具有强大的能力和灵活性。它通过学习将世界表示为嵌套的层次结构，每个表示都与更简单的特征相关，而抽象的表示则用于计算更抽象的表示。

机器学习与深度学习的区别在于，传统的机器学习需要定义一些人工特征，从而有目的地去提取目标信息，非常依赖任务的特异性以及设计特征的专家经验。深度学习可以先从大数据中学习简单的特征，并从其中逐渐学习到更为复杂抽象的深层特征，而不依赖人工的特征工程，这也是深度学习在大数据时代受欢迎的一大原因。

机器学习是通过复杂的算法来分析大量的数据，识别数据中的模式，并据此做出判断和预测。按照主流方法，机器学习的算法又可以分为分类、回归、聚类和关联规则等。其中聚类分析常用于客户分群和异常值侦测场景，关联规则常用于购物篮分析场景，分类和回归算法多用于预测场景。表 1-1 给出了机器学习常用分类和回归算法的基本原理及 R 语言实现。

表 1-1 算法基本原理及 R 语言实现

算法名称	算法描述	R 语言实现
线性回归	对一个或多个自变量和因变量之间的线性关系建模，可用最小二乘法求解模型系数	base::lm() caret::train()
逻辑回归	因变量一般有 1 和 0（是否）两种取值，是广义线性回归模型的特例	base::glm() caret::train()
朴素贝叶斯分类	是一个基于概率的分类器，它源于贝叶斯理论，假设样本属性之间相互独立	e1071::NaiveBayes() klaR::NaiveBayes() caret::train()
K 近邻分类	KNN（K-Nearest Neighbor，K 最近邻）就是 k 个最近邻居的意思，指每个样本都可以用它最接近的 k 个邻居来代表	class::knn() kknn::kknn() caret::train()
决策树	决策树（Decision Tree）是一种树状分类结构模型。它是一种通过拆分变量值建立分类规则，又利用树形图分割形成概念路径的数据分析技术	rpart::rpart() C50::C5.0() party::ctree() caret::train()

（续）

算法名称	算法描述	R 语言实现
随机森林	随机森林，在生成每棵树的时候，每个节点都仅在随机选出的少数变量中产生	randomForest::random.Forest() caret::train()
Bagging	Bagging 是投票式算法，首先用 Bootstrap 产生不同的训练数据集，然后分别基于这些训练数据集得到多个基础分类器，最后通过对基础分类器的分类结果进行组合得到一个相对更优的预测模型	adabag::bagging() caret::train()
Boosting	Boosting 算法通过一种补偿学习的方式，达到利用前一轮分类误差来调整后轮基础分类器的目的，以获得更好的分类性能	adabag::boosting() caret:: train()
GBDT	GBDT（梯度提升树）是一种迭代的回归树算法，该算法由多棵回归树组成，将所有树的结论累加起来得到最终结果	gbm::gbm() caret:: train()
XGBoost	XGBoost 是在 GBDT 的基础上进行改进，使之更强大，适用于更大范围，XGBoost 在代价函数里加入正则项可用于控制模型的复杂度	xgboost::xgboost()
CatBoost	CatBoost 来源于 Category 和 Boost 两个单词。其中 Boost 来源于梯度增强机器学习算法，因为这个库是基于梯度增强库的；CatBoost 提供最先进的结果，在性能方面与任何领先的机器学习算法相比都具有竞争力	catboost:: catboost.train() catboost.caret()
人工神经网络	人工神经网络对一组输入信号和一组输出信号之间的关系建模，使用的模型来源于人类大脑对来自感觉输入的刺激是如何反应的理解	nnet::nnet() caret::train()
支持向量机	可以把支持向量机想象成一个平面，该平面定义了各个数据点之间的界限，而这些数据点代表根据它们的特征绘制多维空间中的样本	e1071::svm() kernlab::ksvm() caret::train()

从表 1-1 可知，对于一些主流算法，R 语言提供了不只一种方法实现。曾经有人抱怨 R 语言的扩展包太多、学习难度大，不如 Python 的 sklearn 算法库系统。其实 R 语言 caret 扩展包中的 train() 函数就提供了上百种机器学习算法，能满足绝大部分机器学习算法需求。

深度学习作为人工智能领域的重大突破，推动计算机智能取得长足进步。它用大量的数据和计算能力来模拟深度神经网络。从本质上说，这些网络可以模仿人类大脑的连通性，对数据集进行分类，并发现它们之间的相关性。通过深度学习，机器可以处理大量数据，识别复杂的模式，并提出深入的见解。

深度人工神经网络算法是一类在图像识别、声音识别、推荐系统等重要问题上不断刷新准确率纪录的算法。DeepMind 声名远扬的 AlphaGo 算法在 2016 年早些时候击败了前世界围棋冠军李世石，该算法就包含深度学习技术。深度是一个术语，指的是一个神经网络中层的数量。浅层神经网络有一个所谓的隐藏层，而深度神经网络则有不只一个隐藏层。多个隐藏层让深度神经网络能够以分层的方式学习数据的特征，因为简单特征（比如两个像素）可逐层叠加，形成更复杂的特征（比如一条直线）。

1.2   主流深度学习框架介绍

近几年随着深度学习算法的发展，出现了许多深度学习框架。这些框架各有所长，各具特色。常用的开源框架有 TensorFlow、Keras、Caffe、PyTorch、Theano、CNTK、MXNet、PaddlePaddle、Deeplearning4j、ONNX 等。表 1-2 是各大主流深度学习开源框架总览表。

表 1-2   主流深度学习开源框架总览表

框架名称	主要维护方	支持的语言	GitHub 源码地址
TensorFlow	Google	C++/Python/Java/R 等	https://github.com/tensorflow/tensorflow
Keras	Google	Python/R	https://github.com/keras-team/keras
Caffe	BVLC	C++/Python/Matlab	https://github.com/BVLC/caffe
PyTorch	Facebook	C/C++/Python	https://github.com/pytorch/pytorch
Theano	UdeM	Python	https://github.com/Theano/Theano
CNTK	Microsoft	C++/ Python/C#/.NET/Java/R	https://github.com/Microsoft/CNTK
MXNet	DMLC	C++/Python/R 等	https://github.com/apache/incubator-mxnet
PaddlePaddle	Baidu	C++/Python	https://github.com/PaddlePaddle/Paddle/
Deeplearning4j	Eclipse	Java/Scala 等	https://github.com/eclipse/deeplearning4j
ONNX	Microsoft/ Facebook	Python/R	https://github.com/onnx/onnx

下面开始对各框架进行概述，让读者对各个框架有个简单的认知，具体的安装及使用方法不在本节赘述。

1.2.1   TensorFlow

谷歌的 TensorFlow 可以说是当今最受欢迎的开源深度学习框架，可用于各类深度学习相关的任务中。TensorFlow = Tensor + Flow，Tensor 就是张量，代表 N 维数组；Flow 即流，代表基于数据流图的计算。

TensorFlow 是目前深度学习的主流框架，其主要特性如下所述。

❑ TensorFlow 支持 Python、JavaScript、C ++、Java、Go、C #、Julia 和 R 等多种编程语言。

❑ TensorFlow 不仅拥有强大的计算集群，还可以在 iOS 和 Android 等移动平台上运行模型。

❑ TensorFlow 编程入门难度较大。初学者需要仔细考虑神经网络的架构，正确评估输入和输出数据的维度和数量。

❑ TensorFlow 使用静态计算图进行操作。也就是说，我们需要先定义图形，然后运行计算，如果我们需要对架构进行更改，则需要重新训练模型。选择这样的方法是为了提高效率，但是许多现代神经网络工具已经能够在学习过程中改进，并且不会显著降低学习速度。在这方面，TensorFlow 的主要竞争对手是 PyTorch。

RStudio 提供了 R 与 TensorFlow 的 API 接口，RStudio 官网及 GitHub 上也提供了 TensorFlow 扩展包的学习资料。1.3 节将详细介绍 TensorFlow 的安装及使用。

❏ https://tensorflow.rstudio.com/tensorflow/。

❏ https://github.com/rstudio/tensorflow。

1.2.2　Keras

Keras 是一个对小白用户非常友好且简单的深度学习框架。如果想快速入门深度学习，Keras 将是不错的选择。Keras 是 TensorFlow 高级集成 API，可以非常方便地和 TensorFlow 进行融合。本书所有的深度学习实现都是基于 Keras 框架的。Keras 在高层可以调用 TensorFlow、CNTK、Theano，还有更多优秀的库也在被陆续支持中。Keras 的特点是能够快速搭建模型，是高效地进行科学研究的关键。

Keras 的基本特性如下：

❏ 高度模块化，搭建网络非常简洁；

❏ API 简单，具有统一的风格；

❏ 易扩展，易于添加新模块，只需要仿照现有模块编写新的类或函数即可。

RStudio 提供了 R 与 Keras 的 API 接口，RStudio 的官网及 GitHub 上也提供了 Keras 扩展包的学习资料。1.3 节也将详细介绍 Keras 的安装及使用。

❏ https://tensorflow.rstudio.com/keras/。

❏ https://github.com/rstudio/keras。

1.2.3　Caffe

Caffe 是由 AI 科学家贾扬清在加州大学伯克利分校读博期间主导开发的，是以 C++/CUDA 代码为主的早期深度学习框架之一，比 TensorFlow、MXNet、PyTorch 等都要早。Caffe 需要进行编译安装，支持命令行、Python 和 Matlab 接口，单机多卡、多机多卡等都可以很方便使用。

Caffe 的基本特性如下。

❏ 以 C++/CUDA/Python 代码为主，速度快，性能高。

❏ 工厂设计模式，代码结构清晰，可读性和可拓展性强。

❏ 支持命令行、Python 和 Matlab 接口，使用方便。

❏ CPU 和 GPU 之间切换方便，多 GPU 训练方便。

❏ 工具丰富，社区活跃。

同时，Caffe 的缺点也比较明显，主要包括如下几点。

❏ 源代码修改门槛较高，需要实现正向 / 反向传播。

❏ 不支持自动求导。

❏ 不支持模型级并行，只支持数据级并行。

❑ 不适合非图像任务。

虽然 Caffe 已经提供了 Matlab 和 Python 接口，但目前不支持 R 语言。caffeR 为 Caffe 提供了一系列封装功能，允许用户在 R 语言上运行 Caffe，包括数据预处理和网络设置，以及监控和评估训练过程。该包还没有 CRAN 版本，感兴趣的读者可以在 GitHub 找到 caffeR 包的安装及使用的相关内容。

❑ https://github.com/cnaumzik/caffeR。

1.2.4　PyTorch

PyTorch 是 Facebook 团队于 2017 年 1 月发布的一个深度学习框架，虽然晚于 TensorFlow、Keras 等框架，但自发布之日起，其受到的关注度就在不断上升，目前在 GitHub 上的热度已经超过 Theano、Caffe、MXNet 等框架。

PyTroch 主要提供以下两种核心功能：

❑ 支持 GPU 加速的张量计算；

❑ 方便优化模型的自动微分机制。

PyTorch 的主要优点如下。

❑ 简洁易懂：PyTorch 的 API 设计相当简洁一致，基本上是 tensor、autograd、nn 三级封装，学习起来非常容易。

❑ 便于调试：PyTorch 采用动态图，可以像普通 Python 代码一样进行调试。不同于 TensorFlow，PyTorch 的报错说明通常很容易看懂。

❑ 强大高效：PyTorch 提供了非常丰富的模型组件，可以快速实现想法。

1.2.5　Theano

Theano 诞生于 2008 年，由蒙特利尔大学的 LISA 实验室开发并维护，是一个高性能的符号计算及深度学习框架。它完全基于 Python，专门用于对数学表达式的定义、求值与优化。得益于对 GU 的透明使用，Theano 尤其适用于包含高维度数组的数学表达式，并且计算效率比较高。

因 Theano 出现的时间较早，后来涌现出一批基于 Theano 的深度学习库，并完成了对 Theano 的上层封装以及功能扩展。在这些派生库中，比较著名的就是本书要学习的 Keras。Keras 将一些基本的组件封装成模块，使得用户在编写、调试以及阅读网络代码时更加清晰。

1.2.6　CNTK

CNTK（Microsoft Cognitive Toolkit）是微软开源的深度学习工具包，它通过有向图将神经网络描述为一系列计算步骤。在有向图中，叶节点表示输入值或网络参数，其他节点表示其输入上的矩阵运算。

CNTK 允许用户非常轻松地实现和组合流行的模型，包括前馈神经网络（DNN）、卷积神经网络（CNN）和循环神经网络（RNN、LSTM）。与目前大部分框架一样，CNTK 实现了自动求导，利用随机梯度下降方法进行优化。

CNTK 的基本特性如下。

❑ CNTK 性能较好，按照其官方的说法，它比其他的开源框架性能都要好。

❑ 适合做语音任务，CNTK 本就是微软语音团队开源的，自然更适合做语音任务，便于在使用 RNN 等模型以及时空尺度时进行卷积。

微软开发的 CNTK-R 包提供了 R 与 CNTK 的 API 接口。感兴趣的读者可以通过以下网址进行学习。

❑ https://github.com/microsoft/CNTK-R。

❑ https://microsoft.github.io/CNTK-R/。

1.2.7　MXNet

MXNet 框架允许混合符号和命令式编程，以最大限度地提高效率和生产力。MXNet 的核心是一个动态依赖调度程序，可以动态地自动并行化符号和命令操作。其图形优化层使符号执行更快，内存效率更高。

MXNet 的基本特性如下。

❑ 灵活的编程模型：支持命令式和符号式编程模型。

❑ 多语言支持：支持 C++、Python、R、Julia、JavaScript、Scala、Go、Perl 等。事实上，它是唯一支持所有 R 函数的构架。

❑ 本地分布式训练：支持在多 CPU/GPU 设备上的分布式训练，使其可充分利用云计算的规模优势。

❑ 性能优化：使用一个优化的 C++ 后端引擎实现并行 I/O 和计算，无论使用哪种语言都能达到最佳性能。

❑ 云端友好：可直接与 S3、HDFS 和 Azure 兼容。

1.2.8　ONNX

ONNX（Open Neural Network eXchange，开放神经网络交换）项目由微软、亚马逊、Facebook 和 IBM 等公司共同开发，旨在寻找呈现开放格式的深度学习模型。ONNX 简化了在人工智能不同工作方式之间传递模型的过程，具有各种深度学习框架的优点。

ONNX 的基本特性如下。

❑ ONNX 使模型能够在一个框架中进行训练并转移到另一个框架中进行预测。

❑ ONNX 模型目前在 Caffe2、CNTK、MXNet 和 PyTorch 中得到支持，并且还有与其他常见框架和库的连接器。

onnx-r 包提供了 R 与 ONNX 的 API 接口。感兴趣的读者可以通过以下网址进行学习。
- ❏ http://onnx.ai/onnx-r/。
- ❏ https://github.com/onnx/onnx-r。

1.3   配置深度学习的软件环境

在上一节中，我们讨论了常用开源的深度学习框架，本节将准备安装深度学习所需的软件环境，这是本书应用实例的运行环境，对于大部分中小型的深度学习项目也是够用的。下面介绍在 Windows 10 系统环境下配置深度学习的软件环境。所需的软件工具和计算库列表如下。
- ❏ Anaconda 计算环境
- ❏ 在 Anaconda 中安装 TensorFlow
- ❏ 在 Anaconda 中安装 Keras
- ❏ R 和 RStudio 计算环境
- ❏ 在 R 中安装 TensorFlow
- ❏ 在 R 中安装 Keras

1.3.1   安装 Anaconda

Anaconda 是一款非常流行的基于 Python 的科学计算环境，预先整合了 150 多个数据科学计算库，使用非常方便。它包含 Python、Conda（Python 包管理器）和各种用于科学计算的包，可以完全独立使用，无须额外下载 Python。Anaconda 的服务器支持超过 1500 个常用的 Python 和 R 扩展包供分析师和数据科学家下载安装使用。

本书使用支持 Python 3.7 的 Anaconda 2019.03，可在 Anaconda 官网（https://www.anaconda.com/）下载。Windows 系统下的 64 位版本大小约为 662M，下载后直接点击 Anaconda3-2019.03-Windows-x86_64.exe 文件按照提示操作即可安装 Anaconda。

安装完毕后，运行 Anaconda，得到如图 1-2 所示界面。

从图 1-2 可知，这里同时安装了 JupyterLab、Notebook 和 Spyder。其中 Anaconda 集成的 Jupyter Notebook 支持 Latex 等功能，被国外数据科学工作者和大学讲师广泛使用，成为 Python 数据科学领域标准 IDE 工具。Anaconda 集成的另一个 IDE-Spyder 的风格和 R 语言的 IDE-RStudio 基本一致，是熟悉 R 语言的读者学习 Python 的首选工具。

1.3.2   在 Anaconda 中安装 TensorFlow

TensorFlow 有 CPU 与 GPU 两个版本。在 CPU 上运行时，TensorFlow 本身封装了一个低层次的张量运算库，叫作 Eigen；在 GPU 上运行时，TensorFlow 封装了一个高度优化的深度学习运算库，叫作 NVIDIA CUDA 深度神经网络库（cuDNN）。如果电脑没有 NVIDIA

显卡，就只能安装 CPU 版本。

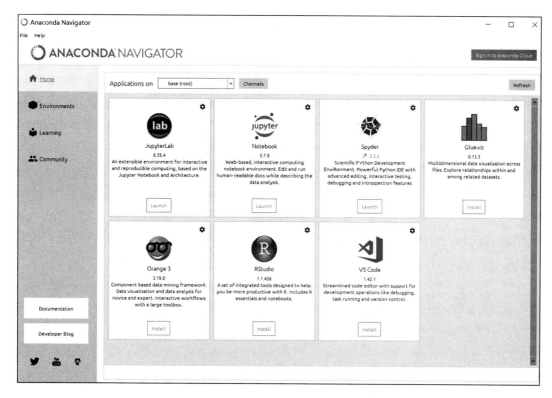

图 1-2　Anaconda 界面

TensorFlow 有两种安装方式：pip 安装和 conda 安装。pip 会直接把 TensorFlow 安装在本机系统环境下，而不是虚拟环境中，conda 则会把 TensorFlow 安装在虚拟环境中。本文利用 pip 进行安装。

在这里选择安装使用 CPU 运算的 TensorFlow 安装包，在 Anaconda Prompt 窗口运行以下安装命令：

```
pip install tensorflow
```

安装结束以后，可以使用以下步骤验证 TensorFlow 是否已经正确安装。打开 Anaconda Prompt，输入以下命令：

```
(base) C:\WINDOWS\system32>python
Python 3.7.3 (default, Mar 27 2019, 17:13:21) [MSC v.1915 64 bit (AMD64)] ::
    Anaconda, Inc. on win32
Type "help", "copyright", "credits" or "license" for more information.
>>> import tensorflow as tf
>>> tf.__version__
'1.13.1'
```

```
>>> hello = tf.constant('Hello TensorFlow')
>>> sess = tf.Session()
>>> print(sess.run(hello))
b'Hello TensorFlow'
```

1.3.3　在 Anaconda 中安装 Keras

目前 Keras 有三个后端实现：TensorFlow 后端、Theano 后端和 CNTK 后端。用 Keras 写的每一段代码都可以无须任何修改地在这三个后端上运行。不过我们推荐使用 TensorFlow 后端作为大部分深度学习任务的默认后端，因为它的应用最广泛且可扩展。

Keras 的安装依赖 SciPy 环境，并且需要先安装 CNTK、Theano 或 TensorFlow 等后端。上文安装的是 CPU 版本的 TensorFlow，接下来让我们通过 pip 命令安装 CPU 版本的 Keras。

在 Anaconda Prompt 窗口运行以下安装命令：

```
pip install keras
```

安装完成后，打开 Anaconda Prompt，输入以下命令查看 Keras 的版本。

```
>>> import keras
Using TensorFlow backend.
>>> keras.__version__
'2.2.4'
```

当前导入的是默认使用 TensorFlow 后端的 keras 接口，本机安装的是 Keras 2.2.4 版本。

假设同时安装了 CNTK 和 TensorFlow，可以通过直接修改 keras.json 配置文件的参数设置 Keras 后端，该文件在 C:\Users\.keras 目录中，配置文件内容如下：

```
{
    "floatx": "float32",
    "epsilon": 1e-07,
    "backend": "tensorflow",
    "image_data_format": "channels_last"
}
```

参数 floatx 的值可为 float32 或 float64 ；参数 epsilon 表示计算中使用的是 epsilon 值；参数 backend 表示所选用的是后端框架；参数 image_data_format 表示图像通道顺序，当后端为 tf 时取值为 channels_last，表示（宽、高、深），当后端为 th 时取值为 channels_first，表示（深、宽、高）。当配置文件被修改后，Keras 会在下次执行时使用新的配置文件。

1.3.4　安装 R 和 RStudio

经过前面三个步骤，我们已经搭建好 Python 深度学习环境。接下来，我们来学习如何安装 R 和 RStudio 工具。RStudio 是 R 语言最好用的 IDE 工具之一，并且可以在 Linux 环境中安装 RStudio-Server。RStudio-Server 允许用户通过一个 Web 浏览器的标准 RStudio 界面来进行多人协同操作。在各自官网下载其最新版本，官网地址如下。

❑ R 语言：https://www.r-project.org/。

❑ RStudio 官网：https://www.rstudio.com/。

下载安装完成后，打开 R 和 RStudio 工具的界面，如图 1-3 所示。

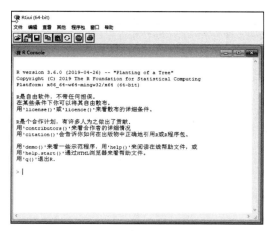
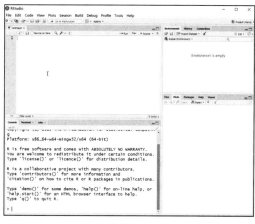

a）R　　　　　　　　　　　　　　　　　b）RStudio

图 1-3　R 和 RStudio 工具界面

R 语言拥有一套开源的数据分析解决方案，几乎可以独立完成数据处理、数据分析、数据可视化、数据建模、自动化报表等工作，而且可以完美配合其他语言和工具实现更加强大的功能。比如 R 语言中的 reticulate 扩展包提供了 R 与 Python 的 API 接口，其具有以下功能。

❑ 可在 R 会话中嵌入单个 Python 会话，运行 Python 块，同时共享 Python 块之间的变量 / 状态。

❑ 可打印 Python 输出，包括 matplotlib 的图形输出。

❑ 可使用 py 对象访问 R 的 Python 块中创建的对象。

❑ 使用 r 对象从 Python 中访问在 R 块中创建的对象。

同时，reticulate 扩展包内置了许多用于 Python 对象类型转换的方法，包括 numpy 数组和 Pandas 数据库。以下代码实现在 R 中调用 Python 的 numpy 库，创建一个一维数组。

```
> # 方式一
> library(reticulate)
> np <- import("numpy")  # 加载 numpy 包
> x1 <- np$arange(10)    # 创建一维数组
> x1
 [1] 0 1 2 3 4 5 6 7 8 9
> # 方式二
> repl_python()                  # 在 R 中直接编写 Python 代码
```

```
Python 3.7.3 (C:\PROGRA~3\ANACON~1\python.exe)
Reticulate 1.12 REPL -- A Python interpreter in R.
>>> import numpy as np # 加载 numpy 库
>>> x2 = np.arange(10) # 创建一维数组
>>> print(x2)
[0 1 2 3 4 5 6 7 8 9]
>>> quit
> py$x2                        # 在 R 中查看之前创建的 Python 对象
 [1] 0 1 2 3 4 5 6 7 8 9
```

1.3.5　在 RStudio 中安装 TensorFlow

RStudio 官方已经开发出适合 R 语言用户的 TensorFlow 接口，以便 R 语言用户使用 TensorFlow 深度学习框架。TensorFlow 的 R 接口包括一套 R 的扩展包，提供了多种 TensorFlow 与 R 语言的 API 接口，适用于不同的任务和抽象级别。

❑ keras：神经网络的高级接口，致力于快速实验。

❑ tfestimators：常见类别模型的实现，如回归器和分类器。

❑ tensorflow：TensorFlow 计算图的低级接口。

❑ tfdatasets：TensorFlow 模型的可扩展输入管道。

本书使用的 Keras 都是基于 TensorFlow 后端实现的，接下来让我们先一起学习如何在 RStudio 中安装 TensorFlow。经过前面的学习，我们已经安装好了 Anaconda，并在 Anaconda 中搭建好了 TensorFlow 环境。

首先，我们从 GitHub 上在线安装 TensorFlow 的扩展包：

```
> if(require(devtools)) install.packages("devtools")
> devtools::install_github("rstudio/tensorflow")
```

默认情况下，RStudio 加载 TensorFlow 的 CPU 版本。使用以下命令下载 TensorFlow 的 CPU 版本。

```
> library(tensorflow)
> packageVersion("tensorflow")
[1] '1.13.1.9000'
> sess = tf$Session()
> hello <- tf$constant('Hello, TensorFlow!')
> sess$run(hello)
b'Hello, TensorFlow!'
```

由结果可知，安装的是 TensorFlow 1.13.1 版本，并能顺利输出"Hello TensorFlow!"，证明 RStudio 的 TensorFlow 已经安装成功并能正常使用。

1.3.6　在 RStudio 中安装 Keras

在 RStudio 中安装 Keras 的方法与 TensorFlow 类似，运行以下代码即可。

```
>if(require(devtools)) install.packages("devtools")
>devtools::install_github("rstudio/keras")
>library(keras)
>install_keras()
```

默认安装的也是基于 CPU 的 Keras 版本，如果想要利用 NVIDIA GPU 安装 GPU 版本，可以参阅 install_keras() 函数的帮助文档。

运行以下代码，验证 Keras 是否安装成功。

```
> library(keras)
> packageVersion("keras")           # 查看 Keras 版本
[1] '2.2.4.1'
> (t <- k_abs(c(-1,1,-1,1,-1)))  # 调用 Keras 后端，返回 TensorFlow
Tensor("Abs:0", shape=(5,), dtype=float32)
> sess = tensorflow::tf$Session()
> sess$run(t)                        # 查看结果
[1] 1 1 1 1 1
```

能出现以上结果，说明 Keras 安装成功。至此，Keras 的深度学习环境已经搭建完毕！在下一节，我们将运行一个手写数字识别的例子，来体验 Keras 的强大。

1.4　Keras 构建深度学习模型

本节将利用 Keras 自带的 MNIST 数据集来构建全连接深度学习模型，进行手写数字 0～9 的类别预测。

1.4.1　MNIST 数据集

MNIST 数据集（Mixed National Institute of Standards and Technology Database，手写数字识别数据集）是由卷积神经网络之父 Yann LeCun 所收集的，其数据量不会太大，而且是单色的图像，很适合深度学习的初学者用来练习建立模型、训练、预测。

MNIST 数据集共有训练数据 60 000 项、测试数据 10 000 项。MNIST 数据集中的每一项数据都由 image（数字图像）和 label（真实的数字）所组成。

Keras 已经提供了现成的函数 dataset_mnist()，可以帮助我们下载并读取数据。第一次执行 dataset_mnist()，程序会检查用户目录下是否已经有 MNIST 数据集文件，如果还没有，就会自动下载文件。MNIST 数据文件下载后会存储在用户个人文件夹中。以 Windows 为例，因为笔者的用户名称是 Daniel，所以下载后的数据集文件会存在目录 C:\Users\Daniel\Documents\.keras\datasets 中，文件名为 mnist.npz。如果在线下载太慢，可以通过离线下载方式将文件下载后存放在此目录。mnist.npz 数据集包含以下四个文件。

❑ train-images-idx3-ubyte.gz：训练集图像。

❑ train-labels-idx1-ubtyte.gz：训练集标签。

❑ t10k-images-idx3-ubyte.gz：测试集图像。

❑ t10k-labels-idx1-ubyte.gz：测试集标签。

我们将 MNIST 数据集读入 R 语言中，分别查看这 4 个数据集的维度大小。

```
> # 读入 MNIST 数据集
> library(keras)
> c(c(x_train_image, y_train_label), c(x_test_image, y_test_label)) %<-% dataset_mnist()
> # 查看数据集维度
> cat('train_data=',dim(x_train_image))
train_data= 60000 28 28
> cat('test_data=',dim(x_test_image))
test_data= 10000 28 28
> cat('y_train_label:',dim(y_train_label))
y_train_label: 60000
> cat('y_test_label:',dim(y_test_label))
y_test_label: 10000
```

从以上执行结果可知，四个数据集大小分别如下。

❑ x_train_image：60 000 张 28×28 像素的训练数据图像。

❑ x_test_image：10 000 张 28×28 像素的测试数据图像。

❑ y_train_label：60 000 个训练数字 0～9 标签。

❑ y_test_label：10 000 个测试数字 0～9 标签。

运行以下命令，绘制 x_train_image 数据集的前 9 张图像，标题用 y_train_label 对应的数字标签显示。结果如图 1-4 所示。

```
> # 显示 MNIST 数据的 image 和 label
> par(mfrow=c(3,3))
> par(mar=c(0, 0, 1.5, 0), xaxs='i', yaxs='i')
> for(i in 1:9){
+   plot(as.raster(x_train_image[i,,],max = 255))
+   title(main = paste0('label=', y_train_label[i]))
+ }
> par(mfrow=c(1,1))
```

从图 1-4 可知，x_train_image 训练集的第 1 个数字图像是 5，数据标签为 5。

1.4.2 数据预处理

我们在建立深度神经网络（Deep Neural Network）模型前，必须先对 image 和 label 的内容进行预处理，才能使用全连接神经网络模型进行训练、预测。数据预处理分为以下两部分：

❑ image（数字图像的特征值）数据预处理；

❑ label（数字图像的真实值）数据预处理。

image 数据预处理可分为以下两个步骤：

1）将原本 2 维的 28×28 的数字图像转换为 1 维的 784 的数据；

2）对数字图像 image 的数字进行标准化处理。

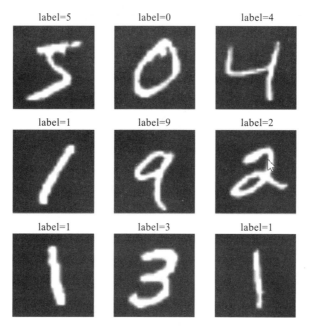

图 1-4　显示 MNIST 数据的 image 和 label

在预处理前，我们通过以下语句查看 x_train_image 的第 1 个数字图像内容，如图 1-5 所示。

```
> # 查看 x_train_image 的第 1 个数字图像内容
> x_train_image[1,,]
```

	[,1]	[,2]	[,3]	[,4]	[,5]	[,6]	[,7]	[,8]	[,9]	[,10]	[,11]	[,12]	[,13]	[,14]	[,15]	[,16]	[,17]	[,18]	[,19]	[,20]	[,21]	[,22]	[,23]	[,24]	[,25]	[,26]	[,27]	[,28]
[1,]	0	0	0	0	0	0	0	0	0	0	0	0	0	0	0	0	0	0	0	0	0	0	0	0	0	0	0	0
[2,]	0	0	0	0	0	0	0	0	0	0	0	0	0	0	0	0	0	0	0	0	0	0	0	0	0	0	0	0
[3,]	0	0	0	0	0	0	0	0	0	0	0	0	0	0	0	0	0	0	0	0	0	0	0	0	0	0	0	0
[4,]	0	0	0	0	0	0	0	0	0	0	0	0	0	0	0	0	0	0	0	0	0	0	0	0	0	0	0	0
[5,]	0	0	0	0	0	0	0	0	0	0	0	0	0	0	0	0	0	0	0	0	0	0	0	0	0	0	0	0
[6,]	0	0	0	0	0	0	0	0	0	0	0	0	3	18	18	18	126	136	175	26	166	255	247	127	0	0	0	0
[7,]	0	0	0	0	0	0	0	0	30	36	94	154	170	253	253	253	253	253	225	172	253	242	195	64	0	0	0	0
[8,]	0	0	0	0	0	0	0	49	238	253	253	253	253	253	253	253	253	251	93	82	82	56	39	0	0	0	0	0
[9,]	0	0	0	0	0	0	0	18	219	253	253	253	253	253	198	182	247	241	0	0	0	0	0	0	0	0	0	0
[10,]	0	0	0	0	0	0	0	0	80	156	107	253	253	205	11	0	43	154	0	0	0	0	0	0	0	0	0	0
[11,]	0	0	0	0	0	0	0	0	0	14	1	154	253	90	0	0	0	0	0	0	0	0	0	0	0	0	0	0
[12,]	0	0	0	0	0	0	0	0	0	0	0	139	253	190	2	0	0	0	0	0	0	0	0	0	0	0	0	0
[13,]	0	0	0	0	0	0	0	0	0	0	0	11	190	253	70	0	0	0	0	0	0	0	0	0	0	0	0	0
[14,]	0	0	0	0	0	0	0	0	0	0	0	0	35	241	225	160	108	1	0	0	0	0	0	0	0	0	0	0
[15,]	0	0	0	0	0	0	0	0	0	0	0	0	0	81	240	253	253	119	25	0	0	0	0	0	0	0	0	0
[16,]	0	0	0	0	0	0	0	0	0	0	0	0	0	0	45	186	253	253	150	27	0	0	0	0	0	0	0	0
[17,]	0	0	0	0	0	0	0	0	0	0	0	0	0	0	0	16	93	252	253	187	0	0	0	0	0	0	0	0
[18,]	0	0	0	0	0	0	0	0	0	0	0	0	0	0	0	0	0	249	253	249	64	0	0	0	0	0	0	0
[19,]	0	0	0	0	0	0	0	0	0	0	0	0	0	0	46	130	183	253	253	207	2	0	0	0	0	0	0	0
[20,]	0	0	0	0	0	0	0	0	0	0	0	0	39	148	229	253	253	253	250	182	0	0	0	0	0	0	0	0
[21,]	0	0	0	0	0	0	0	0	0	0	24	114	221	253	253	253	253	201	78	0	0	0	0	0	0	0	0	0
[22,]	0	0	0	0	0	0	0	0	23	66	213	253	253	253	253	198	81	2	0	0	0	0	0	0	0	0	0	0
[23,]	0	0	0	0	0	0	18	171	219	253	253	253	253	195	80	9	0	0	0	0	0	0	0	0	0	0	0	0
[24,]	0	0	0	0	55	172	226	253	253	253	253	244	133	11	0	0	0	0	0	0	0	0	0	0	0	0	0	0
[25,]	0	0	0	0	136	253	253	253	212	135	132	16	0	0	0	0	0	0	0	0	0	0	0	0	0	0	0	0
[26,]	0	0	0	0	0	0	0	0	0	0	0	0	0	0	0	0	0	0	0	0	0	0	0	0	0	0	0	0
[27,]	0	0	0	0	0	0	0	0	0	0	0	0	0	0	0	0	0	0	0	0	0	0	0	0	0	0	0	0
[28,]	0	0	0	0	0	0	0	0	0	0	0	0	0	0	0	0	0	0	0	0	0	0	0	0	0	0	0	0

图 1-5　训练数据集的第 1 个数字图像内容

从图 1-5 可知，图像内容有 28 行 28 列，因为 1 张黑白图像由 28×28 的像素组成。1

个数字代表 1 个黑白像素，数字越大，颜色越浅，比如 0 为黑色，255 为白色。图 1-5 中非 0 数字刚好组成 5 的形状。

我们通过 Keras 中的 array_reshape() 函数将数字图像从 2 维的 28×28 转为 1 维的 784 的数据，并对结果除以 255 进行标准化处理，处理后的所有数字在 [0,1] 之间。

```
> # image 预处理
> # reshape
> x_Train <- array_reshape(x_train_image,dim = c(60000,784))
> x_Test <- array_reshape(x_test_image,dim = c(10000,784))
> # 标准化
> x_Train_normalize <- x_Train / 255
> x_Test_normalize <- x_Test / 255
> # 查看预处理后的训练数据维度
> dim(x_Train_normalize)
[1] 60000    784
> # 查看预处理后的数字范围
> range(x_Train_normalize)
[1] 0 1
```

label 标签字段原本是 0~9 的数字，必须经过独热编码（One-Hot Encoding，1 位有效编码）转换为 10 个 0 或 1 的组合，例如数字 7 经过独热编码转换后是 0000000100，正好对应输出层的 10 个神经元。可以通过 Keras 中的 to_categorical() 函数轻松实现该转换。

```
> # label 独热编码
> y_train_label[1:5]
[1] 5 0 4 1 9
> y_TrainOneHot <- to_categorical(y_train_label)
> y_TestOneHot <- to_categorical(y_test_label)
> y_TrainOneHot[1:5,]
     [,1]  [,2]  [,3]  [,4]  [,5]  [,6]  [,7]  [,8]  [,9]  [,10]
[1,]   0     0     0     0     0     1     0     0     0     0
[2,]   1     0     0     0     0     0     0     0     0     0
[3,]   0     0     0     0     1     0     0     0     0     0
[4,]   0     1     0     0     0     0     0     0     0     0
[5,]   0     0     0     0     0     0     0     0     0     1
```

比如第 1 个数字是 5，所以第 1 行、第 6 列为 1，其他列为 0；比如第 2 个数字是 0，所以第 1 行、第 1 列为 1，其他列为 0。

1.4.3 模型建立及训练

我们将建立序贯（Sequential）堆积的深度神经网络模型，后续只需要通过 %>% 将各个神经网络层加入模型即可。该模型网络结构如下。

- 输入层：因为每个数字图像的形状为 784，故输入层共有 784 个神经元。
- 隐藏层：共有 256 个神经元，激活函数为 ReLU。
- 输出层：共有 10 个神经元，因为是多分类问题，激活函数为 Softmax。

通过以下程序代码建立一个序贯模型，并通过 %>% 将输入层、隐藏层和输出层加入模型中。

```
> # 建立模型结构
> model <- keras_model_sequential()              # 建立序贯模型
> model %>% layer_dense(units = 256,
+                       input_shape = c(784),
+                       kernel_initializer = 'normal',
+                       activation = 'relu')      # 添加隐藏层
> model %>% layer_dense(units = 10,
+                       kernel_initializer = 'normal',
+                       activation = 'softmax')   # 添加输出层
```

layer_dense() 函数用于建立全连接神经网络层，即所有的上一层与下一层的神经元都完全连接。其中参数 units 用来定义神经元个数，参数 input_shape 用来指定输入层的形状，参数 kernel_initializer 用来定义网络层初始化权重的设置方法，参数 activation 用来定义激活函数。

在训练模型之前，我们必须使用 compile() 函数对训练模型进行编译，代码如下：

```
> model %>% compile(loss = 'categorical_crossentropy',
+                   optimizer = 'adam',
+                   metrics = c('accuracy'))
```

compile() 函数中的参数 loss 用于设置损失函数，因为属于多分类，故设为 categorical_crossentropy；参数 optimizer 用于设置深度学习在训练时所使用的优化器，此例为 adam；参数 metrics 用于设置模型的评估方法，此例为准确率。

最后，通过 fit() 函数对模型进行训练。参数 validation_split 设置为 0.2，则 Keras 训练前会自动将训练数据分成两部分：80% 作为训练数据，20% 作为验证数据；参数 epochs 为 10，说明执行 10 个训练周期；参数 batch_size 为 200，说明每一批次有 200 个数据；参数 verbose 为 2，表示显示训练过程。

```
> train_history <- model %>% fit(x=x_Train_normalize,
+                                y=y_TrainOneHot,validation_split=0.2,
+                                epochs=10, batch_size=200,verbose=2)
Train on 48000 samples, validate on 12000 samples
Epoch 1/10
 - 6s - loss: 0.4386 - acc: 0.8822 - val_loss: 0.2159 - val_acc: 0.9407
Epoch 2/10
 - 3s - loss: 0.1851 - acc: 0.9473 - val_loss: 0.1539 - val_acc: 0.9556
Epoch 3/10
 - 2s - loss: 0.1289 - acc: 0.9635 - val_loss: 0.1216 - val_acc: 0.9645
Epoch 4/10
 - 3s - loss: 0.0975 - acc: 0.9724 - val_loss: 0.1084 - val_acc: 0.9677
Epoch 5/10
 - 2s - loss: 0.0774 - acc: 0.9782 - val_loss: 0.0944 - val_acc: 0.9713
Epoch 6/10
 - 2s - loss: 0.0638 - acc: 0.9825 - val_loss: 0.0869 - val_acc: 0.9743
Epoch 7/10
 - 2s - loss: 0.0512 - acc: 0.9862 - val_loss: 0.0896 - val_acc: 0.9721
```

```
Epoch 8/10
 - 2s - loss: 0.0434 - acc: 0.9883 - val_loss: 0.0857 - val_acc: 0.9747
Epoch 9/10
 - 3s - loss: 0.0362 - acc: 0.9905 - val_loss: 0.0833 - val_acc: 0.9748
Epoch 10/10
 - 4s - loss: 0.0298 - acc: 0.9926 - val_loss: 0.0764 - val_acc: 0.9767
```

训练过程的第一行说明 80% 作为训练数据（48 000=60 000×0.8），20% 作为验证集。训练完成后，计算每个训练周期的误差与准确率。

利用 plot() 函数绘制出 10 次训练周期的误差及准确率曲线，如图 1-6 所示。

```
> plot(train_history)
```

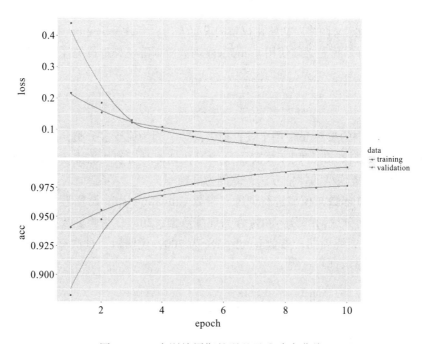

图 1-6   10 个训练周期的误差及准确率曲线

从图 1-6 可知，本例共执行了 10 个训练周期，且误差越来越小，准确率越来越高。

1.4.4   模型评估及预测

前面我们已经完成了训练，现在使用测试数据集来评估模型准确率。通过 evaluate() 函数实现。

```
> # 模型评估
> scores <- model %>%
+    evaluate(x_Test_normalize,y_TestOneHot)
10000/10000 [==============================] - 1s 118us/sample - loss: 0.0712 - acc: 0.9787
```

```
> scores
$loss
[1] 0.07122663
$acc
[1] 0.9787
```

以上程序代码的执行结果的准确率为 0.9787，效果非常不错。接下来我们使用 predict_classes() 函数对测试数据集进行类别预测。

```
> # 模型预测
> prediction <- model %>%
+    predict_classes(x_Test_normalize)
> prediction[1:9]
[1] 7 2 1 0 4 1 4 9 6
```

通过可视化手段展示测试集前 9 张数字图像及其实际和预测标签，如图 1-7 所示。

```
> par(mfrow=c(3,3))
> par(mar=c(0, 0, 1.5, 0), xaxs='i', yaxs='i')
> for(i in 1:9){
+     plot(as.raster(x_test_image[i,,],max = 255))
+     title(main = paste0('label=',y_test_label[i],'predict=',prediction[i]))
+ }
> par(mfrow=c(1,1)
```

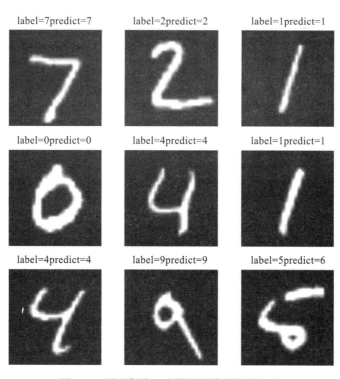

图 1-7　测试集前 9 个数字图像及标签展示

从图 1-7 可知，前 8 个数字图像均预测正确，但是第 9 个数字图像实际标签为 5，却被预测为 6。

如果想要进一步了解预测结果中哪些数字准确率最高，哪些数字最容易混淆，可以使用混淆矩阵（confusion matrix）来显示。

```
> # 构建混淆矩阵
> table('label' = y_test_label,
+       'predict' = prediction)
      predict
label    0    1    2    3    4    5    6    7    8    9
    0  971    0    2    2    0    0    1    1    2    1
    1    0 1122    3    1    0    2    2    1    4    0
    2    4    0 1015    3    1    0    2    3    4    0
    3    0    0    5  989    0    5    0    3    1    7
    4    0    0    5    0  961    0    2    2    0   12
    5    2    0    0    9    0  867    7    1    3    3
    6    6    2    3    1    4    3  937    0    2    0
    7    0    2   12    7    0    0    0 1000    0    7
    8    5    0    4   11    3    3    2    4  937    5
    9    3    3    0    5    0    3    0    2    0  988
```

混淆矩阵可以展示各个标签的误分类情况。比如在 1 万个测试样本中，有 7 个样本的实际标签为 5 却误分为 6，有 6 个标签的实际标签为 6 却误分为 0 的情况。

最后，让我们把实际标签与预测标签组成一个新的数据框 df，方便进行结果对比查看。比如我们想查看所有实际标签为 5 却误分为 6 的样本，可以通过以下程序代码实现。

```
> # 构建结果集
> df <- data.frame('label' = y_test_label,
+                   'predict' = prediction)
> # 查看实际标签为 5，预测标签为 6 的样本
> df_sub <- df[df$label==5 & df$predict==6,]
> df_sub
      label   predict
9         5         6
1379      5         6
3894      5         6
8864      5         6
9730      5         6
9750      5         6
9983      5         6
```

除了第 9 号（指的是该样本在测试集中的第几个）样本，还有 1379、3894、8864、9730、9750、9983 号共 7 个样本的实际标签为 5 却被预测为 6。

最后，我们通过可视化手段查看这些数字图像为什么不易被正确识别，运行以下程序代码得到如图 1-8 所示结果。

```
> index <- as.numeric(rownames(df_sub))
> par(mfrow=c(2,4))
```

```
> for(i in index){
+     plot(as.raster(x_test_image[i,,],max = 255))
+     title(main = paste0(i,':label=',y_test_label[i],'predict=',prediction[i]))
+ }
> par(mfrow=c(1,1))
```

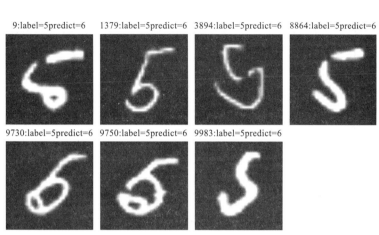

图 1-8　测试集中实际标签为 5 却预测为 6 的数字图像

从图 1-8 可知，误分类的样本数字书写比较随意，数字整体向右倾斜，5 字下部分有部分数字是合并在一起的，不易识别。

如果读者好奇那些实际标签为 6 却被预测为 0 的数字图像是怎样的，可以通过以下程序代码实现，结果如图 1-9 所示。

```
> # 实际标签为 6，预测为 0 的数字图像展示
> index1 <- as.numeric(rownames(df[df$label==6 & df$predict==0,]))
> par(mfrow=c(2,3))
> for(i in index1){
+     plot(as.raster(x_test_image[i,,],max = 255))
+     title(main = paste0(i,':label=',y_test_label[i],'predict=',prediction[i]))
+ }
> par(mfrow=c(1,1))
```

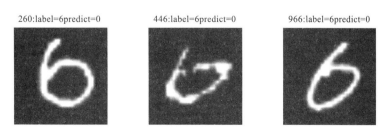

图 1-9　训练集中实际标签为 6、预测为 0 的数字图像

2119:label=6predict=0   3423:label=6predict=0   4815:label=6predict=0

图 1-9 （续）

从图 1-9 可知，这些数字图像中 6 的出头部分太不明显，故模型被误预测为 0。

1.5   本章小结

本章首先介绍了机器学习和深度学习的关系和区别，然后介绍了目前主流的深度学习框架。1.3 节详细讲解了深度学习环境的搭建，为后续深度学习实践做好准备。最后通过手写数字识别数据集 MNIST 为读者介绍 Keras 深度学习模型的搭建及效果评估，如果读者不熟悉这部分代码也不必担心，我们将在后续章节进行详细讲解。

CHAPTER 2

第 2 章

深度学习简介

深度学习是传统神经网络算法的延伸。说起深度学习，必会先谈神经网络（Neural Network），或者人工神经网络（Artificial Neural Network，ANN）。人工神经网络是一种计算模型，启发自人类大脑处理信息的生物神经网络。下面先来了解神经网络的相关内容。

2.1 神经网络基础

神经网络依靠复杂的系统结构，通过调整内部大量节点之间的连接关系，达到处理信息的目的。神经网络的一个重要特性是能够从样本数据中学习，并把学习结果分步存储在神经元中。在数学领域，神经网络能够学习任何类型的映射函数，并且已被证明是一种通用逼近算法，可以使用在任何闭区间内，构建一个连续函数。神经网络的学习过程，是指在其所处环境的激励下，相继给网络输入一些样本，并按照一定的学习算法调整网络各层的权值矩阵，待网络各层权值都收敛到一定程度，学习过程结束。

虽然有很多种不同的神经网络，但是每一种都可以由下面的特征来定义。

❑ 激活函数（activation function）：将神经元的净输入信号转换成单一的输出信号，以便进一步在网络中传播。

❑ 网络拓扑（network topology）或结构：描述了模型中神经元的数量、层数和它们的连接方式。

❑ 训练算法（training algorithm）：指定如何设置连接权重，以便减少或者增加神经元在输入信号中的比重。

2.1.1 神经元

神经网络中基本的计算单元是神经元，一般称作节点（node）或者单元（unit）。节点

从其他节点或者外部源接收输入，然后计算并输出。这里的关键是，信息是通过激活函数
来处理的。激活函数模拟大脑神经元，输入信号的强度大小决定了它们是否被触发。然后
处理结果被加权并分配到下一层的神经元。图 2-1 展示了加入激活函数和偏置项的神经元
结构。

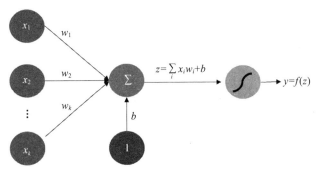

图 2-1　加入激活函数和偏置项的神经元结构

　　图 2-1 说明了单个神经元的工作情况。给定有输入属性 $\{x_1, x_2, \cdots, x_k\}$ 的样本，以及每个
属性与神经元连接的权重 w_i，w_i 用于控制各个信号的重要性。然后，神经元会按照以下公
式对所有输入求和：$z = \sum_i x_i w_i + b$。参数 b 称为偏置项（偏差），与线性回归模型中的截距
相似，用于控制神经元被激活的难易程度，它允许网络将激活函数向上或者向下转移，这
种灵活性对于深度学习的成功非常重要。计算网络中的输入向量与权重向量的内积与偏置
项的和 z，经过激活函数处理后作为最后的输出。

2.1.2　激活函数

　　在神经网络中，神经元节点的激活函数定义了对神经元输出的映射，控制着神经元激
活的阈值和输出信号的强度。激活函数通常有以下性质。

- ❑ 非线性：神经网络中激活函数的主要作用是提供网络的非线性建模能力。如非特别
  说明，激活函数一般是非线性函数。假设一个深度神经网络中仅包含线性卷积和全
  连接运算，那么该网络仅能表达线性映射，即便增加网络的深度也还是线性映射，
  难以对实际环境中非线性分布的数据进行有效建模。加入（非线性）激活函数之后，
  深度神经网络才具备了分层的非线性映射学习能力。因此，激活函数是深度神经网
  络中不可或缺的部分。
- ❑ 可微性：当优化方法是基于梯度优化时，这个性质是必需的。
- ❑ 单调性：当激活函数是单调函数时，单层网络能保证是凸函数。
- ❑ $f(x) \approx x$：当激活函数满足这个性质时，如果参数初始化为很小的随机值，那么神
  经网络的训练将非常高效；如果不满足这个性质，那么就需要详细地设置初始值。

❑ 输出值的范围：当激活函数的输出值范围有限时，基于梯度优化的方法会更加稳定，因为特征的表示受有限权重值的影响更显著；当激活函数的输出值范围无限时，模型的训练会更加高效，不过在这种情况下，一般需要更小的学习率。

常用激活函数如表 2-1[⊖]所示。

表 2-1　常用激活函数

名　称	图　示	方　程	求导（关于 x）	范　围
Identity		$f(x)=x$	$f'(x)=x$	$(-\infty,+\infty)$
Binary step		$f(x)=\begin{cases}0, & x<0 \\ 1, & x\geqslant 0\end{cases}$	$f'(x)=\begin{cases}0, & x\neq 0 \\ ?, & x=0\end{cases}$	$\{0,1\}$
Sigmoid		$f(x)=\sigma(x)=\dfrac{1}{1+e^{-x}}$	$f'(x)=f(x)\left(1-f(x)\right)$	$(0,1)$
Tanh		$f(x)=\tanh(x)=\dfrac{(e^x-e^{-x})}{(e^x+e^{-x})}$	$f'(x)=1-f(x)^2$	$(-1,1)$
ArcTan		$f(x)=\tan^{-1}(x)$	$f'(x)=\dfrac{1}{x^2+1}$	$\left(-\dfrac{\pi}{2},\dfrac{\pi}{2}\right)$
Softsign		$f(x)=\dfrac{1}{1+\lvert x\rvert}$	$f'(x)=\dfrac{1}{(1+\lvert x\rvert)^2}$	$(-1,1)$
ReLU		$f(x)=\begin{cases}0, & x\leqslant 0 \\ x, & x>0\end{cases}$	$f'(x)=\begin{cases}0, & x\leqslant 0 \\ x, & x>0\end{cases}$	$[0,\infty)$
Leaky ReLU		$f(x)=\begin{cases}0.01x, & x<0 \\ x, & x\geqslant 0\end{cases}$	$f'(x)=\begin{cases}0.01, & x<0 \\ x, & x\geqslant 0\end{cases}$	$(-\infty,+\infty)$
PReLU		$f(\alpha,x)=\begin{cases}\alpha x, & x<0 \\ x, & x\geqslant 0\end{cases}$	$f'(\alpha,x)=\begin{cases}\alpha, & x<0 \\ x, & x\geqslant 0\end{cases}$	$(-\infty,+\infty)$
ELU		$f(\alpha,x)=\begin{cases}\alpha(e^x-1), & x<0 \\ x, & x\geqslant 0\end{cases}$	$f'(\alpha,x)=\begin{cases}f(\alpha,x)+\alpha, & x<0 \\ x, & x\geqslant 0\end{cases}$	$(-\alpha,+\infty)$

1. Sigmoid 函数

接触过算法的读者估计对 Sigmoid 函数都不陌生。逻辑回归能做分类预测的关键就是

⊖ 引自维基百科：https://en.wikipedia.org/wiki/Activation_function。

它能利用 Sigmoid 函数将线性回归结果映射到（0, 1）范围内，进而得到各类别的概率值，实现分类的目的。在 ReLU（修正线性单元）出现前，大多数神经网络使用 Sigmoid 函数作为激活函数进行信号转换，并将转换后的信号传递给下一个神经元。

Sigmoid 激活函数定义为：

$$h(x) = \sigma(x) = \frac{1}{1+e^{-x}}$$

式中 e 是纳皮尔常数，值为 2.7182…。

Sigmoid 函数的 R 实现代码非常简单，例如以下代码定义了 Sigmoid 函数，并绘制出 S 曲线，结果如图 2-2 所示。

```
> # 自定义 Sigmoid 函数
> sigmod <- function(x){
+   return(1/(1+exp(-x)))
+ }
> # 绘制 Sigmoid 曲线
> x <- seq(-6,6,length.out = 100)
> plot(x,sigmod(x),type = 'l',col = 'blue',lwd = 2,
+      xlab = NA,ylab = NA,main = 'Sigmoid 函数曲线')
> grid()
```

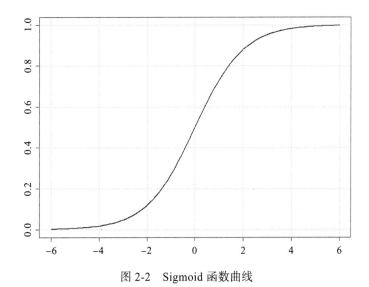

图 2-2　Sigmoid 函数曲线

Sigmoid 函数在大部分定义域内都会趋于一个饱和的定值。当 x 取很大的正值时，Sigmoid 值会无限趋近于 1；当 x 取很大的负值时，Sigmoid 值会无限趋近于 0。

Sigmoid 作为激活函数主要有以下三个缺点。

❑ 梯度消失：当 Sigmoid 函数趋近 0 和 1 的时候，其函数曲线会变得非常平坦，即 Sigmoid 的梯度趋近于 0，当神经网络使用 Sigmoid 激活函数进行反向传播时，输出接近 0 或 1 的神经元的梯度趋近 0，所以这些神经元的权重不会更新，进而导致梯度消失。

☐ 不以零为中心：Sigmoid 的输出是以 0.5 为中心，而不是以零为中心的。

☐ 计算成本高：与其他非线性激活函数相比，以自然常数 e 为底的指数函数的计算成本更昂贵。

2. Tanh 函数

Tanh 函数也叫双曲正切函数，它也是在引入 ReLU 之前经常用到的激活函数。Tanh 函数的定义如下：

$$h(x) = \tanh(x) = \frac{(e^x - e^{-x})}{(e^x + e^{-x})}$$

Sigmoid 函数和 Tanh 函数之间存在计算上的关系，如下所示：

$$1 - 2\sigma(x) = -\tanh\left(\frac{x}{2}\right)$$

以下代码实现 Tanh 函数的定义及曲线绘制，结果如图 2-3 所示。

```
> # 自定义 Tanh 函数
> tanh <- function(x){
+     return((exp(x)-exp(-x))/(exp(x)+exp(-x)))
+ }
> # 绘制 Tanh 曲线
> x <- seq(-6,6,length.out = 100)
> plot(x,tanh(x),type = 'l',col = 'blue',lwd = 2,
+      xlab = NA,ylab = NA,main = 'Tanh 函数曲线')
> grid()
```

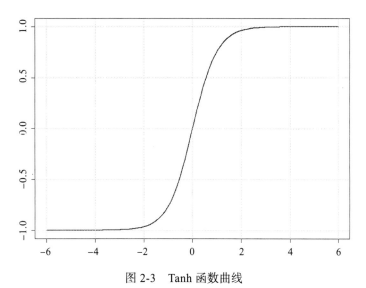

图 2-3 Tanh 函数曲线

可以看到，Tanh 函数跟 Sigmoid 函数的曲线很相似，都是一条 S 曲线。只不过 Tanh 函

数是把输入值转换到（-1,1）范围内。Sigmoid 函数曲线在 | x |>4 之后会非常平缓，极为贴近 0 或 1；Tanh 函数曲线在 | x |>2 之后会非常平缓，极为贴近 -1 或 1。与 Sigmoid 函数不同，Tanh 函数的输出以零为中心。Tanh 输出趋于饱和时也会"杀死"梯度，出现梯度消失的问题。

3. ReLU 函数

ReLU 的英文全称为 Rectified Linear Unit，可以翻译成整流线性单元或者修正线性单元。与传统的 Sigmoid 激活函数相比，ReLU 能够有效缓解梯度消失问题，从而直接以监督的方式训练深度神经网络，无须依赖无监督的逐层预训练。这也是 2012 年深度卷积神经网络在 ILSVRC 竞赛中取得里程碑式突破的重要原因之一。

ReLU 函数在输入大于 0 时直接输出该值，在输入小于等于 0 时输出 0。其公式如下：

$$f(x) = \begin{cases} 0, & x \leq 0 \\ x, & x > 0 \end{cases}$$

以下代码实现 ReLU 函数的定义及曲线绘制，结果如图 2-4 所示。

```
> # 自定义 ReLU 函数
> relu <- function(x){
+     return(ifelse(x<0,0,x))
+ }
> # 绘制 ReLU 曲线
> x <- seq(-6,6,length.out = 100)
> plot(x,relu(x),type = 'l',col = 'blue',lwd = 2,
+       xlab = NA,ylab = NA,main = 'ReLU 函数曲线')
> grid()
```

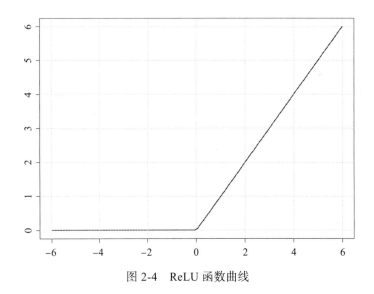

图 2-4   ReLU 函数曲线

可见，ReLU 在 x<0 时硬饱和。由于 x>0 时 ReLU 的一阶导数为 1，所以，ReLU 能够在

x>0 时保持梯度不衰减，从而缓解梯度消失问题。但随着训练的推进，部分输入会落入硬饱和区，导致对应的权重无法更新。这种现象被称为神经元死亡。与 Sigmoid 类似，ReLU 的输出均值也大于 0，所以偏移现象和神经元死亡现象共同影响着网络的收敛性。

ReLU 虽然简单，但却是近几年的重要成果。ReLU 有以下几大优点。

❑ 解决了梯度消失问题（在正区间）。

❑ 计算速度非常快，只需要判断输入是否大于 0。

❑ 收敛速度远快于 Sigmoid 和 Tanh。

ReLU 也存在一些缺点。

❑ 不以零为中心：和 Sigmoid 激活函数类似，ReLU 函数的输出不以零为中心。

❑ 神经元死亡问题：某些神经元可能永远不会被激活，导致相应的参数永远不能被更新。在正向传播过程中，如果 *x*<0，则神经元保持非激活状态，且在反向传播中"杀死"梯度。这样权重无法得到更新，网络无法学习。

4. Leaky ReLU 函数

Leaky ReLU 译为渗漏整流线性单元。为了解决神经元死亡问题，有人提出了将 ReLU 的前半段设为非 0，即使用 Leaky ReLU 函数来解决。该函数的数学公式为：

$$f(x) = \begin{cases} 0.01x, & x < 0 \\ x, & x \geq 0 \end{cases}$$

以下代码实现 Leaky ReLU 函数的定义及曲线绘制，结果如图 2-5 所示。

```
> # 自定义 Leaky ReLU 函数
> relu <- function(x){
+    return(ifelse(x<0,0.01*x,x))
+ }
> # 绘制 Leaky ReLU 曲线
> x <- seq(-6,6,length.out = 100)
> plot(x,relu(x),type = 'l',col = 'blue',lwd = 2,
+      xlab = NA,ylab = NA,main = 'Leaky ReLU 函数曲线')
> grid()
```

可见，当 *x*<0 时，Leaky ReLU 得到 0.01 的正梯度，在一定程度上缓解了神经元死亡问题，但是其结果并不连贯。

另外一种直观的想法是基于超参数的方法解决神经元死亡问题，即 Parametric ReLU（超参数整流线性单元），其中超参数 α 值可由方向导向学到。理论上来讲，Leaky ReLU 有 ReLU 的所有优点，如高效计算、快速收敛等，并能缓解神经元死亡问题，但是在实际操作中，并没有完全证明 Leaky ReLU 总是好于 ReLU。

选择一个适合的激活函数并不容易，需要考虑很多因素，通常的做法是，如果不确定哪一个激活函数效果更好，可以都试试，在验证集或者测试集上进行评价，从中选择表现更好的激活函数。

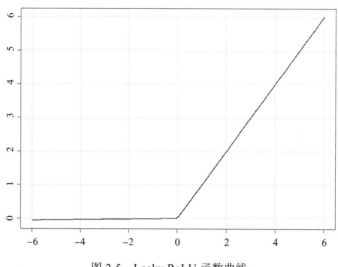

图 2-5　Leaky ReLU 函数曲线

以下是几种常见的选择情况。

❑ 如果输出是 0、1 值（二分类问题），则输出层选择 Sigmoid 函数，其他所有单元选择 ReLU 函数。

❑ 如果在隐藏层上不确定使用哪个激活函数，那么通常会使用 ReLU 激活函数，但是要注意初始化和学习率（learning rate）的设置。可以将偏置项的所有元素都设置成一个小的正值，例如 0.1，使得 ReLU 在初始时就对训练集中的大多数输入呈现激活状态。有时，也会使用 Tanh 激活函数，但 ReLU 更优，因为当 ReLU 的值是负值时，导数等于 0。

❑ 如果遇到了一些死的神经元，可以使用 Leaky ReLU 函数。

Keras 的激活函数可以通过设置单独的激活层实现，也可以在构建网络层时通过传递参数 activation 实现。Keras 中预定义的激活函数包括 Softmax、ELU、Softplus、Softsign、ReLU、Tanh、Sigmoid、hard_sigmoid 及 Linear。

2.1.3　神经网络的拓扑结构

神经网络由大量相互连接的神经元构成，它们通常被安排在不同的层上。神经网络的学习能力来源于它的拓扑结构，或者相互连接的神经元的模式与结构。虽然网络结构有多种形式，但是可以通过 3 个关键特征来区分：

❑ 层的数目；

❑ 网络中的信息是否允许反向传播；

❑ 网络中每一层内的节点数。

拓扑结构决定了可以通过网络进行学习任务的复杂性。一般来说，更大、更复杂的网络能够识别更复杂的决策边界。然而，神经网络的效能不仅取决于一个网络规模的函数，也取决于其构成元素的组织方式。

一个神经网络的网络结构通常会分成以下 3 层：输入层（input layer）、隐藏层（hidden layer）和输出层（output layer），如图 2-6 所示。

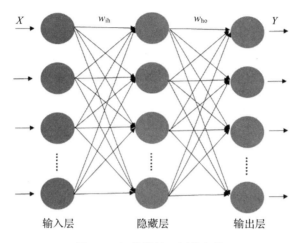

图 2-6　经典的神经网络架构

输入层在整个网络的最前端，直接接收输入的向量，它是不对数据做任何处理的，所以通常这一层不计入层数。

隐藏层可以有一层或多层。当然也可以没有隐藏层，此时就是最简单的神经网络模型，仅有输入层和输出层，因此也称为单层网络（single-layer network）。单层网络可以用于基本的模式分类，特别是可用于不能线性分割的模式，但大多数的学习任务需要更复杂的网络。当单层网络添加了一层或者更多隐藏层后就称为多层网络（multi-layer network）。隐藏层负责在信号达到输出节点之前处理来自输入节点的信号。大多数多层网络被完全连接（full connected），这意味着前一层中每个节点都连接到下一层中的每个节点，但这不是必需的。

输出层是最后一层，用来输出整个网络处理的值。这个值可能是一个分类向量值，也可能是一个类似线性回归那样产生的连续值。根据不同的需求，输出层的构造也不尽相同。

2.1.4　神经网络的主要类型

人工神经网络按照神经元连接方式不同可以分为前馈神经网络、反馈神经网络与自组织神经网络。

❑ 前馈神经网络是指网络信息处理的方向是逐层进行的，从输入层到各隐藏层再到输出层，在这个过程中，各层处理的信息只向前传送，而不会反向互相传送。前馈神经网络又可分为单层网络和多层网络，这里主要通过隐藏层的数量来区分。

❑ 反馈神经网络是指从输出层到输入层，具有反馈连接的神经网络。在反馈网络中所有节点都具有信息处理功能，而且每个节点既可以从外界接收输入，又可以向外界输出。反馈神经网络比前馈神经网络复杂得多，且输出层的节点信息还可以向输入层、隐藏层反馈。

❑ 自组织神经网络则是通过寻找样本中的内在规律和本质属性，以自组织的方式来改变网络参数与结构，特别适合解决模式的分类和识别方面的应用问题。自组织神经网络模型的结构与前馈神经网络模型类似，都采用无监督学习算法。但与前馈神经网络不同的是，自组织神经网络存在竞争层，该层中的各神经元通过竞争与输入模式进行匹配，最后只保留一个神经元，并以该获胜神经元的输出结果作为对输入模式的分类。

接下来介绍人工神经网络中最著名、最典型、应用最广泛的模型——BP（Back Propagation，反向传播）神经网络。BP 神经网络是 1986 年由以 Rinehart 和 McClelland 为首的科学家小组提出来的，是一种按误差反向传播算法训练的多层感知器网络。BP 神经网络由一个输入层、至少一个隐藏层、一个输出层组成。通常设计一个隐藏层，在此条件下，只要隐藏层神经元的数量足够多，就具有模拟任何复杂非线性映射的能力。当第一个隐藏层含有很多神经元但仍不能改善网络的性能时，再考虑增加新的隐藏层。

BP 神经网络算法的基本思想是，学习过程由信号的正向传播与误差的反向传播两个过程组成。正向传播时，输入样本从输入层传入，经过各隐藏层逐层处理后，传向输出层。若输出层的实际输出与期望的输出不相等，则转到误差的反向传播阶段。误差反向传播是将输出误差以某种形式通过隐藏层逐层反传，并将误差分摊给各层的所有神经元，从而获得各层神经元的误差信息，此误差信息即修正各神经元权值的依据。不仅如此，这种信息正向传播与误差反向传播的各层权值调整过程是周而复始地进行的，权值不断调整的过程，也是神经网络不断学习的过程。此过程一直进行到网络输出的误差减少到可以接受的程度，或进行到预先设定的学习时间 / 学习次数为止。

2.1.5 损失函数

分类和回归问题是有监督学习的两大类问题。为了训练解决分类或回归问题的模型，我们通常会定义一个损失函数（loss function）来描述对问题的求解精度，损失值越小，代表模型得到的结果与实际值的偏差越小，即模型越精确。很多文献也常将损失函数称为代价函数（cost function）或误差函数（error function）。其优化目标函数是各个样本得到的损失函数值之和的均值。Keras 中可用的损失函数有如下几种。

❑ mean_squared_error 或 mse。

❑ mean_absolute_error 或 mae。

❑ mean_absolute_percentage_error 或 mape。

❑ mean_squared_logarithmic_error 或 msle。

❑ squared_hinge。

- ❏ hinge。
- ❏ binary_crossentropy（也称作对数损失，logloss）。
- ❏ logcosh。
- ❏ categorical_crossentropy：也称作多类的对数损失。注意，使用该目标函数时，需要将标签转化为形如 c(nb_samples, nb_classes) 的二值序列。
- ❏ sparse_categorical_crossentropy：与 categorical_crossentropy 类似，但接受稀疏标签。注意，使用该函数时仍然需要标签与输出值的维度相同，你可能需要在标签数据上增加一个维度。
- ❏ kullback_leibler_divergence：从预测值概率分布 Q 到实际值概率分布 P 的信息增益，用以度量两个分布的差异。
- ❏ poisson：即（predictions – targets * log（predictions））的均值。
- ❏ cosine_proximity：即预测值与实际值的余弦距离平均值的相反数。

损失函数按照用途可以归为以下 4 类。

- ❏ 准确率（accuracy）：用在分类问题上，它的取值有多种，例如 binary_accuracy 指各种二分类问题预测的准确率；categorical_accuracy 指各种多分类问题预测的准确率；sparse_categorical_accuracy 在对稀疏目标值预测时使用；top_k_categorical_accuracy 指当预测值的前 k 值中存在目标类别即认为预测正确。
- ❏ 误差损失（error loss）：用在回归问题上，用于度量预测值与实际值之间的差异，可有如下取值。mse 指预测值与实际值之间的均方误差；rmse 指预测值与实际值之间的均方根误差；mae 指预测值与实际值之间的平均绝对误差；mape 指预测值与实际值之间的平均绝对百分比误差；msle 指预测值与实际值之间的均方对数误差。
- ❏ hinge loss：通常用于训练分类器，有两种取值，hinge 和 squared hinge。其中，hinge 定义为 $\max(1 - y_{\text{true}} \times y_{\text{pred}}, 0)$，squared hinge 指 hinge 损失的平方值。
- ❏ class loss：用于计算分类问题中的交叉熵，存在多个取值，包括二分类交叉熵和多分类交叉熵。

2.2　优化网络的方法

　　一般神经网络的训练过程大致可以分为两个阶段：第一个阶段先通过正向传播算法计算得到预测值，并将预测值和实际值比较，得出两者之间的差距；第二个阶段通过反向传播算法计算损失函数对每一个参数的梯度，再根据梯度和学习率使用梯度下降算法更新每一个参数。

2.2.1　梯度下降算法

　　梯度下降算法是神经网络中流行的优化算法之一，它能够很好地解决一系列问题。该算法通过迭代地更新参数，可以使整体网络的误差最小化。

梯度下降算法的参数更新公式如下：

$$\theta_{t+1} = \theta_t - \eta \cdot \nabla J(\theta_t)$$

其中，η 是学习率，θ_t 是第 t 轮的参数，$J(\theta_t)$ 是损失函数，$\nabla J(\theta_t)$ 是梯度。

为了简便，常令 $g_t = \nabla J(\theta_t)$，所以梯度下降算法可以表示为：

$$\theta_{t+1} = \theta_t - \eta \cdot g_t$$

该算法在损失函数的梯度上迭代地更新权重参数，直至达到最小值。换句话说，我们沿着损失函数的斜坡方向下坡，直至到达山谷。梯度下降算法的基本思想大致如图 2-7 所示。

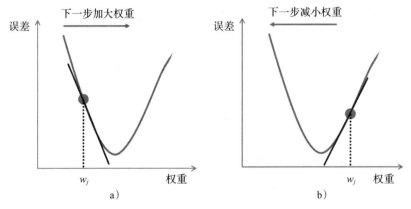

图 2-7   梯度下降算法的基本思想

从图 2-7 可知，如果偏导数为负，则增加权重（见图 2-7a），如果偏导数为正，则减少权重（见图 2-7b）。

梯度下降算法中一个重要的参数是步长，超参数学习率的值决定了步长的大小。如果学习率太小，必须经过多次迭代，算法才能收敛，这是非常耗时的。如果学习率太大，你将跳过最低点，到达山谷的另一面，可能下一次的值比这一次还要大，使得算法是发散的，函数值变得越来越大，永远不可能找到一个好的答案。如图 2-8 所示。

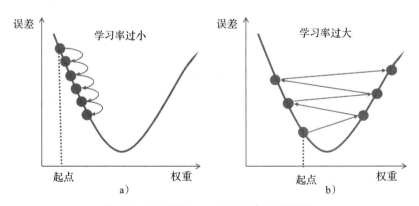

图 2-8   学习率过小或过大时的梯度下降

梯度下降算法有三种不同的形式：批量梯度下降（Batch Gradient Descent，BGD）、随机梯度下降（Stochastic Gradient Descent，SGD）以及小批量梯度下降（Mini-Batch Gradient Descent，MBGD）。其中，小批量梯度下降法也常用在深度学习中进行模型的训练。接下来，我们将详细介绍这三种不同的梯度下降算法。

1. 批量梯度下降算法

批量梯度下降是最原始的形式，是指在每一次迭代时使用所有样本来进行梯度的更新。批量梯度下降算法的优点如下：

- ❑ 一次迭代是对所有样本进行计算，此时利用矩阵进行操作，实现了并行。
- ❑ 由全部数据集确定的方向能够更好地代表样本总体，从而更准确地朝向极值所在的方向。当目标函数为凸函数时，批量梯度下降算法一定能够得到全局最优。

批量梯度下降算法的主要缺点是，当样本数目很大时，每迭代一次都需要对所有样本进行计算，训练过程会很慢。

为了便于理解，这里我们使用只含有一个特征的线性回归 $y = 3x + 4 + \varepsilon$，并使用批量梯度下降算法求解。本例中我们使用三个不同的学习率进行 1000 次迭代得到最优模型。图 2-9 展示了三个不同学习率进行批量梯度下降的前 10 次迭代的结果（实线是最优拟合直线，代码见本书的代码资源中的 gradient_descent.R）。

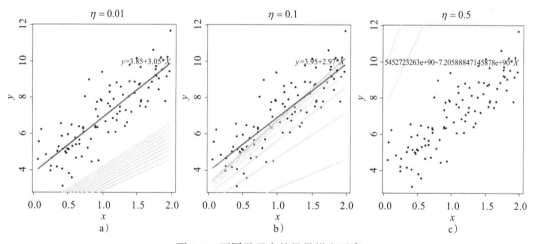

图 2-9 不同学习率的批量梯度下降

从图 2-9 可知，图 2-9a 的学习率是最小的，算法在经过 10 次迭代后几乎不能求出最后的结果，而且会花费大量的时间。图 2-9b 的学习率表现得不错，在经过 10 次迭代后几乎能找到不错的拟合直线。图 2-9c 的学习率太大了，算法是发散的，跳过了所有的训练样本，同时每一次迭代都离正确的结果更远。

2. 随机梯度下降算法

随机梯度下降算法不同于批量梯度下降算法，是每次迭代只使用一个样本来对参数进行更新，加快训练速度。

随机梯度下降算法的优点如下：

由于损失函数不是基于全部训练数据，而是在每次迭代中随机优化某一条训练数据，使得每一次参数的更新速度大大加快。

缺点如下：

❑ 准确率下降，即使在目标函数为强凸函数的情况下，随机梯度下降算法仍旧无法做到线性收敛。

❑ 可能会收敛到局部最优，因为单个样本并不能代表全体样本的趋势。

❑ 不易于并行实现。

虽然随机性可以很好地跳过局部最优值，但它却不能达到最小值。解决这个难题的一个办法是逐渐降低学习率。开始时，走的每一步较大（这有助于在快速前进的同时跳过局部最小值），然后越来越小，从而使算法达到全局最小值。决定每次迭代的学习率的函数称为 learning_schedule。如果学习速度降低得过快，你可能会陷入局部最小值，甚至在达到最小值的半路就停止了。如果学习速度降低得太慢，你可能在最小值的附近长时间摆动，同时如果过早停止训练，最终只会出现次优解。

下面的代码使用一个简单的 learning_schedule 来实现随机梯度下降，并绘制前 10 次迭代的拟合直线和最优直线（加粗实线）。结果如图 2-10 所示。

```
> # 随机梯度下降
> set.seed(100)
> m <- dim(X_b)[1]
> n_epochs <- 50
> t0 <- 5;t1 <- 50 # learning_schedule 的超参数
> learning_schedule <- function(t){
+    return(t0/(t+t1))
+ }
> theta <- rnorm(2)
>
> plot(X,y,col='blue',pch=16,main = "Stochastic Gradient Descent")
>
> for(epoch in 1:n_epochs){
+    for (i in 1:m){
+    if (epoch==1 & i <=10){
+        y_predict <- theta[1] + theta[2]*X
+        lines(X,y_predict,col='green',lwd=1)
+    }
+    random_index <- sample(1:m,1)  # 随机抽取一个样本
+    xi <- X_b[random_index,]
+    yi <- y[random_index]
+    gradients  <- 2*xi %*% ((xi %*% theta) - yi)
+    eta <- learning_schedule(epoch*m + i)
+    theta <- theta - eta * gradients
+    }
```

```
+ }
> y_predict <- theta[1] + theta[2]*X
> lines(X,y_predict,col='red',lwd=2)
> text(2,10,pos = 2,font = 2,
+       labels = paste("y=",round(theta[1,1],2),"+",
+                       abs(round(theta[2,1],2)),"*X"))
```

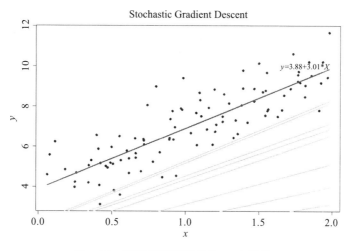

图 2-10　随机梯度下降的前 10 次迭代

3. 小批量梯度下降算法

小批量梯度下降算法是对批量梯度下降及随机梯度下降的一个折中办法。其思想是：每次迭代使用 batch_size 个样本来对参数进行更新。小批量梯度下降融合了批量梯度下降和随机梯度下降的优点，具体如下：

- ❑ 通过矩阵运算，每次在一个 batch 上优化神经网络参数并不会比单个数据慢太多。
- ❑ 每次使用一个 batch 可以大大减少收敛所需的迭代次数，同时可以使收敛到的结果更加接近梯度下降的效果。
- ❑ 可实现并行化。

2.2.2　自适应学习率算法

从上一小节可知，随机梯度下降算法有如下几个缺点。

- ❑ 很难选择合适的学习率，太大或太小都不合适。
- ❑ 相同的学习率不应该适用于所有的参数更新。
- ❑ 随机梯度下降容易被鞍点困住。

为了更有效地训练模型，比较合理的一种做法是，对每个参与训练的参数设置不同的学习率，在整个学习过程中通过一些算法自动适应这些参数的学习率。常用的自适应学习率算法有 AdaGrad、RMSProp、Adam 等。下面介绍这些算法的原理及 Keras 实现。

1. 算法基本原理

（1）AdaGrad

AdaGrad（Adaptive Gradient Algorithm，自适应梯度算法）能够独立地适应所有模型参数的学习率，当参数的损失偏导值比较大时，应该有一个比较大的学习率；而当参数的损失偏导值比较小时，应该有一个比较小的学习率。因此，对于稀疏的数据，AdaGrad 的表现很好，能很好地提高随机梯度下降算法（SGD）的鲁棒性。

首先设全局学习率为 η，初始化的参数为 ω，一个为了维持数值稳定性而添加的常数 ϵ，例如 10^{-7}，以及一个使用梯度按元素平方的累加变量 r，并将其中每个元素初始化为 0。在每次迭代中，首先计算小批量梯度 g，然后将该梯度按元素计算平方和后累加到变量 r 中。算法将循环执行以下步骤，在没有达到停止条件前不会停止。

1）从训练数据集中取出包含 m 个样本的小批量数据 $\{x_1, x_2, \cdots, x_m\}$，数据对应的目标值用 y_i 表示。在小批量数据的基础上按照以下公式计算梯度：

$$g \leftarrow \frac{1}{m} \sum_i L(f(x_i, \omega), y_i)$$

2）计算累积平方梯度，并刷新 r：

$$r \leftarrow r + g \odot g$$

3）计算参数的更新量：

$$\Delta \omega = -\frac{\eta}{\sqrt{r + \epsilon}} \odot g$$

4）根据 $\Delta \omega$ 更新参数：

$$\omega \leftarrow \omega + \Delta \omega$$

在该算法中，每个参数的 $\Delta \omega$ 都反比于其所有梯度历史平方值总和的平方根（$\sqrt{r + \epsilon}$），可以实现独立适应所有模型参数的学习率的目的。AdaGrad 算法在某些深度学习模型上能获得很不错的效果，但这并不能代表该算法能够适应所有模型。由于 r 一直在累加按元素平方的梯度，每个元素的学习率在迭代过程中一直在降低或不变，所以在某些情况下，当学习率在迭代早期降得较快且当前解仍不理想时，AdaGrad 在迭代后期可能较难找到一个有用的解。

（2）RMSProp

为了解决 Adagrad 学习率急剧下降的问题，Geoff Hinton 于 2012 年提出了一种自适应学习率的 RMSProp 算法。RMSProp 算法采用指数衰减的方式淡化了历史对当前步骤参数更新量 $\Delta \omega$ 的影响。指数加权移动平均旨在消除梯度下降中的摆动。若某一维度的导数比较大，则指数加权平均就大；若某一维度的导数比较小，则其指数加权平均就小。这样保证了各维度导数都在一个量级，进而减少了摆动。相比于 AdaGrad，RMSProp 算法中引入了一个新的参数 ρ，用于控制历史梯度值的衰减速率。算法步骤如下。

1）从训练数据集中取出包含 m 个样本的小批量数据 $\{x_1, x_2, \cdots, x_m\}$，数据对应的目标值用 y_i 表示。在小批量数据的基础上按照以下公式计算梯度：

$$g \leftarrow \frac{1}{m} \sum_i L(f(x_i, \omega), y_i)$$

2）计算累积平方梯度，并刷新 r：

$$r \leftarrow \rho r + (1 - \rho)g \odot g$$

3）计算参数的更新量：

$$\Delta\omega = -\frac{\eta}{\sqrt{r + \epsilon}} \odot g$$

4）根据 $\Delta\omega$ 更新参数：

$$\omega \leftarrow \omega + \Delta\omega$$

需要强调的是，RMSProp 只在 AdaGrad 的基础上修改了变量 r 的更新方法，即把累加改成了指数的加权移动平均，因此，每个元素的学习率在迭代过程中既可能降低又可能升高。大量的实际情况证明，RSMProp 算法在优化深度神经网络时有效且实用。

（3）Adam

Adam 算法（Adaptive Moment Estimation）是一种在 RMSProp 算法的基础上进一步改良的自适应学习率的优化算法。Adam 是一个组合了动量法（Momentum）和 RMSProp 的优化算法，通过动量法加速收敛，并通过学习率衰减自动调整学习率。

Adam 算法会使用一个动量变量 v 和一个 RMSProp 中梯度按元素的指数加权移动平均的变量 r，并将它们的每个元素初始化为 0；矩估计的指数衰减速率为 ρ_1 和 ρ_2（ρ_1 和 ρ_2 在区间 [0,1] 内，通常设置为 0.9 和 0.999）；以及一个时间步 t，初始化为 0。算法步骤如下：

1）从训练数据集中取出包含 m 个样本的小批量数据 $\{x_1, x_2, \cdots, x_m\}$，数据对应的目标值用 y_i 表示。在小批量数据的基础上按照以下公式计算梯度：

$$g \leftarrow \frac{1}{m} \sum_i L(f(x_i, \omega), y_i)$$

2）刷新时间步：

$$t \leftarrow t + 1$$

3）对梯度做指数加权移动平均并计算动量变量 v：

$$v \leftarrow \rho_1 v + (1 - \rho_1)g$$

对偏差进行修正：

$$\hat{v} \leftarrow \frac{v}{1 - \rho_1^t}$$

4）对梯度按元素平方后做指数加权移动平均并计算 r：

$$r \leftarrow \rho_2 r + (1 - \rho_2)g \odot g$$

对偏差进行修正：

$$\hat{r} \leftarrow \frac{r}{1 - \rho_2^t}$$

5）计算参数的更新量：

$$\Delta\omega = -\eta \frac{\hat{s}}{\sqrt{\hat{r} + \epsilon}}$$

6）根据 $\Delta\omega$ 更新参数：

$$\omega \leftarrow \omega + \Delta\omega$$

Adam 将 Momentum 和 RMSProp 算法的优点集于一身，在现实中应用更广泛。

2. Keras 优化器

Keras 内置了多种优化器，可以轻松实现随机梯度下降、各种自适应学习率算法的函数，下面逐一介绍。

（1）optimizer_sgd()

optimizer_sgd() 函数实现随机梯度下降算法，支持动量优化，学习率衰减（每次参数更新后）、Nestrov 动量（NAG）优化。其形式为：

```
optimizer_sgd(lr = 0.01, momentum = 0, decay = 0, nesterov = FALSE,
              clipnorm = NULL, clipvalue = NULL)
```

各参数描述如下。
- lr：大于 0 的浮点数，学习率。
- momentum：大于 0 的浮点数，动量参数。
- decay：大于 0 的浮点数，每次参数更新后学习率的衰减值。
- nesterov：布尔型，是否使用 Nesterov 动量。

（2）optimizer_rmsprop()

optimizer_rmsprop() 函数实现 RMSProp 优化器。RMSProp 通过引入一个衰减系数，让 r 每回合都衰减一定比例，类似于 Momentum 中的做法，通常是面对递归神经网络时的一个良好选择。除学习率可调整外，建议保持优化器的其他默认参数不变。其形式为：

```
optimizer_rmsprop(lr = 0.001, rho = 0.9, epsilon = NULL, decay = 0,
                  clipnorm = NULL, clipvalue = NULL)
```

各参数描述如下。
- lr：大于 0 的浮点数，学习率。
- rho：大于 0 的浮点数，RMSProp 梯度平方的移动均值的衰减率。
- epsilon：大于 0 的浮点数，若为 NULL，默认为 K.epsilon()。
- decay：大于 0 的浮点数，每次参数更新后学习率的衰减值。

（3）optimizer_adagrad()

optimizer_adagrad() 函数实现 AdaGrad 优化器。AdaGrad 是一种具有特定参数学习率的优化器。它根据参数在训练期间的更新频率进行自适应调整。建议使用优化器的默认参数。其形式为：

```
optimizer_adagrad(lr = 0.01, epsilon = NULL, decay = 0,
                  clipnorm = NULL, clipvalue = NULL)
```

各参数描述如下。

❑ lr：大于 0 的浮点数，学习率。

❑ epsilon：大于 0 的浮点数，若为 NULL，默认为 K.epsilon()。

❑ decay：大于 0 的浮点数，每次参数更新后学习率的衰减值。

（4）optimizer_adadelta()

optimizer_adadelta() 函数实现 Adadelta 优化器。Adadelta 是 AdaGrad 的一个具有更强鲁棒性的扩展版本。该方法仅利用一阶信息动态地适应时间的变化，并且计算开销比一般的随机梯度下降算法要小。它不需要人工调整学习率，对噪声梯度信息、不同的模型结构选择、不同的数据模式和超参数选择具有鲁棒性。建议使用优化器的默认参数。其形式为：

```
optimizer_adadelta(lr = 1, rho = 0.95, epsilon = NULL, decay = 0,
                   clipnorm = NULL, clipvalue = NULL)
```

各参数描述如下。

❑ lr：大于 0 的浮点数，学习率，建议保留默认值。

❑ rho：大于 0 的浮点数，Adadelta 梯度平方移动均值的衰减率。

❑ epsilon：大于 0 的浮点数，若为 None，默认为 K.epsilon()。

❑ decay：大于 0 的浮点数，每次参数更新后学习率的衰减值。

（5）optimizer_adam()

optimizer_adam() 实现 Adam 优化器。Adam 本质上是带有动量项的 RMSProp，它利用梯度的一阶矩估计和二阶矩估计动态调整每个参数的学习率。Adam 的优点主要在于经过偏置校正后，每一次迭代学习率都有确定的范围，使得参数比较平稳。该优化器的默认值来源于参考文献。其形式为：

```
optimizer_adam(lr = 0.001, beta_1 = 0.9, beta_2 = 0.999,
               epsilon = NULL, decay = 0, amsgrad = FALSE, clipnorm = NULL,
               clipvalue = NULL)
```

各参数描述如下。

❑ lr：大于 0 的浮点数，学习率，建议保留默认值。

❑ beta_1|beta_2：0<beta<1，通常接近于 1。

❑ epsilon：大于 0 的浮点数，若为 NULL，默认为 K.epsilon()。

❑ decay：大于 0 的浮点数，每次参数更新后学习率的衰减值。

❑ amsgrad：布尔型，是否应用此算法的 AMSGrad 变种。

此外，还有 optimizer_adamax() 函数实现 Adamax 优化器。它是 Adam 算法基于无穷范数（infinity norm）的变种，参数默认遵循论文中提供的值。optimizer_nadam() 函数实现 Nesterov 版本的 Adam 优化器，正如 Adam 本质上是 Momentum 与 RMSProp 的结合，Nadam 是采用 Nesterov Momentum 版本的 Adam 优化器。建议使用优化器的默认参数。

2.3　防止模型过拟合

深度学习模型的核心任务是使我们的算法能够在新的、未知的数据上表现良好，而不只是在训练集上表现良好。这种在新数据上的表现能力称为算法的泛化能力（generalization），而深度学习模型的建模关键点就是提高模型的泛化能力。

2.3.1　过拟合与欠拟合

简单来说，如果一个模型在测试集（testing set）上表现得与在训练集（training set）上一样好，我们就说这个模型的泛化能力很好；如果模型在训练集上表现良好，但在测试集上表现一般，就说明这个模型的泛化能力不好。

从误差的角度来说，泛化能力差就是指测试误差（testing error）比训练误差（training set）要大很多的情况，所以我们常常采用训练误差、测试误差来判断模型的拟合能力，这也是测试误差常常被称为泛化误差（generalization error）的原因。机器学习的目的就是降低泛化误差。

我们在训练模型的时候有两个目标：

1）降低训练误差，寻找针对训练集最佳的拟合曲线；

2）缩小训练误差和测试误差的差距，增强模型的泛化能力。

这两个目标对应机器学习中的两大问题：欠拟合（underfitting）与过拟合（overfitting）。两者的定义如下。

❑ 欠拟合是指模型在训练集与测试集上表现都不好的情况，此时，训练误差、测试误差都很大。欠拟合也被称为高偏差（bais），即我们建立的模型拟合与预测效果较差。

❑ 过拟合是指模型在训练集上表现良好，但在测试集上表现不好的情况，此时，训练误差很小，测试误差很大，模型泛化能力不足。过拟合也被称为高方差（variance）。

我们随机创建 20 个符合 $y = \frac{1}{2}x^2 + x + \varepsilon$ 的点，分别用一次多项式回归、二次多项式回归和十次多项式回归去拟合数据。拟合结果如图 2-11 所示（代码见本书代码资源中的 underfitting_overFitting.R）。

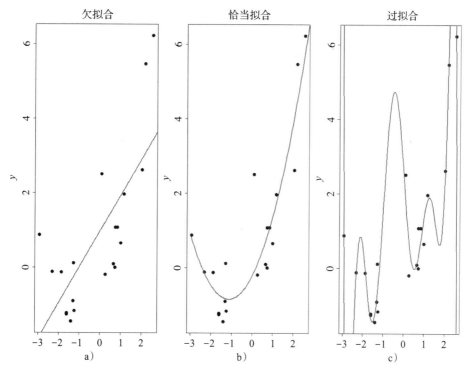

图 2-11　不同算法拟合训练数据集的效果

其中，图 2-11a 使用了一次多项式去拟合数据，出现了欠拟合现象；而图 2-11c 用了十次多项式去拟合数据，虽然函数穿过了绝大部分数据，但如果我们对新数据进行拟合时，该函数就会出现较大的误差，即发生过拟合现象。

2.3.2　正则化的方法

当我们使用数据训练模型的时候，很重要的一点就是要在欠拟合和过拟合之间达到一个平衡。对于欠拟合问题，可以不断尝试各种合适的算法，优化算法中的参数调整，以及通过数据预处理等特征工程找到模型拟合效果最优化的结果。而当模型过拟合的情况发生时，可以通过添加更多的数据、模型加入提前终止条件、控制解释变量等手段降低模型的拟合能力，提高模型的泛化能力。

控制解释变量个数的方法有很多，例如变量选择（feature selection），即用 filter 或 wrapper 方法提取解释变量的最佳子集，或者进行变量构造（feature construction），即将原始变量进行某种映射或转换，如主成分方法和因子分析。变量选择的方法是比较"硬"的方法，变量要么进入模型，要么不进入模型，只有 0、1 两种选择。但也有"软"的方法，也就是正则化，即可以保留全部解释变量，且每一个解释变量或多或少都对模型预测有些许影响，例如岭回归（ridge regression）和套索方法（Least Absolute Shrinkage and Selection Operator，

LASSO）。

岭回归和 LASSO 回归是线性回归算法正则化的两种常用方法。两者的区别在于：引入正则化的形式不同。

岭回归是在模型的目标函数上添加 L2 正则化（也称为惩罚项），故岭回归模型的目标函数可以表示成：

$$J(\beta) = \sum_{i=1}^{m}\left(y_i - \sum_{j=0}^{p}\beta_j x_{ij}\right)^2 + \lambda\sum_{j=1}^{p}\beta_j^2, \ \lambda \geq 0$$

LASSO 回归采用了 L1 正则的惩罚项。LASSO 是在目标函数 $J(\beta)$ 中增加参数绝对值和的正则项，如下所示：

$$J(\beta) = \sum_{i=1}^{m}\left(y_i - \sum_{j=0}^{p}\beta_j x_{ij}\right)^2 + \lambda\sum_{j=1}^{p}|\beta_j|, \ \lambda \geq 0$$

Keras 内置了 regularizer_l1(l = 0.01) 函数实现 L1 正则化；regularizer_l2(l = 0.01) 函数实现 L2 正则化；regularizer_l1_l2(l1 = 0.01, l2 = 0.01) 函数实现介于 L1 和 L2 之间的弹性网络正则化。

2.3.3　数据拆分

除了上一小节在目标函数中引入正则化的方法外，也可以用对数据集进行拆分后建模的方法来防止模型过拟合，包括训练集、验证集、测试集的引入，K 折交叉验证等。

1. 训练集、验证集、测试集的引入

在模型的训练过程中可以引入验证集策略来防止模型的过拟合，即将数据集分为 3 个子集：训练集（用来训练模型）、验证集（用来验证模型效果，帮助模型调优）和测试集（用来测试模型的泛化能力，避免模型过拟合）。该模型的训练过程如图 2-12 所示。

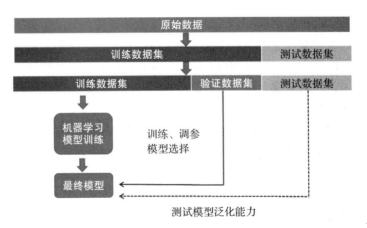

图 2-12　三分数据训练示意图

　　我们可以在数据划分时一次性将原始数据划分为训练集、验证集和测试集；也可以将原始数据划分为训练集和测试集，而不划分验证集。比如深度学习在模型训练阶段，通过指定 fit 方法中参数 validation_split 的值，将训练集按照相应比例拆分出验证集来调优模型。

2. K 折交叉验证

　　K 折交叉验证是采用某种方式将数据集切分为 k 个子集，每次采用其中的一个子集作为模型的测试集，余下的 k–1 个子集用于模型训练；这个过程重复 k 次，每次选取不同的子集作为测试集，直到每个子集都测试过；最终将 k 次测试结果的均值作为模型的效果评价。显然，交叉验证结果的稳定性很大程度取决于 k 的取值。k 常用的取值是 10，此时称为 10 折交叉验证。下面给出 10 折交叉验证的示意图，如图 2-13 所示。

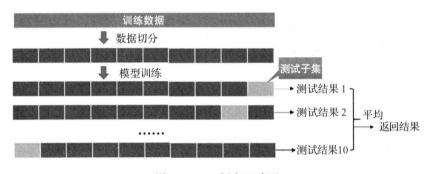

图 2-13　10 折交叉验证

　　K 折交叉验证在切分数据集时有多种方式，其中最常用的一种方式是随机不放回抽样，即随机地将数据集平均切分为 k 份，每份都没有重复的样例。另一种常用的切分方式是分层抽样，即按照因变量类别的百分比划分数据集，使每个类别百分比在训练集和测试集中一样。

2.3.4　Dropout

　　Dropout（辍学）是 Srivastava 等人在 2014 年的一篇论文中提出的针对神经网络的正则化方法。Dropout 是在深度学习训练中较为常用的方法，主要用于克服过拟合现象。Dropout 的思想是在训练过程中，随机地忽略部分神经元。比如可以在其中某些层上临时关闭一些神经元，让它们在正向传播过程中对下游神经元的贡献效果暂时消失，在反向传播时也不会有任何权值的更新，而在下一轮训练的过程中再临时关闭一些神经元，原则上都是随机性的。如图 2-14 所示。

　　这样一来，每次训练其实相当于网络的一个子网络或者子模型。这个想法很简单，会在每个 epoch（训练周期）得到较弱的学习模型。弱模型本身具有较低的预测能力，然而许多弱模型的预测可以被加权并组合为具有更强预测能力的模型。

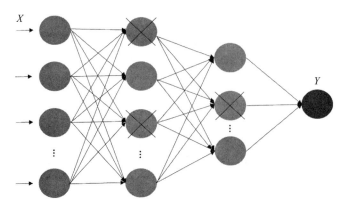

图 2-14   深度学习中随机 Dropout

2.4   综合实例：电信流失用户预测

本节选择 telecom churn 数据集作为样例数据源，包含训练集（churnTrain）和测试集（churnTest）两部分，数据属性均为 20，churnTrain 有 3333 个样本，churnTest 有 1667 个样本。我们利用深度学习建立一个分类模型来判断电信公司的顾客是否会流失，因为争取一个新顾客的成本显然要高于维护一个老顾客的成本，因此预测的结果对电信公司是非常重要的。

2.4.1   数据预处理

在构建分类模型之前，需要对数据进行预处理。将 churn 数据集从 C50 扩展包中加载到 R 会话内。我们可以删除 state、area_code 和 account_length 属性，因为这 3 个属性对分类特征没有贡献。

```
> ###   加载 churn 数据集 ###
> if(!require(C50)) install.packages("C50")
> data(churn)
> ###   数据预处理 ###
> # 删除 state、area_code 和 account_length 属性
> churnTrain <- churnTrain[,!colnames(churnTrain) %in% c('state','account_
    length','area_code')]
> churnTest <- churnTest[,!colnames(churnTest) %in% c('state','account_
    length','area_code')]
```

深度学习只能接收数值型矩阵或者数据框，所以我们需要对字符型变量的因子水平进行转换。international_plan、voice_mail_plan、churn 属性属于字符型变量，因子水平均为 yes、no。我们常用两种方法进行转换：第一种是直接用数字替换各属性中的类别，另一种是采用独热编码的方式生成只含 0/1 的数值型变量。因为这 3 个属性均为二分类，我们直接

用第一种方式进行转换。

```
> # 将 international_plan、voice_mail_plan、churn 属性中的 yes 转换为 1, no 转换为 0
> cat_var <- c('international_plan','voice_mail_plan', 'churn')
> churnTrain[cat_var] <- apply(churnTrain[cat_var],2,function(x)
    {ifelse(x=='yes',1,0)})
> churnTest[cat_var] <- apply(churnTest[cat_var],2,function(x)
    {ifelse(x=='yes',1,0)})
```

现在，churnTrain 和 churnTest 数据集的 17 个属性均为数值型。接下来，我们先将数据集拆分为输入变量 x 和输出变量 y。

```
> # 划分自变量 x 和因变量 y
> x_train <- as.matrix(churnTrain[,colnames(churnTrain) != 'churn'])
> x_test <- as.matrix(churnTest[,colnames(churnTest) != 'churn'])
> y_train <- churnTrain$churn
> y_test <- churnTest$churn
```

因为输入变量各属性间数据差异比较大，对深度学习模型效果会造成影响，所以在入模前需要对各属性进行数据标准化处理。需要注意的是，我们需要先对训练集进行标准化处理，再利用训练集中各均值和标准差对测试集进行标准化处理。

```
> # 对训练集进行标准化
> x_train_scale <- scale(x_train)
> # 利用训练集的均值和标准差对测试集进行标准化
> col_means_train_scale <- attr(x_train_scale,"scaled:center")
> col_std_train_scale <- attr(x_train_scale,"scaled:scale")
> x_test_scale <- scale(x_test,center = col_means_train_scale,
+                       scale = col_std_train_scale)
```

至此，构建分类模型之前的数据预处理工作均已完成。接下来，我们先构建简单的深度学习模型，对比各种优化器的评估效果。

2.4.2 选择优化器

我们构建 1 个简单的序贯型全连接神经网络模型，仅包含 1 个隐藏层，隐藏层的神经元数量为 8，激活函数使用 ReLU；输出层含一个神经元，激活函数使用 Sigmoid。在编译模型时，损失函数选择 binary_crossentropy，评价指标为 accuracy。在训练模型时，我们将训练集拆分，其中 20% 作为验证集。最后利用测试集数据对训练好的模型进行性能评估。实现以上步骤的自定义函数代码如下。

```
> library(keras)
> trainProcess <- function(optimizer){
+   model <- keras_model_sequential()
+   model %>%
+     layer_dense(units = 8,kernel_initializer = 'uniform',
+                 activation = 'relu',input_shape = c(16)) %>%
```

```
+        layer_dense(units = 1,kernel_initializer = 'uniform',
+                    activation = 'sigmoid')
+    model %>% compile(loss='binary_crossentropy',
+                      optimizer=optimizer,
+                      metrics=c('accuracy'))
+    history <- model %>% fit(
+      x_train_scale, y_train,
+      batch_size = 10,
+      epochs = 20,
+      verbose = 0,
+      validation_split = 0.2
+    )
+    score <- model %>% evaluate(x_test_scale,y_test)
+    return(score)
+ }
```

接下来，我们使用 SGD、RMSProp、AdaGrad、Adadelta 和 Adam 优化器对模型进行训练，并把测试集的评估结果保存在数据框 compare_cx 中。

```
> # SGD 优化器、RMSProp 优化器、Adagrad 优化器、Adadelta 优化器、Adam 优化器
> optimizer <- c('sgd','rmsprop','adagrad','adadelta','adam')
> compare_cx <- data.frame(row.names = c('optimizer','loss','accuracy'))
> for(i in 1:length(optimizer)){
+     score <- trainProcess(optimizer = optimizer[i])
+     df <- data.frame('optimizer' = optimizer[i],
+                      'loss' = score$loss,
+                      'accuracy' = score$accuracy)
+   compare_cx <- rbind(compare_cx,df)
+ }
> compare_cx
  optimizer      loss  accuracy
1       sgd 0.3115297 0.8656269
2   rmsprop 0.2534245 0.9022195
3   adagrad 0.5433109 0.8656269
4  adadelta 0.6849092 0.8656269
5      adam 0.2550192 0.8890222
```

对比 5 个优化器建立的分类模型对测试集的评估结果，表现最好的是 RMSProp 优化器，其在测试集上预估的损失值最小，准确率最高。接下来，我们选择 RMSProp 优化器进行下一步工作。

2.4.3 增加内部隐藏层神经元数量

上一小节只是构建了一个隐藏层，神经元数量为 8，但经过 20 次迭代后就能达到 90% 的准确率，实属不易。现在，让我们将全连接神经网络模型的隐藏层数量扩展到 3 个，且第 1 个隐藏层的神经元数量为 32，第 2 个隐藏层的神经元数量为 16，第 3 个隐藏层的神经元数量为 8。最后在训练模型时将训练周期设为 100。

```
> model <- keras_model_sequential()
> model %>%
+   layer_dense(units = 32,kernel_initializer = 'uniform',
+               activation = 'relu',input_shape = c(16)) %>%
+   layer_dense(units = 16,kernel_initializer = 'uniform',
+               activation = 'relu') %>%
+   layer_dense(units = 8,kernel_initializer = 'uniform',
+               activation = 'relu') %>%
+   layer_dense(units = 1,kernel_initializer = 'uniform',
+               activation = 'sigmoid')
> model %>% compile(loss='binary_crossentropy',
+                   optimizer='rmsprop',
+                   metrics=c('accuracy'))
> history <- model %>% fit(
+   x_train_scale, y_train,
+   batch_size = 128,
+   epochs = 100,
+   verbose = 0,
+   validation_split = 0.2
+ )
> score <- model %>% evaluate(x_test_scale,y_test)
> score
$loss
[1] 0.1994061

$accuracy
[1] 0.934613
```

由结果可知，当加大神经网络的拓扑结构后，模型的预测能力有了一定程度的提升。
RMSProp 优化器建立的分类模型对测试集评价的损失值从 0.253 下降到 0.199，准确率从
0.902 上升到 0.934。

2.4.4　采用正则化避免过拟合

假设我们还想进一步提升模型的预测能力，希望通过下面更复杂的神经网络模型来实
现。模型训练好后，通过 plot() 函数查看每一个训练周期的训练集和验证集的损失值和准确
率。结果如图 2-15 所示。

```
> bigger_model <- keras_model_sequential()
> bigger_model %>%
+   layer_dense(units = 128,kernel_initializer = 'uniform',
+               activation = 'relu',input_shape = c(16)) %>%
+   layer_dense(units = 64,kernel_initializer = 'uniform',
+               activation = 'relu') %>%
+   layer_dense(units = 32,kernel_initializer = 'uniform',
+               activation = 'relu') %>%
+   layer_dense(units = 16,kernel_initializer = 'uniform',
+               activation = 'relu') %>%
```

```
+    layer_dense(units = 8,kernel_initializer = 'uniform',
+            activation = 'relu') %>%
+    layer_dense(units = 4,kernel_initializer = 'uniform',
+            activation = 'relu') %>%
+    layer_dense(units = 1,kernel_initializer = 'uniform',
+            activation = 'sigmoid')
> bigger_model %>% compile(loss='binary_crossentropy',
+                    optimizer='rmsprop',
+                    metrics=c('accuracy'))
> history <- bigger_model %>% fit(
+    x_train_scale, y_train,
+    batch_size = 128,
+    epochs = 150,
+    verbose = 1,
+    validation_split = 0.2
+ )
> plot(history)
```

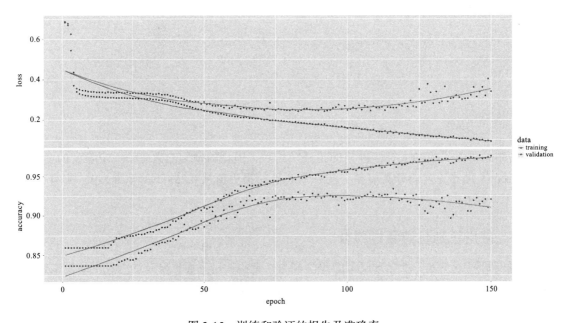

图 2-15   训练和验证的损失及准确率

从图 2-15 可知，随着训练周期增加，训练集的损失不断减少，准确率不断提升；但是验证集在训练周期大于 60 后，损失不断增加，准确率也有所下降。出现明显过拟合现象。

我们利用 L2 正则化重新训练一个模型，并对比两者差异。结果如图 2-16 所示。

```
> # 增加 L2 正则化
> l2_model <- keras_model_sequential()
> l2_model %>%
+    layer_dense(units = 128,kernel_initializer = 'uniform',
```

```
+            kernel_regularizer = regularizer_l2(l = 0.001),
+            activation = 'relu',input_shape = c(16)) %>%
+  layer_dense(units = 64,kernel_initializer = 'uniform',
+            kernel_regularizer = regularizer_l2(l = 0.001),
+            activation = 'relu') %>%
+  layer_dense(units = 32,kernel_initializer = 'uniform',
+            kernel_regularizer = regularizer_l2(l = 0.001),
+            activation = 'relu') %>%
+  layer_dense(units = 16,kernel_initializer = 'uniform',
+            kernel_regularizer = regularizer_l2(l = 0.001),
+            activation = 'relu') %>%
+  layer_dense(units = 8,kernel_initializer = 'uniform',
+            kernel_regularizer = regularizer_l2(l = 0.001),
+            activation = 'relu') %>%
+  layer_dense(units = 4,kernel_initializer = 'uniform',
+            kernel_regularizer = regularizer_l2(l = 0.001),
+            activation = 'relu') %>%
+  layer_dense(units = 1,kernel_initializer = 'uniform',
+            activation = 'sigmoid')
>
> l2_model %>% compile(loss='binary_crossentropy',
+                    optimizer='rmsprop',
+                    metrics=c('accuracy'))
> l2_history <- l2_model %>% fit(
+  x_train_scale, y_train,
+  batch_size = 128,
+  epochs = 150,
+  verbose = 0,
+  validation_split = 0.2
+)
> # 对比两个模型效果
> library(ggplot2)
> library(tidyr)
> library(dplyr)
> library(tibble)
> compare_cx <- data.frame(
+  baseline_train = history$metrics$loss,
+  baseline_val = history$metrics$val_loss,
+  l2_train = l2_history$metrics$loss,
+  l2_val = l2_history$metrics$val_loss
+ ) %>%
+  rownames_to_column() %>%
+  mutate(rowname = as.integer(rowname)) %>%
+  gather(key = "type", value = "value", -rowname)
> ggplot(compare_cx, aes(x = rowname, y = value, color = type)) +
+  geom_line() +
+  xlab("epoch") +
+  ylab("loss") +
+  theme_bw()+
+  theme(
+    legend.position="none",
```

```
+      plot.title=element_text(colour="gray24",size=12,face="bold"),
+      plot.background = element_rect(fill = "gray90"),
+      axis.title=element_text(size=10),
+      axis.text=element_text(colour="gray35"))
```

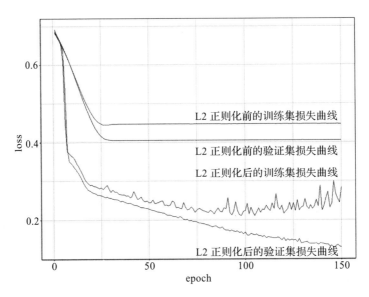

图 2-16   正则化前后效果对比

图 2-16 中靠下的两条线分别是增加 L2 正则化后的训练集和验证集的损失曲线。在训练周期后期两条曲线的差异明显小于上面两条曲线。

2.5 本章小结

本章首先介绍了神经网络的基础知识，包括神经元、常用激活函数和损失函数；接着介绍了梯度下降算法、自适应学习率算法及 Keras 实现；然后介绍了几种常用避免模型过拟合的方法。最后通过一个综合实例介绍了如何对 telecom churn 数据集进行数据预处理及建模，并通过各种技巧寻找较优模型。

第3章

如何用 Keras 开发深度学习模型

通过前两章的学习，我们知道在 R 语言中使用 Keras 创建和评估深度学习神经网络非常容易，但必须遵循严格的模型生命周期。在本章中，你将了解在 Keras 中创建、训练和评估深度学习网络的过程，如何使用训练好的模型进行预测，并学习 Keras 的两种模型类型和模型可视化技术。

3.1 Keras 模型的生命周期

Keras 模型的生命周期包括以下 5 个阶段：定义网络、编译网络、训练网络、评估网络、做出预测。如图 3-1 所示。

图 3-1 Keras 模型生命周期的 5 个步骤

下面将结合泰坦尼克号上的旅客数据集，使用可以通过多个层堆叠并传递给 Sequential 的构建函数来创建序贯模型，并对每个步骤的实际操作进行讲解。

3.1.1 数据预处理

泰坦尼克号数据集共有 1309 个样本，11 个字段。各字段说明如表 3-1 所示。

表 3-1 字段说明

字　　段	字段说明	数据说明
pclass	舱等级	1= 头等舱，2= 二等舱，3= 三等舱

（续）

字　段	字段说明	数据说明
survived	是否生存	0= 否，1= 是
name	姓名	
sex	性别	female= 女性，male= 男性
age	年龄	
sibsp	手足或配偶也在船上的旅客数量	
parch	双亲或子女也在船上的旅客数量	
ticket	船票号码	
fare	旅客费用	
cabin	舱位号码	
embarked	登船港口	C=Cherbourg，Q=Queenstown，S=Southampton

经过数据预处理后会产生 feature（共有 9 个特征字段）与 label 标签字段（标明是否生存。1 为是，2 为否）。

首先，我们利用 readxl 包的 read_excel() 函数将数据集导入 R 语言中。由于字段 name（姓名）、ticket（船票号码）、cabin（舱位号码）与要预测的结果 survived（是否生存）关联不大，在数据导入后将删除这些字段。

```
> # 导入 titanic 数据集
> if(!require(readxl)) install.packages("readxl")
> titanic <- read_excel('../data/titanic3.xls')
> # 删除 name、ticket、cabin 字段
> titanic <- titanic[,!colnames(titanic) %in% c('name','ticket','cabin')]
> head(titanic,2)
# A tibble: 2 x 8
   pclass  survived  sex      age     sibsp    parch    fare     embarked
    <dbl>    <dbl>   <chr>    <dbl>   <dbl>    <dbl>    <dbl>    <chr>
1  1        1        female   29      0        0        211.     S
2  1        1        male     0.917   1        2        152.     S
```

利用 mice 包的 md.pattern() 函数查看各字段缺失值情况，如图 3-2 所示。

```
> # 查看各字段缺失值情况
> if(!require(mice)) install.packages("mice")
> md.pattern(titanic)
        pclass  survived  sex  sibsp  parch  fare  embarked  age
1043    1       1         1    1      1      1     1         1      0
263     1       1         1    1      1      1     1         0      1
2       1       1         1    1      1      0     1         1      1
1       1       1         1    1      1      0     1         1      1
        0       0         0    0      0      1     2         263    266
```

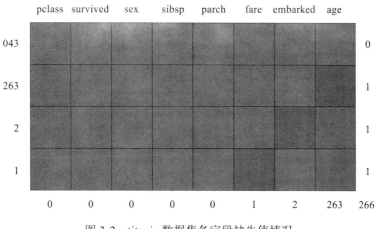

图 3-2　titanic 数据集各字段缺失值情况

从图 3-2 可知，字段 age 数据缺失的样本数为 263，fare 有 1 个样本数据缺失，embarked 有 2 个样本数据缺失。接下来我们对缺失数据进行插补。由于 age 和 fare 属于数值型变量，采用均值插补，embarked 属于字符型变量，采用类别水平随机插补。通过以下代码实现。

```
> # 缺失值插补
> titanic[is.na(titanic$age),'age'] <- mean(titanic$age,na.rm = T)
> titanic[is.na(titanic$fare),'fare'] <- mean(titanic$fare,na.rm = T)
> titanic[is.na(titanic$embarked),'embarked'] <- sample(unique(titanic$embarked),
+                                                         sum(is.na(titanic$embarked)),
+                                                         replace = T)
```

由于 sex 的因子水平为字符，所以必须转换为 0 与 1，这样后续才能进行深度学习训练，执行以下代码将 female 转换为 0，male 转换为 1。

```
> # 对 sex 进行重新编码处理
> titanic['sex'] <- ifelse(titanic$sex=='female',0,1)
```

现在，还剩 embarked 是字符型变量，通过以下代码对其进行独热编码转换。

```
> # 对 embarked 进行独热编码转换
> if(!require(caret)) install.packages("caret")
> dmy <- dummyVars(~.,data = titanic)
> titanic <- data.frame(predict(dmy,newdata = titanic))
```

利用 caret 包的 createDataPartition() 函数对清洗后的数据集按照字段 survived（是否生存）进行等比例拆分，其中 80% 作为训练集，剩下的 20% 作为测试集，并对训练集和测试集进行自变量（feature）和因变量（label）拆分。实现代码如下。

```
> # 数据拆分
> index <- createDataPartition(titanic$survived,p = 0.8,list = F)
> train <- titanic[index,] # 训练集
> test <- titanic[-index,] # 测试集
```

```
> x_train <- as.matrix(train[,colnames(train) != 'survived'])
> y_train <- train$survived
> x_test <- as.matrix(test[,colnames(test) !='survived'])
> y_test <- test$survived
```

注意，不同 feature 的取值范围不同，我们在训练模型前还需要对 feature 进行标准化处理。实现代码如下。

```
> # 数据标准化处理
> x_train_scale <- scale(x_train)
> col_means_train_scale <- attr(x_train_scale,"scaled:center")
> col_std_train_scale <- attr(x_train_scale,"scaled:scale")
> x_test_scale <- scale(x_test,center = col_means_train_scale,
+                       scale = col_std_train_scale)
```

到此已经完成数据的预处理，接下来我们就可以使用 Keras 建立深度学习网络、训练模型并进行预测了。

3.1.2 定义网络

构建深度学习网络的第一步是定义神经网络。神经网络在 Keras 中被定义为层序列。这些图层的容器是 Sequential 类。

首先创建 Sequential 类的实例，后续只需使用 layer_dense() 函数将各个神经网络层加入模型即可。

```
> library(keras)
> model <- keras_model_sequential()
```

深度学习网络由输入层、隐藏层和输出层三部分组成。此实例的数据集不大，这里建立只含有一个隐藏层的神经网络。以下代码使用 layer_dense() 将输入层与隐藏层加入全连接神经网络模型。全连接神经网络层的特色：上一层与下一层的所有神经元完全连接，且通过管道符号 %>% 进行连接。网络第一层必须定义预期的输入特征数量，可通过参数 input_shape 指定特征（feature）个数；参数 units 表示各层神经元数量；参数 kernel_initializer 表示权重（weight）和偏置（bias）的初始化值，此处用正态分布的随机数（normal distribution）来初始化；参数 activation 表示该层使用的激活函数，此处使用 ReLU 激活函数。

```
> model %>% layer_dense(units = 40,input_shape = c(9),
+                       kernel_initializer = 'normal',
+                       activation = 'relu')
```

使用下面的代码建立输出层，使用 layer_dense() 加入 Dense 神经网络层。因 label（是否生存）是二分类，故最后一层（输出层）采用 Sigmoid 激活函数。

```
> model %>% layer_dense(units = 1,activation = 'sigmoid')
```

通过 summary() 函数查看创建模型的摘要。执行以下代码，结果如图 3-3 所示。

```
> # 查看模型摘要
> summary(model)
```

```
Model: "sequential"
_____
Layer (type)                      Output Shape             Param #
=================================================================
dense (Dense)                     (None, 40)               400
_____
dense_1 (Dense)                   (None, 1)                41
=================================================================
Total params: 441
Trainable params: 441
Non-trainable params: 0
_____
```

图 3-3   查看创建模型的摘要

我们可以看到共有以下两层。

❑ 隐藏层：共 40 个神经元，因为输入层与隐藏层是一起建立的，所以没有显示输入层。

❑ 输出层：共 1 个神经元。

模型的摘要还有 Param 字段，是统计每一层的超参数，即我们需要通过反向传播算法更新神经元连接的权重与偏差。所以每一层 Param 的计算方式如下：

Param =（上一层神经元数量）×（本层的神经元数量）+（本层的神经元数量）

隐藏层的 Param 是 400，这是因为 $9 \times 40 + 40 = 400$。

输出层的 Param 是 41，这是因为 $40 \times 1 + 1 = 41$。

Trainable params 表示全部必须训练的超参数，是每一层的 Param 总和，计算方式如下：$400 + 41 = 441$。

通常，Trainable params 数值越大，代表此模型越复杂，需要更多时间进行训练。

除了使用 summary() 函数打印模型摘要外，我们还可以使用以下功能进一步检查模型：

❑ 使用 get_config() 函数返回一个包含模型配置的列表；

❑ 使用 get_layer() 函数返回图层配置；

❑ layers 属性可用于检索模型层的扁平列表；

❑ 可以使用 inputs 属性列出输入张量；

❑ 可以使用 outputs 属性检索输出张量。

具体实现代码如下所示。

```
> # 查看模型配置的列表
> get_config(model)
{'name': 'sequential', 'layers': [{'class_name': 'Dense', 'config': {'name':
    'dense', 'trainable': True, 'batch_input_shape': (None, 9), 'dtype':
    'float32', 'units': 40, 'activation': 'relu', 'use_bias': True, 'kernel_
    initializer': {'class_name': 'RandomNormal', 'config': {'mean': 0.0,
    'stddev': 0.05, 'seed': None}}, 'bias_initializer': {'class_name': 'Zeros',
```

```
                'config': {}}, 'kernel_regularizer': None, 'bias_regularizer': None,
                'activity_regularizer': None, 'kernel_constraint': None, 'bias_constraint':
                None}}, {'class_name': 'Dense', 'config': {'name': 'dense_1', 'trainable':
                True, 'dtype': 'float32', 'units': 1, 'activation': 'sigmoid', 'use_bias':
                True, 'kernel_initializer': {'class_name': 'GlorotUniform', 'config':
                {'seed': None}}, 'bias_initializer': {'class_name': 'Zeros', 'config': {}},
                'kernel_regularizer': None, 'bias_regularizer': None, 'activity_regularizer':
                None, 'kernel_constraint': None, 'bias_constraint': None}}]]
> # 返回图层配置
> get_layer(model,index = 1)
<tensorflow.python.keras.layers.core.Dense>
> # 查看模型层列表
> model$layers
[[1]]
<tensorflow.python.keras.layers.core.Dense>

[[2]]
<tensorflow.python.keras.layers.core.Dense>
> # 查看输入张量
> model$input
Tensor("dense_input:0", shape=(None, 9), dtype=float32)
> # 查看输出张量
> model$output
Tensor("dense_1/Identity:0", shape=(None, 1), dtype=float32)
```

3.1.3　编译网络

一旦我们定义了网络，在训练模型前就必须编译它。编译是提高效率的一个步骤。它将我们定义的简单图层序列转换为高效的矩阵变换序列，其应在 CPU 或 GPU 上都可执行，具体取决于 Keras 的配置方式。可以将编译视为网络的预计算步骤，定义模型后必须进行编译。我们使用 compile() 函数对训练模型进行设置，实现代码如下：

```
> model %>% compile(loss = 'binary_crossentropy',
+                   optimizer = 'adam',
+                   metrics = c('accuracy'))
```

compile() 函数需要输入下列参数。

❏ loss：设置损失函数，回归问题使用 mean_squared_error，二分类问题使用 binary_crossentropy，多分类问题使用 categorical_crossentropy。

❏ optimizer：设置训练时的优化器，本例使用 Adam 优化器。

❏ metrics：除了损失函数外，还可以在拟合模型时收集度量标准，通常，要收集的最有用的附加度量标准是分类问题的准确性。

3.1.4　训练网络

一旦网络结构编译完成，就可以进行模型训练了。这意味着在训练数据集上调整模型权重。训练网络需要指定训练数据，包括输入矩阵 X 和匹配输出数组 y。使用反向传播算法训练网络，并根据编译模型时指定的优化算法和损失函数进行优化。

使用 fit() 函数进行训练，并将训练过程存储在 history 变量中。执行训练的程序代码如下：

```
> history <- model %>% fit(
+    x = x_train_scale,
+    y = y_train,
+    validation_split = 0.1,
+    epochs = 10,
+    batch_size = 32,
+    verbose = 2)
```

其参数描述如下。

❑ x：输入数据，如果模型只有一个输入，那么 x 的类型是数组；如果模型有多个输入，那么 x 的类型应当为 list，list 的元素对应用于各个输入的数组。

❑ y：标签。

❑ validation_split：0~1 之间的浮点数，用来指定训练集中作为验证集的数据比例。验证集不参与训练，并在每个训练周期结束后测试模型的指标，如损失函数、准确率等。本例中该参数的值为 0.1，而训练集的全部数据是 1048，所以 1048×0.9=943 项作为训练数据，1048×0.1=105 项作为验证数据。

❑ epochs：整数，训练周期数，每个训练周期会把训练集轮一遍，这里执行 10 个训练周期。

❑ batch_size：整数，指定进行梯度下降时每个批次包含的样本数。训练 1 个批次的样本会被计算 1 次梯度下降，使目标函数优化一步。此处设置为 32。

❑ verbose：日志显示，0 为不在标准输出流输出日志信息，1 为输出进度条记录，2 为每个训练周期输出一行记录。此处设置为 2，可以减少每个训练周期显示的信息量。

以上代码执行后的结果如图 3-4 所示。

```
Train on 943 samples, validate on 105 samples
Epoch 1/10
943/943 - 3s - loss: 0.6629 - accuracy: 0.6394 - val_loss: 0.6249 - val_accuracy: 0.7238
Epoch 2/10
943/943 - 0s - loss: 0.5993 - accuracy: 0.7752 - val_loss: 0.5574 - val_accuracy: 0.7905
Epoch 3/10
943/943 - 0s - loss: 0.5481 - accuracy: 0.7826 - val_loss: 0.5028 - val_accuracy: 0.8000
Epoch 4/10
943/943 - 0s - loss: 0.5071 - accuracy: 0.7900 - val_loss: 0.4691 - val_accuracy: 0.8095
Epoch 5/10
943/943 - 0s - loss: 0.4808 - accuracy: 0.7922 - val_loss: 0.4527 - val_accuracy: 0.7905
Epoch 6/10
943/943 - 0s - loss: 0.4653 - accuracy: 0.7922 - val_loss: 0.4450 - val_accuracy: 0.7905
Epoch 7/10
943/943 - 0s - loss: 0.4561 - accuracy: 0.7837 - val_loss: 0.4402 - val_accuracy: 0.7905
Epoch 8/10
943/943 - 0s - loss: 0.4497 - accuracy: 0.7837 - val_loss: 0.4385 - val_accuracy: 0.7905
Epoch 9/10
943/943 - 0s - loss: 0.4455 - accuracy: 0.7858 - val_loss: 0.4346 - val_accuracy: 0.8000
Epoch 10/10
943/943 - 0s - loss: 0.4416 - accuracy: 0.7943 - val_loss: 0.4319 - val_accuracy: 0.8095
```

图 3-4　训练网络每个训练周期显示的信息量

从以上执行结果可知，训练样本数量为943，验证样本数量为105，每个训练周期会返回训练数据和验证数据的计算误差与准确率。这里共执行了10个训练周期，并且误差越来越小，准确率越来越高。

之前的训练步骤会将每一个训练周期的误差与准确率记录在 history 变量中。我们使用plot() 函数以图形显示训练过程，如图 3-5 所示。

```
> plot(history)
```

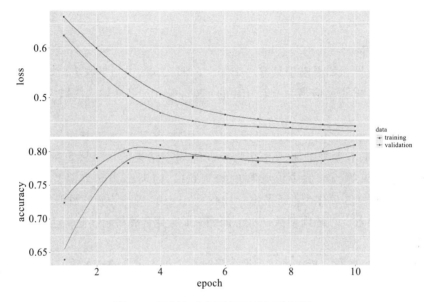

图 3-5　绘制每个训练周期的评估结果

3.1.5　评估网络

一旦网络训练完成，就可以对其进行评估。我们可以利用在训练期间没有用到的测试集来评估模型的性能，这样才能真实地反映我们训练的这个网络结构的实际情况。evaluate() 函数按照批次计算在某些输入数据上模型的误差。与拟合网络一样，评估网络也提供了详细输出，帮助我们了解模型的进度，可以通过将参数 verbose 设置为 0 来关闭它。

```
> score <- model %>% evaluate(x_test_scale,y_test,verbose = 0)
> score
$loss
[1] 0.4723684

$accuracy
[1] 0.7854406
```

模型在测试集上的计算误差为 0.47，准确率为 0.78。

3.1.6　做出预测

一旦我们对训练模型的性能感到满意，就可以用它来预测新数据。调用模型的 predict()
函数实现。

```
> predictions <- model %>% predict(x_test_scale,verbose = 0)
> head(predictions)
          [,1]
[1,] 0.9309239
[2,] 0.2624388
[3,] 0.9582632
[4,] 0.9527556
[5,] 0.6007361
[6,] 0.5770388
```

预测输出的形式由网络输出层的格式决定。在回归问题上，输出结果就是样本预测值，
一般由线性激活函数完成。对于二元分类问题，预测结果以其中一个类别的概率形式出现。
我们从预测结果前六行可知，返回结果为每个样本预测为 1 的概率值。

对于分类问题，我们还可以使用 predict_classes() 函数，该函数会自动将预测转换为概
率值最大对应的类别值。

```
> pred_label <- model %>% predict_classes(x_test_scale,verbose = 0)
> head(pred_label)
     [,1]
[1,]    1
[2,]    0
[3,]    1
[4,]    1
[5,]    1
[6,]    1
```

3.2　Keras 模型

模型（Model）是神经网络的子类，它将训练和评估这样的例行程序添加到神经网络中。
Keras 有两种模型：序贯模型和使用函数式 API 创建的模型。下面分别进行介绍。

3.2.1　序贯模型

可以通过将多个层堆叠并传递给 Sequential 的构造函数来创建序贯模型。以下程序代
码将创建一个包含四个网络层的序贯网络。

❑ 第 1 层是全连接层（稠密层），其 input_shape 为 (*,784)，output_shape 为 (*,32)。

❑ 第 2 层是激活层，将 tanh 激活函数用于激活输入张量，activation 也可以作为参数
应用于稠密层。

❑ 第 3 层是一个稠密层，输出为 (*,10)。

❑ 第 4 层是激活层，函数为 softmax。

```
> library(keras)
> model <- keras_model_sequential()
> model %>%
+   layer_dense(units = 32, input_shape = c(784)) %>%
+   layer_activation('relu') %>%
+   layer_dense(units = 10) %>%
+   layer_activation('softmax')
> deepviz::plot_model(model)
```

执行以上程序代码，得到的四层序贯模型的网络拓扑结构如图 3-6 所示。

deepviz 包的安装方法将在下一节介绍。从图 3-6 可知，当稠密层未指定激活函数时，
默认为 linear。由前文可知，也可以在稠密层指定激活函数。下面我们创建一个两层序贯模
型，效果与前面创建的模型相同。运行以下代码，得到两层序贯模型的网络拓扑结构，如
图 3-7 所示。

```
> model1 <- keras_model_sequential()
> model1 %>%
+   layer_dense(units = 32,input_shape = c(784),activation = 'relu') %>%
+   layer_dense(units = 10,activation = 'softmax')
> deepviz::plot_model(model1)
```

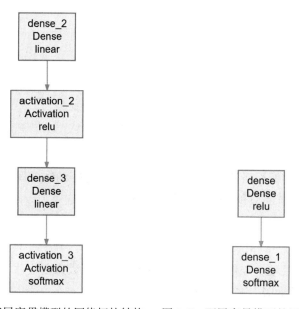

图 3-6　四层序贯模型的网络拓扑结构　图 3-7　两层序贯模型的网络拓扑结构

3.2.2　使用函数式 API 创建的模型

序贯 API 允许逐层创建模型以解决大多数问题，但局限在于它不允许创建共享图层或具有多个输入或输出的模型。Keras 中的函数式 API 是创建模型的另一种方式，它可提供更大的灵活性，包括创建更复杂的模型。

使用函数式 API 创建的模型允许定义多个输入或输出模型以及共享图层的模型。下面我们先看看 Keras 函数式 API 的三个独特方面。

- ❑ 定义输入：在函数模型中，我们必须创建一个输入层，用来指定输入数据的形状。输入层采用参数 shape 指定输入数据的维度。
- ❑ 连接图层：模型中的图层成对连接，这是通过在定义新图层时指定输入的来源完成的。使用管道符号 %>%，从当前输入层创建新的图层。
- ❑ 创建模型：Keras 提供了一个 Model 类，可以使用它从创建的图层创建模型，它只要求指定输入层和输出层。

本节将介绍具有不同大小内核的多个卷积层是如何解译同一图像的输入的。该模型采用尺寸为 32×32×3 像素的彩色 CIFAR 图像。有两个共享此输入的 CNN 特征提取子模型，其中一个内核大小为 4，另一个内核大小为 8。这些特征提取子模型的输出被平展为向量，然后串联成一个长向量，并在最终输出层进行二进制分类之前被传递到全连接层进行解译。

以下为模型拓扑结构。

- ❑ 一个输入层。
- ❑ 两个特征提取层。
- ❑ 一个解译层。
- ❑ 一个稠密输出层。

首先，我们需要使用 Keras API 定义适当的层，这里的关键 API 是利用 layer_concatenate() 函数创建合并层。以下是完整的模型拓扑代码。

```
> # 创建网络拓扑
> library(keras)
> # input layer
> visible <- layer_input(shape = c(32,32,3))
> # first feature extractor
> flat1 <- visible %>%
+   layer_conv_2d(32,kernel_size = 4,activation = 'relu') %>%
+   layer_max_pooling_2d(pool_size = c(2,2)) %>%
+   layer_flatten()
> # second feature extractor
> flat2 <-  visible %>%
+   layer_conv_2d(16,kernel_size = 8,activation = 'relu') %>%
```

```
+    layer_max_pooling_2d(pool_size = c(2,2)) %>%
+    layer_flatten()
> # merge feature extractors
> merge <- layer_concatenate(list(flat1,flat2))
> # interpretation layer
> hidden1 <- merge %>%
+    layer_dense(512,activation = 'relu')
> # prediction output
> output <- hidden1 %>%
+    layer_dense(10,activation = 'sigmoid')
> model <- keras_model(inputs = visible,outputs = output)
```

关于卷积神经网络的内容将在后面详细介绍，执行
以下代码，创建的网络拓扑结构如图 3-8 所示。

```
> deepviz::plot_model(model) # 网络拓扑可视化
```

CIFAR-10 数据集共有 60 000 张彩色照片，这些照片
的分辨率为 32×32，分为 10 类，每类有 6000 张图。其
中，50 000 张用于训练，另外 10 000 张用于测试。我们先
加载数据，并查看数据结构。

```
> num_classes <- 10
> batch_size <- 32
> epochs <- 10
> c(c(x_train, y_train), c(x_test, y_test)) %<-%
    dataset_cifar10()
> cat("X_train shape: " ,dim(x_train))
X_train shape:  50000 32 32 3
> cat("y_train shape: ",dim(y_train))
y_train shape:  50000 1
> cat("X_test shape: " ,dim(x_test))
X_test shape:   10000 32 32 3
> cat("y_test shape: ",dim(y_test))
y_test shape:   10000 1
```

x_train 是 50 000 张 32×32×3 的彩色图像，x_test
是 10 000 张 32×32×3 的彩色图像。通过以下代码绘制
x_train 数据集的前 9 张图像，如图 3-9 所示。

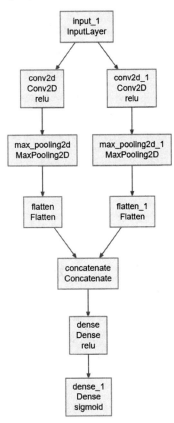

图 3-8　函数式 API 的网络拓扑结构

```
> par(mfrow=c(3,3))
> par(mar=c(0,0,1.5,0),xaxs='i',yaxs='i')
> for(i in 1:9){
+    plot(as.raster(x_train[i,,,],max=255))
```

```
+   }
> par(mfrow=c(1,1))
```

运行以下程序代码，对数据进行预处理。

图 3-9　绘制训练集的前 9 张图像

```
> x_train <- x_train / 255
> x_test <- x_test / 255
> y_train <- to_categorical(y_train,num_classes)
> y_test <- to_categorical(y_test,num_classes)
```

接下来，训练模型，并将训练过程保存在 history 变量中。训练完成后，利用 plot() 函数绘制每个训练周期的计算误差及准确率，如图 3-10 所示。

```
> opt <- optimizer_rmsprop(lr=0.0001, decay=1e-6)
> # 使用 RMSProp 训练模型
> model %>% compile(loss='categorical_crossentropy',
+                   optimizer=opt,
+                   metrics=c('accuracy'))
> history <- model %>% fit(x_train, y_train,
+                          batch_size=batch_size,
+                          epochs=epochs,
+                          validation_data=list(x_test, y_test),
+                          shuffle=TRUE,
+                          verbose = 2)
> plot(history)
```

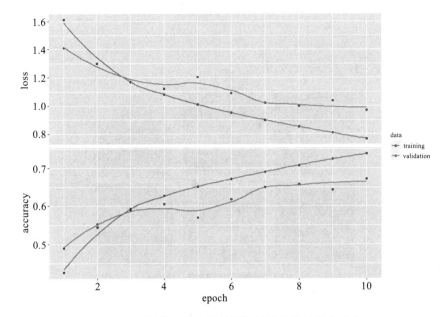

图 3-10　训练模型每个训练周期的计算误差及准确率

　　训练集和验证集的计算误差均随着训练周期次数增加而减少，准确率随着训练周期次数增加而提升。从图 3-10 的结果来看，增加训练周期次数应该还可以提高模型准确率。

　　最后，让我们利用测试集评估训练好的模型的性能。

```
> scores <- model %>% evaluate(x_test, y_test, verbose=0)
> cat('Test loss:',scores[[1]])
Test loss: 0.9686212
> cat('Test accuracy:',scores[[2]])
Test accuracy: 0.6715
```

　　模型在测试集上的准确率为 67%。在后面的卷积神经网络章节将会详细讲解如何提升模型准确率。

3.3　模型可视化

　　对复杂的网络拓扑结构和模型训练过程进行可视化有助于理解和调优模型。接下来，我们分别从网络拓扑可视化和模型训练可视化两个方面进行详解。

3.3.1　网络拓扑可视化

　　对于较简单的模型，可直接查看简单的模型概要，但对于更复杂的网络拓扑结构，Python 的 Keras API 接口提供可视化模型的方法，即 graphviz 库。以下是 Python 安装 graphviz 和 pydot 库的程序代码。

```
pip install pydot-ng
pip install graphviz
pip install pydot==1.2.3
```

下载 graphviz-2.38.msi 软件并安装，并将安装目录添加到电脑的系统环境变量中。
Python 中的 Keras 通过 plot_model() 函数将神经网络绘制成图形。函数包含以下参数。

❑ model（必需）：要绘制的模型。

❑ to_file（必需）：保存模型图的文件名称。

❑ show_shapes（可选，默认为 False）：布尔值，用于显示每层的输出维度。

❑ show_layer_names（可选，默认为 True）：布尔值，用于显示每层的名称。

下面通过一个简单的例子来介绍如何使用 Python 中的 Keras 的 plot_model() 函数。运行以下代码得到的网络拓扑结构如图 3-11 所示。

```
# 创建网络拓扑
from keras.models import Sequential
from keras.layers import Dense, Activation
from keras.utils import plot_model
model = Sequential()
model.add(Dense(32, activation='relu', input_dim=100))
model.add(Dense(1, activation='sigmoid'))
# 绘制网络拓扑结构
plot_model(model,to_file='model_plot.png',show_shapes=True,show_layer_names=True)
```

很遗憾，R 的 Keras 并未提供 plot_model() 函数绘制网络拓扑图。不过，我们可以通过 deepviz 包的 plot_model() 函数实现。通过运行以下程序代码安装 deepviz 包。

```
>devtools::install_github("andrie/deepviz")
```

安装完成后，即可使用 plot_model() 函数对网络拓扑进行可视化。运行以下代码得到的网络拓扑结构如图 3-12 所示。

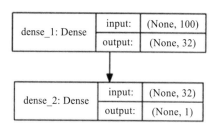

图 3-11　使用 plot_model() 绘制网络拓扑结构（Python 版）

```
> library(deepviz)
> library(magrittr)
> library(keras)
> model <- keras_model_sequential()
> model %>%
+   layer_dense(units = 32,input_shape = c(100),activation = 'relu') %>%
+   layer_dense(units = 1,activation = 'sigmoid')
> model %>% plot_model()
```

3.3.2　模型训练可视化

RStudio 提供了在 Keras 模型训练时的评估指标实时可视化，当训练模型时，可以在

RStudio 右下角的 view 窗口查看评估指标的实时变化曲线。具体实现代码如下，结果如图 3-13 所示。

```r
library(keras)
library(caret)
# 数据预处理
X <- as.matrix(iris[,1:4])
X_scale <- scale(X)
dmy <- dummyVars(~Species,data = iris,levelsOnly = TRUE)
y <- as.matrix(data.frame(predict(dmy,newdata = iris)))
# 定义、编译及训练模型
model <- keras_model_sequential()
model %>%
    layer_dense(units = 4,activation = 'relu',input_shape = c(4)) %>%
    layer_dense(units = 6,activation = 'relu') %>%
    layer_dense(units = 3,activation = 'softmax')
model %>% compile(
    loss = 'categorical_crossentropy',
    optimizer = 'adam',
    metrics = c('accuracy')
)
history <- model %>% fit(
    x = X_scale,
    y = y,
    batch_size = 16,
    epochs = 100,
    validation_split = 0.1,
    verbose = 2
    )
```

图 3-12　使用 deepviz 包的 plot_model() 绘制网络拓扑结构（R 版）

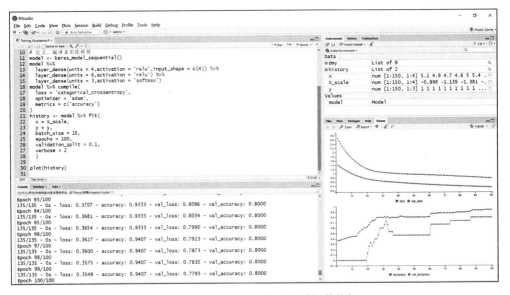

图 3-13　RStudio IDE 实时查看评估指标

Keras 的 fit() 函数返回一个对象，该对象包含训练历史记录。可以通过 plot() 函数绘制每个训练周期的评估指标，如图 3-14 所示。

```
plot(history)
```

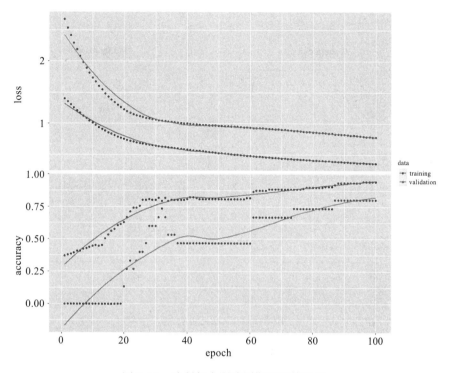

图 3-14　绘制每个训练周期的评估指标

图 3-14 的上部分绘制的是训练和验证数据的计算损失，下部分绘制的是训练和验证数据的准确率。乍一看，这个图有点混乱，接下来我们将拆分这个图，然后分别绘制两个图：一个用于模型损失，另一个用于模型准确率。运行以下程序代码，结果如图 3-15 所示。

```
> par(mfrow=c(1,2))
> # 绘制模型计算损失
> # 绘制训练数据的计算损失
> plot(history$metrics$loss, main="Model Loss", xlab = "epoch",
+       ylab="loss", col="purple", type="l",lty=1,lwd=2)
> # 绘制验证数据的计算损失
> lines(history$metrics$val_loss, col="seagreen",lty=2,lwd=2)
> # 增加图例
> legend("topright", c("train","test"), col=c("purple", "seagreen"),
+        lty=c(1,2),lwd=c(2,2))
> # 绘制模型准确率
> # 绘制训练数据的准确率
> plot(history$metrics$accuracy, main="Model Accuracy", xlab = "epoch",
```

```
+        ylab="loss", col="violetred", type="l",lty=1,lwd=2)
> # 绘制验证数据的准确率
> lines(history$metrics$val_accuracy, col="steelblue1",lty=2,lwd=2)
> # 增加图例
> legend("bottomright", c("train","test"), col=c("violetred", "steelblue1"),
+        lty=c(1,2),lwd=c(2,2))
> par(mfrow=c(1,1))
```

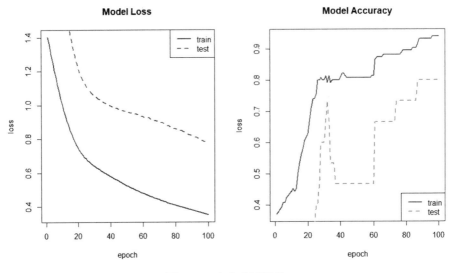

图 3-15　自定义可视化

在图 3-15 中，损失和准确率各用一个图单独绘制，并且使用实线（训练数据）、虚线（验证数据）绘制，增加了不同样本曲线的区分度。

3.3.3　TensorBoard 可视化

在训练大型深度学习神经网络时，中间的计算过程可能非常复杂。出于理解、调试和优化网络的目的，我们可以使用 TensorBoard 将模型训练过程中各种汇总数据都展示出来。TensorBoard 是 TensorFlow 官方推出的可视化工具，并不需要额外的安装过程，在TensorFlow 安装完成时，TensorBoard 会被自动安装。其界面基于 Web，在程序运行过程中可以输出汇总了各种类型数据的日志文件。可视化程序的运行状态就是使用 TensorBoard 读取这些日志文件，解析数据并生成可视化的 Web 界面，使我们可以在浏览器中观察各种汇总的数据。

在训练模型时运行 TensorBoard 非常简单，只需在开始训练之前启动即可。

```
> library(keras)
> tensorboard("logs/run_a")
TensorBoard 2.0.2 at http://127.0.0.1:7209/ (Press CTRL+C to quit)
Started TensorBoard at http://127.0.0.1:7209
```

运行以上两行程序代码后，会自动在当前目录中创建 logs/run_a 的空文件夹，且给出一个打开服务端口 7209 的链接（每次运行的端口可能不同）。通过浏览器打开 http:// 127.0.0.1:7209，得到 TensorBoard 初始界面，如图 3-16 所示。

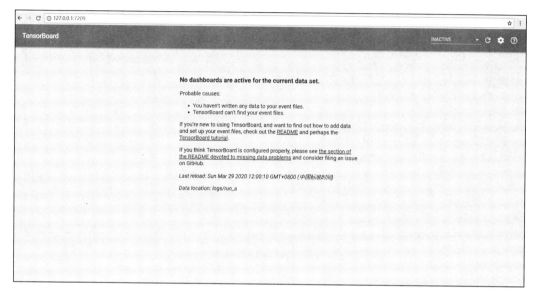

图 3-16　TensorBoard 初始界面

TensorBoard 初始界面没有任何数据，当我们在训练模型中完成第一个训练周期时会显示数据。此处我们以 MNIST 数据集为例，数据预处理和网络定义、编译代码都存放在 mnist_mlp.R 脚本中。使用 load() 函数将其导入 R 中，并通过以下程序代码训练模型。

```
> # load minst_mlp.R
> source('mnist_mlp.R')
> # fit the model with the TensorBoard callback
> history <- model %>% fit(
+   x_train, y_train,
+   batch_size = 128,
+   epochs = 10,
+   verbose = 1,
+   callbacks = callback_tensorboard("logs/run_a"),
+   validation_split = 0.2
+ )
```

Keras 在每次迭代结束时都会写入 TensorBoard 数据，因此直到第一次迭代结束后 10～20 秒（在训练过程中，TensorBoard 会每 30 秒自动刷新一次），我们才会在 TensorBoard 中看到数据。训练结束后，打开的 TensorBoard 界面会默认进入 SCALARS 选项卡，如图 3-17 所示。

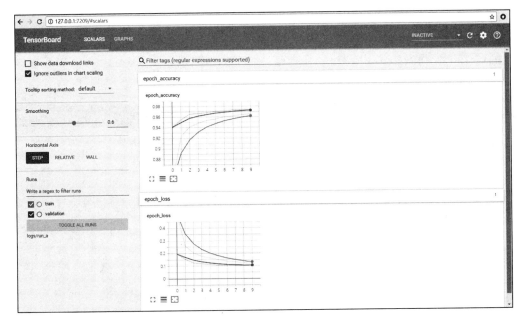

图 3-17　SCALARS 选项卡界面

SCALARS 选项卡显示了 TensorFlow 中标量数据随着迭代变化的趋势。主图中的 epoch_accuracy 折线图按照训练周期展示了正确率的值；epoch_loss 折线图按照训练周期展示了计算损失的值。将光标停在折现上时会紧挨着图表的下方显示一个黑色的提示框，里面有折线上某一步更精确的数值信息，包括得到数值的时间，如图 3-18 所示。

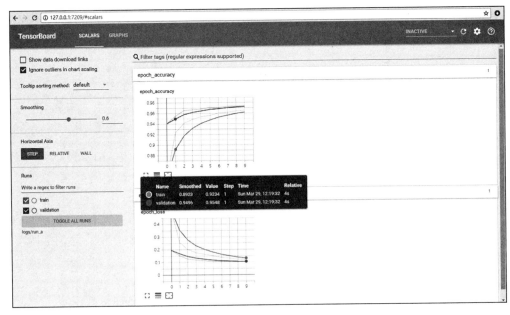

图 3-18　提示框显示更丰富的信息

　　紧挨着图表的右下方有三个按钮，单击左边的按钮可以放大这个图表；单击中间的按钮可以调整纵坐标的范围，以便更清楚地展示；单击右边的按钮可以使图表恢复到之前的数据域。图 3-19 展示了 epoch_accuracy 折线图放大之后的效果。

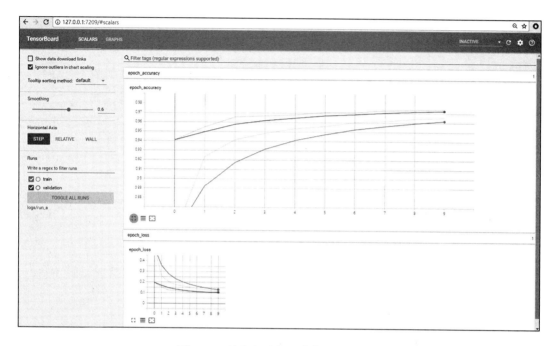

图 3-19　放大之后的准确率可视化结果

　　界面的左侧是一些显示控制选项，下面分别进行详细介绍。

　　首先在中部有一个 Horizontal Axis 选项，用于控制图表中横坐标的含义，默认是 STEP，表示按照训练周期展示相关汇总信息。我们也可以选择 RELATIVE，表示相对于训练开始，完成汇总时所用的时间，单位是小时。我们还可以选择 WALL，表示横坐标是完成汇总时的运行时间。图 3-20 展示了横坐标是 RELATIVE 时的情况。

　　在 Horizontal Axis 选项的上部有一个 Smoothing 选项，通过调整参数 Smoothing 可以控制对折线的平滑处理。Smoothing 数值越小越接近实际值，但具有较大的波动；Smoothing 数值越大则折线越平缓，但与实际值可能偏差较大。（实际值是图 3-20 中一条颜色较浅的折线，展示的是在此基础上经过平滑处理的结果。）

　　在 Smoothing 选项上有一个 Show data download links 选项（默认没有选中），用于从页面下载图表或数据到本地。如果勾选这个复选框，则会在所有折线图下面出现下载箭头（Download Current as SVG）、CSV 和 JSON 三个链接项，如图 3-21 所示。

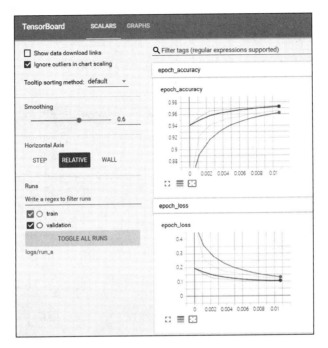

图 3-20   横坐标设置为相对于实际时间的用时

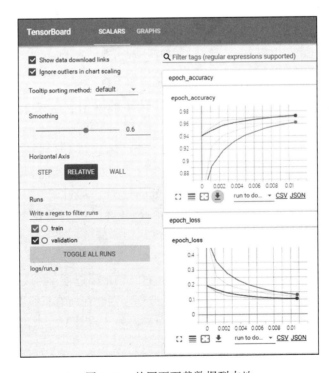

图 3-21   从网页下载数据到本地

最后，在 Horizontal Axis 下方有一个 Runs 选项，可以勾选 train、validation，默认是两者都勾选，即在图表中同时显示训练和验证数据图表。当只勾选 train 时，右边图表只显示训练集的统计，如图 3-22 所示。

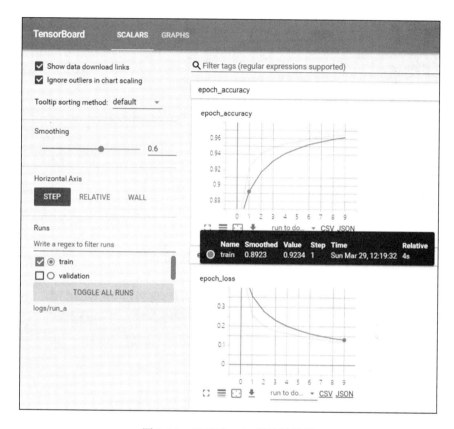

图 3-22　只显示 train 的统计结果

SCALARS 选项卡右侧是 GRAPHS 选项卡，在 GRAPHS 选项卡中可以看到整个 TensorFlow 计算图的结构，如图 3-23 所示。

你还可以同时给 tensorboard() 函数传递多组保存好的 TensorBoard 数据的文件目录，此时 SCALARS 选项卡的右边主图会将多次模型训练的准确率或误差呈现在同一个折线图中，以便对比不同模型的效果差异。比如在 logs 文件目录下有两个子目录 run_a（模型迭代 10 次的训练结果）和 run_b（模型迭代 50 次的训练结果），通过运行以下程序代码可以得到如图 3-24 所示的 SCALARS 选项卡。

```
> library(keras)
> tensorboard('logs')
TensorBoard 2.0.2 at http://127.0.0.1:3399/ (Press CTRL+C to quit)
Started TensorBoard at http://127.0.0.1:3399
```

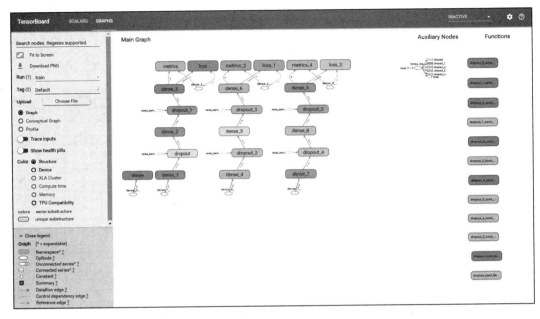

图 3-23   计算图可视化的结果

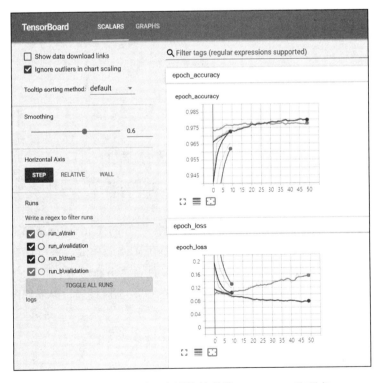

图 3-24   同时查看两个训练结果的 SCALARS 选项卡

从图 3-24 可知，两次训练模型的四条准确率曲线或误差曲线均在同一个折线图中呈现。可以很容易得出模型迭代 10 次的结果并不能达到最优效果，迭代 50 次又出现过拟合现象，在迭代 20 次时大概能得到不错的效果。

3.4　Keras 中的回调函数

应用程序 Checkpoint 是为长时间运行进程准备的容错技术。这是一种在系统故障的情况下拍摄系统状态快照的方法，在出现问题时也不会让进度全部丢失。Checkpoint 可以直接使用，也可以作为从它停止的地方重新运行的起点。训练深度学习模型时，Checkpoint 是模型的权重，可以用来作预测，或作为持续训练的基础。

3.4.1　回调函数介绍

Keras 通过回调函数 API 提供 Checkpoint 功能。回调函数是一组在训练的特定阶段被调用的函数集，可以使用回调函数来观察训练过程中网络内部的状态和统计信息。通过传递回调函数列表到模型的 fit() 函数中，即可在给定的训练阶段调用该函数集中的函数。比如在 3.3.3 节出现的 callback_tensorboard() 函数就是一个回调函数，其将日志信息写入 TensorBoard，使得可以动态地观察训练和测试指标的图像。

我们之前的训练过程是先训练一遍，然后得到一个验证集的识别率变化趋势，从而知道最佳的训练周期，然后根据得到的最佳训练周期再训练一遍，得到最终结果。这样很浪费时间。一个好方法就是在测试识别率不再上升的时候就终止训练，Keras 中的回调函数可以帮助我们做到这一点。回调函数属于 obj 类型，它可以让模型去拟合，也常在各个点被调用。它存储模型的状态，能够打断训练，保存模型，加载不同的权重，或者替代模型状态。

回调函数可以实现如下功能。

❑ 模型断点续训：保存当前模型的所有权重。
❑ 提早结束：当模型的损失不再下降的时候就终止训练，当然，回调函数会保存最优的模型。
❑ 动态调整训练时的参数，比如优化的学习速度。

以下是 Keras 内置的回调函数。

❑ callback_progbar_logger()：将 metrics 指定的监视输出到标准输出上。
❑ callback_model_checkpoint()：在每个训练期之后保存模型。
❑ callback_early_stopping()：当监测值不再改善时，终止训练。
❑ callback_remote_monitor()：用于向服务器发送事件流。
❑ callback_learning_rate_scheduler()：学习率调度器。
❑ callback_tensorboard()：TensorBoard 可视化。
❑ callback_reduce_lr_on_plateau()：当指标停止改善时，降低学习率。

❑ callback_csv_logger()：把训练周期的训练结果保存到 csv 文件。

❑ callback_lambda()：在训练过程中创建简单、自定义的回调函数。

❑ KerasCallback：创建基础 R6 类的 Keras 回调函数。

接下来，让我们先学习常用回调函数的基本用法。

1. callback_progbar_logger() 函数

将 metrics 指定的监视输出到标准输出上的回调函数，其基本形式为：

```
callback_progbar_logger(count_mode = "samples",
    stateful_metrics = NULL)
```

各参数描述如下。

❑ count_mode：steps 或者 samples，表示进度条是否应该对样本或步骤（批量）计数。

❑ stateful_metrics：不应在训练周期求平均值的度量名称列表。此列表中的度量标准将按原样记录在 on_epoch_end 中。列表外的其他指标将在 on_epoch_end 中取平均值。

2. callback_model_checkpoint() 函数

在每个训练期之后保存模型的回调函数，其基本形式为：

```
callback_model_checkpoint(filepath, monitor = "val_loss", verbose = 0,
    save_best_only = FALSE, save_weights_only = FALSE, mode = c("auto",
    "min", "max"), period = 1)
```

各参数描述如下。

❑ filepath：字符串，保存模型的路径。filepath 可以包含命名格式选项，由 epoch 的值和 logs 的键（由 on_epoch_end 参数传递）来填充。

❑ monitor：被监测的数据。

❑ verbose：信息展示模式，0 或者 1。

❑ save_best_only：如果为 TRUE，代表我们只保存最优的训练结果。

❑ save_weights_only：如果为 TRUE，那么只有模型的权重会被保存（save_model_weights_hdf5(filepath)），否则，整个模型会被保存（save_model_hdf5(filepath)）。

❑ mode：有 auto、min、max 三种模式，在 save_best_only=TRUE 时决定性能最佳模型的评判准则。例如，当监测值为 val_acc 时，模式应为 max；当检测值为 val_loss 时，模式应为 min。在 auto 模式下，评价准则由被监测值的名字自动推断。

❑ period：每个检测点之间的间隔（训练轮数）。

3. callback_early_stopping() 函数

当监测值不再改善时，终止训练的回调函数，其基本形式为：

```
callback_early_stopping(monitor = "val_loss", min_delta = 0,
    patience = 0, verbose = 0, mode = c("auto", "min", "max"),
    baseline = NULL, restore_best_weights = FALSE)
```

各参数描述如下。

- ❑ monitor：被监测的数据。
- ❑ min_delta：在被监测的数据中被认为是提升的最小变化，例如，小于 min_delta 的绝对变化会被认为没有提升。
- ❑ patience：没有进步的训练轮数，在这之后的训练会被停止。
- ❑ verbose：详细信息模式。
- ❑ mode：有 auto、min、max 三种模式。在 min 模式下，如果监测值停止下降，终止训练；在 max 模式下，当监测值不再上升时停止训练；在 auto 模式中，方向会自动从被监测的数据的名字中判断出来。
- ❑ baseline：要监控的数量的基准值。如果模型没有显示基准的改善，训练将停止。
- ❑ restore_best_weights：是否从具有监测数量的最佳值的时期恢复模型权重。如果为 FALSE，则使用在训练的最后一步获得的模型权重。

4. callback_learning_rate_scheduler() 函数

学习率调度器的回调函数，其基本形式为：

```
callback_learning_rate_scheduler(schedule)
```

其中，参数 schedule 是一个函数，接收轮数作为输入（整数），然后返回一个学习速率作为输出（浮点数）。

5. callback_reduce_lr_on_plateau() 函数

当指标停止改善时，降低学习率的回调函数，其基本形式为：

```
callback_reduce_lr_on_plateau(monitor = "val_loss", factor = 0.1,
    patience = 10, verbose = 0, mode = c("auto", "min", "max"),
    min_delta = 1e-04, cooldown = 0, min_lr = 0)
```

当学习停滞时，减少 2 倍或 10 倍的学习率常常能获得较好的效果。该回调函数检测指标的情况，如果在指定训练轮数（默认为 10 个）中看不到模型性能提升，则减少学习率。

各参数描述如下。

- ❑ monitor：被监测的数据。
- ❑ factor：每次减少学习率的因子，学习率将以 lr = lr*factor 的形式被减少。
- ❑ patience：没有进步的训练轮数，在这之后的训练速率会降低。
- ❑ mode：有 auto、min、max 三种模式。在 min 模式下，如果监测值停止下降，触发学习率减少；在 max 模式下，当监测值不再上升时触发学习率减少。
- ❑ min_delta：对于测量新的最优化的阈值，只关注巨大的改变。
- ❑ cooldown：在学习速率被降低之后，重新恢复正常操作之前等待的训练轮数。
- ❑ min_lr：学习速率的下边界。

6. callback_lambda() 函数

在训练过程中创建简单、自定义的回调函数，其基本形式为：

```
callback_lambda(on_epoch_begin = NULL, on_epoch_end = NULL,
    on_batch_begin = NULL, on_batch_end = NULL,
    on_train_batch_begin = NULL, on_train_batch_end = NULL,
    on_train_begin = NULL, on_train_end = NULL,
    on_predict_batch_begin = NULL, on_predict_batch_end = NULL,
    on_predict_begin = NULL, on_predict_end = NULL,
    on_test_batch_begin = NULL, on_test_batch_end = NULL,
    on_test_begin = NULL, on_test_end = NULL)
```

该回调函数将会在适当的时候调用，注意，这里假定了一些位置参数：

❑ on_epoch_begin 和 on_epoch_end 假定输入的参数是 epoch 和 logs。

❑ on_batch_begin 和 on_batch_end 假定输入的参数是 batch 和 logs。

❑ on_train_begin 和 on_train_end 假定输入的参数是 logs。

主要参数描述如下。

❑ on_epoch_begin：在每个 epoch 开始时调用。

❑ on_epoch_end：在每个 epoch 结束时调用。

❑ on_batch_begin：在每个 batch 开始时调用。

❑ on_batch_end：在每个 batch 结束时调用。

❑ on_train_begin：在训练开始时调用。

❑ on_train_end：在训练结束时调用。

3.3.2 使用回调函数寻找最优模型

应用回调函数时，应在每次训练中查看改进时输出模型的权重。可以将 callback_model_checkpoint() 函数设置成当验证数据集的分类精度提高时保存网络权重（monitor="val_acc" 和 mode="max"），并将权重保存在一个包含评价的文件中（"weights.{epoch:02d}-val_loss-{val_loss:.2f}-val_acc-{val_accuracy:.2f}.hdf5"）。下面的示例创建了一个小型神经网络，以解决 Pima 印第安人发生糖尿病的二元分类问题。

```
> library(keras)
> # 导入数据集
> dataset <- read.csv('../data/pima-indians-diabetes.csv',skip = 9,header = F)
> X = as.matrix(dataset[,1:8])
> y = dataset[,9]
> # 创建回调函数
> checkpoint_dir <- "checkpoints"
> dir.create(checkpoint_dir, showWarnings = FALSE)
> filepath <- file.path(checkpoint_dir,
+             "weights.{epoch:02d}-val_loss-{val_loss:.2f}-val_acc-{val_
                accuracy:.2f}.hdf5")
```

```
> cp_callback <- callback_model_checkpoint(
+     filepath = filepath,
+     save_weights_only = TRUE,
+     monitor = 'val_acc',
+     mode = 'max',
+     verbose = 1
+ )
> # 定义及编译模型
> model <- keras_model_sequential()
>
> model %>%
+     layer_dense(units = 12,input_shape = c(8),kernel_initializer = 'uniform', activation =
         'relu') %>%
+     layer_dense(units = 8,kernel_initializer = 'uniform',activation = 'relu') %>%
+     layer_dense(units = 1,kernel_initializer = 'uniform',activation = 'sigmoid') %>%
+     compile(loss='binary_crossentropy',optimizer = 'adam',metrics = c('accuracy'))
> # 训练模型
> model %>% fit(
+     X, y,
+     batch_size = 10,
+     epochs = 10,
+     verbose = 1,
+     callbacks = list(cp_callback),
+     validation_split = 0.33
+ )
```

我们将在 checkpoints 目录中看到包含 10 个 HDF5 格式的网络权重文件。

```
> # 查看网络权重文件
> list.files('checkpoints')
 [1] "weights.01-val_loss-0.66-val_acc-0.67.hdf5"
 [2] "weights.02-val_loss-0.65-val_acc-0.67.hdf5"
 [3] "weights.03-val_loss-0.65-val_acc-0.68.hdf5"
 [4] "weights.04-val_loss-0.64-val_acc-0.68.hdf5"
 [5] "weights.05-val_loss-0.64-val_acc-0.70.hdf5"
 [6] "weights.06-val_loss-0.63-val_acc-0.65.hdf5"
 [7] "weights.07-val_loss-0.62-val_acc-0.67.hdf5"
 [8] "weights.08-val_loss-0.62-val_acc-0.68.hdf5"
 [9] "weights.09-val_loss-0.61-val_acc-0.69.hdf5"
[10] "weights.10-val_loss-0.60-val_acc-0.68.hdf5"
```

这是一个非常简单的 checkpoint 策略。如果验证精度在训练周期上下波动，则可能
会创建大量不必要的 checkpoint 文件。一个更简单的 checkpoint 策略是当验证精度提高
后才将模型权重保存到相同的文件中，此时只需将 callback_model_checkpoint() 函数中的
参数 save_best_only 设置为 TRUE，则当验证数据集上模型的分类精度提高到目前为止最
好的时候，才会将模型权重写入文件。下面的代码结合了 callback_early_stopping() 函数，
若经过 3 个训练周期后训练集的准确率没有提升，则终止训练，并将最优的模型保存到
checkpoints 目录中。

```
> # 仅保存最优模型
> checkpoint_list =list(callback_model_checkpoint('checkpoints/model.best.hdf5',
+                       monitor='val_loss',
+                       save_best_only = TRUE),
+               callback_early_stopping(monitor = 'accuracy',patience = 3))
> model %>% fit(
+   X,y,batch_size = 10,epochs = 200,
+   verbose = 0,validation_split = 0.33,
+   callbacks = checkpoint_list)
```

在 checkpoints 目录中找到最优的模型文件：

```
> list.files('checkpoints',pattern = "best")
[1] "model.best.hdf5"
```

这是一个在训练中需要经常用到且方便的 checkpoint 策略。它将确保你的最佳模型被保存，同时避免输入代码来手动跟踪，并在训练时序列化最佳模型。

最后，将保存的模型文件导入 R 中，并评价模型性能。

```
> # 将模型文件导入 R 中
> new_model <- load_model_hdf5('checkpoints/model.best.hdf5')
> # 对导入模型进行性能评估
> new_model %>% evaluate(X,y,verbose = 0)
$loss
[1] 0.5979516

$accuracy
[1] 0.6510417
```

3.5 模型保存及序列化

在完成模型训练后或者在训练过程中都可以保存模型的进度，这意味着模型可以从中断的地方继续进行，避免了长时间的训练。你也可以共享模型，使得其他人也可以利用此模型进行开发。在 Keras 中，可以对模型进行序列化与反序列化。进行模型序列化时，会将模型结构与模型权重保存在不同的文件中。模型结构可以保存在 JSON 或者 YAML 文件中；模型权重通常保存在 HDF5 文件中，这种保存格式效率很高。Keras 中的模型主要包括 model 和 weight 两个部分，保存和加载模型文件的方法很多，常见方法如表 3-2 所示。

表 3-2 常见方法

保　存	加　载	用　途
save_model_hdf5()	load_model_hdf5()	将整个模型（包括 optimizer 状态）保存到磁盘中
get_config()	from_config()	仅将模型结构加载到 R 对象中
model_to_json() model_to_yaml()	model_from_json() model_from_yaml()	将模型结构保存在 JSON 文件或者 YAML 文件中

（续）

保　存	加　载	用　途
save_model_weights_hdf5()	load_model_weights_hdf5()	只将模型权重以 HDF5 格式保存到磁盘
save_model_weights_tf()	load_model_weights_tf()	将权重保存为 SavedModel 格式

本节将从以下三方面介绍如何保存和加载模型：

❑ 使用 HDF5 格式保存模型；

❑ 使用 JSON 格式保存模型；

❑ 使用 YAML 格式保存模型。

3.5.1　使用 HDF5 格式保存模型

通常把 Keras 模型保存为 HDF5 格式，该文件包含模型结构、模型权重值及优化器状态。使用 HDF5 格式时，即使你不再有权访问创建模型的代码，也可以从该文件重新创建相同的模型。

继续以印第安人发生糖尿病的二元分类问题为例，创建一个小型深度学习模型，并将整个模型都保存到 HDF5 文件中。

```
> # 在当前目录中创建models文件夹
> dir.create('models',showWarnings = TRUE)
> # # 导入数据集
> dataset <- read.csv('../data/pima-indians-diabetes.csv',skip = 9,header = F)
> X = as.matrix(dataset[,1:8])
> y = dataset[,9]
> # 定义及编译模型
> library(keras)
> # 定义及编译模型
> library(keras)
> model <- keras_model_sequential()
> model %>%
+   layer_dense(units = 12,input_shape = c(8),kernel_initializer = 'uniform',
        activation = 'relu') %>%
+   layer_dense(units = 8,kernel_initializer = 'uniform',activation = 'relu') %>%
+   layer_dense(units = 1,kernel_initializer = 'uniform',activation = 'sigmoid') %>%
+   compile(loss='binary_crossentropy',optimizer = 'adam',metrics = c('accuracy'))
> # 训练模型
> model %>% fit(
+   X, y,
+   batch_size = 10,
+   epochs = 100,
+   verbose = 0,
+   validation_split = 0.33
+ )
> # 保存整个模型
> save_model_hdf5(model,'models/model.h5')
```

```
> # 查看保存的文件
> list.files('models')
[1] "model.h5"
```

运行完以上程序代码后，在 models 文件夹中生成了保存整个模型的 model.h5 文件，可以通过 load_model_hdf5 将其导入。

```
> # 加载 HDF5 文件
> new_model <- load_model_hdf5('models/model.h5')
> # 利用加载的模型对 X 进行预测
> new_prediction <- predict(new_model,X)
> # 利用之前训练好的模型对 X 进行预测
> prediction <- predict(model,X)
> # 判断两次预测结果是否完全相同
> all.equal(new_prediction,prediction)
[1] TRUE
```

我们还可以将整体模型导出为 TensorFlow 的 SavedModel 格式，SaveModel 是 TensorFlow 对象的独立序列化格式。注意，model_to_save_model 仅适用于 TensorFlow1.14 及以上版本。

```
> # 保存为 SaveModel 格式
> model_to_saved_model(model,'models/savemodel/')
> list.files('models/savemodel/')
[1] "assets"          "saved_model.pb" "variables"
> # 重新创建完全一致的模型
> new_model1 <- model_from_saved_model('models/savemodel/')
> # 与之前的预测结果进行对比
> new_prediction1 <- predict(new_model1,X)
> all.equal(new_prediction1,prediction)
[1] TRUE
```

SaveModel 在新文件夹 savemodel 中创建的文件包含如下内容。

❏ 一个包含模型权重的 TensorFlow 检查点。

❏ 一个包含基础 TensorFlow 图的 SaveModel 原型。保存单独的图形以进行预测、训练和评估。如果模型不是以前编译过的，则仅导出推理图。

❏ 模型的结构配置（如果存在的话）。

有时候，如果你只对结构感兴趣，则无须保存权重值或优化器。在这种情况下，可以通过 get_config() 方法得到模型的结构，该方法返回一个命名列表，使得可以从头开始初始化重新创建相同的模型，而无须获取先前模型在训练期间学到的任何信息。

```
> config <- get_config(model)
> config
{'name': 'sequential', 'layers': [{'class_name': 'Dense', 'config': {'name':
    'dense', 'trainable': True, 'batch_input_shape': (None, 8), 'dtype':
    'float32', 'units': 12, 'activation': 'relu', 'use_bias': True, 'kernel_
    initializer': {'class_name': 'RandomUniform', 'config': {'minval': -0.05,
    'maxval': 0.05, 'seed': None}}, 'bias_initializer': {'class_name': 'Zeros',
```

```
'config': {}}, 'kernel_regularizer': None, 'bias_regularizer': None,
'activity_regularizer': None, 'kernel_constraint': None, 'bias_constraint':
None}}, {'class_name': 'Dense', 'config': {'name': 'dense_1', 'trainable':
True, 'dtype': 'float32', 'units': 8, 'activation': 'relu', 'use_bias': True,
'kernel_initializer': {'class_name': 'RandomUniform', 'config': {'minval':
-0.05, 'maxval': 0.05, 'seed': None}}, 'bias_initializer': {'class_name':
'Zeros', 'config': {}}, 'kernel_regularizer': None, 'bias_regularizer': None,
'activity_regularizer': None, 'kernel_constraint': None, 'bias_constraint':
None}}, {'class_name': 'Dense', 'config': {'name': 'dense_2', 'trainable':
True, 'dtype': 'float32', 'units': 1, 'activation': 'sigmoid', 'use_bias':
True, 'kernel_initializer': {'class_name': 'RandomUniform', 'config':
{'minval': -0.05, 'maxval': 0.05, 'seed': None}}, 'bias_initializer':
{'class_name': 'Zeros', 'config': {}}, 'kernel_regularizer': None, 'bias_
regularizer': None, 'activity_regularizer': None, 'kernel_constraint': None,
'bias_constraint': None}}]]
```

通过 from_config() 函数得到一个重新初始化的模型，该模型仅仅继承了之前模型的网络结构，并不包含模型训练得到的权重值（此时的权重值为初始化值）和优化器，如图 3-25 所示。

```
> reinitialized_model <- from_config(config)
> summary(reinitialized_model)
```

```
Model: "sequential"
_____
Layer (type)                    Output Shape                  Param #
========================================================================
dense (Dense)                   (None, 12)                    108
_____
dense_1 (Dense)                 (None, 8)                     104
_____
dense_2 (Dense)                 (None, 1)                     9
========================================================================
Total params: 221
Trainable params: 221
Non-trainable params: 0
_____
```

图 3-25　通过 from_config() 函数得到重新初始化的模型

现在，利用重新初始化的模型对训练数据集进行预测，并判断是否与最初模型 model 的预测结果一致。

```
> new_prediction2 <- predict(reinitialized_model,X)
> all.equal(new_prediction2,prediction)
[1] "Mean relative difference: 0.3864167"
```

从返回结果可知，两个结果是有差异的，原因在于我们重新初始化的模型只保留了模型结构，并不会保留模型状态（权重值和优化器）。

我们可以利用 get_weights() 函数得到模型权重值，返回一个数组列表。比如，在定义网络时，bias（偏置）项的初始化权重值默认为 0。下面利用 get_weights() 函数查看 model 和 reinitialized_model 两者第一个隐藏层偏置项的权重值。

```
> # 查看第一个隐藏层的偏置项的权重值
> get_weights(model)[[2]]
 [1] -0.032459475  0.000000000  0.853002846  0.884543836  1.109097242
 [6]  0.820603907 -0.349359781  0.788280964 -1.016711950 -0.009251177
[11] -0.999970675 -0.015671620
> get_weights(reinitialized_model)[[2]]
 [1] 0 0 0 0 0 0 0 0 0 0 0 0
```

可见，reinitialized_model 仅仅继承了 model 的网络结构，并未保留 model 中的网络权重值，因为 reinitialized_model 每层中各神经元的偏置项的权重值均为 0。可以利用 set_weights() 函数将 reinitialized_model 的权重值设置为与 model 的权重值一致。

```
> # 设置权重值
> weight <- get_weights(model)
> set_weights(reinitialized_model,weight)
> get_weights(reinitialized_model)[[2]]
 [1] -0.032459475  0.000000000  0.853002846  0.884543836  1.109097242
 [6]  0.820603907 -0.349359781  0.788280964 -1.016711950 -0.009251177
[11] -0.999970675 -0.015671620
> new_prediction3 <- predict(reinitialized_model,X)
> all.equal(new_prediction3,prediction)
 [1] TRUE
```

我们可以组合使用 get_config()/from_config() 和 get_weights()/set_weights()，以相同状态重新创建模型。但是，与 save_model_hdf5() 不同，这将不包括训练配置和优化器。所以，如果想使用该模型进行训练，我们必须先使用 compile() 函数重新编译网络。

```
> # 直接编译会出错
> reinitialized_model %>% fit(
+   X, y,
+   batch_size = 10,
+   epochs = 100,
+   verbose = 0,
+   validation_split = 0.33)
Error in py_call_impl(callable, dots$args, dots$keywords) :
    RuntimeError: You must compile your model before training/testing. Use
        `model.compile(optimizer, loss)`.
```

错误提示说明在利用 reinitialized_model 模型训练前需要利用 compile() 函数进行网络编译。

我们也可以通过 save_model_weights_hdf5() 函数将模型权重保存到磁盘中，并通过 load_model_weights_hdf5() 函数将其导入 R。

```
> # 保存模型权重值到磁盘中
> save_model_hdf5(model,'models/model_weights.h5')
> # 加载到 R 中
> new_model3 <- from_config(get_config(model))
> load_model_weights_hdf5(new_model3,'models/model_weights.h5')
```

新创建的 new_models 模型与 reinitialized_model 相同，注意，此模型的优化器也未保留。所以，最简单的保存模型的方法如下：

```
save_model_hdf5(model, "model.h5")
new_model <- load_model_hdf5("model.h5")
```

3.5.2 使用 JSON 格式保存模型

JSON 的格式很简单，在 Keras 中可以用 model_to_json() 把模型结构导出为 JSON 格式，再用 model_from_json() 函数加载到 R 中。

```
> # 保存 JSON 文件到磁盘中
> json_config <- model_to_json(model)
> writeLines(json_config,'models/model_config.json')
> # 将网络结构和权重值加载到新模型中
> rm(list='json_config')
> json_config <- readLines('models/model_config.json')
> new_model2 <- model_from_json(json_config)
> load_model_weights_hdf5(new_model2,'models/model_weights.h5')
> # 利用模型对新数据进行预测
> set.seed(1234)
> u <- as.matrix(data.frame('V1' = sample(X[,1],1),
+                  'V2' = sample(X[,2],1),
+                  'V3' = sample(X[,3],1),
+                  'V4' = sample(X[,4],1),
+                  'V5' = sample(X[,5],1),
+                  'V6' = sample(X[,6],1),
+                  'V7' = sample(X[,7],1),
+                  'V8' = sample(X[,8],1)))
> predict(model,u)
         [,1]
[1,] 0.431296
> predict(reinitialized_model,u)
         [,1]
[1,] 0.431296
> predict(new_model2,u)
         [,1]
[1,] 0.431296
```

可见，此模型对新数据的预测结果与其他模型相同。注意，此模型优化器未保留，如果我们想重新进行模型训练，需在训练前利用 compile() 函数编译网络。

```
> # 重新训练模型
> new_model2 %>% fit(X,y)
Error in py_call_impl(callable, dots$args, dots$keywords) :
  RuntimeError: You must compile your model before training/testing. Use `model.
    compile(optimizer, loss)`.
```

3.5.3　使用 YAML 格式保存模型

和之前 JSON 格式类似，只是文件格式变为 YAML，使用的函数变为 model_to_yaml() 和 model_from_yaml()。

```
> yaml_config <- model_to_yaml(model)
> writeLines(yaml_config,'models/model_config.yaml')
> # 将网络结构和权重值加载到新模型中
> rm(list='yaml_config')
> yaml_config <- readLines('models/model_config.yaml')
> new_model3 <- model_from_json(json_config)
> load_model_weights_hdf5(new_model3,'models/model_weights.h5')
> predict(new_model3,u)
          [,1]
[1,] 0.431296
> # 重新训练模型
> new_model3 %>% fit(X,y)
Error in py_call_impl(callable, dots$args, dots$keywords) :
    RuntimeError: You must compile your model before training/testing. Use
        `model.compile(optimizer, loss)`.
```

3.6　本章小结

本章介绍了创建 Keras 模型的基本生命周期，使用序贯和函数式 API 创建模型的两种类型及如何对模型结构及训练过程进行可视化，还介绍了 Keras 中常用的回调函数及如何对模型进行保存及序列化。

第 4 章

深度学习的图像数据预处理

在深度学习中，我们除了要处理结构化数据，还经常需要处理非结构化数据，如图像、文本等数据。由于图像数据与传统结构化数据的预处理方法有很大的不同，故本章重点介绍如何对深度学习中的图像数据进行预处理，为 Keras 建模准备数据。本章分别介绍常用的图像处理包 EBImage 和如何利用 Keras 自带的函数进行图像处理。

4.1 图像处理 EBImage 包

EBImage 是 R 的一个扩展包，提供了用于读取、写入、处理和分析图像的通用功能，非常容易上手。EBImage 包在 Bioconductor 中，可以通过以下命令进行安装。

```
install.packages("BiocManager")
BiocManager::install("EBImage")
```

安装完 EBImage 后，可以通过以下命令将其加载到 R 中。

```
library("EBImage")
```

4.1.1 图像读取与保存

EBImage 的基本功能包括图像的读取、显示和写入。使用 readImage() 函数读取图像，函数中的参数 files 表示需要读取的文件名或 URL，参数 type 表示读取的图像文件格式，目前支持 jpeg、png 和 tiff 三种图像文件格式。

首先，我们将一张图像格式为 jpg 文件的灰色图像加载到 R 中。

```
> img <- readImage('../images/cat.jpg')
```

可以通过 display() 函数对刚刚加载的图像进行可视化，如图 4-1 所示。

```
> display(img ,method = 'browser')
```

图 4-1   可交互的图像可视化

当 display() 函数的参数 method 为 browser 时，在 R 中运行命令后将在默认 Web 浏览器中打开图像，在 RStudio 中运行命令后将在 View 窗口打开可交互的图像。使用鼠标或者键盘快捷键可以放大或缩小图像、平移或循环显示多个图像。当参数 method 为 raster 时，表示在当前设备上绘制静态图像，我们还可以利用 R 的低级绘图函数在图像上添加其他元素。运行以下程序代码将在图像上添加文本标签，如图 4-2 所示。

```
> display(img,method = 'raster')
> text(x = 20,y = 20,label = 'cat',adj = c(0,1),col = 'orange',cex = 2)
```

图 4-2   在图像中添加文本标签

绘制静态图像时，我们也可以使用 plot() 函数实现，如以下代码也可以实现图 4-2 的效果。

```
> plot(img)
> text(x = 20,y = 20,label = 'cat',adj = c(0,1),col = 'orange',cex = 2)
```

上面的示例读入的是黑白图像（或称灰色图像），也可以使用 readImage() 和 display() 函数轻松读入彩色照片。运行以下程序代码得到如图 4-3 所示图像。

```
> imgcol <- readImage('../images/cat-color.jpg')
> display(imgcol,method = 'raster')
```

图 4-3　读取及显示彩色图像

我们可以使用 writeImage() 函数将图像保存到文件中，文件格式可以为 jpeg、png 和 tiff。例如我们加载的是 jpeg 文件，现在将此图像另存为 png 文件。

```
> writeImage(img,'../images/cat.png')
> writeImage(imgcol,'../images/cat-color.png')
> list.files('../images')
[1] "cat-color.jpg" "cat-color.png" "cat.jpg"        "cat.png"
```

可见，在 images 文件夹中多了 cat.png 和 cat-color.png 两个 png 文件。在利用 writeImage() 函数将图像保存为 jpeg 文件格式时，还可以利用参数 quality 将压缩算法设置为 1 到 100 之间的质量值。默认为 100，可以设置为较小的值以得到较小的文件，但这样会降低图像质量。

4.1.2　图像对象和矩阵

EBImage 使用特定的 Image 类来存储和处理图像，并将图像存储为包含像素强度的多维数组。所有的 EBImage 函数都可以使用矩阵和数组。下面，我们使用 str() 函数来查看

Image 对象的内部结构。

```
> str(img)
Formal class 'Image' [package "EBImage"] with 2 slots
    ..@ .Data    : num [1:1920, 1:1080] 0.424 0.424 0.424 0.424 0.424 ...
    ..@ colormode: int 0
> str(imgcol)
Formal class 'Image' [package "EBImage"] with 2 slots
    ..@ .Data    : num [1:603, 1:402, 1:3] 0.773 0.773 0.773 0.776 0.776 ...
    ..@ colormode: int 2
```

.Data 是包含像素强度的数字数组。可以看到，img 是灰色图像，所以数组是二维的，具有 1920×1080 个元素；imgcol 是彩色图像，所以数组是三维的，具有 603×402×3 个元素，分别对应图像的像素宽度、像素高度和颜色通道。可以使用 dim() 函数来访问这些维度，方法与访问常规数组一样。

```
> dim(img)
[1] 1920 1080
> dim(imgcol)
[1] 603 402   3
```

可以使用 imageData() 函数查看图像数据。

```
> imageData(img)[1:3,1:6]
          [,1]      [,2]      [,3]      [,4]     [,5]     [,6]
[1,] 0.4235294 0.4235294 0.4235294 0.427451 0.427451 0.4313725
[2,] 0.4235294 0.4235294 0.4235294 0.427451 0.427451 0.4313725
[3,] 0.4235294 0.4235294 0.4235294 0.427451 0.427451 0.4313725
> imageData(imgcol)[1:3,1:3,1:3]
, , 1

          [,1]      [,2]      [,3]
[1,] 0.772549 0.7725490 0.7803922
[2,] 0.772549 0.7725490 0.7843137
[3,] 0.772549 0.7764706 0.7843137

, , 2

          [,1]      [,2]      [,3]
[1,] 0.4862745 0.4862745 0.4941176
[2,] 0.4862745 0.4862745 0.4980392
[3,] 0.4862745 0.4901961 0.4980392

, , 3

          [,1]      [,2]      [,3]
[1,] 0.2705882 0.2705882 0.2784314
[2,] 0.2705882 0.2705882 0.2823529
[3,] 0.2705882 0.2745098 0.2823529
```

可以使用 as.array() 函数将 Image 转换为 array。

```
> is.Image(img)
[1] TRUE
> is.Image(as.array(img))
[1] FALSE
> is.array(as.array(img))
[1] TRUE
```

可以使用 hist() 函数绘制直方图，查看 Image 对象中像素强度的分布情况。运行以下程序代码可得到 img 和 imgcol 两个图像数据的直方图分布，如图 4-4 所示。

```
> par(mfrow=c(2,1))
> hist(img)
> hist(imgcol)
> par(mfrow=c(1,1))
```

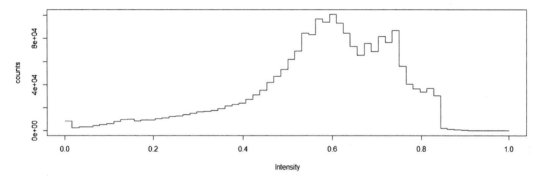

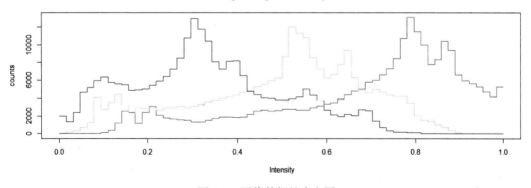

图 4-4　图像数据的直方图

图 4-4 中上部分是灰色图像 img 的直方图，只有一条灰色曲线，其值范围为 [0,1]，下部分是彩色图像 imgcol 的直方图，因此有红、绿、蓝三条曲线，值范围均为 [0,1]。我们也可以使用 range() 函数查看像素强度的范围。

```
> range(img)
[1] 0 1
> range(imgcol)
[1] 0 1
```

使用 print() 函数，将其参数 short 设置为 TRUE，可以获得更紧凑的图像对象概要，而不会给出像素强度数组。

```
> print(img,short = TRUE)
Image
    colorMode    : Grayscale
    storage.mode : double
    dim          : 1920 1080
    frames.total : 1
    frames.render: 1
> print(imgcol,short = TRUE)
Image
    colorMode    : Color
    storage.mode : double
    dim          : 603 402 3
    frames.total : 3
    frames.render: 1
```

colorMode 表示的是颜色模式，img 为 Grayscale（灰色）、imgcol 为 Color（彩色）。dim 是图像数据的维度，imgcol 的第三维表示不同的颜色通道，分别对应图像的红色、绿色和蓝色强度。frames.total 和 frames.render 表示图像中包含的帧总数以及渲染对应的帧数。

4.1.3　色彩管理

如上一小节所述，Image 类扩展了基础数组，并使用 colorMode 来存储应如何处理多维数据的颜色信息。colorMode() 函数可用于访问和更改此属性，修改图像的渲染模式。在下一个例子中，我们将一张彩色图像的模式变为灰色（Grayscale），这样该图像将不再显示为单一的彩色图像，而是转换为三帧的灰色图像，分别对应红、绿、蓝三个通道。colorMode() 函数只会改变 EBImage 渲染图像的方式，并不会改变图像的内容。运行以下程序代码，将一个彩色图像渲染为一个具有 3 帧（红色通道、绿色通道、蓝色通道）的灰色图像，如图 4-5 所示。

```
> colorMode(imgcol) <- Grayscale
> display(imgcol,method = 'raster',all = TRUE,nx = 3)
```

图 4-5　将一个彩色图像渲染为一个三帧的灰色图像

我们还可以利用 writeImage() 函数将 imgcol 保存到本地，此时会将三个通道的灰色图像分别保存为 jepg 文件。

```
> writeImage(imgcol,'../images/imgcol-grayscale.jpg')
> list.files('../images/',pattern = 'imgcol-grayscale')
[1] "imgcol-grayscale-0.jpg" "imgcol-grayscale-1.jpg" "imgcol-grayscale-2.jpg"
```

我们可以使用更灵活的 channel() 函数进行色彩空间转换，可以将灰色图像转换为彩色图像，也可以从彩色图像中提取颜色通道。与 colorMode() 函数不同，channel() 函数还可以更改图像的像素强度值。asred、asgreen 和 asblue 转换模式可以将灰色图像或数组转换为指定色调的彩色图像，此时图形数据也将从二维变成三维。运行以下程序代码可以将灰色图像变成绿色图像，如图 4-6 所示。

```
> img_asgreen <- channel(img,'asgreen')
> dim(img)
[1] 1920 1080
> dim(img_asgreen)
[1] 1920 1080    3
```

图 4-6　将灰色图像变成绿色图像

由上述代码可知，channel() 函数将灰色图像变成彩色图像，图像数据从二维变成三维，因为 img_asgreen 是一张绿色图像，所以红色通道、蓝色通道的矩阵数值全部为 0。我们单独绘制三个通道数据的直方图进行直观展示，运行以下程序代码得到如图 4-7 所示结果。

```
> par(mfrow=c(1,3))
> title <- c('red','green','blue')
> for(i in 1:3) {hist(img_asgreen[,,i],main = title[i])}
> par(mfrow=c(1,1))
```

从图 4-7 可知，仅绿色通道的矩阵数值不全部为 0，红色通道、蓝色通道的矩阵数值全部为 0。其实绿色通道的矩阵数值与灰色图像 img 的矩阵数值完全一致，我们通过 all.equal() 函数进行验证。

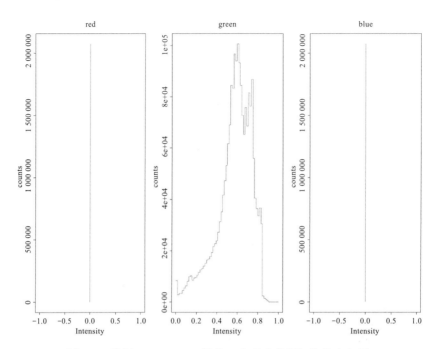

图 4-7   绘制 img_asgreen 图像三个通道数据矩阵的直方图

```
> # 判断绿色通道矩阵是否与灰色图像矩阵一致
> all.equal(imageData(img[,]),imageData(img_asgreen[,,2]))
[1] TRUE
```

返回结果为 TRUE，说明两者的矩阵数值完全一致。

我们知道，当红、绿、蓝三通道的值均为 1 时，返回白色图像；当红、绿、蓝三通道的值均为 0 时，返回黑色图像。运行以下代码，将在 img_asgreen 图像左上方依次修改为黑色块、白色块、红色块、蓝色块，如图 4-8 所示。

```
> # 修改数据矩阵
> img_asgreen[1:60,1:60,1:3] <- 0      # 黑色块区域
> img_asgreen[61:120,1:60,1:3] <- 1    # 白色块区域
> img_asgreen[121:180,1:60,1] <- 1
> img_asgreen[121:180,1:60,2:3] <- 0   # 红色块区域
> img_asgreen[181:240,1:60,3] <- 1
> img_asgreen[181:240,1:60,1:2] <- 0   # 蓝色块区域
> plot(img_asgreen)
```

rgbImage() 函数能够将 3 张灰色图像合并成一张彩色图像。运行以下程序代码可得到彩色图像，如图 4-9 所示。

```
> redImage <- readImage('../images/imgcol-grayscale-0.jpg')
> greenImage <- readImage('../images/imgcol-grayscale-1.jpg')
> blueImage <- readImage('../images/imgcol-grayscale-2.jpg')
```

```
> colorImage <- rgbImage(red = redImage,green = greenImage,blue = blueImage)
> plot(colorImage)
```

图 4-8　修改图像数据得到不同的颜色

图 4-9　将三张灰色图像变成彩色图像

4.1.4　图像处理

作为数值数组，可以使用 R 的任何算术运算符方便地操作图像。例如，我们可以通过减法（用数组的最大值减去图像数据）生成负图像。运行以下程序代码，得到原图像及负图像，如图 4-10 所示。

```
> img_neg <- max(img) - img
> img_comb <- combine(img,img_neg)
> display(img_comb,method = 'raster',all = TRUE)
```

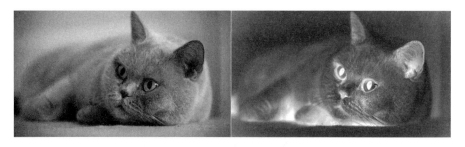

图 4-10   显示原图像及负图像

在上面的示例中，我们使用 combine() 函数将单个图像合并成单个多帧图像。

我们还可以通过加法来增加图像的亮度，通过乘法来调整对比度，以及通过求幂来应用伽马校正。运行以下程序代码，得到原图像及三种处理后的图像，如图 4-11 所示。

```
> img_comb1 <- combine(
+    img,
+    img + 0.3,
+    img * 2,
+    img ^ 0.5
+ )
> display(img_comb1,method = 'raster',all=TRUE)
```

图 4-11   增加图像亮度、对比度及伽马校正

我们可以使用标准矩阵的子集选取方式对图像进行裁剪。比如通过选取 Image 类的部分数据绘制猫咪的头像，如图 4-12 所示。

```
> img_crop <- img[800:1700, 100:950]
> plot(img_crop)
```

我们也可以对图像进行阈值处理，阈值操作返回 Image 具有二进制像素值的对象，此时用于存储此类图像的数据类型为逻辑型（TRUE/FALSE）。

我们对 img_crop 对象的像素值进行是否大于 0.5 的判断，得到 img_thresh 对象的数据类型如下所示：

```
> img_thresh <- img_crop > 0.5
> img_thresh
Image
    colorMode    : Grayscale
    storage.mode : logical
    dim          : 901 851
    frames.total : 1
    frames.render: 1

imageData(object)[1:5,1:6]
      [,1] [,2] [,3] [,4] [,5] [,6]
[1,] TRUE TRUE TRUE TRUE TRUE TRUE
[2,] TRUE TRUE TRUE TRUE TRUE TRUE
[3,] TRUE TRUE TRUE TRUE TRUE TRUE
[4,] TRUE TRUE TRUE TRUE TRUE TRUE
[5,] TRUE TRUE TRUE TRUE TRUE TRUE
```

使用 plot() 函数查看经过阈值处理后的图像，如图 4-13 所示。

```
> plot(img_thresh)
```

图 4-12　对图像进行裁剪

图 4-13　对图像进行阈值处理

4.1.5　空间变换

对于灰色图像，可以使用 R 基础包的 t() 函数或者 EBImage 扩展包的 transpose() 函数进行转置。运行以下程序代码，得到转置后的灰色图像，如图 4-14 所示。

```
> img_t <- transpose(img) # 等价于 img_t <- t(img)
> plot(img_t)
```

对于彩色图像，我们不能使用 t() 函数，而是需要使用 transpose() 函数对其进行转置，它能通过交换空间维度来置换图像。运行以下程序代码，得到转置后的彩色图像，如图 4-15 所示。

```
> t(imgcol) # 报错
Error in t.default(imgcol) : argument is not a matrix
> imgcol_t <- transpose(imgcol)
> plot(imgcol_t)
```

图 4-14　对灰色图像进行转置　　　　图 4-15　对彩色图像进行转置

除了转置，我们还有更多关于图像的空间变换，例如平移、旋转、反射和缩放。translate() 函数通过指定的二维向量移动图像平面，裁剪图像区域外的像素，并将进入图像区域的像素设置为背景。参数 v 是由两个数字组成的向量，表示以像素为单位的平移向量。以下代码可将图像往右移动 100 像素，往上移动 50 像素，如图 4-16 所示。

```
> img_translate <- translate(img, c(100,50))
> imgcol_translate <- translate(imgcol,c(100,50))
> par(mfrow=c(1,2))
> plot(img_translate)
> plot(imgcol_translate)
> par(mfrow=c(1,1))
```

利用 rotate() 函数可以将图像顺时针旋转，参数 angle 表示需要旋转的角度。以下代码可将 img 图像顺时针旋转 30 度，如图 4-17 所示。

```
> img_rotate <- rotate(img,30)
> plot(img_rotate)
```

图 4-16　图像平移

所有空间变换函数均有参数 bg.col，用于设置图像背景色。比如我们可以通过以下代码将旋转后的图像背景色设置为白色，如图 4-18 所示。

```
> # 设置背景色为白色
> img_rotate_bg <- rotate(img,30,bg.col = 'white')
> plot(img_rotate_bg)
```

图 4-17　图像旋转　　　　　　　　　　　　图 4-18　调整图像背景色

使用 resize() 函数可以对图像进行缩放，如果仅提供宽度或者高度之一，则将自动计算另一个尺寸并保持原始宽高比。以下代码会将 img、imgcol 图像的宽、高均设置为 256，如图 4-19 所示。

```
> # 调整图像尺寸
> img_resize <- resize(img,w = 256,h = 256)
> imgcol_resize <- resize(imgcol,w = 256,h = 256)
> par(mfrow=c(1,2))
> plot(img_resize)
> plot(imgcol_resize)
> par(mfrow=c(1,1))
```

使用 flip() 和 flop() 函数可以分别围绕水平轴和垂直轴反射图像，运行以下代码，得到如图 4-20 所示图像。

图 4-19　调整图像尺寸

```
> img_flip <- flip(img)
> img_flop <- flop(img)
> display(combine(img_flip, img_flop),
+         all=TRUE,method = 'raster')
```

图 4-20　反射图像

使用 affine() 函数可以实现空间线性变换，其中像素坐标（用矩阵 px 表示）转换为 cbind(px, 1)%*%m。例如，可以通过以下代码实现水平剪切映射，如图 4-21 所示。

```
> m <- matrix(c(1, -.5, 128, 0, 1, 0), nrow=3, ncol=2)
> img_affine <- affine(img, m)
> display(img_affine)
```

4.1.6　图像滤波

在尽量保留图像细节特征的条件下对目标图像的噪声进行抑制，是图像预处理中不可缺少的操作，处理效果的好坏将直接影响后续图像处理和分析的有效性和可靠性。滤波就是要去除没用的信息，保留有用的信息，可能是低频，也可能是高频。滤波的目的有两个：一是抽出对象的特征作为图像识别的特征模式；二是为适应图像处理的要求，消除图像数字化时混入的噪声。对滤波处理的要求有两条：一是不能损坏图像的轮廓及边缘等重要信息；二是使图像清晰，视觉效果好。

图 4-21　空间线性变换

接下来，我们简单介绍线性滤波器与非线性滤波器的基本使用。

1. 线性滤波器

线性滤波器的原始数据与滤波结果是一种算术运算，即用加减乘除等运算实现，如均值滤波器（模板内像素灰度值的平均值）、高斯滤波器（高斯加权平均值）等。由于线性滤波器是算术运算，有固定的模板，因此滤波器的转移函数是可以确定并且是唯一的（转移函数即模板的傅里叶变换）。

在 EBImage 中，二维卷积可由函数 filter2 实现，权重函数可由辅助函数 makeBush 生成。实际上，filter2 使用在数学上等价的快速傅里叶变换的方式，使得计算更加高效。

以下代码首先利用 makeBrush() 函数生成一个宽度为 20 的高斯滤波器，其他可用的过滤器形状有 box（默认）、disc、diamond 和 line；再利用 filter2() 函数对 img 图像进行过滤，得到如图 4-22 所示图像。

```
> w <- makeBrush(size = 51, shape = 'gaussian',sigma = 20)
> img_flo <- filter2(img, w)
> display(img_flo,method = 'raster')
```

2. 非线性滤波器

非线性滤波器的原始数据与滤波结果是一种逻辑关系，即用逻辑运算实现，如极大值滤波器、极小值滤波器、中值滤波器等。非线性滤波器通过比较一定邻域内的灰度值大小来实现，没有固定的模板，因而也就没有特定的转移函数（因为没有模板作傅里叶变换）。另外，膨胀和腐蚀也是通过最大值、最小值滤波器实现的。五种常见的非线性滤波算子（极大值滤波、极小值滤波、中点滤波、中值滤波、加权中值滤波）对不同的图像会有不同的作用。最常用的是中值滤波器，因为它的效果最好且信息损失最少。

图 4-22   线性滤波处理

中值滤波器可以消除图像中的长尾噪声，例如负指数噪声和椒盐噪声。在消除噪声时，中值滤波器对图像噪声的模糊极小（受模板大小的影响），其实质上是用模板内所包含像素灰度的中值来取代模板中心像素的灰度。中值滤波器在消除图像内椒盐噪声和保持图像的空域细节方面的性能优于均值滤波器。

在 EBImage 中，medianFilter() 函数可实现中值滤波器技术。我们首先通过加入均匀噪声来破坏图像，如图 4-23 所示。

```
> l <- length(img)
> n <- l/5
> pixels <- sample(l, n)
> img_noisy <- img
> img_noisy[pixels] <- runif(n, min=0, max=1)
> display(img_noisy,method = 'raster')
```

图 4-23   加入噪声的图像

接下来，利用中值滤波器消除图像中的噪声，如图 4-24 所示。

```
> img_median <- medianFilter(img_noisy, 1)
> display(img_median,method = 'raster')
```

图 4-24　利用中值滤波器去噪后的图像

4.1.7　形态运算

二值图像是仅包含两组像素的图像，其值为 0 和 1，分别表示背景像素和前景像素。这样的图像要经历几种非线性的形态运算，如侵蚀、膨胀、打开和闭合。这些运算通过以下方式在二进制图像上覆盖一个称为结构元素的掩码来工作。

❑ 腐蚀：对于每个前景像素，在其周围放置一个遮罩，如果遮罩覆盖的任何像素来自背景，则将其设置为背景。

❑ 膨胀：对于每个背景像素，在其周围放置一个蒙版，如果蒙版覆盖的任何像素都来自前景，则将像素设置为前景。

我们首先读入一个二值图像，然后利用 markBrush() 函数创建一个形状为 diamond、大小为 3 的滤波器，再通过 erode() 函数对二值图像进行腐蚀运算、通过 dilate() 函数对图像进行膨胀运算，处理后的结果如图 4-25 所示。

```
> shapes <- readImage('../images/shapes.png')
> kern = makeBrush(3, shape='diamond')
> shapes_erode= erode(shapes, kern) # 腐蚀
> shapes_dilate = dilate(shapes, kern) # 膨胀
> display(combine(shapes,shapes_erode, shapes_dilate),
+           all=TRUE,method = 'raster',nx = 3)
```

图 4-25　对二值图像进行腐蚀和膨胀

打开和关闭是上述两个运算的组合：打开是先腐蚀再膨胀、关闭是先膨胀再腐蚀，分别通过函数 opening 和 closing 实现。

4.1.8　图像分割

图像分割是指对图像进行分割，通常用于识别图中的对象。非接触连接的对象可以使用 bwlabel() 函数进行分段，而 watershed() 与 propagate() 函数能够用更复杂的算法分离彼此接触的对象。

bwlabel() 函数查找除背景以外的每个相连像素集，并用唯一递增的整数重新标记这些集。可以在带阈值的二进制图像上调用它以提取对象。

```
> shapes_label <- bwlabel(shapes)
> table(shapes_label)
shapes_label
  0    1    2    3    4    5    6    7    8    9   10   11   12   13   14   15
16821 398  129  135   11  147   81  109   60   87   93   81   78  100   87   15
> max(shapes_label)
[1] 15
```

shapes_label 图像的像素值范围从 0（对应于背景）到其包含的对象数，最大值为 15。

可以使用 normalize() 函数对其进行（0, 1）范围内的标准化，这将导致不同的对象以不同的灰色阴影渲染，如图 4-26 所示。

```
> display(normalize(shapes_label),method = 'raster') # 灰色渲染
```

图 4-26　灰色阴影渲染对象

还可以使用 colorLabels() 函数对图像进行分割，该函数通过唯一颜色的随机排列对对象进行颜色编码，如图 4-27 所示。

```
> display(colorLabels(shapes_label),method = 'raster') # 彩色渲染
```

图 4-27　彩色渲染对象

EBImage 将对象掩码定义为具有相同唯一整数值的一组像素。通常，包含对象掩码的图像就是分割函数的结果，如 bwlabel、watershed 或 propagate。通过 rmObject() 函数可以将对象从这些图像中删除，将对象的像素值设置为 0 即可。默认情况下，在删除对象之后，所有剩余的对象都会被重新标记，以便最高对象 ID 与掩码中的对象数量对应。参数 reenumerate 可用于更改此行为并保留原始对象 id。

我们需要将 Rstudio_Keras 对象中的 "_" 移除，可以通过以下程序代码实现，结果如图 4-28 所示。

```
> z <- rmObjects(shapes_label,15) # 移除 "_"
> display(z,method = 'raster')
```

图 4-28　从图像中移除对象

4.2　利用 Keras 进行图像预处理

Keras 中提供了丰富的图像预处理函数和方法，下面让我们来逐一学习。

4.2.1　图像读取与保存

首先让我们来了解下 Keras 中的图像读取函数 image_load()，其表达形式为：

```
image_load(path, grayscale = FALSE, target_size = NULL,
    interpolation = "nearest")
```

各参数描述如下。

❑ path：图像的路径名称，包含图像名称。

❑ grayscale：布尔值，是否将图像加载为灰度，默认为 FALSE。

❑ target_size：默认为 NULL，即保持图像的原始大小，也可以是一个 (img_height, img_width) 形式的整数向量，表示加载进来之后图像的大小。

❑ interpolation：当 target_size 不是原始大小的时候，会对图像进行重采样，支持参数 nearest、bilinear 和 bicubic。默认使用 nearest。

使用 image_load() 函数将 cat-color.jpg 图像导入 R 中，因为导入到 R 后也希望是彩色图像，所以参数 grayscale 设置为 FALSE。

```
> imgcol <- image_load('../images/cat-color.jpg')
```

imgcol 是 PIL.Image 类的一个实例对象，所以具备 Image 类相关的方法和属性，代码如下所示。

```
> imgcol$format
[1] "JPEG"
> imgcol$mode
[1] "RGB"
> imgcol$size
[[1]]
[1] 603

[[2]]
[1] 402
```

imgcol 的格式为 JPEG，模式是 RGB（彩色），大小为 603×402。

使用 image_to_array() 函数可以将 PIL.Image 图像对象转化为三维数组。其表达形式为：

```
image_to_array(img, data_format = c("channels_last", "channels_first"))
```

其中，参数 img 为 PIL.Image 类的实例，参数 format 为图像数据格式（channels_last 或者 channels_first）。

```
> imgcol_tensor <- image_to_array(imgcol)
> dim(imgcol_tensor)
[1] 402  603    3
```

由结果可知，返回的是一个三维数组，第三维是颜色通道，因为是彩色图像，所以通道大小为 3。

使用 as.raster() 函数将其转化为 raster 对象，并使用 plot() 函数绘制图像，如图 4-29 所示。

```
> plot(as.raster(imgcol_tensor[,,],max = 255))
```

图 4-29　绘制彩色图像

接下来，将本地的灰色图像 cat.jpg 读入 R 中，此时需要将参数 grayscale 设置为 TRUE，并利用 image_to_array() 函数将对象转化为三维数组。

```
> img <- image_load('../images/cat.jpg',grayscale = TRUE)
> img_tensor <- image_to_array(img)
> dim(img_tensor)
[1] 1080  1920     1
```

img_tensor 的第三维代表颜色通道，因为是灰色图像，所以值为 1。将其转换为 raster 对象后绘制的图像如图 4-30 所示。

```
> plot(as.raster(img_tensor[,,],max = 255))
```

图 4-30 绘制灰色图像

也可以使用 image_array_resize() 函数将 PIL.Image 对象转换为指定大小（height、width）的三维数组。比如以下代码实现将 imgcol 对象转换为高度、宽度均为 256 的三维数组，如图 4-31 所示。

```
> imgcol_resize <- image_array_resize
    (imgcol, height = 256, width = 256)
> dim(imgcol_resize)
[1] 256 256   3
> plot(as.raster(imgcol_resize,max = 255))
```

最后，可以使用 image_array_save() 函数将 R 中的一个 Image 类或三维数组保存为本地图像。其表达形式为：

```
image_array_save(img, path, data_format =
    NULL, file_format = NULL,
scale = TRUE)
```

图 4-31 改变 Image 类的大小

各参数描述如下。

- ❑ img：Image 类或者三维数组。
- ❑ path：保存图像的路径。
- ❑ data_format：图像数据格式（channels_last 或者 channels_first）。
- ❑ file_format：图像文件的格式。默认值是 NULL，即图像格式就是图像拓展名默认的格式，如果想要重新指定格式，则需要设置该参数。
- ❑ scale：是否需要将像素的值缩放到 [0, 255] 之间，默认是 TRUE，即进行缩放。

我们将 PIL.Image 类 imgcol 和三维数组 imgcol_resize 保存为图像，代码如下。

```
> # 保存图像
> image_array_save(imgcol,'../images/image_save.jpg')
> image_array_save(imgcol_resize,'../images/image_save1.jpg')
> # 查看是否保存成功
> list.files('../images/',pattern = 'save')
[1] "image_save.jpg"  "image_save1.jpg"
```

由结果可知，本地的 images 文件夹中已经新增了 2 张 jpg 图像。

4.2.2 图像生成器 image_data_generator

前面介绍了 EBImage 包及 Keras 中进行图像预处理的一些常规方法，但这些方法都是针对一张图像进行操作的。我们在做深度学习的时候，当然可以事先对每一张图像进行预处理，再将图像放入训练，但是效率比较低下，而且非实时。image_data_generator() 是 Keras 中的图像生成器，通过实时数据增强生成张量图像数据批次，并且可以循环迭代。它可以每次将一个批次大小的样本数据导入模型中，也可以在每一个批次中对这些样本数据进行增强，扩充数据集，增强模型的泛化能力。

数据增强（data augmentation）指的是利用以下或者其他方法增加数据输入量，这里的数据特指图像数据。

- ❑ 旋转/反射变换（rotation/reflection）：随机旋转图像一定角度，改变图像内容的朝向。
- ❑ 翻转变换（flip）：沿着水平或者垂直方向翻转图像。
- ❑ 缩放变换（zoom）：按照一定的比例放大或者缩小图像。
- ❑ 平移变换（shift）：在图像平面上对图像以一定方式进行平移。可以采用随机或人为定义的方式指定平移范围和平移步长，沿水平或竖直方向进行平移，改变图像内容的位置。
- ❑ 尺度变换（scale）：对图像按照指定的尺度因子进行放大或缩小；或者参照 SIFT 特征提取思想，利用指定的尺度因子对图像滤波构造尺度空间，改变图像内容的大小或模糊程度。
- ❑ 对比度变换（contrast）：在图像的 HSV 颜色空间，改变饱和度 S 和 V 亮度分量，保持色调 H 不变，对每个像素的 S 和 V 分量进行指数运算（指数因子在 0.25 到 4 之间），增加光照变化。

❏ 噪声扰动（noise）：对图像的每个像素 RGB 进行随机扰动，常用的噪声模式是椒盐噪声和高斯噪声。

总结起来，image_data_generator() 的功能主要有以下两点。

❏ 图像生成器，负责生成一个又一个批次的图像，以生成器的形式供模型训练；

❏ 对每一个批次的训练图像，实时地进行数据增强处理。

image_data_generator() 的表达形式为：

```
image_data_generator(featurewise_center = FALSE,
    samplewise_center = FALSE, featurewise_std_normalization = FALSE,
    samplewise_std_normalization = FALSE, zca_whitening = FALSE,
    zca_epsilon = 1e-06, rotation_range = 0, width_shift_range = 0,
    height_shift_range = 0, brightness_range = NULL, shear_range = 0,
    zoom_range = 0, channel_shift_range = 0, fill_mode = "nearest",
    cval = 0, horizontal_flip = FALSE, vertical_flip = FALSE,
    rescale = NULL, preprocessing_function = NULL, data_format = NULL,
    validation_split = 0)
```

各参数描述如下。

❏ featurewise_center：布尔值，将输入数据的均值设置为 0，逐特征进行，如果输入是彩色图像，则红、绿、蓝通道均减去每个通道对应均值。

❏ samplewise_center：布尔值，将每个样本的均值设置为 0，每张图像减去样本均值，使得每个样本均值为 0。

❏ featurewise_std_normalization：布尔值，将每个输入（即每张图像）除以数据集（dataset）标准差，逐特征进行。

❏ samplewise_std_normalization：布尔值，将每个输入（即每张图像）除以其自身（图像本身）的标准差。

❏ zca_whitening：布尔值，是否对输入数据应用 ZCA 白化。ZCA 白化的作用是针对图像进行主成分降维操作，减少图像的冗余信息，保留最重要的特征。

❏ zca_epsilon：ZCA 使用的 ε，默认为 1e-6。

❏ rotation_range：角度值（在 0~180 范围内），表示图像随机旋转的角度范围，但并不是固定以这个角度进行旋转，而是在 [0,指定角度] 范围内进行随机角度旋转。

❏ width_shift_range：图像宽度的某个比例，数据增强时图像水平偏移的幅度。

❏ height_shift_range：图像高度的某个比例，数据增强时图像竖直偏移的幅度。

❏ brightness_range：两个浮点数组成的向量或者列表，像素的亮度会在这个范围之内随机确定。

❏ shear_range：随机错切变换的角度（以弧度逆时针方向剪切角度）。

❏ zoom_range：图像随机缩放的范围。

❑ channel_shift_range：浮点数，随机通道转换的范围，也可以理解为随机通道偏移的幅度。通过对颜色通道的数值偏移，改变图像的整体颜色，这意味着整张图会呈现某一种颜色，像是在图像前面加了一块有色玻璃一样。

❑ fill_mode：填充模式，当对图像进行平移、缩放、错切等操作时，图像中会出现一些缺失的地方，具体填充方式由 fill_mode 中的参数确定，包括 constant、nearest（默认）、reflect 及 wrap。

❑ cval：当 fill_mode="constant" 时表示边界之外的点的值，默认为 0。

❑ horizontal_flip：布尔值，随机对图像执行水平翻转操作。这意味着不一定对所有图像都会执行水平翻转，每次生成均是随机选取图像进行翻转。

❑ vertical_flip：布尔值，对图像执行上下翻转操作。与 horizontal_flip 一样，每次生成均是随机选取图像进行翻转。

❑ rescale：重缩放因子，默认为 NULL。如果为 NULL 或 0 则不进行缩放，否则会将该数值乘到数据上（在应用其他变换之前）。常常用于将 [0,255] 的输入图像缩放到 [0,1]，这个操作在所有其他变换操作之前执行。

❑ preprocessing_function：这是用户自定义的函数，应用于每个输入的函数。该函数会在任何改变之前运行。这个函数需要一个参数：一张图像（秩为 3 的张量），并且应该输出一个同尺寸的张量。

   也就是说这是在 Keras 进行实时数据增强之前的预处理。我们需要写这样一个函数，它的输入是进行实时数据增强前的原来的图像，输出的是与原来大小相同的图像，相当于先执行一种 Keras 中没有的图像预处理方法。

❑ data_format：图像数据格式，channels_first 或者 channels_last。channels_last 格式表示图像输入尺寸应该为（samples, height, width, channels），channels_first 格式表示输入尺寸应该为（samples, channels, height, width）。默认为 Keras 配置文件 ~/.keras/keras.json 中的 image_data_format 值。如果你从未设置它，则默认为 channels_last。

❑ validation_split：保留用于验证的图像比例（严格控制在 0 和 1 之间）。

这里需要注意两个概念，featurewise 指的是逐特征，它针对的是数据集 dataset，而 samplewise 针对的是单个输入图像本身。featurewise 是从整个数据集的分布去考虑的，而 samplewise 只是针对自身图像。

构造好 image_data_generator 对象后，可以通过 fit 方法对样本数据进行数据增强处理，通过 flow 方法接收数组和标签为参数，生成经过数据增强或标准化后的批次数据，并在一个无限循环中不断返回批次数据。

利用 fit_image_data_generator() 函数将数据生成器用于某些样本数据。计算依赖于数据的变换所需要的统计信息（均值、方差等），只有使用 featurewise_center、featurewise_std_normalization 或 zca_whitening 时需要此函数。

其表达形式为：

```
fit_image_data_generator(object, x, augment = FALSE, rounds = 1, seed = NULL)
```

各参数描述如下。

❏ object：image_data_generator() 构造的数据生成器。

❏ x：样本数据，秩应该为 4 的数组，即（批次样本大小，图像宽度，图像高度，图像通道）的格式，对于灰色图像，通道值应该为 1，对于彩色图像，值应该为 3。

❏ augment：布尔值（默认为 FALSE），确定是否使用随机增强过的数据。

❏ rounds：若设 augment=TRUE，确定要在数据上进行多少轮数据增强，默认值为 1。

❏ seed：整数（默认为 NULL），随机种子。

利用 flow_images_from_data() 函数从图像数据和标签生成一批增强 / 标准化数据，其表达形式为：

```
flow_images_from_data(x, y = NULL, generator = image_data_generator(),
    batch_size = 32, shuffle = TRUE, sample_weight = NULL,
    seed = NULL, save_to_dir = NULL, save_prefix = "",
    save_format = "png", subset = NULL)
```

各参数描述如下。

❏ x：样本数据，秩应该为 4 的数组，即（批次样本大小，图像宽度，图像高度，图像通道）的格式，对于灰色图像，通道值应该为 1，对于彩色图像，值应该为 3。

❏ y：标签。

❏ generator：用于增强 / 标准化图像数据的图像数据生成器。

❏ batch_size：整数（默认为 32）。

❏ shuffle：布尔值，是否随机打乱数据，默认为 TRUE。

❏ sample_weight：样本权重。

❏ seed：整数（默认为 NULL），随机种子。

❏ save_to_dir：NULL 或字符串（默认为 NULL），保存增强后的图像，用以可视化。

❏ save_prefix：字符串（默认为 NULL），保存增强后图像时使用的前缀，仅当设置了 save_to_dir 时生效。

❏ save_format：指定保存图像的格式，有 png 与 jpeg 两种（仅当设置了 save_to_dir 时可用），默认为 jpeg。

❏ subset：数据子集（training 或 validation），在 image_data_generator() 函数中设置了 validation_split 时生效。

flow_images_from_dataframe() 函数输入数据框和目录的路径，并生成批量的增强 / 标准化的数据。其表达形式为：

```
flow_images_from_dataframe(dataframe, directory = NULL,
    x_col = "filename", y_col = "class",
```

```
generator = image_data_generator(), target_size = c(256, 256),
color_mode = "rgb", classes = NULL, class_mode = "categorical",
batch_size = 32, shuffle = TRUE, seed = NULL, save_to_dir = NULL,
save_prefix = "", save_format = "png", subset = NULL,
interpolation = "nearest", drop_duplicates = TRUE)
```

各参数描述如下。

❑ dataframe：数据框，一列为图像的文件名，另一列为图像的类别，或者是可以作为原始目标数据的多个列。

❑ directory：字符串，目标目录的路径，其中包含 dataframe 中映射的所有图像。

❑ x_col：字符串，dataframe 中包含目标图像文件夹的目录的列。

❑ y_col：字符串或字符串列表，dataframe 中将作为目标数据的列。

❑ generator：用于增强 / 标准化图像数据的图像数据生成器。

❑ target_size：整数向量（img_height, img_width），默认为（256，256）。找到的所有图像都会调整到这个维度。

❑ color_mode：有 grayscale 和 rgb 两种模式，表示图像是否转换为 1 个或 3 个颜色通道。默认为 rgb。

❑ classes：可选的类别列表（例如，['dogs', 'cats']）。默认为 NULL。如未提供，类列表将自动从 y_col 中推理出来，y_col 将会被映射为类别索引）。包含从类名到类索引映射的字典可以通过属性 class_indices 获得。

❑ class_mode：决定返回标签数组的类型，包括 categorical、binary、sparse、input、other 或 NULL，默认为 categorical。
  ○ categorical：二维独热编码标签。
  ○ binary：一维二进制标签。
  ○ sparse：一维整数标签。
  ○ input：与输入图像相同的图像（主要与自编码器一起使用）。
  ○ other：y_col 数据的数组。
  ○ NULL：不返回任何标签（生成器只会产生批量的图像数据，这对 predict_generator() 函数很有用）。

❑ follow_links：是否跟随类子目录中的符号链接（默认为 FALSE）。

❑ interpolation：在目标大小与加载图像的大小不同时，重新采样图像的插值方法。支持的方法有 nearest、bilinear 或 bicubic，默认使用 nearest。如果安装了 1.1.3 以上版本的 PIL 扩展包，将同时支持 lanczos。如果安装了 3.4.0 以上版本的 PIL 扩展包，则将同时支持 box 和 hamming。

❑ drop_duplicates：布尔值（默认为 TRUE），是否基于文件名删除重复的行。

其他参数方法与 flow_images_from_data() 函数相同。

flow_images_from_directory() 函数从目录中的图像生成一批数据（带有可选的增强 / 标

准化数据）。其表达形式为：

```
flow_images_from_directory(directory, generator = image_data_generator(),
    target_size = c(256, 256), color_mode = "rgb", classes = NULL,
    class_mode = "categorical", batch_size = 32, shuffle = TRUE,
    seed = NULL, save_to_dir = NULL, save_prefix = "",
    save_format = "png", follow_links = FALSE, subset = NULL,
    interpolation = "nearest")
```

其中参数 directory 为目标目录的路径。每个类应该包含一个子目录。任何在子目录树下的 PNG、JPG、BMP、PPM 或 TIF 图像都将被包含在生成器中。其他参数用法与 flow_images_from_dataframe() 函数相同，此处不再赘述。

4.2.3　image_data_generator 实例

我们经常遇到由于数据量较小，导致模型容易过拟合，所以需要数据增强的分类问题。数据增强是从现有的训练样本中生成更多训练数据，具体实现方法是利用多种能够生成可信图像的随机变换来增加样本。其目的是让模型在训练时不会两次查看完全相同的图像，使得模型能够观察到更多数据，从而提高泛化能力。

第一步，将图像读入 R 中，并对其进行转换。

```
> # 读取图像并调整大小
> imgcol <- image_load('../images/cat-color.jpg',target_size = c(150,150),
    grayscale = FALSE)
> imgcol_array <- image_to_array(imgcol) # 将其转换为形状为 (150,150,3) 的数组
> imgcol_array <- array_reshape(imgcol_array,c(1,150,150,3)) # 使其形状改变为 (1,150,150,3)
```

第二步，通过 image_data_generator() 函数创建用于增强 / 标准化图像数据的生成器。

flow_images_from_data() 函数生成批量的增强 / 标准化数据，此处将参数 batch_size 设置为 1，表示每次仅对一张图像进行数据增强。利用 generator_next() 函数从生成器中检索下一项。运行以下程序代码得到增强后的四张图像，如图 4-32 所示。

```
# 创建图像生成器
datagen <- image_data_generator(
    rescale = 1/255,
    rotation_range = 40,
    width_shift_range = 0.2,
    height_shift_range = 0.2,
    shear_range = 0.2,
    zoom_range = 0.2,
    horizontal_flip = TRUE,
    fill_mode = 'nearest'
)
# 生成一批增强数据，并对其可视化
augmentation_generator <- flow_images_from_data(
    imgcol_array,
    generator = datagen,
```

```
    batch_size = 1
)
op <- par(mfrow=c(2,2),pty = 's',mar = c(1,0,1,0))
for(i in 1:4){
    batch <- generator_next(augmentation_generator)
    plot(as.raster(batch[1,,,]))
}
par(op)
```

图 4-32   利用 flow_images_from_data() 函数新生成的图像

我们也可以利用 flow_images_from_directory() 函数对某一目录下子目录中的图像进行批量数据增强，再利用 fit_generator() 函数进行模型训练，从而实现对批量图像的实时数据增强及建模。本节继续使用 generator_next() 函数查看利用生成器生成的增强数据，关于 fit_generator() 函数的使用将在下一节介绍。

在 train 文件夹中有两个子目录，cats 和 dogs，分别存放了 5 张猫、狗的图像，如图 4-33 所示。

图 4-33   cats、dogs 目录下的图像

使用 flow_images_from_directory() 函数对 train 目录下的图像进行批量增强。参数 target_size 将每张图像大小转换为 150 × 150，参数 batch_size 设置为 10，表示每次可以批处理 10 张图像，class_mode 为 categorical，则这两个类别会用独热编码的方式来表示，即 [1,0] 表示猫，[0,1] 表示狗。若 class_mode 为 binary，则输出的类别是 0、1，分别表示猫、狗。

```
> # 从目录中的图像中生成一批增强数据
> train_generator = flow_images_from_directory(
+     '../train',
+     generator = datagen,
+     target_size=c(150,150) ,          # 将图像大小转化为 150x150
+     batch_size=10,                    # 每一次处理 10 张图像
+     class_mode='categorical',         # 对类别进行独热编码
+     save_to_dir="../train")           # 将增强处理之后的图像保存
```

运行以下程序代码后，在 train 目录下保存 10 张数据增强后的图像。

```
> train_batch <- generator_next(train_generator)
```

train_batch 是一个列表，第一部分是图像增强后的数据，第二部分是两个类别的独热编码标签。

```
> train_batch[[2]]
       [,1] [,2]
 [1,]    0    1
 [2,]    0    1
 [3,]    1    0
 [4,]    1    0
 [5,]    1    0
 [6,]    1    0
 [7,]    0    1
 [8,]    0    1
 [9,]    0    1
[10,]    1    0
```

第 1、2、7、8、9 张分别是 dogs 目录下 5 张狗的图像增强数据，其余为猫的增强数据。运行以下程序代码得到增强后的 10 张图像，如图 4-34 所示。

```
> op <- par(mfrow=c(2,5),pty = 's',mar = c(1,1,1,1))
> for(i in 1:10){
|   plot(as.raster(train_batch[[1]][i,,,]))
+ }
> par(op)
```

图 4-34　数据增强后的图像

图 4-34 （续）

使用 list.files() 函数查看保存到 train 目录的经过数据增强后的图像名称。

```
> list.files('../train',pattern = '.png')
 [1] "_0_8424382.png" "_1_5362201.png" "_2_8323051.png" "_3_8462532.
     png" "_4_4807384.png"
 [6] "_5_1699175.png" "_6_1573339.png" "_7_1401719.png" "_8_529829.png"
     "_9_8069491.png"
> length(list.files('../train',pattern = '.png'))
[1] 10
```

当再次运行 generator_next() 函数程序代码后，又将随机生成 10 张经过变换后的图像，即共有 20 张新生成的图像，如图 4-35 所示。

```
> train_batch <- generator_next(train_generator)
> length(list.files('../train',pattern = '.png'))
[1] 20
```

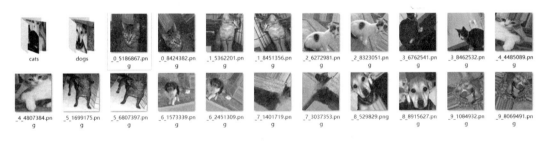

图 4-35　在 train 目录下新生成 20 张图像

4.3　综合实例：对彩色花图像进行分类

本节将对 Kaggle 彩色花图像数据集的 10 种彩色花图像进行分类。该实例的目的是展示如何针对较小数据集，使用图像预处理和数据增强技术建模，并得到相对不错的模型预测能力。

4.3.1　图像数据读取及探索

本实例的数据来源于 Kaggle 上的彩色花图像数据集（https://www.kaggle.com/olgabelitskaya/flower-color-images）。数据内容非常简单：包含 10 种开花植物的 210 张图像（128×128×3）

和带有标签的文件 flower-labels.csv，照片文件采用 .png 格式，标签为整数（0～9）。标签数字对应的花名称如表 4-1 所示。

表4-1 标签说明

标 签	花名称	标 签	花名称	标 签	花名称	标 签	花名称
0	福禄考	1	玫瑰	2	金盏花	3	鸢尾花
4	菊花	5	吊钟花	6	三色堇	7	金光菊
8	牡丹	9	耧斗花					

使用 read.csv() 将带有标签的文件 flower-labels.csv 导入 R 中，并查看前六行数据。

```
> flowers <- read.csv('../flower_images/flower_labels.csv')
> dim(flowers)
[1] 210    2
> head(flowers)
      file label
1 0001.png     0
2 0002.png     0
3 0003.png     2
4 0004.png     0
5 0005.png     0
6 0006.png     1
```

由代码可知，一共有 210 行 ×2 列数据，第 1 列是图像文件名称，第 2 列是其对应的标签值。编号为 0001、0002、0004、0005 的彩色图像对应的标签为 0，即福禄考；0003 彩色图像对应的标签为 2，即金盏花；0006 彩色图像对应的标签为 1，即玫瑰。

label 是目标变量，使用 as.matrix() 函数将其转换为矩阵后再利用 to_categorical() 函数将其转换为独热编码，转换后的数据如下所示。

```
> flower_targets <- as.matrix(flowers["label"])
> flower_targets <- keras::to_categorical(flower_targets, 10)
> head(flower_targets)
     [,1] [,2] [,3] [,4] [,5] [,6] [,7] [,8] [,9] [,10]
[1,]    1    0    0    0    0    0    0    0    0     0
[2,]    1    0    0    0    0    0    0    0    0     0
[3,]    0    0    1    0    0    0    0    0    0     0
[4,]    1    0    0    0    0    0    0    0    0     0
[5,]    1    0    0    0    0    0    0    0    0     0
[6,]    0    1    0    0    0    0    0    0    0     0
```

可利用 list.files() 函数获取 flower_images 目录中所有彩色图像的文件名称。

```
> # 获取 flower_images 目录中的彩色照片
> image_paths <- list.files('../flower_images',pattern = '.png')
> length(image_paths)
[1] 210
```

```
> image_paths[1:3]
[1] "0001.png" "0002.png" "0003.png"
```

flower_images 目录中一共有 210 张彩色图像，前 3 个图像文件的名称依次为 0001.png、0002.png、0003.png。利用 EBImage 包的 readImage() 函数将前面 8 张彩色花图像读入 R 中，并进行可视化，结果如图 4-36 所示。

```
> names <- c('phlox','rose','calendula','iris',
+            'max chrysanthemum','bellflower','viola',
+            'rudbeckia laciniata','peony','aquilegia')
> options(repr.plot.width=4,repr.plot.height=4)
> op <- par(mfrow=c(2,4),mar=c(2,2,2,2))
> for(i in 1:8){
+   img <- readImage(paste('../flower_images',image_paths[i],sep = '/'))  # 读入图像
+   plot(img)                                                             # 绘制图像
+   text(x = 64,y = 0,
+        label = names[flowers[flowers$file==image_paths[i],'label']+1],
+        adj = c(0,1),col = 'white',cex = 3)                              # 添加标签
+ }
> par(op)
```

图 4-36   flower_images 目录中前 8 张彩色花图像

自定义 image_loading() 函数，实现逐步将 flower_images 的彩色图像读入 R 中，并进行数据转换，使其成为符合深度学习建模时所需的自变量矩阵。

```
> # 自定义图像数据读入及转换函数
> image_loading <- function(image_path) {
+   image <- image_load(image_path, target_size=c(128,128))
+   image <- image_to_array(image) / 255
+   image <- array_reshape(image, c(1, dim(image)))
+   return(image)
+ }
```

结合 lapply() 函数读取 flower_images 目录中的 210 张彩色花图像，由于返回结果为列表，所以再次利用 array_reshape() 函数对其进行转换。

```
> image_paths <- list.files('../flower_images',
+                           pattern = '.png',
+                           full.names = TRUE)
> flower_tensors <- lapply(image_paths, image_loading)
> flower_tensors <- array_reshape(flower_tensors,
+                                 c(length(flower_tensors),128,128,3))
> dim(flower_tensors)
[1] 210 128 128   3
> dim(flower_targets)
[1] 210  10
```

至此，自变量 flower_tensors 和因变量 flower_targets 的数据转换已经完成。下一步，我们将进行数据分区，90% 作为训练集，10% 作为测试集。在进行数据拆分前，先查看各标签的占比，如图 4-37 所示。

```
> barplot(table(flowers$label),
+         col = 'skyblue4',border = NA)
```

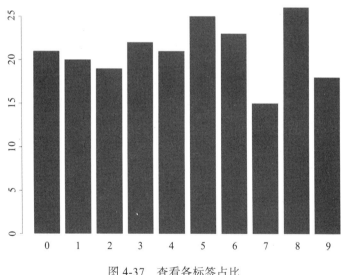

图 4-37　查看各标签占比

从图 4-37 可知，各标签值占比相对平衡，未出现类失衡现象。利用 caret 包的 createDataParitition() 函数对数据进行等比例抽样，使得抽样后的训练集和测试集中的各类别占比与原数据一样。

```
> # 等比例抽样
> index <- caret::createDataPartition(flowers$label,p = 0.9,list = FALSE)  # 训练集的下标集
> train_flower_tensors <- flower_tensors[index,,,]                          # 训练集的自变量
> train_flower_targets <- flower_targets[index,]                            # 训练集的因变量
```

```
> test_flower_tensors <- flower_tensors[-index,,,]           # 测试集的自变量
> test_flower_targets <- flower_targets[-index,]             # 测试集的因变量
```

下一步，创建多层感知机神经网络，利用训练好的模型对测试集进行预测，查看模型效果。

4.3.2 MLP 模型建立及预测

首先构建一个简单的多层感知机神经网络，利用训练集数据对网络进行训练。以下程序代码实现模型创建、编译及训练，每个训练周期的训练指标结果如图 4-38 所示。

```
> mlp_model <- keras_model_sequential()
>
> mlp_model %>%
+     layer_dense(128, input_shape=c(128*128*3)) %>%
+     layer_activation("relu") %>%
+     layer_batch_normalization() %>%
+     layer_dense(256) %>%
+     layer_activation("relu") %>%
+     layer_batch_normalization() %>%
+     layer_dense(512) %>%
+     layer_activation("relu") %>%
+     layer_batch_normalization() %>%
+     layer_dense(1024) %>%
+     layer_activation("relu") %>%
+     layer_dropout(0.2) %>%
+     layer_dense(10) %>%
+     layer_activation("softmax")
>
> mlp_model %>%
+     compile(loss="categorical_crossentropy",optimizer="adam",metrics="accuracy")
>
> mlp_fit <- mlp_model %>%
+     fit(
+       x=array_reshape(train_flower_tensors, c(length(index),128*128*3)),
+       y=train_flower_targets,
+       shuffle=T,
+       batch_size=64,
+       validation_split=0.1,
+       epochs=30
+     )

> options(repr.plot.width=9,repr.plot.height=9)
> plot(mlp_fit)
```

从图 4-38 可知，模型出现严重过拟合现象。训练集在第 8 个训练周期时的准确率已经达到 1，此时验证集的准确率仅有 0.3，且之后验证集准确率呈下降趋势。

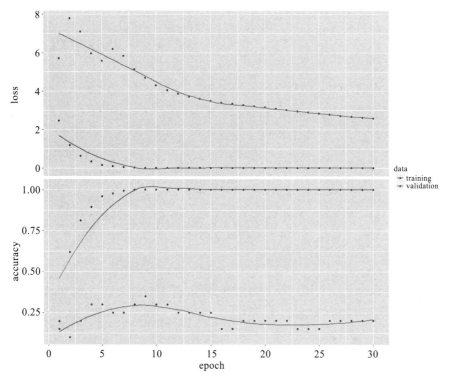

图 4-38　绘制 MLP 模型每个训练周期的训练指标

```
> mlp_fit_df <- as.data.frame(mlp_fit)
> View(mlp_fit_df)
> mlp_fit_df[mlp_fit_df$epoch==8,]
   epoch     value       metric       data
8      8  0.02722553     loss       training
38     8  1.00000000   accuracy     training
68     8  5.13713408     loss       validation
98     8  0.30000001   accuracy     validation
```

最后，利用 predict_classes() 对测试集进行类别预测，并查看每个测试样本的实际标签及预测标签。

```
> pred_label <- mlp_model %>%
+    predict_classes(x=array_reshape(test_flower_tensors,
+                           c(dim(test_flower_tensors)[1],128*128*3)),
+                verbose = 0)                           # 对测试集进行预测
>
> result <- data.frame(flowers[-index,],               # 测试集实际标签
+               'pred_label' = pred_label)              # 测试集预测标签
> result$isright <- ifelse(result$label==result$pred_label,1,0) # 判断预测是否正确
> result                                               # 查看结果
        file    label    pred_label      isright
10   0010.png      0         0              1
```

17	0017.png	0	9	0
30	0030.png	6	1	0
35	0035.png	3	5	0
43	0043.png	7	7	1
45	0045.png	1	0	0
52	0052.png	4	8	0
60	0060.png	8	0	0
64	0064.png	8	8	1
70	0070.png	4	8	0
71	0071.png	9	5	0
76	0076.png	3	5	0
95	0095.png	1	1	1
123	0123.png	4	5	0
160	0160.png	3	5	0
162	0162.png	9	7	0
197	0197.png	6	3	0
201	0201.png	1	5	0
207	0207.png	0	0	1

在 19 个训练样本中，仅有 5 个样本的标签预测正确，分别为 0010.png、0043.png、0064.png、0095.png 和 0207.png。

```
> # 查看测试集的整体准确率
> cat(paste(' 测试集的准确率为 :',
+              round(sum(result$isright)*100/dim(result)[1],1),"%"))
测试集的准确率为 : 26.3 %
```

测试集的整体准确率为 26.3%，仅仅比基准线 10%（一共 10 个类别，随便乱猜都有 10% 猜对的可能）好一些。显然，此时模型的结果是不太令人满意的。下一节将构建一个简单的卷积神经网络（CNN），并查看模型的预测能力。

4.3.3　CNN 模型建立与预测

在此例中，我们的卷积神经网络只包含一个卷积层。使用以下程序代码实现模型创建、编译及训练，每个训练周期的训练指标结果如图 4-39 所示。

```
> cnn_model %>%
+    layer_conv_2d(filter = 32, kernel_size = c(3,3), input_shape = c(128, 128, 3)) %>%
+    layer_activation("relu") %>%
+    layer_max_pooling_2d(pool_size = c(2,2)) %>%
+    layer_flatten() %>%
+    layer_dense(64) %>%
+    layer_activation("relu") %>%
+    layer_dropout(0.5) %>%
+    layer_dense(10) %>%
+    layer_activation("softmax")
>
> cnn_model %>% compile(
+    loss = "categorical_crossentropy",
```

```
+     optimizer = optimizer_rmsprop(lr = 0.001, decay = 1e-6),
+     metrics = "accuracy"
+   )
> cnn_fit <- cnn_model %>%
+   fit(
+     x=train_flower_tensors,
+     y=train_flower_targets,
+     shuffle=T,
+     batch_size=64,
+     validation_split=0.1,
+     epochs=30
+   )
> plot(cnn_fit)
```

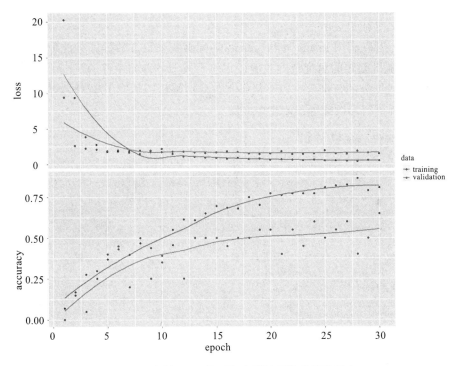

图 4-39 绘制 CNN 模型每个训练周期的训练指标

从图 4-39 可知，CNN 的效果明显优于 MLP。利用训练好的 CNN 模型对测试集进行预测，并计算测试集的整体准确率。

```
> pred_label1 <- cnn_model %>%
+   predict_classes(x=test_flower_tensors,
+                   verbose = 0)                              # 对测试集进行预测
>
> cnn_result <- data.frame(flowers[-index,],                 # 测试集实际标签
+                          'pred_label' = pred_label1)        # 测试集预测标签
> cnn_result$isright <- ifelse(cnn_result$label==cnn_result$pred_label,1,0)  # 判断预测正确性
```

```
> # cnn_result  # 查看结果
> # 查看测试集的整体准确率
> cat(paste(' 测试集的准确率为 :',
+            round(sum(cnn_result$isright)*100/dim(cnn_result)[1],1),"%"))
测试集的准确率为 : 57.9 %
```

由结果可知，CNN 模型对测试集的预测准确率达到 58%，远优于 MLP 模型。关于卷积神经网络的原理将在后续章节中详细介绍。下一节将介绍如何利用数据增强来改善此CNN 模型。

4.3.4   利用数据增强改善 CNN 模型

通过将随机变换应用于训练集，我们可以使用人为增强的新图像数据集，减少过拟合，为我们的网络提供更好的泛化能力。

在 Keras 中，可以利用 image_data_generator() 函数来设置数据增强的配置，包括对训练样本设置图像随机旋转的角度范围、图像在水平或上下方向平移的范围、随机错切变换的角度及图像随机缩放的范围等。以下代码实现从训练集中抽取 10% 样本作为验证集，并对训练集数据增强进行参数配置，创建生成器。

```
> # 从训练集拆分 10% 作为验证集
> set.seed(1234)
> flowers_sub <- flowers[index,]
> index_sub <- caret::createDataPartition(flowers_sub$label,p = 0.9,list = FALSE)
> train_flower_tensors1 <- train_flower_tensors[index_sub,,,]       # 训练集的自变量
> train_flower_targets1 <- train_flower_targets[index_sub,]         # 训练集的因变量
> validation_flower_tensors <- train_flower_tensors[-index_sub,,,]  # 验证集的自变量
> validation_flower_targets <- train_flower_targets[-index_sub,]    # 验证集的因变量
> # 利用 image_data_generator 设置数据增强
> datagen <- image_data_generator(
+    rotation_range = 20,
+    width_shift_range = 0.2,
+    height_shift_range = 0.2,
+    shear_range = 0.2,
+    zoom_range = 0.2,
+    horizontal_flip = TRUE,
+    fill_mode = "nearest"
+ )
> # 创建生成器
> train_generator <- flow_images_from_data(train_flower_tensors1,
+                                           train_flower_targets1,
+                                           datagen,
+                                           batch_size = 32)
```

查看生成器的输出：它生成了 128×128 的 RGB 图像（形状为（32, 128, 128, 3））和独热编码标签（形状为（32, 10））组成的批量。每个批量中包含 32 个样本（批量大小）。注意，生成器会不停地生成这些批量，且不断循环目标文件夹中的图像。

```
> batch <- generator_next(train_generator)
> str(batch)
List of 2
 $ : num [1:32, 1:128, 1:128, 1:3] 0.08036 0.00784 0.58774 0.44803 0.37439 ...
 $ : num [1:32, 1:10] 0 0 0 0 0 0 1 0 0 0 ...
```

利用生成器，让模型对数据进行拟合。可以使用 fit_generator() 函数来拟合模型，其在数据生成器上的效果和 fit() 函数相同。它的第一个参数是一个生成器，可以不停地生成输入和目标组成的批量，比如 train_generator。因为数据是不断生成的，所以 Keras 模型需要知道每一轮需要从生成器中抽取多少个样本，这也是参数 steps_per_epoch 的作用。从生成器中抽取 steps_per_epoch 个批量（即一个训练周期的步数）后，拟合过程将进入下一个轮次。在本例中，每个批量（batch size）包含 32 个样本，所以读取完所有 173 个样本需要 5.4（173/32）个批量，这里将 steps_per_epoch 设置为 5（对 5.4 向上取整数，目的是舍弃最后不满足 batch_size 的数据）。

使用 fit_generator() 函数时，你可以传入一个 validation_data 参数，其作用和 fit() 函数类似。值得注意的是，这个参数可以是一个数据生成器，也可以是数组列表。如果向参数 validation_data 传入一个生成器，那么还需要指定 validation_steps 参数，指定需要从验证生成器中抽取多少个批量用于评估，才能让这个生成器不断地生成验证数据批量。

以下代码利用批量生成器拟合模型。每个训练周期的训练指标结果如图 4-40 所示。

```
> # 利用数据增强训练 CNN 模型
> history  <- cnn_model %>% fit_generator(
+     train_generator,
+     steps_per_epoch = as.integer(dim(train_flower_tensors1)[1]/32),
+     epochs = 50,
+     validation_data = list(validation_flower_tensors,
+                            validation_flower_targets))
> plot(history)
```

经过 50 个周期后，训练集和测试集的准确率比较接近，上一小节的过拟合现象又得到一定改善。

```
> forecast_label <- cnn_model %>%
+    predict_classes(x=test_flower_tensors,
+                    verbose = 0) # 预测标签
>
> true_label <- flowers[-index,'label'] # 实际标签
> cat(paste(' 数据增强的 CNN 模型对测试集的准确率为 :',
+           round(sum(forecast_label==true_label)*100/length(forecast_label),1),"%"))
数据增强的 CNN 模型对测试集的准确率为 : 68.4 %
```

经过数据增强后的 CNN 模型对测试数据集的预测准确率为 68%，比上一小节的 CNN 模型又提升了 10%，是个不错的效果。

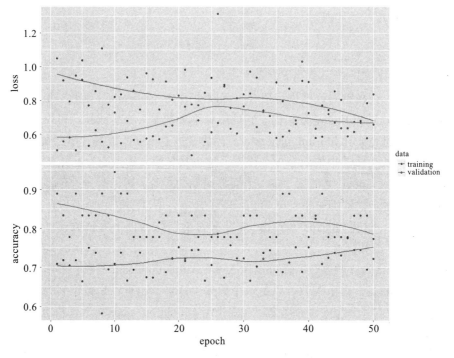

图 4-40   利用数据增强的每个训练周期的训练指标

4.4   本章小结

通过本章的学习，读者可以掌握图像数据预处理的常用技术，以满足图像数据的基本操作，并通过 Keras 实现各种数据增强技巧，进而改善卷积神经网络的预测能力，减少过拟合现象。

第 5 章

全连接神经网络的经典实例

全连接神经网络是深度学习中最常见的神经网络模型，在处理机器学习中的回归与分类问题也有不俗的表现。本章会逐步介绍全连接神经网络在机器学习中的经典实例的应用。

5.1 回归问题实例：波士顿房价预测

在机器学习的常见问题中有一类是回归问题，用来预测趋势，如销量预测、价格预测、电量预测等。本节将使用波士顿房屋价格数据集来演示如何分析这类问题。

5.1.1 波士顿房价数据描述

本节将预测 20 世纪 70 年代中期波士顿郊区房屋价格的中位数。这个数据是 1978 年统计收集的，数据集中的每一行数据都是对波士顿周边或城镇房价的描述，包含以下 14 个特征和 506 条数据。

- ❑ CRIM：城镇人均犯罪率。
- ❑ ZN：住宅用地所占比例。
- ❑ INDUS：城镇中非住宅用地所占比例。
- ❑ CHAS：虚拟变量，用于回归分析。
- ❑ NOX：环保指数。
- ❑ RM：每栋住宅的房间数。
- ❑ AGE：1940 年以前建成的自住单位的比例。
- ❑ DIS：距离 5 个波士顿的就业中心的加权距离。
- ❑ RAD：距离高速公路的便利指数。

❏ TAX：每一万美元的不动产税率。

❏ PTRATIO：城镇中教师和学生的比例。

❏ B：城镇中黑人的比例。

❏ LSTAT：地区中有多少房东属于低收入人群。

❏ MEDV：自住房屋房价中位数。

通过 Keras API 把波士顿房屋价格数据集导入 R 中，并查看测试集和训练集的样本数量。

```
> library(keras)
> # 1. 导入数据
> boston_housing <- dataset_boston_housing()
> c(train_data, train_labels) %<-% boston_housing$train
> c(test_data, test_labels) %<-% boston_housing$test
> cat(' 训练样本数量:',length(train_labels),'\n',
+       ' 测试样本数量:',length(test_labels))
训练样本数量: 404
测试样本数量: 102
```

这个数据集比 MNIST 数据集小很多：它一共有 506 个样本，分为 404 个训练样本和 102 个测试样本。

在对数据集做缺失值插补和特征预处理之前，我们先观察下训练集中各列数据的描述统计分析。skimr 软件包提供了一个很好的解决方案，可以显示每列的关键描述统计信息。skim() 函数会生成包含每一列的描述统计的数据框，并包含一个直方图，可以直观查看数值变量的数据分布情况。分布情况如图 5-1 所示。

```
> # 添加列名称
> library(tibble)
> column_names <- c('CRIM', 'ZN', 'INDUS', 'CHAS', 'NOX', 'RM', 'AGE',
+                     'DIS', 'RAD', 'TAX', 'PTRATIO', 'B', 'LSTAT')
> train_df <- as_tibble(train_data)
> colnames(train_df) <- column_names
> # 对数据进行描述统计分析
> if(!require(skimr)) install.packages("skimr")
> skimmed <- skim(train_df)
> skimmed
```

train_data 一共有 404 行 ×13 列，13 列均为数值变量，最后一部分是各数值变量的描述统计分析。n_missing 统计各变量的样本缺失数量，这里数据各变量的缺失数量均为 0，说明无数据缺失。complete_rate 是数据完整度，这里均为 1。mean、sd、p0、p25、p50、p75、p100 依次为均值、标准差、最小值、第一四分位数、中位数、第三四分位数、最大值统计指标，这里各变量间存在尺度不一致情况，需要在建模前进行数据标准化处理。最后一列是数据分布的直方图可视化展示。

```
-- Data Summary ----------------------
                          Values
Name                      train_df
Number of rows            404
Number of columns         13

Column type frequency:
  numeric                 13

Group variables           None

-- Variable type: numeric --------------------------------------------------
# A tibble: 13 x 11
   skim_variable n_missing complete_rate    mean      sd      p0     p25     p50     p75    p100 hist
 * <chr>             <int>         <dbl>   <dbl>   <dbl>   <dbl>   <dbl>   <dbl>   <dbl>   <dbl> <chr>
 1 CRIM                  0             1    3.75    9.24 0.00632  0.0814   0.269    3.67    89.0 ▇▁▁▁▁
 2 ZN                    0             1   11.5    23.8  0        0       0       12.5    100   ▇▁▁▁▁
 3 INDUS                 0             1   11.1     6.81 0.46     5.13    9.69    18.1     27.7 ▇▆▅▇▁
 4 CHAS                  0             1    0.0619  0.241 0       0       0        0        1   ▇▁▁▁▁
 5 NOX                   0             1    0.557   0.117 0.385   0.453   0.538    0.631    0.871 ▇▇▇▅▃
 6 RM                    0             1    6.27    0.710 3.56    5.87    6.20     6.61     8.72 ▁▂▇▂▁
 7 AGE                   0             1   69.0    27.9  2.9     45.5    78.5     94.1    100   ▂▂▂▃▇
 8 DIS                   0             1    3.74    2.03 1.13     2.08    3.14     5.12    10.7  ▇▅▂▁▁
 9 RAD                   0             1    9.44    8.70 1        4       5       24       24   ▇▂▁▁▃
10 TAX                   0             1  406.    166.  188     279     330     666      711   ▇▇▃▁▇
11 PTRATIO               0             1   18.5     2.20 12.6    17.2    19.1    20.2     22   ▁▃▅▅▇
12 B                     0             1  355.     94.1 0.32    375.    391.    396.     397.  ▁▁▁▁▇
13 LSTAT                 0             1   12.7     7.25 1.73    6.89    11.4    17.1     38.0 ▇▇▅▂▁
```

图 5-1　训练集数据描述统计分析

5.1.2　波士顿房价数据预处理

从描述统计分析结果可知，输入变量中的各列数据范围差异比较大。在建模前，需要先对数据集进行标准化处理。此实例使用 scale() 函数进行 Z-Score 标准化，处理后训练集中各列数据符合标准正态分布，即均值为 0，标准差为 1。

```
> # 对train_data进行标准化
> train_data <- scale(train_data)
```

接着使用对训练集标准化后得到的各列均值和标准差对测试集数据进行数据处理。

```
> col_means_train <- attr(train_data, "scaled:center")
> col_stddevs_train <- attr(train_data, "scaled:scale")
> test_data <- scale(test_data, center = col_means_train, scale = col_stddevs_train)
```

最后，将标准化后的因变量和自变量进行合并，形成包含标签的训练及测试数据集。

```
> all_train_data=cbind(train_data,train_labels)
> all_test_data=cbind(test_data,test_labels)
> all_train_data=as.data.frame(all_train_data)
> all_test_data=as.data.frame(all_test_data)
> colnames(all_train_data) <- c(column_names,'MEDV')
> colnames(all_test_data) <- c(column_names,'MEDV')
```

5.1.3　波士顿房价预测

经过上一小节的数据预处理，训练集和测试集已经达到深度学习的建模要求。本节将利用全连接神经网络完成模型构建、模型训练及模型预测等工作。

1. 模型构建

建立一个序贯模型，令该模型具有两个全连接的隐藏层，神经元数量均为 64，采用 ReLU 激活函数。因为这是一个回归问题，不需要对预测结果进行分类转换，所以输出层不设置激活函数，直接输出数值即可。

模型定义完成后，需要对其进行编译，从而使模型能够更有效地使用 Keras 封装的数值计算。Keras 可以根据后端自动选择最佳方式来训练模型，并进行预测。编译时，必须指定训练模型时所需的一些属性。训练一个神经网络模型，意味着找到最好的权重集来对这个问题做出预测。

编译模型时，必须指定用于评估一组权重的损失函数（loss）、用于搜索网络不同权重的优化器（optimizer），以及希望在模型训练期间收集和报告的可选指标。在这个例子中，采用 Adam 优化器，采用均方误差（mse）作为损失函数。同时采用平均绝对误差（mae）来评估模型的性能，值越小代表模型的性能越好。

```
> # 构建模型函数
> build_model <- function() {
+
+   model <- keras_model_sequential() %>%
+     layer_dense(units = 64, activation = "relu",
+                 input_shape = dim(train_data)[2]) %>%
+     layer_dense(units = 64, activation = "relu") %>%
+     layer_dense(units = 1)
+
+   model %>% compile(
+     loss = "mse",
+     optimizer = optimizer_rmsprop(),
+     metrics = list("mean_absolute_error")
+   )
+
+   model
+ }
```

2. 模型训练

模型编译完成后，就可以用于计算了。在使用模型预测新数据前，需要先对模型进行训练，可通过调用 fit 方法来实现。训练过程将采用 epochs 参数，对数据集进行固定次数的迭代，因此必须指定 epochs 参数大小，以及在执行神经网络中的权重更新的每个批次中所用实例的个数（batch_size，默认为 32）。

在本例中，设置一个较小的 epochs 参数 150，batch_size 使用默认的 32，再设置一个回调函数，如果经过 20 次训练周期后验证集的损失函数没有明显改善，将自动停止训练。得到每个训练周期的损失函数及评价指标曲线如图 5-2 所示。

```
> # 设置回调函数的停止条件
> early_stop <- callback_early_stopping(monitor = "val_loss", patience = 20)
> # 训练模型
> mlp_model <- build_model()
> history <- mlp_model %>% fit(
+    train_data,
+    train_labels,
+    epochs = 150,
+    validation_split = 0.2,
+    verbose = 0,
+    callbacks = early_stop
+ )
> plot(history)
```

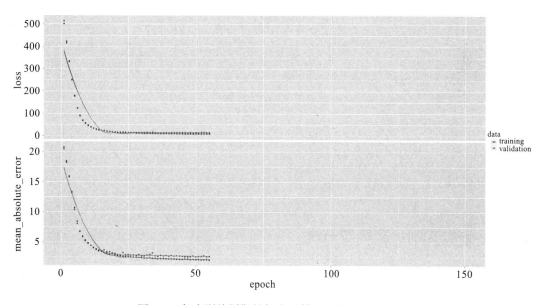

图 5-2　每个训练周期的损失函数及评价指标曲线图

从图 5-2 可知，模型在经过 50 多次训练周期后停止了训练。通过以下命令可以查看模型的训练周期。

```
> cat(' 模型训练周期的次数为: ','\n',length(history$metrics$val_loss))
模型训练周期的次数为:
 55
```

利用 callback_early_stopping 回调函数后，训练模型在 55 次训练周期后自动停止。因为模型的验证集的损失函数值在最后 20 次的训练周期中的损失函数均没有再改善，所以停止训练。

因为回调函数的参数 min_delta 的默认值为 0，所以当训练周期为 35 时的验证集的损失函数值均大于后面 20 次训练周期的验证集的损失函数值时，模型停止训练。以下代码查看当训练周期为 35 时的验证集损失函数值，并计算最后 20 次训练周期与其的差值。

```
> cat('epoch 为 35 时的验证集损失函数值: ','\n',
+     history$metrics$val_loss[35])
epoch 为 35 时的验证集损失函数值:
  13.57665
> diff <- history$metrics$val_loss[36:55] - history$metrics$val_loss[35]
> round(diff,1)
  [1] 0.1 0.4 0.0 1.0 0.1 0.7 0.6 1.0 0.8 1.4 0.9 0.0 0.7 0.1 0.6 0.4 1.8 2.2 0.7 1.1
```

因为回调函数参数 restore_best_weights 的默认值为 FALSE，所以模型会使用在训练的最后一步获得的权重值。

3. 模型预测

最后，利用训练好的模型对测试样本的房价进行预测，并计算与实际值的平均绝对误差值（mae）。

```
> # 对测试样本进行预测
> test_predictions <- mlp_model %>%
+   predict(test_data)
> # 查看平均绝对误差
> mae <- mean(abs(all_test_data$MEDV-test_predictions))
> paste0(' 测试集上的平均绝对误差: $',
+        sprintf("%.f", mae * 1000))
[1] " 测试集上的平均绝对误差: $3043"
```

5.2 多分类实例：鸢尾花分类

上一节利用全连接神经网络对回归问题的预测，本节将介绍如何使用全连接神经网络对非常经典的鸢尾花数据集进行多分类预测。

5.2.1 鸢尾花数据描述

鸢尾花数据集在机器学习中非常有名，也是一个很好的可以用在神经网络方面的例子。该数据集有 4 个数值型输入特征，且数值具有相同的尺度，输出特征是鸢尾花的 3 个分类。需要注意的是，在深度学习中要求数据全部都是数值，由于三个分类都是文本，因此需要进行转换。

R 中自带鸢尾花数据集，所以无须导入。我们首先查看数据结构。

```
> str(iris)
'data.frame': 150 obs. of  5 variables:
 $ Sepal.Length: num  5.1 4.9 4.7 4.6 5 5.4 4.6 5 4.4 4.9 ...
 $ Sepal.Width : num  3.5 3 3.2 3.1 3.6 3.9 3.4 3.4 2.9 3.1 ...
 $ Petal.Length: num  1.4 1.4 1.3 1.5 1.4 1.7 1.4 1.5 1.4 1.5 ...
```

```
$ Petal.Width : num  0.2 0.2 0.2 0.2 0.2 0.4 0.3 0.2 0.2 0.1 ...
$ Species     : Factor w/ 3 levels "setosa","versicolor",..: 1 1 1 1 1 1 1 1 1 1 ...
```

该数据集一共有 150 行 × 5 列，其中前四列依次是花萼长度、花萼宽度、花瓣长度、花瓣宽度。利用 summary() 函数查看各列的最小值、第一四分位数、中位数、平均值、第三四分位数及最大值。

```
> summary(iris[,1:4])
  Sepal.Length    Sepal.Width     Petal.Length    Petal.Width
 Min.   :4.300   Min.   :2.000   Min.   :1.000   Min.   :0.100
 1st Qu.:5.100   1st Qu.:2.800   1st Qu.:1.600   1st Qu.:0.300
 Median :5.800   Median :3.000   Median :4.350   Median :1.300
 Mean   :5.843   Mean   :3.057   Mean   :3.758   Mean   :1.199
 3rd Qu.:6.400   3rd Qu.:3.300   3rd Qu.:5.100   3rd Qu.:1.800
 Max.   :7.900   Max.   :4.400   Max.   :6.900   Max.   :2.500
```

从描述统计分析可知，前四列具有相同的尺度，在进行深度学习前无须进行数据标准化处理。

数据集的第五列是目标变量，我们将利用前四列来预测鸢尾花的类别。使用 table() 函数查看各类别的数量情况。

```
> table(iris$Species)

    setosa versicolor  virginica
        50         50         50
```

鸢尾花的类别分别为 setosa、versicolor、virginica，样本数量都是 50，在建模前无须进行类失衡处理。

利用 caret 包的 dummyVars() 函数对目标变量 Species 进行独热编码处理。

```
> library(caret)
> dmy <- dummyVars(~.,data = iris)
> iris.dmy <- data.frame(predict(dmy,newdata = iris))
> str(iris.dmy)
'data.frame': 150 obs. of  7 variables:
 $ Sepal.Length      : num 5.1 4.9 4.7 4.6 5 5.4 4.6 5 4.4 4.9 ...
 $ Sepal.Width       : num 3.5 3 3.2 3.1 3.6 3.9 3.4 3.4 2.9 3.1 ...
 $ Petal.Length      : num 1.4 1.4 1.3 1.5 1.4 1.7 1.4 1.5 1.4 1.5 ...
 $ Petal.Width       : num 0.2 0.2 0.2 0.2 0.2 0.4 0.3 0.2 0.2 0.1 ...
 $ Species.setosa    : num 1 1 1 1 1 1 1 1 1 1 ...
 $ Species.versicolor: num 0 0 0 0 0 0 0 0 0 0 ...
 $ Species.virginica : num 0 0 0 0 0 0 0 0 0 0 ...
> data.frame('Species' = iris$Species[1],
+         iris.dmy[1,5:7]) # 查看 1 号样本
   Species Species.setosa Species.versicolor Species.virginica
1   setosa              1                  0                 0
```

经过处理后，Species 变量将衍生出三个新变量，各列值均由 0、1 组成。比如 1 号样

本的类别为 setosa，故经过处理后的 Species.setosa 列的值为 1，其余两列的值均为 0。

最后，让我们查看各变量间的相关性，使用 cor() 函数得到数值变量间的相关系数，并利用 corrplot.mixed() 函数进行可视化，如图 5-3 所示。

```
> library(corrplot)
> corrplot.mixed(cor(iris.dmy),
+                lower = 'number',
+                upper = 'square')
```

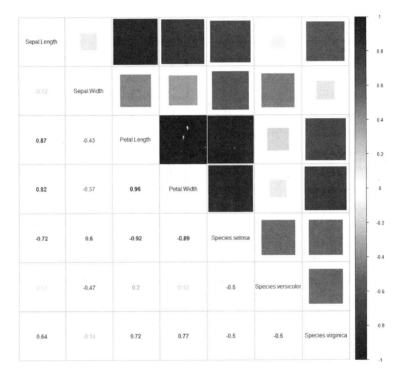

图 5-3 相关系数可视化

从图 5-3 可知，Species.setosa 与 Sepal.Length、Petal.Length、Petal.Width 存在明显负相关（-0.72、-0.92、-0.89），说明随着这三个特征值不断变化，属于 setosa 种类的可能性降低；Species.virginica 与 Sepal.Length、Petal.Length、Petal.Width 存在明显正相关（0.64、0.72、0.77），说明随着这三个特征值不断变化，属于 virginica 种类的可能性变大。

5.2.2 鸢尾花数据预处理

利用 caret 包的 createDataPartition() 函数将数据拆分为训练集和测试集，并拆分输入变量和输出变量。

```
> set.seed(1234)
> library(caret)
```

```
> index <- createDataPartition(iris$Species,p = 0.8,list = FALSE)
> train <- iris.dmy[index,]           # 训练集
> test <- iris.dmy[-index,]           # 测试集
> train.x <- as.matrix(train[,1:4])   # 训练集的输入变量
> train.y <- as.matrix(train[,5:7])   # 训练集的输出变量
> test.x <- as.matrix(test[,1:4])     # 测试集的输入变量
> test.y <- as.matrix(test[,5:7])     # 测试集的输出变量
```

5.2.3　鸢尾花分类建模

经过上一小节的数据预处理，训练集和测试集已经达到深度学习的建模要求。本节将利用全连接神经网络完成模型构建、模型训练及模型预测等工作。

1. 模型构建

建立一个简单的序贯模型，令该模型仅具有 1 个全连接的隐藏层，神经元数量为 8，激活函数采用 ReLU。因为这是一个多分类问题，所以输出层的激活函数采用 Softmax。

编译模型时，采用 Adam 优化器，采用 categorical_crossentropy 作为损失函数。同时采用准确率（accuracy）来评估模型的性能，值越接近 1 说明模型性能越好。

```
> # 构建 MLP 模型函数
> library(keras)
> build_model <- function() {
+   model <- keras_model_sequential() %>%
+     layer_dense(units = 8, activation = "relu",
+                 input_shape = c(4)) %>%
+     layer_dense(units = 3,activation = 'softmax')
+
+   model %>% compile(
+     loss = 'categorical_crossentropy',
+     optimizer = 'adam',
+     metrics = 'accuracy')
+   model
+ }
```

2. 模型训练

模型构建好后，使用 fit 方法对模型进行训练。参数 epochs 设置为 200，同时设置一个回调函数，如果经过 20 次训练周期后验证集的损失函数值没有明显改善，则自动停止训练。得到每个训练周期的损失函数及评价指标曲线如图 5-4 所示。

```
> # 设置回调函数的停止条件
> early_stop <- callback_early_stopping(monitor = "val_loss",
+                                       patience = 20,
+                                       restore_best_weights = TRUE)
> # 训练模型
> mlp_model <- build_model()
> history <- mlp_model %>% fit(
```

```
+    train.x,
+    train.y,
+    epochs = 200,
+    validation_split = 0.2,
+    batch_size = 5,
+    verbose = 2,
+    callbacks = early_stop
+ )
Train on 96 samples, validate on 24 samples
Epoch 1/200
96/96 - 2s - loss: 0.7937 - accuracy: 0.6875 - val_loss: 1.3136 - val_accuracy: 0.0000e+00
......
Epoch 121/200
96/96 - 0s - loss: 0.1208 - accuracy: 0.9792 - val_loss: 0.5085 - val_accuracy: 0.7500
> plot(history)
```

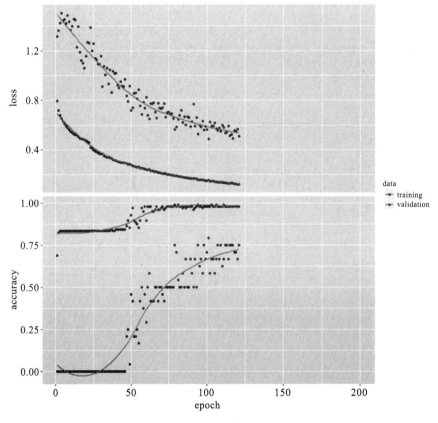

图 5-4   每个周期损失函数及评价指标曲线图

从图 5-4 可知，在经过 121 个训练周期后，模型停止了训练。因为回调函数的参数 restore_best_weights 为 TRUE，所以会获得 val_loss 最小（epochs=101）的模型权重值。

```
> which.min(history$metrics$val_loss)
[1] 101
```

3. 模型预测

最后，利用训练好的模型对测试样本的鸢尾花种类进行预测，并查看混淆矩阵。

```
> label.pred <- mlp_model %>%
+    predict_classes(test.x)
> (t <- table('actual' = iris[-index,'Species'],
+             'forecast' = label.pred))
            forecast
actual        0  1  2
    setosa   10  0  0
    versicolor 0 10  0
    virginica  0  1  9
```

从混淆矩阵结果可知，在 30 个测试样本中，仅有一个类别为 virginica 的样本被误预测为 versicolor。通过以下代码查看模型对测试集的预测准确率。

```
> cat('MLP 对测试集的预测准确率 :',
+    sprintf("%.0f%%", sum(diag(t))/sum(t) * 100))
MLP 对测试集的预测准确率 : 97%
```

可见，模型对测试集的准确率为 97%。

5.3　二分类实例：印第安人糖尿病诊断

在机器学习中，更常见的分类问题是二分类问题，比如用户是否付费、用户是否流失、病人是否患病等。本节我们先利用全连接神经网络对印度安人是否患糖尿病进行预测的实例来分析这类问题。

5.3.1　印第安人糖尿病数据描述

本节使用 Pima 印第安人糖尿病发病情况数据集。该数据集最初来自国家糖尿病 / 消化 / 肾脏疾病研究所。数据集的目标是基于数据集中包含的某些诊断量来预测患者是否患有糖尿病。数据集由多个医学预测变量和一个目标变量 Outcome 组成。预测变量包括患者的怀孕次数、BMI、胰岛素水平、年龄等。数据集各变量描述如下。

❑ Pregnancies：怀孕次数。

❑ Glucose：葡萄糖。

❑ BloodPressure：血压（mm Hg）。

❑ SkinThickness：皮层厚度（mm）。

❑ Insulin：胰岛素 2 小时血清胰岛素（mu U / ml）。

❑ BMI：体重指数（体重 / 身高）^2。

❑ DiabetesPedigreeFunction：糖尿病谱系功能。

❑ Age：年龄（岁）。

❑ Outcome：类标变量（0 或 1，糖尿病为 1 或非糖尿病为 0）。

将数据集导入 R 中，并查看数据结构。

```
> pima <- read.csv('../data/pima-indians-diabetes.csv',header = FALSE)
> str(pima)
'data.frame':	768 obs. of  9 variables:
 $ V1: int  6 1 8 1 0 5 3 10 2 8 ...
 $ V2: int  148 85 183 89 137 116 78 115 197 125 ...
 $ V3: int  72 66 64 66 40 74 50 0 70 96 ...
 $ V4: int  35 29 0 23 35 0 32 0 45 0 ...
 $ V5: int  0 0 0 94 168 0 88 0 543 0 ...
 $ V6: num  33.6 26.6 23.3 28.1 43.1 25.6 31 35.3 30.5 0 ...
 $ V7: num  0.627 0.351 0.672 0.167 2.288 ...
 $ V8: int  50 31 32 21 33 30 26 29 53 54 ...
 $ V9: int  1 0 1 0 1 0 1 0 1 1 ...
```

数据集共有 768 行 × 9 列，由于所有变量都是数值型，因此可以直接作为神经网络的输入和输出。对数据集进行描述统计分析的结果如图 5-5 所示。

```
> # 添加列名称
> column_names <- c('Pregnancies','Glucose','BloodPressure','SkinThickness',
+                    'Insulin','BMI','DiabetesPedigreeFunction','Age','Outcome')
> colnames(pima) <- column_names
> # 对数据进行描述统计分析
> library(skimr)
> skimmed <- skim(pima)
> skimmed
```

```
-- Data Summary ------------------------
                           Values
Name                       pima
Number of rows             768
Number of columns          9
_____
Column type frequency:
  numeric                  9
_____
Group variables            None

-- Variable type: numeric --------------------------------------------------------------
# A tibble: 9 x 11
  skim_variable            n_missing complete_rate  mean    sd     p0    p25   p50    p75    p100 hist
* <chr>                        <int>         <dbl> <dbl>  <dbl>  <dbl>  <dbl> <dbl>  <dbl>   <dbl> <chr>
1 Pregnancies                      0             1  3.85   3.37     0      1     3      6      17  ▇▃▂▁▁
2 Glucose                          0             1 121.   32.0      0     99   117   140.    199  ▁▃▇▆▂
3 BloodPressure                    0             1  69.1  19.4      0     62    72     80     122  ▁▁▇▅▁
4 SkinThickness                    0             1  20.5  16.0      0      0    23     32      99  ▇▇▆▁▁
5 Insulin                          0             1  79.8 115.       0      0    30.5  127.    846  ▇▁▁▁▁
6 BMI                              0             1  32.0   7.88     0    27.3   32    36.6   67.1  ▁▃▇▂▁
7 DiabetesPedigreeFunction         0             1   0.472  0.331   0.078  0.244  0.372  0.626   2.42  ▇▃▁▁▁
8 Age                              0             1  33.2  11.8     21     24    29     41      81  ▇▃▁▁▁
9 Outcome                          0             1   0.349  0.477   0      0     0      1       1  ▇▁▁▁▅
```

图 5-5　pima 数据描述统计分析

从图 5-5 可知，pima 无数据缺失，前 8 个变量的尺度（数据范围）不一致，需要在建模前对输入变量进行标准化处理，输出变量 Outcome 中类别为 1 的占比为 34.9%，属于相对平衡，在建模前不需要进行类失衡处理。

利用 cor() 函数计算 Outcome 与其他变量的相关系数，并对结果进行可视化，如图 5-6 所示。

```
> # 计算相关系数
> corr <- cor(pima[,-9],pima$Outcome)
> corr <- data.frame('X' = rownames(corr),
+                    'Outcome' = round(corr,3))
> # 对相关系数绘制柱状图
> library(ggplot2)
> ggplot(corr,aes(x=reorder(X,Outcome),y=Outcome,fill = I('tomato4'))) +
+   geom_bar(stat="identity") +
+   geom_text(aes(label=Outcome),vjust=1,color="white",size = 5,fontface = "bold")
```

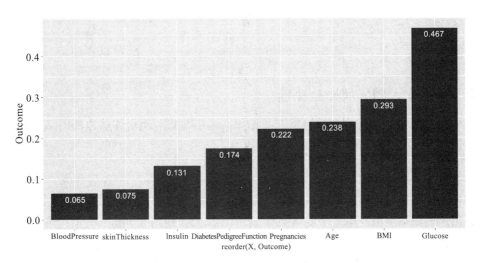

图 5-6　Outcome 变量与其他变量的相关系数

从图 5-6 可知，Outcome（是否患糖尿病）与 Glucose（葡萄糖）的相关性最高，相关系数为 0.467；其次是 BMI（体重指数），相关系数为 0.293。

5.3.2　印第安人糖尿病数据预处理

在对数据进行标准化前，先将数据分为两部分，80% 作为训练集，剩余的 20% 作为测试集。

```
> # 数据分区
> set.seed(1234)
> library(caret)
> index <- createDataPartition(pima$Outcome,p = 0.8,list = FALSE)
> train <- pima[index,]                    # 训练集
```

```
> test <- pima[-index,]                # 测试集
> train_x <- as.matrix(train[,-9])     # 训练集的输入变量
> train_y <- as.matrix(train[,9])      # 训练集的输出变量
> test_x <- as.matrix(test[,-9])       # 测试集的输入变量
> test_y <- as.matrix(test[,9])        # 测试集的输出变量
```

从描述统计分析结果可知，输入变量中的各列数据范围差异比较大。在建模前，需先对数据集进行标准化处理。此实例使用 scale() 函数进行 Z-Score 标准化，处理后的训练集输入变量各列数据符合标准正态分布，即均值为 0，标准差为 1。

```
> # 对训练集的输入变量进行标准化处理
> train_x_scale <- scale(train_x)
```

接着使用从训练集标准化后得到的各列均值和标准差对测试集数据进行数据处理。

```
> col_means_train <- attr(train_x_scale, "scaled:center")
> col_stddevs_train <- attr(train_x_scale, "scaled:scale")
> test_x_scale <- scale(test_x,
+                        center = col_means_train,
+                        scale = col_stddevs_train)
```

5.3.3 印第安人糖尿病诊断建模

上一小节已经完成建模前的数据准备工作，本小节将利用全连接神经网络完成模型构建、模型训练及模型预测等工作。

1. 模型构建

本例使用三层完全连接的网络结构，使用 ReLU 作为前两层的激活函数，使用 Sigmoid 作为输出层的激活函数。第一个隐藏层有 12 个神经元，使用 8 个输入变量；第二个隐藏层有 8 个神经元，最后输出层有 1 个神经元来预测数据结果（是否患有糖尿病）。

在编译模型时，本例使用对数损失函数（二进制交叉熵）作为模型的损失函数，使用 Adam 作为优化器。由于这是一个分类问题，本例将采用分类准确率作为度量模型的标准。代码如下：

```
> library(keras)
> # 构建模型函数
> build_model <- function() {
+
+   model <- keras_model_sequential() %>%
+     layer_dense(units = 12, activation = "relu",
+                  input_shape = c(8)) %>%
+     layer_dense(units = 8, activation = "relu") %>%
+     layer_dense(units = 1,activation = 'sigmoid')
+
+   model %>% compile(
+     loss = "binary_crossentropy",
```

```
+       optimizer = 'adam',
+       metrics = "accuracy")
+   model
+ }
```

2. 模型训练

在这个示例中，设置 epochs 参数为 150，batch_size 参数为 10，并设置一个回调函数，如果经过 20 次训练周期后验证集的损失函数没有明显改善，则自动停止训练。得到每个训练周期的损失函数及评价指标曲线如图 5-7 所示。

```
> # 设置回调函数的停止条件
> early_stop <- callback_early_stopping(monitor = "val_loss",
+                                       patience = 20,
+                                       restore_best_weights = TRUE)
> # 训练模型
> mlp_model <- build_model()
> history <- mlp_model %>% fit(
+   train_x_scale,
+   train_y,
+   epochs = 150,
+   batch_size = 10,
+   validation_split = 0.2,
+   verbose = 2,
+   callbacks = early_stop
+ )
Train on 492 samples, validate on 123 samples
Epoch 1/150
492/492 - 3s - loss: 0.6586 - accuracy: 0.6199 - val_loss: 0.6220 - val_accuracy: 0.6098
......
Epoch 51/150
492/492 - 1s - loss: 0.4017 - accuracy: 0.8211 - val_loss: 0.4330 - val_accuracy: 0.8130
```

从图 5-7 可知，在经过 51 个训练周期后，模型停止了训练。因为回调函数参数 restore_best_weights 设置为 TRUE，所以将获得 val_loss 最小（epochs=31）的模型权重值。

```
> # 查看 val_loss 最小值的周期
> which.min(history$metrics$val_loss)
[1] 31
> # 查看 val_loss 最小值
> min(history$metrics$val_loss)
[1] 0.4188787
```

3. 模型预测

最后，利用训练好的模型对测试样本进行预测，并查看混淆矩阵。

```
> outcome.pred <- mlp_model %>%
+   predict_classes(test_x_scale)
```

```
> (t <- table('actual' = test_y,
+              'forecast' = outcome.pred))
       forecast
actual  0  1
     0 84  7
     1 23 39
```

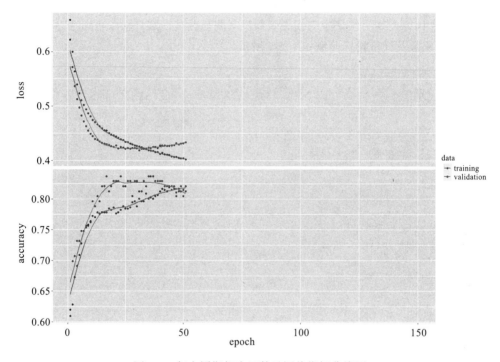

图 5-7   每个周期损失函数及评价指标曲线图

从混淆矩阵结果可知，在 153 个测试样本中，有 7 位非糖尿病患者被误预测为糖尿病患者，有 23 位糖尿病患者被误预测为非糖尿病患者。

通过以下代码查看模型对测试集的预测准确率。

```
> # 查看预测准确率
> cat('MLP 对测试集的预测准确率：',
+     sprintf("%.0f%%", sum(diag(t))/sum(t) * 100))
MLP 对测试集的预测准确率：80%
```

模型对测试集的准确率为 80%。

5.4　二分类实例：泰坦尼克号上旅客生存预测

本节使用另一个经典的全连接神经网络对泰坦尼克上旅客是否生存进行预测的实例继续分析二分类问题。

5.4.1 泰坦尼克号的旅客数据描述

1912 年 4 月 15 日，泰坦尼克号在首航时撞上冰山沉没。船上乘客和船员共 2224 人，其中 1502 人死亡。这场悲剧震撼了国际社会，也促使船舶行业对安全规定进行了改良。

泰坦尼克号的旅客数据一共有 1309 条记录，11 个字段。各字段描述如下。

- ❏ survived：是否生存（0= 否，1= 是）。
- ❏ pclass：舱等（1= 头等舱，2= 二等舱，3= 三等舱）。
- ❏ name：姓名。
- ❏ sex：性别（female：女性，male：男性）。
- ❏ age：年龄。
- ❏ sibsp：手足或配偶也在船上的数量。
- ❏ parch：双亲或子女也在船上的数量。
- ❏ ticket：船票号码。
- ❏ fare：旅客费用。
- ❏ cabin：舱位号码。
- ❏ embarked：登船港口（C=Cherbourg，Q=Queenstown，S=Southampton）。

在以上字段中，survived（是否生存）是 label 标签字段，也是我们要预测的目标，其余都是特征字段。

将数据集导入 R 中，并查看数据前 6 行，如图 5-8 所示。

```
> ### 数据描述
> library(readxl)
> all_df <- read_excel('../data/titanic3.xls')
> head(all_df)
```

```
# A tibble: 6 x 11
  survived pclass name                                          sex      age sibsp parch ticket  fare cabin embarked
     <dbl>  <dbl> <chr>                                         <chr>  <dbl> <dbl> <dbl> <chr>  <dbl> <chr> <chr>
1        1      1 Allen, Miss. Elisabeth Walton                 female    29     0     0 24160  211.  B5    S
2        1      1 Allison, Master. Hudson Trevor                male   0.917     1     2 113781 152.  C22 C~ S
3        0      1 Allison, Miss. Helen Loraine                  female     2     1     2 113781 152.  C22 C~ S
4        0      1 Allison, Mr. Hudson Joshua Creighton          male      30     1     2 113781 152.  C22 C~ S
5        0      1 Allison, Mrs. Hudson J C (Bessie Waldo Daniels) female  25     1     2 113781 152.  C22 C~ S
6        1      1 Anderson, Mr. Harry                           male      48     0     0 19952  26.6  E12   S
```

图 5-8　查看数据前 6 行

以上字段中的 name（姓名）、ticket（船票号码）、cabin（舱位号码）与要预测的结果 survived（是否生存）的关联不大，所以暂时忽略。

```
> # 删除 name、ticket、cabin 字段
> all_df <- all_df[,!colnames(all_df) %in%
+                   c('name','ticket','cabin')]
```

利用 skimr 包的 skim() 函数对数据进行描述统计分析，结果如图 5-9 所示。

```
> # 对数据进行描述统计分析
> library(skimr)
> skimmed <- skim(all_df)
> skimmed
```

```
-- Data Summary ------------------------
                        Values
Name                    all_df
Number of rows          1309
Number of columns       8
_____
Column type frequency:
  character             2
  numeric               6
_____
Group variables         None

-- Variable type: character --------------------------------------------------------------------
# A tibble: 2 x 8
  skim_variable n_missing complete_rate   min   max empty n_unique whitespace
* <chr>             <int>         <dbl> <int> <int> <int>    <int>      <int>
1 sex                   0         1         4     6     0        2          0
2 embarked              2         0.998     1     1     0        3          0

-- Variable type: numeric ----------------------------------------------------------------------
# A tibble: 6 x 11
  skim_variable n_missing complete_rate   mean     sd    p0   p25   p50   p75  p100 hist
* <chr>             <int>         <dbl>  <dbl>  <dbl> <dbl> <dbl> <dbl> <dbl> <dbl> <chr>
1 survived              0         1      0.382  0.486 0       0     0     1     1    ▇▁▁▁▅
2 pclass                0         1      2.29   0.838 1       2     3     3     3    ▃▁▁▁▇
3 age                 263         0.799 29.9   14.4   0.167  21    28    39    80    ▂▇▅▂▁
4 sibsp                 0         1      0.499  1.04  0       0     0     1     8    ▇▁▁▁▁
5 parch                 0         1      0.385  0.866 0       0     0     0     9    ▇▁▁▁▁
6 fare                  1         0.999 33.3   51.8  0       7.90 14.5  31.3 512.   ▇▁▁▁▁
```

图 5-9　对数据进行描述统计分析

在 1309 条记录中，有 263 个样本的 age（年龄）缺失，1 个样本的 fare（旅客费用）缺失，2 个 embarked（登船港口）缺失，需要进行缺失值处理。sex（性别）字段为文字，必须转换为 0 与 1。embarked 分类特征字段有 3 个分类，C、Q、S，必须使用独热编码进行转换。

5.4.2　泰坦尼克号的旅客数据预处理

在建模前，我们需先对数据进行缺失值处理、编码转换、数据分区及标准化等操作，使其符合深度学习的建模要求。

1. 缺失值处理

缺失值处理的方法主要有以下三种。

（1）删除缺失样本

过滤掉缺失样本是最简单的方法，前提是缺失数据的比例较少，而且缺失数据是随机出现的，这样删除缺失数据后对分析结果影响也不会很大。

（2）对缺失值进行替换

在数据挖掘中，面对的通常是大型数据库，它的属性有几十个甚至几百个，因为一个属性值的缺失而删除大量的其他属性值，是对信息的极大浪费。此时，最常见的处理方法就是通过赋值来解决，用变量均值或中位数来代替缺失值。这样做的优点在于不会减少样本信息，处理起来简单，但缺点在于当缺失数据不是随机出现时会产生偏差。

（3）对缺失值进行赋值

这种方法将通过诸如回归、决策树、袋装、贝叶斯定理、随机森林等算法去预测缺失值的最近替代值，也就是把缺失数据所对应的变量当作因变量，其他变量作为自变量，为每个需要进行缺失值赋值的字段分别建立预测模型。

对于数值型变量 age 和 fare 的缺失值，利用其对应非缺失的平均值进行替换。

```
> all_df[is.na(all_df$age),'age'] <- mean(all_df$age,na.rm = TRUE)
> all_df[is.na(all_df$fare),'fare'] <- mean(all_df$fare,na.rm = TRUE)
```

对于字符型变量 embarked 的缺失值，选用 pclass、sex、age、sibsp、parch、fare 字段作为自变量，采用决策树算法建模，对缺失样本的类别进行预测。

```
> # 对 embarked 的缺失值进行预测
> library(rpart)
> # 数据分区
> train <- all_df[!is.na(all_df$embarked),-1]
> train$embarked <- as.factor(train$embarked)
> test <- all_df[is.na(all_df$embarked),-1]
> # 数据建模
> rp_model <- rpart(embarked ~ ., data = train)
> # 数据预测
> all_df[is.na(all_df$embarked),
+       'embarked'] <- as.vector(predict(rp_model,
+                                         newdata = test[,-7],
+                                         type = 'class'))
```

2. 数据编码转换

对 sex（性别）字段进行转换，以进行后续的深度学习训练。以下程序代码将 female 转换为 0，male 转换为 1。

```
> all_df$sex <- ifelse(all_df$sex=='female',0,1)
```

embarked（登船港口）字段的类别数量为 3，我们需要进行独热编码处理，可利用 caret 包的 dummyVars() 实现。

```
> # 对 embarked 字段进行独热编码转换
> library(caret)
> dmy <- dummyVars(~.,data = all_df,levelsOnly = TRUE)
> all_df_dmy <- data.frame(predict(dmy,newdata = all_df))
> ind <- c(which.max(all_df$embarked=='S'),
+          which.max(all_df$embarked=='C'),
+          which.max(all_df$embarked=='Q'))
> data.frame(all_df[ind,8],all_df_dmy[ind,8:10])
    embarked embarkedC embarkedQ embarkedS
1          S         0         0         1
```

```
10          C          1          0          0
207         Q          0          1          0
```

转换后，embarked 字段将自动生成新的三列：embarkedC、embarkedQ、embarkedS，
且各列元素均为 0 或 1。比如 1 号样本的 embarked 值为 S，转换为新列 embarkedC、
embarkedQ、embarkedS 的值分别为 0、0、1；10 号样本的 embarked 值为 C，转换为新列
embarkedC、embarkedQ、embarkedS 的值分别为 1、0、0；207 号样本的 embarked 值为 Q，
转换为新列 embarkedC、embarkedQ、embarkedS 的值分别为 0、1、0。

3. 数据分区

利用 caret 包的 createDataPartition() 函数将数据按照因变量 survived 等比例分为两部
分，其中 80% 作为训练集，剩余 20% 作为测试集。

```
> set.seed(1234)
> library(caret)
> index <- createDataPartition(all_df_dmy$survived,p = 0.8,list = FALSE)
> train <- all_df_dmy[index,]                    # 训练集
> test <- all_df_dmy[-index,]                     # 测试集
> round(prop.table(table(all_df_dmy$survived)),2) # 查看所有数据集因变量的类别占比

   0    1
0.62  0.38
> round(prop.table(table(train$survived)),2)        # 查看训练集因变量的类别占比

   0    1
0.62  0.38
> round(prop.table(table(test$survived)),2)         # 查看测试集因变量的类别占比

   0    1
0.63 0.37
```

拆分后，训练集和测试集的因变量 survived 中的 0、1 占比仍保持在 6.2:3.8。接下来对
训练集和测试集进行输入变量和输出变量拆分，并各自转化为数值矩阵。

```
> train_x <- as.matrix(train[,2:ncol(train)])     # 训练集的输入变量
> train_y <- as.matrix(train[,1])                 # 训练集的输出变量
> test_x <- as.matrix(test[,2:ncol(test)])        # 测试集的输入变量
> test_y <- as.matrix(test[,1])                   # 测试集的输出变量
```

4. 数据标准化

从描述统计分析结果可知，输入变量中的各列数据范围差异比较大。在建模前，需先
对数据集进行标准化处理。此实例使用 scale() 函数进行 Z-Score 标准化，处理后训练集的
输入变量的各列数据符合标准正态分布，即均值为 0，标准差为 1。

```
> # 对训练集的输入变量进行标准化处理
> train_x_scale <- scale(train_x)
> round(apply(train_x_scale,2,mean),1)            # 查看各列平均值
```

```
     pclass   sex    age    sibsp   parch   fare   embarked   embarkedQ   embarkedS
        0      0      0       0       0      0         0           0           0
> round(apply(train_x_scale,2,sd),1)    # 查看各列标准差
     pclass   sex    age    sibsp   parch   fare   embarked   embarked   embarkedS
        1      1      1       1       1      1         1           1           1
```

接着使用从训练集标准化后得到的各列均值和标准差对测试集数据进行数据处理。

```
> col_means_train <- attr(train_x_scale, "scaled:center")
> col_stddevs_train <- attr(train_x_scale, "scaled:scale")
> test_x_scale <- scale(test_x,
+                             center = col_means_train,
+                             scale = col_stddevs_train)
```

5.4.3　生存预测建模

到目前为止，已经完成数据建模前的数据预处理工作，本小节将利用全连接神经网络完成模型构建、模型训练及模型预测等工作。

1. 模型构建

本例使用三层完全连接的网络结构，使用 ReLU 作为前两层的激活函数，使用 Sigmoid 作为输出层的激活函数。第一个隐藏层有 40 个神经元，使用 9 个输入变量；第二个隐藏层有 30 个神经元，最后输出层有 1 个神经元来预测数据结果（是否生存）。

编译模型时，采用 Adam 优化器，采用 binary_crossentropy 作为损失函数。同时采用准确率（accuracy）来评估模型的性能，值越接近 1 说明模型性能越好。

以下是构建模型的 build_model() 函数程序代码。

```
> library(keras)
> # 构建模型函数
> build_model <- function() {
+
+   model <- keras_model_sequential() %>%
+     layer_dense(units = 40, activation = "relu",
+                 input_shape = c(9)) %>%
+     layer_dense(units = 30, activation = "relu") %>%
+     layer_dense(units = 1,activation = 'sigmoid')
+
+   model %>% compile(
+     loss = "binary_crossentropy",
+     optimizer = 'adam',
+     metrics = "accuracy")
+   model
+ }
```

2. 模型训练

在这个实例中，将训练周期次数参数 epochs 设置为 50，将 batch_size 设置为 10，同时

设置一个回调函数，如果经过 10 次训练周期后验证集的损失函数没有明显改善，则自动停止训练。得到每个训练周期的损失函数及评价指标曲线如图 5-10 所示。

```
> # 设置回调函数的停止条件
> early_stop <- callback_early_stopping(monitor = "val_loss",
+                                       patience = 10,
+                                       restore_best_weights = TRUE)
> # 训练模型
> mlp_model <- build_model()
> history <- mlp_model %>% fit(
+    train_x_scale,
+    train_y,
+    epochs = 50,
+    batch_size = 10,
+    validation_split = 0.2,
+    verbose = 2,
+    callbacks = early_stop
+ )
Train on 838 samples, validate on 210 samples
Epoch 1/50
838/838 - 3s - loss: 0.5896 - accuracy: 0.7208 - val_loss: 0.5010 - val_accuracy: 0.7905
......
Epoch 17/50
838/838 - 1s - loss: 0.3978 - accuracy: 0.8258 - val_loss: 0.4277 - val_accuracy: 0.8000
> plot(history)
```

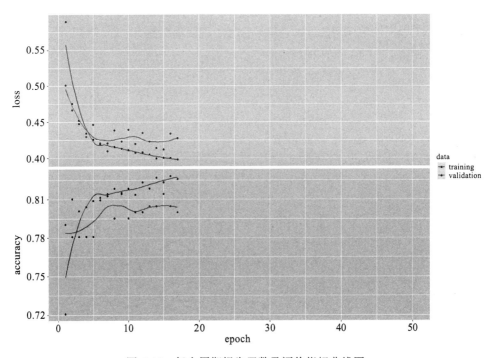

图 5-10　每个周期损失函数及评价指标曲线图

从图 5-10 可知，在经过 17 个训练周期后，模型停止训练。因为回调函数参数 restore_best_weights 设置为 TRUE，所以将会获得 val_loss 最小（epochs=7）的模型权重值。

```
> # 查看 val_loss 最小值的周期
> which.min(history$metrics$val_loss)
[1] 7
> # 查看 val_loss 最小值
> min(history$metrics$val_loss)
[1] 0.4095671
```

3. 模型预测

最后，利用训练好的模型对测试样本进行预测，并查看混淆矩阵。

```
> outcome.pred <- mlp_model %>%
+   predict_classes(test_x_scale)
> (t <- table('actual' = test_y,
+             'forecast' = outcome.pred))
       forecast
actual   0   1
     0 145  19
     1  38  59
```

从混淆矩阵结果可知，在 261 个测试样本中，有 19 位未生存的旅客被误预测为生存，有 38 位生存的旅客被误预测为未生存。

通过以下代码查看模型对测试集的预测准确率。

```
> # 查看预测准确率
> cat('MLP 对测试集的预测准确率:',
+     sprintf("%.0f%%", sum(diag(t))/sum(t) * 100))
MLP 对测试集的预测准确率: 78%
```

可见模型对测试集的准确率为 78%。

5.5　多分类实例：彩色手写数字图像识别

以上实例均使用机器学习中非常经典的数据集进行讲解。本节的实例将回到深度学习中非常经典的 MNIST 数据集，利用全连接神经网络对 MNIST 数据训练模型，并使用得到的模型对自己手写的彩色图像进行数字识别。

5.5.1　彩色手写数字图像数据描述

本节我们将利用 MNIST 数据集的训练数据训练模型，利用 MNIST 数据集的测试数据评估模型，再利用训练好的模型对本地的 50 个彩色手写数字图像进行预测，查看预测效果。

在 num 文件夹中已经保存了 50 张 0～9 的彩色手写数字图像，如图 5-11 所示。

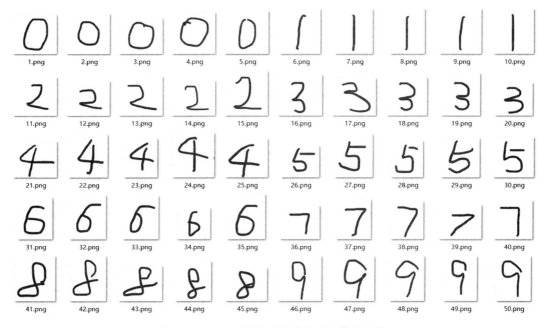

图 5-11   num 文件夹中的彩色手写数字图像

5.5.2   彩色手写数字图像数据预处理

本小节将利用 EBImage 包将本地彩色手写数字图像读入 R 中，并进行数据预处理，使其符合深度学习模型的数据要求。

1. 读取本地彩色手写数字图像

使用 EBImage 包的 readImage() 函数将 num 文件夹中的所有数字图像读入 R 中。

```
> library(keras)
> library(EBImage)
> # 图像数据读取
> setwd('../num') # 设置 num 文件夹为默认路径
> temp <- paste(1:50,'png',sep = '.')
> mypic <- list()
> for (i in 1:length(temp)) {mypic[[i]] <- readImage(temp[[i]])}
```

利用 for 循环语句，将 50 张数字图像读入 R 中。利用 plot() 函数查看读取的数字图像，如图 5-12 所示。

```
> # 绘制数字图像
> par(mfrow=c(10,5))
> for(i in 1:50) plot(mypic[[i]])
> par(mfrow=c(1,1))
```

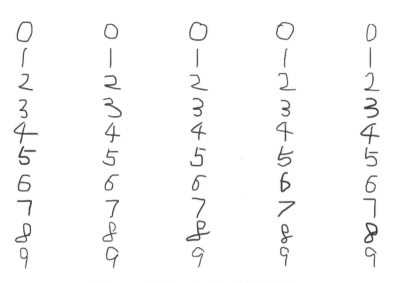

图 5-12　绘制读入的彩色手写数字图像

2. 数字图像处理

在对数据图像处理前，我们需先查看各个图像的维度大小。以下程序将每张图像的实际值和三个维度的实际大小保存到 size 对象中，并查看前 6 张图像的数据情况。

```
> # 查看各图像的维度大小
> size <- data.frame(pic = 1:50,
+                    num = rep(0:9,each = 5),
+                    dim1 = sapply(mypic,dim)[1,],
+                    dim2 = sapply(mypic,dim)[2,],
+                    dim3 = sapply(mypic,dim)[3,])
> head(size)
  pic num dim1 dim2 dim3
1   1   0  122  106    3
2   2   0  119  106    3
3   3   0  126  100    3
4   4   0  125  115    3
5   5   0  124  118    3
6   6   1  100  108    3
```

数据框 size 中的 dim1、dim2、dim3 分别对应图像的像素宽度、像素高度和颜色通道。因为 dim3 列的值均为 3，所以这些数字图像均为彩色图像，需利用 colorMode() 函数将它们转变为灰色图像。因为各图像的 dim1 和 dim2 值不相同，故这些图像大小不一致，需利用 resize() 函数进行处理。

```
> # 图像处理
> for (i in 1:length(temp)) {colorMode(mypic[[i]]) <- Grayscale} # 转换为灰色图像
> for (i in 1:length(temp)) {mypic[[i]] <- 1-mypic[[i]]}  # 转换为背景色为黑色，数字为白色的图像
> for (i in 1:length(temp)) {mypic[[i]] <- resize(mypic[[i]], 28, 28)} # 将图像转换为 28*28 大小
```

```
> for (i in 1:length(temp)) {mypic[[i]] <- array_reshape(mypic[[i]], c(28,28,3))} # 将 image
    转变为 list
> new <- NULL
> for (i in 1:length(temp)) {new <- rbind(new, mypic[[i]])}
> newx <- new[,1:784] # 得到 50*784 的二维矩阵
> newy <- size$num    # 得到每个图像的实际数字
```

最后，再次使用 plot() 函数查看经过处理后的数字图像，如图 5-13 所示。

```
> # 绘制处理后的数字图像
> par(mfrow=c(5,10))
> for(i in 1:50) plot(as.raster(array_reshape(newx[i,],c(28,28))))
> par(mfrow=c(1,1))
```

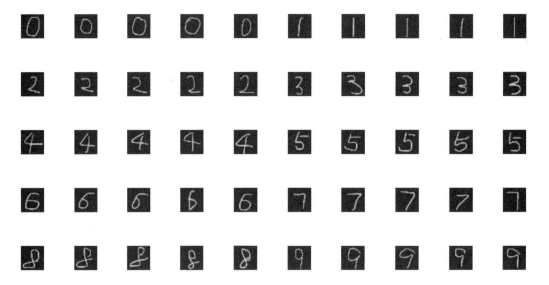

图 5-13   处理后的手写数字图像

3. MNIST 数据预处理

我们在建立深度神经网络模型（Deep Neural Network，DNN）前，必须先对图像数据和真实数字标签进行预处理，才能使用全连接神经网络进行训练和预测。数据预处理分为以下两部分：

❑ 特征（图像数据）数据预处理；

❑ 标签（真实数字）数据预处理。

特征数据预处理可分为以下两个步骤：

1）将原本二维的 28×28 的图像数据转换为一维的 1×784 的数据；

2）对图像数据进行标准化。

标签（真实数字）原本是 0～9 的数字，必须进行独热编码处理，例如数字 7 经过独热

编码转换后是 0000000100，正好对应输出层的 10 个神经元。通过 to_categorical() 函数可以轻松实现。

以下程序代码完成对 MNIST 数据集的预处理工作。

```
> # 加载 MNIST 数据集
> mnist <- dataset_mnist()
> trainx <- mnist$train$x
> trainy <- mnist$train$y
> testx <- mnist$test$x
> testy <- mnist$test$y
> # 改变数据形状和大小
> trainx <- array_reshape(trainx, c(nrow(trainx), 784))
> testx <- array_reshape(testx, c(nrow(testx), 784))
> trainx <- trainx / 255
> testx <- testx /255
> # 独热编码处理
> trainy <- to_categorical(trainy, 10)
> testy <- to_categorical(testy, 10)
```

5.5.3　彩色手写数字图像数据建模

到目前为止，数据建模前的数据预处理工作已经完成，本小节将利用全连接神经网络完成模型构建、模型训练及模型预测等工作。

1. 模型构建

本例使用两层完全连接的网络结构，使用 ReLU 作为前两层的激活函数，使用 Softmax 作为输出层的激活函数。第一个隐藏层有 512 个神经元，使用 784 个输入变量；第二个隐藏层由 256 个神经元，最后输出层有 10 个神经元来预测数据结果。为了防止出现过拟合，在第一个隐藏层后紧接一个 Dropout 层，参数 rate 为 0.4；在第二个隐藏层后紧接另一个 Dropout 层，参数 rate 为 0.3。

编译模型时，采用 RMSProp 优化器，categorical_crossentropy 作为损失函数。同时采用准确率（accuracy）来评估模型的性能，值越接近 1 说明模型性能越好。

以下是构建模型的 build_model() 函数程序代码。

```
> # 构建 MLP 模型函数
> build_model <- function() {
+    model <- keras_model_sequential() %>%
+      layer_dense(units = 512, activation = 'relu', input_shape = c(784)) %>%
+      layer_dropout(rate = 0.4) %>%
+      layer_dense(units= 256, activation = 'relu') %>%
+      layer_dropout(rate = 0.3) %>%
+      layer_dense(units = 10, activation = 'softmax')
+    # 编译
+    model %>% compile(
+      loss = 'categorical_crossentropy',
```

```
+    optimizer = optimizer_rmsprop(),
+    metrics = 'accuracy')
+  model
+ }
```

2. 模型训练

在这个示例中，将训练周期次数 epochs 设置为 30，batch_size 设置为 32，validation_split 设置为 0.2，表示从训练样本中抽取 20% 作为验证集。得到每个训练周期的损失函数及评价指标曲线如图 5-14 所示。

```
> model <- build_model()
> history <- model %>% fit(
+  trainx,
+  trainy,
+  epochs = 30,
+  batch_size = 32,
+  validation_split = 0.2)
> plot(history)
```

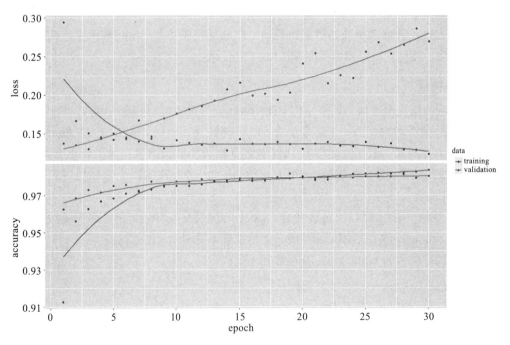

图 5-14　每个训练周期的损失函数及评价指标曲线图

训练 30 次后，训练集和验证集的准确率均达到 98% 以上。

3. 模型评估

前面我们已经完成了训练，现在使用测试数据集来评估模型准确率。通过 evaluate() 函数实现。

```
> model %>% evaluate(testx, testy,verbose = 0 )
$loss
[1] 0.2459427

$accuracy
[1] 0.9801
```

训练好的模型在 MNIST 自带的测试数据预测得到的准确率也能达到 98%，效果非常不错。但是模型能否在自己手写的数字图像上也有不俗的表现？接下来，让我们对 50 张手写数字图像进行预测。

4. 模型预测

利用训练好的模型对经过处理后的彩色手写数字图像数据进行预测，并查看混淆矩阵。

```
> # 模型预测
> pred <- model %>% predict_classes(newx)
> t <- table(Actual = newy,Predicted = pred)
> t
       Predicted
Actual 0 1 2 3 4 5 6 7 8 9
     0 4 0 1 0 0 0 0 0 0 0
     1 0 5 0 0 0 0 0 0 0 0
     2 0 0 5 0 0 0 0 0 0 0
     3 0 0 1 4 0 0 0 0 0 0
     4 0 1 1 0 2 0 0 0 0 1
     5 0 0 0 0 0 4 0 0 1 0
     6 0 0 0 0 0 4 1 0 0 0
     7 0 0 1 1 0 0 0 2 1 0
     8 0 0 3 1 0 0 0 0 0 1
     9 0 0 0 1 1 1 2 0 0 0
```

从混淆矩阵可知，除了 1、2 这两种数字图像全部预测正确外，其他数字图像均有预测结果与实际值不一致的情况。

通过以下程序代码绘制预测与实际不一致的数字图像，如图 5-15 所示。

```
> ind <- which(newy!=pred) # 提取预测与实际不一致的下标集
> par(mfrow=c(4,6))
> for(i in ind){
+     plot(as.raster(array_reshape(newx[i,],c(28,28))))
+     title(paste('Actual=',newy[i],'Predicted=',pred[i]))
+ }
> par(mfrow=c(1,1))
```

从图 5-15 可知，数字 8、9 全部预测错误，数字 6 有 4 个预测错误，数据 4、7 各有 3 个预测错误，数字 0、3、6 分别有 1 个预测错误。

利用以下程序计算模型对手写数字的预测准确率。

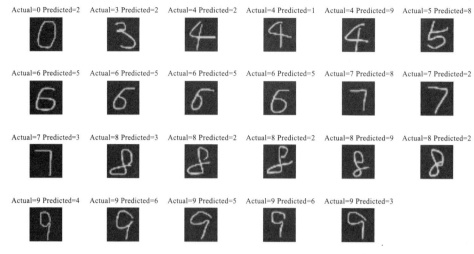

图 5-15   预测错误的数字图像

```
> # 计算预测准确率
> paste0('MLP 对手写数字的预测准确率：',
+         round(sum(diag(t))*100/sum(t),2),"%")
[1] "MLP 对手写数字的预测准确率:54%"
```

由结果可知，该模型对这 50 张数字图像的预测准确率为 54%，虽然比随便乱猜的基线 10% 效果好，但还是不尽人意的。

5.6   本章小结

通过本章的学习，我们发现全连接的神经网络模型在机器学习的经典数据集中也有不俗的表现，但在遇到有形状的数据（比如三维的图像数据）时，其预测能力不如预期。下一章将介绍如何通过卷积神经网络对图像数据进行更进一步的优化。

第 6 章

卷积神经网络及图像分类

在上一章中，我们介绍了全连接网络，该网络的每一层都和它的相邻层全连接。全连接网络的好处从它的连接方式上看是每个输入维度的信息都会传播到其后任何一个节点中去，可以最大程度地让整个网络中的节点都不会"漏掉"这个维度所贡献的因素。不过用全连接网络来处理图像时，它的缺点更为明显，主要存在以下两个问题。

❑ 参数太多：如果输入图像大小为 128×128×3（即图像高度为 128，宽度为 128，颜色通道为 3：RGB），那么在全连接网络中，输入层到第一个隐藏层的每个神经元都有 49 152(128×128×3) 个相互独立的连接，且每个连接都对应一个权重参数。随着隐藏层数和神经元数量的增多，参数的规模也会急剧增加，这会导致整个神经网络的训练效率非常低。

❑ 局部不变性特征：图像中的物体都具有局部不变性特征，比如尺寸缩放、平移、旋转等操作均不影响其语义信息。而全连接网络很难提取这些局部不变性特征，通常需要进行数据增强来提高性能。

卷积神经网络（Convolutional Neural Network，CNN）又称卷积网络，是一种具有局部连接、权重共享等特性的深层前馈神经网络，也是一种专门用来处理具有类似网络结构数据的神经网络，如图像数据。

虽然卷积神经网络是为图像分类而发展起来的，但现在已经被用在各种任务中，如语音识别和机器翻译等。只要信号满足多层次结构、特征局部性和平移不变性 3 个特性，都可以使用卷积神经网络。在本章中，我们只学习卷积神经网络在图像分类中的应用。

6.1 卷积神经网络原理

卷积神经网络的基本结构包括两层，其一为特征提取层，每个神经元的输入与前一层的局部接收域相连，并提取该局部的特征。一旦该局部特征被提取后，它与其他特征间的位置关系也随之确定下来。其二是特征映射层，网络的每个计算层由多个特征映射组成，每个特征映射是一个平面，平面上所有神经元的权值相等。特征映射结构采用 Sigmoid 函数作为卷积网络的激活函数，使得特征映射具有位移不变性。此外，由于一个映射面上的神经元共享权值，因而减少了网络自由参数的个数。卷积神经网络中的每一个卷积层都紧跟一个求局部平均与二次提取的计算层，这种特有的两次特征提取结构减小了特征分辨率。

卷积神经网络主要用来识别位移、缩放及其他形式扭曲不变性的二维图形。由于卷积神经网络的特征检测层通过训练、数据进行学习，所以在使用卷积神经网络时，避免了显式的特征抽取，而是用隐式方式进行学习；再者，由于同一特征映射面上的神经元权值相同，所以卷积神经网络可以并行学习，这也是卷积网络相对于全连接网络的一大优势。卷积神经网络以其局部权值共享的特性，在语音识别和图像处理方面有着独特的优越性，其布局更接近实际的生物神经网络，权值共享降低了网络的复杂性，特别是多维输入向量的图像可以直接输入网络这一特点，避免了特征提取和分类过程中数据重建的复杂度。

卷积神经网络通过使用小的输入数据的平方值来学习内部特征，并保持像素之间的空间关系。特征在整个图像中被学习和使用，因此图像中的对象在场景中移动时，仍然可以被网络检测到。这也是为什么卷积神经网络被广泛应用于照片识别、手写数字识别、人脸识别等不同方面的对象识别的原因。以下是卷积神经网络的一些优势。

- ❏ 使用比全连接网络更少数量的参数（权重）来学习。
- ❏ 忽略需要识别的对象在图片中的位置和失真的影响。
- ❏ 自动学习和获取输入域的特征。

在理论上，卷积神经网络是一种特殊的多层感知器或前馈神经网络。标准的卷积神经网络一般由输入层（input layer）、交替的卷积层（convolution layer）及池化层（pooling layer）、全连接层（fully connected layer）和输出层（output layer）构成，如图 6-1 所示。

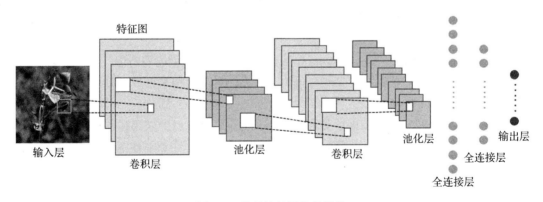

图 6-1　卷积神经网络的结构

其中，卷积层也称为检测层，池化层又称为下采样层，它们可以被看作特殊的隐藏层。

卷积层的权值也称为卷积核。

接下来，我们介绍卷积神经网络的结构及每一层的训练方法。

6.1.1　卷积层

卷积层可以保持形状不变。当输入数据是图像时，卷积层会以三维数据的形式接收输入数据，并同样以三维数据的形式输出至下一层。因此，在 CNN 中，可以正确理解图像等具有形状的数据。另外，CNN 中，有时将卷积层的输入输出数据称为特征映射或特征图（feature map）。其中，卷积层的输入数据称为输入特征图（input feature map），输出数据称为输出特征图（output feature map）。

卷积网络有两个突出的特点：

❑ 卷积网络至少有一个卷积层，用来提取特征。

❑ 卷积网络的卷积层通过权值共享的方式工作，大大减少了权值 w 的数量，使得在训练中达到同样识别率的情况下收敛速度明显快于全连接神经网络。

卷积层进行的处理就是卷积运算。卷积运算相当于图像处理中的滤波器运算。在一个卷积运算中，第一个参数通常叫作输入（input），第二个参数叫作核函数（kernel function，或卷积核）。

我们先来看一下数学中关于卷积运算的定义。假设使用二维的网格数据（其标识为 I，坐标为 (m, n)），其二维卷积核用 K 作为标识，得到的特征映射也是一个二维的网格数据（其标识为 S，坐标为 (i, j)）。于是卷积运算的过程可以用下面公式标识：

$$S(i, j) = (I * K)(i, j) = \sum_m \sum_n I(m, n)K(i - m, j - n)$$

这是 I 和 K 对应位置的数据相乘最后乘积求和的过程（即输入样本和卷积核的内积运算）。卷积适合交换律，所以等价的公式可以写作：

$$S(i, j) = (I * K)(i, j) = \sum_m \sum_n I(i - m, j - n)K(m, n)$$

交换后的坐标 (m, n) 成为卷积核的坐标值。通常，交换后的公式比较容易实现，因为 m 和 n 的有效取值范围相对较小。

在实际应用中，通常卷积运算在许多机器学习库中的实现可以用下面这个计算公式表示：

$$S(i, j) = (I * K)(i, j) = \sum_m \sum_n I(i + m, j + n)K(m, n)$$

出于实际的考虑，我们以后使用的卷积运算实现的都是这种形式。在第一个卷积层对输入样本进行卷积操作后，就可以得到特征图。第二层及其以后的卷积层会把前一层的特征图作为输入数据，同样进行卷积操作。如图 6-2 所示，对 3×5 的输入样本使用 2×2 的卷积核进行卷积操作后，可以得到一个 2×4 的特征图。

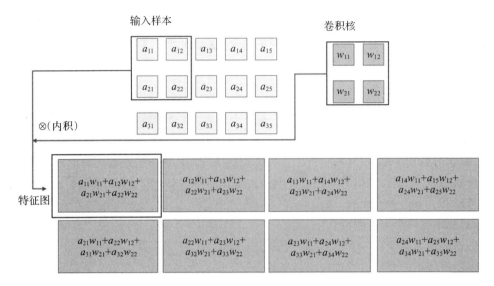

图 6-2　卷积运算示意图

从图 6-2 可知，得到的特征图的尺寸会小于输入样本。为了得到和原始输入样本大小相同的特征图，可以采用对输入样本进行边缘填充（padding）处理后再进行卷积操作的方法。在图 6-2 中，卷积核的移动步长（stride）为 1，我们也可以设定更大的移动步长，但步长越大，得到的特征图尺寸将越小。另外，卷积结果不能直接作为特征图，需通过激活函数计算后，把函数输出结果作为特征图。常见的激活函数包括 Sigmoid、Tanh、ReLU 等。一个卷积层中可以有多个不同的卷积核，而每一个卷积核都对应一个特征图。

当对图像边界进行卷积时，卷积核的一部分会位于图像外面，无像素与之相乘，此时有两种策略：一种是舍弃图像边缘，这样会使新图像尺寸较少（如图 6-2 所示）；另一种是采用边缘填充技巧，这是为了捕获边缘信息而产生的手段，人为指定位于图像外面的像素值，使卷积核能与之相乘。边缘填充主要有两种方式：0 填充和复制边缘像素。在卷积神经网络中，一般采用 0 填充方式，填充大小为 $P=(F-1)/2$，其中 F 为卷积核尺寸。

图 6-3 演示了进行边缘填充后的卷积运算过程，其中输入特征图的尺寸为 4×4，采用 0 填充后尺寸为 6×6，卷积核大小为 3×3，移动步长为 1，则输出特征图的尺寸为 4×4。

移动步长是卷积核每次扫描所移动的像素点数，一般有水平和垂直两个方向，步长常用的取值有 1×1 和 2×2。

图 6-4 演示了调整移动步长后输出特征图尺寸的变化，其中输入特征图的尺寸为 4×4，卷积核大小为 2×2，移动步长为 2×2，则输出特征图的尺寸为 2×2。

对于卷积运算输入输出尺寸的变化，其实可通过一个公式计算。输出特征图高、宽的计算公式如下：

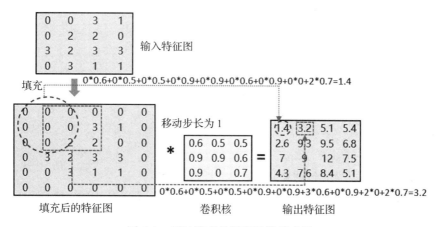

图 6-3　经过填充的卷积运算示意图

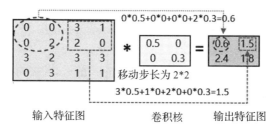

图 6-4　移动步长为 2×2 的卷积运算示意图

$$height_{out} = \frac{(height_{in} - kernel_{height} + 2 \times padding_{height})}{stride_{hieght}} + 1$$

$$width_{out} = \frac{(width_{in} - kernel_{width} + 2 \times padding_{width})}{stride_{width}} + 1$$

其中，$height_{in}$ 是输入特征图高度、$width_{in}$ 是输入特征图宽度；$kernel_{height}$ 是卷积核高度、$kernel_{width}$ 是卷积核宽度；$padding_{height}$ 是填充高度、$padding_{width}$ 是填充宽度；$stride_{hieght}$ 是移动步长高度、$stride_{width}$ 是移动步长宽度。

6.1.2　卷积层的 Keras 实现

Keras 中的 layer_conv_2d() 函数创建了一个二维卷积层（例如，图像上的空间卷积）。用于从输入的高维数组中提取特征。卷积层的每个过滤器就是一个特征映射，用于提取某一个特征。过滤器的数量决定了卷积层输出特征个数或者输出深度。因此，图片等高维数据每经过一个卷积层，深度都会增加，并且等于过滤器的数量。函数表达形式如下：

```
layer_conv_2d(object, filters, kernel_size, strides = c(1L, 1L),
    padding = "valid", data_format = NULL, dilation_rate = c(1L, 1L),
```

```
activation = NULL, use_bias = TRUE,
kernel_initializer = "glorot_uniform", bias_initializer = "zeros",
kernel_regularizer = NULL, bias_regularizer = NULL,
activity_regularizer = NULL, kernel_constraint = NULL,
bias_constraint = NULL, input_shape = NULL,
batch_input_shape = NULL, batch_size = NULL, dtype = NULL,
name = NULL, trainable = NULL, weights = NULL)
```

各参数描述如下。

❏ object：模型或图层对象。

❏ filter：卷积核（就是过滤器）的数目，即输出维度。

❏ kernel_size：单个整数或由两个整数构成的列表，卷积核（过滤器）的宽度和长度，如为单个整数，则表示在各个空间维度的长度相同。

❏ strides：单个整数或由两个整数构成的列表，为卷积的移动步长，如为单个整数，则表示在各个空间维度的步长相同。

❏ padding：卷积如何处理边缘。选项包括 valid 和 same。默认为 valid，表示不填充；same 则表示添加全 0 填充。

❏ data_format：字符串，channels_last 或 channels_first，前者对应的输入 shape 是 (batch, height, width, channels)，后者对应的 shape 是 (batch, channels, height, width)。默认为 channels_last。

❏ dilation_rate：单个整数或由两个整数构成的列表，指定用于展开卷积的展开率。若为单个整数，则为所有空间维度指定相同的值。

❏ activation：激活函数。如果未指定任何值，则不应用任何激活函数。强烈建议你给网络中的每个卷积层添加一个 ReLU 激活函数。

❏ use_bias：布尔值，该层是否使用偏置向量。

❏ kernel_initializer：kernel 权重矩阵的初始化器。

❏ bias_initializer：偏置向量的初始化器。

❏ kernel_regularizer：应用于 kernel 权重矩阵的正则化函数。

❏ bias_regularizer：应用于偏置向量的正则化函数。

❏ activity_regularizer：应用于图层输出的正则化函数。

❏ kernel_constraint：应用于内核矩阵的约束函数。

❏ bias_constraint：应用于偏置向量的约束函数。

❏ input_shape：输入的维数（整数）。当将此卷积层作为模型的第一层时，此参数是必需的。

下面看一个实际的例子。利用 Keras 的 image_load() 函数将猫图像读入 R，再利用 image_to_array 将其转换为数组。

```
> library(keras)
> # 读入图像
```

```
> cat <- image_load('../images/cat.jpg')
> # 转换为数组
> cat <- image_to_array(cat)
> dim(cat)
[1] 425 320   3
```

这张图像高 425 像素，宽 320 像素，有三个通道（RGB）的颜色。利用 plot() 函数绘制猫图像，如图 6-5 所示。

```
> plot(as.raster(cat,max = max(cat)))
```

那么图像经过一层卷积运算后会变成什么样子呢？利用 layer_conv_2d() 函数创建一个二维卷积层，其中参数 filter 为 3，说明有 3 个卷积核；参数 kernel_size 为（3，3），说明卷积核的宽度和长度均为 3；参数 input_shape 为输入数据的维度。实现代码如下：

```
> model <- keras_model_sequential()
> model %>%
+   layer_conv_2d(filters = 3,
+                 kernel_size = c(3,3),
+                 input_shape = dim(cat))
```

图 6-5 绘制读入 R 中的猫图像

输入数据的形状要求是四维张量，当 data_format='channels_first' 时，形状为 (samples, channels, rows, cols)；当 data_format='channels_last' 时，形状为 (samples, rows, cols, channels)。默认是 channels_last。下面我们利用 array_reshape() 函数对数据形状进行处理。

```
> cat_reshape <- array_reshape(cat,dim = c(1,dim(cat)))
> dim(cat_reshape)
[1]   1 425 320   3
```

经过处理后，输入数据已经从三维变成四维。第 1 维是样本数量，因为只有 1 个样本，所以为 1。

利用 predict() 函数对输入数据进行一层卷积运算，并查看运算后的特征图形状。

```
> # 进行一层卷积运算
> conv_cat <- model %>% predict(cat_reshape)
> dim(conv_cat)
[1]   1 423 318   3
```

进行卷积运算时，padding 默认为 valid，即不进行边缘填充，移动步长默认为 1。所以在经过一层卷积运算后得到的特征图长度为 423，宽度为 318。

利用 min() 函数查看 conv_cat 的最小值。

```
> # 查看最小值
> min(conv_cat)
[1] -257.7735
```

进行卷积运算时，因为没有指定激活函数，所以默认使用线性激活函数（$a(x)=x$），得到的特征图中有负元素存在，这显然不是我们想要的结果。在卷积层网络中的每个卷积层添加一个 ReLU 激活函数，重新对输入数据进行卷积运算。

```
> model <- keras_model_sequential()
> model %>%
+   layer_conv_2d(filters = 3,
+                 kernel_size = c(3,3),
+                 activation = 'relu',
+                 input_shape = dim(cat))
> conv_cat <- model %>% predict(cat_reshape)
> dim(conv_cat)
[1]   1 423 318   3
> # 查看最小值
> min(conv_cat)
[1] 0
```

在利用 ReLU 激活函数处理后，输出特征图的最小值为 0。卷积运算得到的特征图形状是四维的，所以在进行绘图前需将其转换为三维的形状。运行以下程序代码得到如 6-6 所示图像。

```
> # 绘制输出特征图的图像
> cat_new <- array_reshape(conv_cat,
+                          dim = dim(conv_cat)[-1])
> dim(cat_new)
[1] 423 318   3
> plot(as.raster(cat_new,max = max(cat_new)))
```

如果我们增加卷积核大小，得到的图像又会发生怎样的变化呢？以下代码将卷积核的大小设置为 c(20,20)，对输入数据进行一层卷积运算后得到的特征图如图 6-7 所示。

```
> model <- keras_model_sequential()
> model %>%
+   layer_conv_2d(filters = 3,
+                 kernel_size = c(20,20),
+                 activation = 'relu',
+                 input_shape = dim(cat))
> conv_cat <- model %>% predict(cat_reshape)
> dim(conv_cat)
[1]   1 406 301   3
> cat_new <- array_reshape(conv_cat,
+                          dim = dim(conv_cat)[-1])
> plot(as.raster(cat_new,max = max(cat_new)))
```

图 6-6　经过一层卷积后的猫图像

从图 6-7 可知，如果我们增加内核大小，得到的细节就会越来越明显，当然图像也比之前的小。

6.1.3　池化层

在通过卷积运算获得特征之后，下一步要做的是利用这些特征进行分类。理论上，所有经过卷积提取到的特征都可以作为分类器的输入（例如 Softmax 分类器），但这样做将面临巨大的计算量。例如：对于一个 128×128 像素的图像，假设已经学习得到 300 个定义在 8×8 卷积上的特征，每一个特征和 8×8 的卷积都会得到一个 $(128-8+1)×(128-8+1)=$ 14 641 维的卷积特征，由于有 300 个特征，所以每个样例都会得到一个 $14\,641×300=4\,392\,300$ 维的卷积特征向量。学习一个拥有超 439 万输入特征的分类器十分不便，且容易出现过拟合。

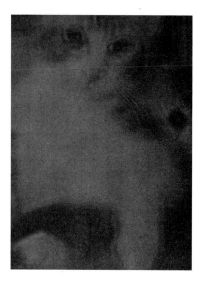

图 6-7　增大卷积核大小后的猫图像

为了解决这个问题，此时一般会使用池化层来进一步对卷积操作得到的特征映射结果进行处理。在卷积神经网络中，池化层对输入的特征图的压缩表现在两方面：一方面使特征图变小，简化网络计算复杂度；一方面进行特征压缩，提取主要特征。池化层可以忽略目标的倾斜、旋转之类的相对位置的变化，以提高准确率，同时降低了特征图的维度，并且可以在一定程度上避免过拟合。池化（pooling）会对平面内某一位置及其相邻位置的特征值进行统计汇总，并将汇总后的结果作为这一位置在该平面内的值。例如，常见的最大池化（max pooling）会计算该位置及其相邻矩形区域内的最大值，并将这个最大值作为该位置的值；平均池化（average pooling）会计算该位置及其相邻矩形区域内的平均值，并将这个平均值作为该位置的值。

池化常常会用 2×2 的步长，以达到下采样的目的，同时取得局部抗干扰的效果。如图 6-8 所示，原本特征图尺寸是 4×4，经过最大池化运算转换后，尺寸变为 2×2。

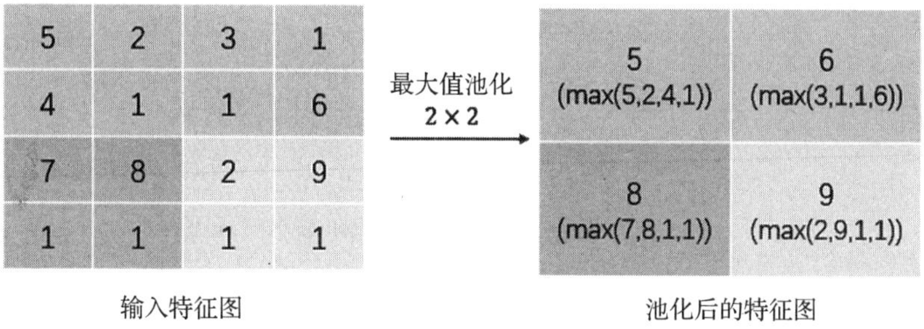

5	2	3	1
4	1	1	6
7	8	2	9
1	1	1	1

最大值池化
2×2

5 (max(5,2,4,1))	6 (max(3,1,1,6))
8 (max(7,8,1,1))	9 (max(2,9,1,1))

输入特征图　　　　　　　　　　池化后的特征图

图 6-8　最大池化运算示意图

为什么通常采用最大值进行池化操作？这是因为卷积层后接 ReLU 激活函数，而 ReLU 激活函数会把负值都变为 0，正值不变，所以神经元的激活值越大，说明该神经元对输入局部窗口数据的反应越激烈，提取的特征越好。用最大值代表局部窗口的所有神经元，是很合理的。最大值操作还能保持图像的平移不变性，同时适应图像的微小变形和小角度旋转。

池化层有以下特征。

❑ 没有要学习的参数：池化层和卷积层不同，没有要学习的参数。池化只是从目标区域中取最大值（或者平均值），所以不存在要学习的参数。

❑ 通道数不发生变化：经过池化，输入数据和输出数据的通道数不会发生变化。如图 6-9 所示，计算是按通道独立进行的。

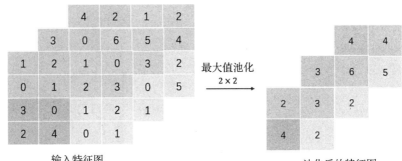

图 6-9   池化中通道数不变

❑ 对微小偏差具有鲁棒性：输入特征发生微小偏差时，池化仍会返回相同的结果。因此，池化对输入特征的微小偏差具有鲁棒性。比如，在 3×3 的池化的情况下，如图 6-10 所示，池化会吸收输入特征的偏差（根据数据的不同，结果有可能不一致）。

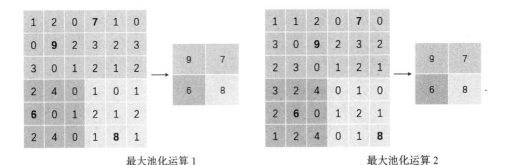

图 6-10   输入数据有微小位置变化时输出特征不变

6.1.4   池化层的 Keras 实现

Keras 中有丰富的池化聚合操作函数，用于实现不同类型数据、不同聚合操作的需求。

各池化运算函数如表 6-1 所示。

表 6-1　各池化运算函数及用途说明

池化运算函数	函数用途
layer_max_pooling_1d()	时序数据的最大池化
layer_max_pooling_2d()	空间数据的最大池化
layer_max_pooling_3d()	三维（空间或者时空）数据的最大池化
layer_average_pooling_1d()	时序数据的平均池化
layer_average_pooling_2d()	空间数据的平均池化
layer_average_pooling_3d()	三维（空间或者时空）数据的平均池化
layer_global_max_pooling_1d()	时序数据的全局最大池化
layer_global_average_pooling_1d()	时序数据的全局平均池化
layer_global_max_pooling_2d()	空间数据的全局最大池化
layer_global_average_pooling_2d()	空间数据的全局平均池化
layer_global_max_pooling_3d()	三维数据的全局最大池化
layer_global_average_pooling_3d()	三维数据的全局平均池化

这里主要学习 layer_max_pooling_2d() 函数的用法。其表达形式为：

```
layer_max_pooling_2d(object, pool_size = c(2L, 2L), strides = NULL,
    padding = "valid", data_format = NULL, batch_size = NULL,
    name = NULL, trainable = NULL, weights = NULL)
```

主要参数如下：

❑ object：模型或图层对象。

❑ pool_size：池化层窗口大小，沿（垂直，水平）方向缩小比例的因子。（2，2）会把输入张量的两个维度都缩小一半。如果只指定一个整数，那么两个维度都会使用同样的窗口长度。

❑ strides：整数或两个整数表示的列表，也可以为 NULL。表示窗口移动步长。如果是 NULL，那么默认值是 pool_size。

❑ padding：valid 表示不填充特征边界，same 表示填充输入特征以使与原始输入长度相同。

❑ data_format：字符串，有 channels_last（默认）与 channels_first 两种。表示输入各维度的顺序。channels_last 代表尺寸是（batch, height, width, channels）的输入，而 channels_first 代表尺寸是（batch, channels, height, width）的输入。

自定义 build_model() 函数，创建只有一层卷积运算或一层卷积运算（包含一层池化运算）的模型，程序代码如下：

```
> # 创建一层卷积运算（或包含一个池化层）的网络
> build_model <- function(object = cat,pool = TRUE){
```

```
+    # 创建一层卷积运算
+    model <- keras_model_sequential()
+    model %>%
+      layer_conv_2d(filters = 3,
+                     kernel_size = c(16,16),
+                     activation = 'relu',
+                     input_shape = dim(object))
+    # 如果 pool 为 TRUE，则增加一个池化层
+    if(pool){
+      model %>% layer_max_pooling_2d(pool_size = c(8,8))
+    }
+    return(model)
+ }
```

接着自定义 plot_image() 函数，用于绘制进行卷积运算或卷积和池化运算后的图像，并输出特征图的形状，程序代码如下：

```
> # 定义绘制经过卷积运算后的图像
> plot_image <- function(model,cat){
+    # 对输入数据形状进行处理
+    cat_reshape <- array_reshape(cat,dim = c(1,dim(cat)))
+    # 对输入数据进行卷积运算或卷积池化运算
+    cnn_model <- model %>% predict(cat_reshape)
+    # 绘制输出特征图的图像
+    cat_new <- array_reshape(cnn_model,
+                              dim = dim(cnn_model)[-1])
+    plot(as.raster(cat_new,max = max(cat_new)))
+    return(dim(cat_new))
+ }
```

继续以猫图像为例进行演示，将猫图像读入 R 中，并对比仅经过一层卷积运算和经过一层卷积和池化运算后的图像。运行以下代码，得到结果如图 6-11 所示。

```
> # 读入图像
> cat <- image_load('../images/cat.jpg')
> # 转换为数组
> cat <- image_to_array(cat)
> # 绘制进过卷积运算的图像
> par(mfrow=c(1,2))
> plot_image(build_model(pool = FALSE),cat)
[1] 410 305   3
> plot_image(build_model(),cat)
[1] 51 38   3
> par(mfrow=c(1,1))
```

图 6-11 中左图是仅经过一层卷积运算后得到的图像，右图是经过一层卷积和池化运算后得到的图像。增加一个池化运算后的图像大小约为仅经过一个卷积运算后图像大小的八分之一。

图 6-11 是否增加一层池化运算的图像对比

6.1.5 全连接层

全连接层在整个卷积神经网络中起到分类器的作用。如果说卷积层、池化层等操作是将原始数据映射到隐藏层的特征空间的话，全连接层则起到将学到的分布式特征表示映射到样本标记空间的作用。和多层感知器一样，全连接层也是首先计算激活值，然后通过激活函数计算各单元的输出值。激活函数包括 Sigmoid、Tanh、ReLU 等函数。由于全连接层的输入就是卷积层或池化层的输出，是二维的特征图，所以需要对二维特征图进行降维处理，可以通过在全连接层前增加一个平坦层来实现。

平坦层就是用来将输入压平，即把多维的输入一维化，常用在从卷积层到全连接层的过渡。平坦层不影响批次大小。在 Keras 中，可以使用 layer_flatten() 函数增加平坦层。

6.2 多分类实例：小数据集的图像识别

在本地文件夹 image1 保存了自行车、汽车、飞机三种彩色图像各 15 张，即一共有 45 张彩色图像。我们分别利用全连接神经网络、卷积神经网络构建深度学习模型，并对未参与建模的图像数据进行预测，对比两种网络的预测能力。

6.2.1 导入本地图像数据

使用 EBImage 包的 readImage() 函数将 image1 文件夹中的所有彩色图像读取到 R 中。

```
> library(keras)
> library(EBImage)
>
> setwd('../image1')
> # 读入图像数据
```

```
> pic1 <- paste0(rep(c('b','c','p'),each = 10),
+                 1:10,'.jpg')
> train <- list()
> for (i in 1:length(pic1)) {train[[i]] <- readImage(pic1[i])}
> pic2 <- paste0(rep(c('b','c','p'),each = 5),
+                 11:15,'.jpg')
> test <- list()
> for (i in 1:length(pic2)) {test[[i]] <- readImage(pic2[i])}
```

在读取图像数据时，我们将数据分为两部分，其中 30 张图像（自行车、汽车、飞机各 10 张）作为训练集，剩下的作为测试集。

运用 plot() 函数查看读入 R 中的训练集和测试集图像，分别如图 6-12、6-13 所示。

```
> # 绘制训练集的图像
> par(mfrow=c(3,10))
> for(i in 1:30) plot(train[[i]])
> par(mfrow=c(1,1))
> # 绘制测试集的图像
> par(mfrow=c(3,5))
> for(i in 1:15) plot(test[[i]])
> par(mfrow=c(1,1))
```

图 6-12　训练集的图像

图 6-13　测试集的图像

从图 6-12 可知，训练集的前 10 张图像是自行车、中间 10 张图像是汽车、最后 10 张图像是飞机。从图 6-13 可知，测试集的前 5 张图像是自行车、中间 5 张图像是汽车、最后 5 张图像是飞机。

下面构建训练集和测试集的标签数据，其中 0 表示自行车、1 表示汽车、2 表示飞机。

```
> # 构建标签
> (trainy <- rep(0:2,each = 10))
 [1] 0 0 0 0 0 0 0 0 0 0 1 1 1 1 1 1 1 1 1 1 2 2 2 2 2 2 2 2 2 2
> (testy <- rep(0:2,each  = 5))
 [1] 0 0 0 0 0 1 1 1 1 1 2 2 2 2 2
```

从图 6-12、6-13 可知，各图像大小并不一致，在建模前需要进行数据预处理，对各图像数据大小进行重新定义。

6.2.2 图像数据预处理

利用 resize() 函数将图像的像素高度、像素宽度都设置为 100。

```
> # 重新定义图像大小
> for (i in 1:30) {train[[i]] <- resize(train[[i]], 100, 100)}
> for (i in 1:15) {test[[i]] <- resize(test[[i]], 100, 100)}
```

使用 combine() 函数将图像合并为图像序列。如果图像对象是灰色图像或数组，则将图像对象沿第三维进行组合；如果图像对象是彩色图像，则将它们沿第四维进行组合，从而在第三个维度上为颜色通道留出空间。

```
> # 图像合并
> trainx <- combine(train)
> testx <- combine(test)
> dim(trainx)
[1] 100 100   3 30
> dim(testx)
[1] 100 100   3 15
```

经过处理后，数据集的维度变成（width, height, channels, batch），其中第四维度是样本数量。

使用 tile() 函数将图像序列按照单个图像进行平铺，默认是一行平铺 10 张图像，可以通过参数 nx 进行设置。运行以下代码，平铺绘制图像序列数据 trainx、testx，其中 trainx 对象按照一行 10 张图像绘制、testx 对象按照一行 5 张图像绘制，如图 6-14、6-15 所示。

```
> # 绘制经过形状处理的图像
> display(tile(trainx))
> display(tile(testx,nx = 5))
```

从图 6-14、6-15 可知，经过形状处理后的图像宽高均为 100。因为卷积层的输入数据为（samples, rows, cols, channels），故使用 aperm() 函数将 trainx、testx 的第四维度调整到
第一维度。

图 6-14　经形状处理后的 trainx 的图像

图 6-15　经形状处理后的 textx 的图像

```
> # 调整维度顺序
> trainx <- aperm(trainx,c(4,1,2,3))
> testx <- aperm(testx,c(4,1,2,3))
> dim(trainx)
[1]  30 100 100    3
> dim(testx)
[1]  15 100 100    3
```

最后，使用 to_categorical() 函数对标签数据进行独热编码处理。

```
> trainLabels <- to_categorical(trainy)
> testLabels <- to_categorical(testy)
```

6.2.3 建立全连接神经网络模型识别小数据集图像

在采用卷积神经网络处理这个小数据图像识别问题之前，先采用全连接神经网络模型对其进行预测，作为比较的基准，看一下卷积神经网络在图像识别这个问题上是否具备优势。

本例使用两层完全连接的网络结构，使用 ReLU 作为前两层的激活函数，使用 Softmax 作为输出层的激活函数。第一个隐藏层有 256 个神经元，使用 30 000（100×100×3）个输入变量；第二个隐藏层有 128 个神经元，最后输出层有 3 个神经元来预测数据结果。

编译模型时，采用 RMSProp 优化器，categorical_crossentropy 作为损失函数。同时采用准确率来评估模型的性能，值越接近 1 说明模型性能越好。

以下是构建全连接神经网络模型的 build_mlp() 函数程序代码。

```
> # 构建全连接神经网络模型函数
> build_mlp <- function() {
+   model <- keras_model_sequential() %>%
+     layer_dense(units = 256, activation = 'relu', input_shape = c(30000)) %>%
+     layer_dense(units= 128, activation = 'relu') %>%
+     layer_dense(units = 3, activation = 'softmax')
+   # Compile
+   model %>% compile(
+     loss = 'categorical_crossentropy',
+     optimizer = optimizer_rmsprop(),
+     metrics = 'accuracy')
+   model
+ }
```

构建好模型后，使用 fit() 函数进行模型训练。将训练周期次数 epochs 设置为 50，validation_split 设置为 0.2，表示将从训练样本中抽取 20% 作为验证集。每个训练周期的损失函数及评价指标曲线如图 6-16 所示。

```
> # 训练模型
> trainx_flattern <- array_reshape(trainx,dim = c(nrow(train),100*100*3))
> testx_flattern <- array_reshape(testx,dim = c(nrow(test),100*100*3))
> mlp_model <- build_mlp()
> history <- mlp_model %>% fit(
+   trainx_flattern,
+   trainLabels,
+   epochs = 50,
+   validation_split = 0.2)
> plot(history)
```

训练好模型后，使用 evaluate() 函数评估测试数据集的准确率。

```
> mlp_model %>% evaluate(testx_flattern,testLabels,verbose = 0)
$loss
```

```
[1] 2.006932

$accuracy
[1] 0.4666667
```

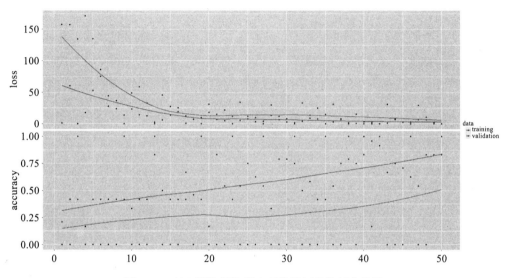

图 6-16　每个训练周期损失函数及评价指标曲线图

模型在测试集的整体准确率仅有 47%，效果欠佳。

利用 predict_classes() 函数对测试集样本进行类别预测，并查看混淆矩阵。

```
> # 模型预测
> pred <- mlp_model %>% predict_classes(testx_flattern)
> t <- table(Actual = testy,Predicted = pred)
> t
      Predicted
Actual 0 1 2
     0 2 1 2
     1 0 1 4
     2 1 0 4
```

从混淆矩阵可知，有 2 张自行车图像预测正确（类别 0）、1 张汽车图像预测正确（类别 1）、4 张飞机图像预测正确（类别 2）。

以下程序代码绘制预测与实际不一致的 8 张图像，如图 6-17 所示。

```
> ind <- which(testy!=pred)  # 提取预测与实际不一致的下标集
> # 绘制预测错误的图像
> par(mfrow=c(2,4))
> for(i in ind){
+    plot(test[[i]])
+    title(main = list(paste('Actual=',testy[i],'Predicted=',pred[i]),
+                      col='red'))
```

```
+ }
> par(mfrow=c(1,1)
```

图 6-17　测试集预测错误的图像

6.2.4　建立简单卷积神经网络识别小数据集图像

接下来将创建一个简单的卷积神经网络，演示如何在 Keras 中实现卷积神经网络，包括卷积层、池化层和全连接层。

这个简单的卷积神经网络设计如下。

❑ 第一个隐藏层是卷积层，该层使用 5×5 的卷积核，输出具有 32 个特征图，输入数据具有参数 input_shape 所描述的特征，并采用 ReLU 作为激活函数。

❑ 定义一个采用最大值的池化层，并配置它在纵向和横向两个方向的采样因子（pool_size）为 2×2，表示图片在两个维度均变成原来的一半。

❑ 下一层使用 Dropout 层，并配置为随机排除层中 20% 的神经元，以减少过度拟合。

❑ 将多维数据转换为一维数据的 Flatten 层，它的输出便于标准的全连接层的处理。

❑ 接下来是具有 256 个神经元的全连接层，采用 ReLU 作为激活函数。

❑ 输出层有 3 个神经元，因此采用 Softmax 激活函数，输出每张图片在每个分类上的得分。

这个简单卷积神经网络的拓扑结构如图 6-18 所示。

图 6-18　简单卷积神经网络的拓扑结构

卷积神经网络的模型定义完成后，在开始训练前，依然需要编译模型，在这里采用 RMSProp 优化器，categorical_crossentropy 作为损失函数。同时采用准确率来评估模型的性能。

以下是构建简单卷积神经网络模型的 build_simple_cnn() 函数程序代码。

```
> # 构建 simple_cnn 模型函数
> build_simple_cnn <- function(X=trainx) {
+     model <- keras_model_sequential() %>%
+       layer_conv_2d(filters = 32,
+                     kernel_size = c(5,5),
+                     activation = 'relu',
+                     input_shape = dim(X)[-1]) %>%
+       layer_max_pooling_2d(pool_size = c(2,2)) %>%
+       layer_dropout(rate = 0.2) %>%
+       layer_flatten() %>%
+       layer_dense(units = 256, activation = 'relu') %>%
+       layer_dense(units = 3, activation = 'softmax')
+     # Compile
+     model %>% compile(
+       loss = 'categorical_crossentropy',
+       optimizer = optimizer_rmsprop(),
+       metrics = 'accuracy')
+     model
+ }
```

构建好模型后，使用 fit() 函数进行模型训练。将训练周期次数 epochs 设置为 50，validation_split 设置为 0.2，表示将从训练样本中抽取 20% 作为验证集。每个训练周期的损失函数及评价指标曲线如图 6-19 所示。

```
> # 训练模型
> simple_cnn_model <- build_simple_cnn()
> history <- simple_cnn_model %>%
+     fit(trainx,
+         trainLabels,
+         epochs = 50,
+         validation_split = 0.2)
> plot(history)
```

训练好模型后，使用 evaluate() 函数评估测试数据集的准确率。

```
> # 模型评估
> simple_cnn_model %>% evaluate(testx,testLabels,verbose = 0)
$loss
[1] 0.5435659

$accuracy
[1] 0.7333333
```

简单卷积神经网络对测试集的预测准确率为 74%，比前面全连接神经网络模型的 47% 有显著提升。

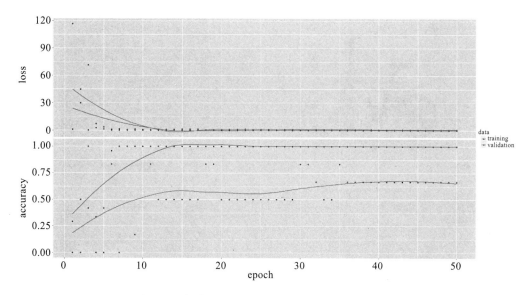

图 6-19　每个训练周期损失函数及评价指标曲线图

利用 predict_classes() 函数对测试集样本进行类别预测，并查看混淆矩阵。

```
> # 模型预测
> pred1 <- simple_cnn_model %>% predict_classes(testx)
> t1 <- table(Actual = testy,Predicted = pred1)
> t1
      Predicted
Actual 0 1 2
     0 2 3 0
     1 0 5 0
     2 0 1 4
```

此时，预测错误的图像数量从之前的 8 张减少到 4 张，其中有 3 张自行车图像被误预测为汽车，1 张飞机图像被误预测为汽车。

以下程序代码绘制预测与实际不一致的 4 张图像，如图 6-20 所示。

```
> ind <- which(testy!=pred1)  # 提取预测与实际不一致的下标集
> # 绘制预测错误的图像
> par(mfrow=c(2,2))
> for(i in ind){
+   plot(test[[i]])
+   title(main = list(paste('Actual=',testy[i],'Predicted=',pred1[i]),
+                     col='red'))
```

```
+ }
> par(mfrow=c(1,1))
```

图 6-20   测试集预测错误的图像

6.2.5   建立复杂卷积神经网络识别小数据集图像

上一小节创建的卷积神经网络模型非常简单，实际上在卷积神经网络中可以有多个卷积层，接下来定义一个采用多个卷积层的复杂卷积神经网络。该网络拓扑结构如下。

- ❑ 卷积层，具有 32 个特征图，卷积核大小为 3×3，激活函数为 ReLU。
- ❑ 卷积层，具有 32 个特征图，卷积核大小为 3×3，激活函数为 ReLU。
- ❑ 采样因子为 2×2 的最大值池化层。
- ❑ Dropout 概率为 25% 的 Dropout 层。
- ❑ 卷积层，具有 64 个特征图，卷积核大小为 3×3，激活函数为 ReLU。
- ❑ 卷积层，具有 64 个特征图，卷积核大小为 3×3，激活函数为 ReLU。
- ❑ 采样因子为 2×2 的最大值池化层。
- ❑ Dropout 概率为 25% 的 Dropout 层。
- ❑ Flatten 层。
- ❑ 具有 256 个神经元和 ReLU 激活函数的全连接层。
- ❑ 具有 128 个神经元和 ReLU 激活函数的全连接层。

❑ 输出层。

采用与简单卷积神经网络的编译方式，构建模型 complex_cnn_model() 程序代码如下。

```
> build_complex_cnn <- function(X=trainx) {
+   model <- keras_model_sequential() %>%
+     layer_conv_2d(filters = 32,
+                   kernel_size = c(3,3),
+                   activation = 'relu',
+                   input_shape = dim(X)[-1]) %>%
+     layer_conv_2d(filters = 32,
+                   kernel_size = c(3,3),
+                   activation = 'relu') %>%
+     layer_max_pooling_2d(pool_size = c(2,2)) %>%
+     layer_dropout(rate = 0.25) %>%
+     layer_conv_2d(filters = 64,
+                   kernel_size = c(3,3),
+                   activation = 'relu') %>%
+     layer_conv_2d(filters = 64,
+                   kernel_size = c(3,3),
+                   activation = 'relu') %>%
+     layer_max_pooling_2d(pool_size = c(2,2)) %>%
+     layer_dropout(rate = 0.25) %>%
+     layer_flatten() %>%
+     layer_dense(units = 256, activation = 'relu') %>%
+     layer_dense(units = 128, activation = 'relu') %>%
+     layer_dense(units = 3, activation = 'softmax')
+   # Compile
+   model %>% compile(
+     loss = 'categorical_crossentropy',
+     optimizer = optimizer_rmsprop(),
+     metrics = 'accuracy')
+   model
+ }
```

构建好模型后，使用 fit() 函数进行模型训练。将训练周期次数 epochs 设置为 50，validation_split 设置为 0.2，表示将从训练样本中抽取 20% 作为验证集。每个训练周期的损失函数及评价指标曲线如图 6-21 所示。

```
> # 训练模型
> complex_cnn_model <- build_complex_cnn()
> history <- complex_cnn_model %>%
+   fit(trainx,
+       trainLabels,
+       epochs = 50,
+       validation_split = 0.2,
+       verbose = 2)
```

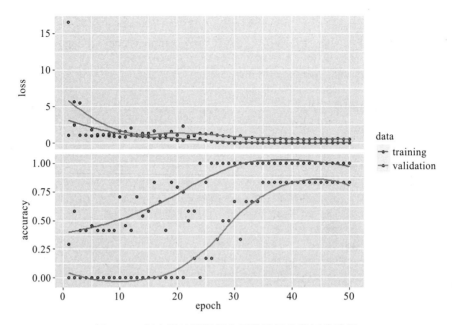

图 6-21   每个训练周期损失函数及评价指标曲线图

训练好模型后，使用 evaluate() 函数评估测试数据集的准确率。

```
> # 模型评估
> complex_cnn_model %>% evaluate(testx,testLabels,verbose = 0)
$loss
[1] 0.519769

$accuracy
[1] 0.9333333
```

该复杂卷积神经网络对测试集的预测准确率为 93%，比前面简单卷积神经网络的 74%
又有明显提升。

利用 predict_classes() 函数对测试集样本进行类别预测，并查看混淆矩阵。

```
> # 模型预测
> pred2 <- complex_cnn_model %>% predict_classes(testx)
> t2 <- table(Actual = testy,Predicted = pred2)
> t2
      Predicted
Actual 0 1 2
     0 5 0 0
     1 0 5 0
     2 0 1 4
```

此时仅有一个飞机图像被误预测为汽车。

对比全连接神经网络和卷积神经网络对小数据图像的识别能力，显然卷积神经网络更适合图像识别。

6.3　多分类实例：彩色手写数字图像识别

上一小节已经证明卷积神经网络更适合图像识别。接下来，我们利用卷积神经网络对第 5 章的彩色手写数字进行图像识别。

6.3.1　导入及处理本地手写数字图像

首先编写一个自定义 image_loading() 函数，将手写的数字图像导入 R 中，并在数据读取时将彩色图像转换为灰色图像，将所有图像大小转换为 28×28；图像数据加载后，对数字进行 [0,1] 标准化处理，最后将图像数据从三维（28, 28, 1）转换为四维（1, 28, 28, 1）。

```
> # 自定义图像数据读入及转换函数
> image_loading <- function(image_file) {
+   image <- image_load(image_file,
+                       grayscale = TRUE,        # 转换为灰色图像
+                       target_size=c(28,28))    # 将图像大小转换为 28*28
+   image <- image_to_array(image) / 255         # 将数字进行 [0,1] 标准化处理
+   image <- 1- image  # 转换为背景色为黑色，数字为白色的图像
+# 图像从三维（28,28,1）变成四维（1,28,28,1）
+   image <- array_reshape(image, c(1, dim(image)))
+   return(image)
+ }
```

下面利用 image_load() 和 image_loading() 函数分别读取第 1 张彩色数字图像，对比两者返回的图像数据的差异。

```
> setwd('../num') # 设置 num 文件夹为默认路径
> temp <- paste(1:50,'png',sep = '.')
> # 读取第 1 张彩色数字图像
> image_1 <- image_to_array(image_load(temp[1]))
> image_2 <- image_loading(temp[1])
> # 查看两者的维度
> dim(image_1);dim(image_2)
[1] 106 122   3
[1]   1 28 28   1
> # 查看两者的数值范围
> min(image_1);max(image_1)
[1] 63
[1] 255
> min(image_2);max(image_2)
[1] 0
[1] 0.6705882
```

从以上对比可知，当不设置 Keras 的 image_load() 函数的各参数时，使用 image_to_

array() 函数后返回的是与原图像大小一致的三维数组；使用 image_loading() 函数返回的是指定像素宽度、高度均为 28 的四维数组。image_loading() 函数返回的数组也是经过标准化的结果。

利用 plot() 函数绘制两者的数字图像，如图 6-22 所示。

```
> # 绘制数字图像
> par(mfrow=c(1,2))
> plot(as.raster(image_1,max = 255))
> title(main = ' 未经过数据处理的图像 ')
> plot(as.raster(image_2[,,,]))
> title(main = ' 经过数据处理的图像 ')
> par(mfrow=c(1,1))
```

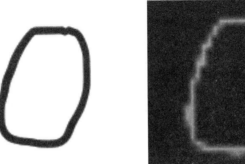

图 6-22　是否经过数据处理的图像对比

从图 6-22 可知，图像读取和数据处理的结果符合预期。现在，利用 lapply() 函数将 50 张彩色数字图像批量导入 R 中。

```
> # 批量导入数字图像
> mypic <- lapply(temp, image_loading)
> str(mypic)
List of 50
 $ : num [1, 1:28, 1:28, 1] 0 0 0 0 0 0 0 0 0 0 ...
 ......
 ......
```

由于 mypic 对象是列表，再次利用 array_reshape() 函数将其变为四维数组。

```
> mypic <- array_reshape(mypic,c(length(mypic),28,28,1))
> dim(mypic)
[1] 50 28 28  1
> str(mypic)
 num [1:50, 1:28, 1:28, 1] 0 0 0 0 0 0 0 0 0 0 ...
```

最后，利用 plot() 函数绘制读取的 50 张数字图像，如图 6-23 所示。

```
> par(mfrow=c(5,10))
> for(i in 1:50) plot(as.raster(mypic[i,,,]))
> par(mfrow=c(1,1))
```

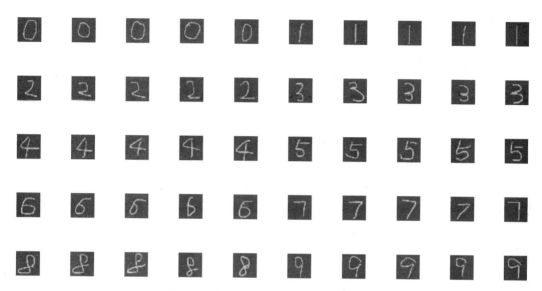

图 6-23　绘制经过处理后的 50 张数字图像

6.3.2　MNIST 数据预处理

我们在建立深度神经网络模型前，必须先对特征和标签的内容进行预处理，才能使用 CNN 模型进行训练与预测。特征的数据预处理包含将原来 2 维的 28×28 的图像数据转换为 3 维的 $28 \times 28 \times 1$ 的数据，并进行标准化处理；标签是 0~9 的数字，必须进行独热编码处理。

以下程序代码完成对 MNIST 数据集的预处理工作。

```
> ### MNIST 数据预处理 ###
> mnist <- dataset_mnist()
> trainx <- mnist$train$x
> trainy <- mnist$train$y
> testx <- mnist$test$x
> testy <- mnist$test$y
> # 改变数据形状和大小
> trainx <- array_reshape(trainx, c(dim(trainx),1))
> testx <- array_reshape(testx, c(dim(testx),1))
> trainx <- trainx / 255
> testx <- testx /255
> # 独热编码处理
> trainy <- to_categorical(trainy, 10)
> testy <- to_categorical(testy, 10)
```

6.3.3   构建简单卷积神经网络识别彩色手写数字

接下来将使用 MNIST 数据集创建一个简单卷积神经网络，这个简单卷积神经网络包含一个卷积层、一个最大池化层、一个 Dropout 层和一个全连接层。

这个简单的卷积神经网络设计如下。

- ❏ 卷积层，具有 32 个特征图，卷积核大小为 5×5，激活函数为 ReLU。
- ❏ 采样因子为 2×2 的最大值池化层。
- ❏ Dropout 概率为 20% 的 Dropout 层，以减少过度拟合。
- ❏ Flatten 层。
- ❏ 具有 256 个神经元和 ReLU 激活函数的全连接层。
- ❏ 输出层，有 10 个神经元，因此采用 Softmax 激活函数，输出每张图像在每个分类上的概率。

卷积神经网络的模型定义完成后，在开始训练前，依然需要编译模型，在这里采用 RMSProp 优化器，categorical_crossentropy 作为损失函数。同时采用准确率来评估模型的性能。

以下是构建简单卷积神经网络模型的 build_cnn() 函数程序代码。

```
> build_cnn <- function(X=trainx) {
+   model <- keras_model_sequential() %>%
+     layer_conv_2d(filters = 32,
+                   kernel_size = c(5,5),
+                   activation = 'relu',
+                   input_shape = dim(X)[-1]) %>%
+     layer_max_pooling_2d(pool_size = c(2,2)) %>%
+     layer_dropout(rate = 0.2) %>%
+     layer_flatten() %>%
+     layer_dense(units = 256, activation = 'relu') %>%
+     layer_dense(units = 10, activation = 'softmax')
+   # Compile
+   model %>% compile(
+     loss = 'categorical_crossentropy',
+     optimizer = optimizer_rmsprop(),
+     metrics = 'accuracy')
+   model
+ }
```

构建好模型后，使用 fit() 函数进行模型训练。将训练周期次数 epochs 设置为 10，batch_size 设置为 200，validation_split 设置为 0.2，表示从训练样本中抽取 20% 作为验证集。每个训练周期的损失函数及评价指标曲线如图 6-24 所示。

```
> cnn_model <- build_cnn()
> history <- cnn_model %>%
+   fit(trainx,
+       trainy,
```

```
+         epochs = 10,
+         batch_size = 200,
+         validation_split = 0.2,
+         verbose = 2)
> plot(history)
```

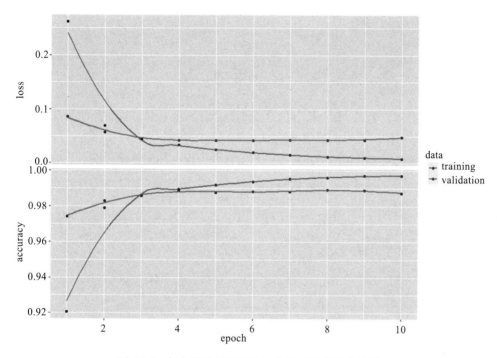

图 6-24　每个训练周期损失函数及评价指标曲线图

训练好模型后，使用 evaluate() 函数评估测试数据集的准确率。

```
> # 模型评估
> cnn_model %>% evaluate(testx,testy,verbose = 0)
$loss
[1] 0.04170781

$accuracy
[1] 0.9877
```

训练好的模型在 MNIST 自带的测试数据预测得到的准确率能达到 98.8%，效果非常不错。但是模型能否在自己手写的数字图像上也有不俗的表现呢？接下来，让我们对 50 张手写数字图像进行预测。

利用训练好的模型对经过处理后的手写数字图像数据进行预测，并查看混淆矩阵。

```
> pred <- cnn_model %>% predict_classes(mypic)
> y <- rep(0:9,each = 5)
> table(Actual = y,Predicted = pred)
```

```
        Predicted
Actual 0 1 2 3 4 5 7 8 9
     0 5 0 0 0 0 0 0 0 0
     1 0 5 0 0 0 0 0 0 0
     2 0 0 5 0 0 0 0 0 0
     3 0 0 0 5 0 0 0 0 0
     4 0 0 2 0 1 0 0 1 1
     5 0 0 0 0 0 5 0 0 0
     6 0 0 0 0 0 5 0 0 0
     7 0 0 1 1 0 0 3 0 0
     8 0 0 0 2 0 1 0 2 0
     9 0 0 0 2 1 0 1 0 1
```

从混淆矩阵可知，0、1、2、3、5 数字全部预测正确，6 全部被误预测为 5，其他数字图像均有预测结果与实际值不一致情况。

通过以下程序代码绘制预测与实际不一致的数字图像，如图 6-25 所示。

```
> ind <- which(y!=pred)  # 提取预测与实际不一致的下标集
> # 绘制预测错误的数字图像
> par(mfrow=c(3,6))
> for(i in ind){
+   plot(as.raster(mypic[i,,,]))
+   title(paste('Actual=',y[i],'Predicted=',pred[i]))
+ }
> par(mfrow=c(1,1))
```

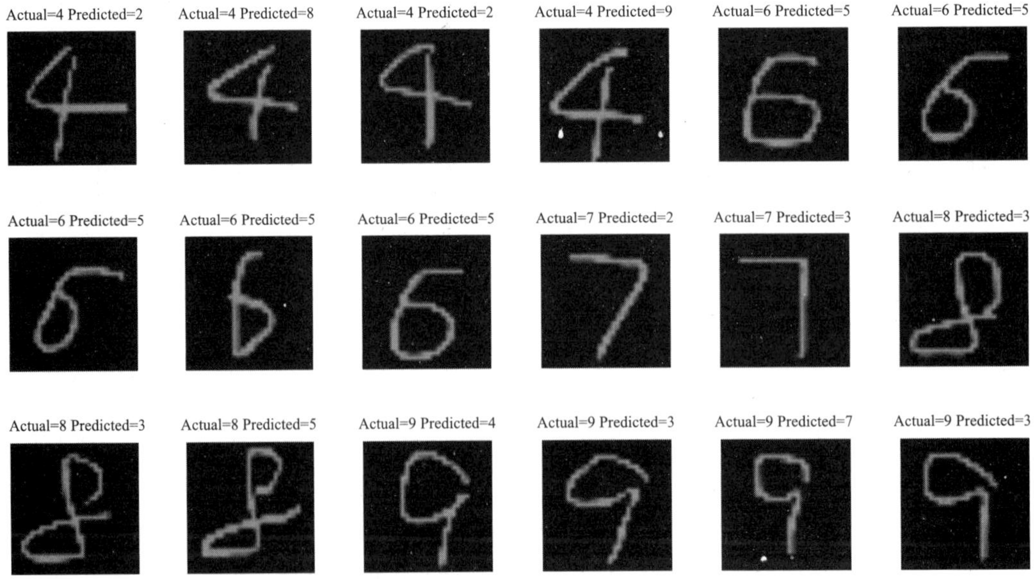

图 6-25　预测错误的数字图像

利用以下程序计算对手写数字的预测准确率。

```
> # 计算预测准确率
> paste0('简单卷积神经网络对手写数字的预测准确率:',
+        round(sum(y==pred)*100/length(y),2),"%")
[1] "简单卷积神经网络对手写数字的预测准确率:64%"
```

使用简单卷积神经网络对手写数字的预测准确率为 64%，比第 5 章用 MLP 模型的准确率提升了 10%（全连接神经网络模型为 54%），也算是个不小的进步。

6.3.4　构建复杂卷积神经网络识别彩色手写数字

本节我们将尝试更复杂的卷积神经网络，以研究其能否进一步提高手写数字图像识别的准确率。

构建模型 complex_cnn_model() 程序代码如下。

```
> build_complex_cnn <- function(X=trainx) {
+   model <- keras_model_sequential() %>%
+     layer_conv_2d(filters = 32,
+                   kernel_size = c(3,3),
+                   activation = 'relu',
+                   input_shape = dim(X)[-1]) %>%
+     layer_conv_2d(filters = 32,
+                   kernel_size = c(3,3),
+                   activation = 'relu') %>%
+     layer_max_pooling_2d(pool_size = c(2,2)) %>%
+     layer_dropout(rate = 0.25) %>%
+     layer_conv_2d(filters = 64,
+                   kernel_size = c(3,3),
+                   activation = 'relu') %>%
+     layer_conv_2d(filters = 64,
+                   kernel_size = c(3,3),
+                   activation = 'relu') %>%
+     layer_max_pooling_2d(pool_size = c(2,2)) %>%
+     layer_dropout(rate = 0.25) %>%
+     layer_flatten() %>%
+     layer_dense(units = 256, activation = 'relu') %>%
+     layer_dense(units = 128, activation = 'relu') %>%
+     layer_dense(units = 10, activation = 'softmax')
+   # Compile
+   model %>% compile(
+     loss = 'categorical_crossentropy',
+     optimizer = optimizer_rmsprop(),
+     metrics = 'accuracy')
+   model
+ }
```

构建好模型后，使用 fit() 函数进行模型训练。将训练周期次数 epochs 设置为 10，batch_size 设置为 200，validation_split 设置为 0.2，表示从训练样本中抽取 20% 作为验证集。每个训练周期的损失函数及评价指标曲线如图 6-26 所示。

```
> # 训练模型
> complex_cnn_model <- build_complex_cnn()
> history <- complex_cnn_model %>%
+    fit(trainx,
+        trainy,
+        epochs = 10,
+        batch_size = 200,
+        validation_split = 0.2,
+        verbose = 2)
> plot(history)
```

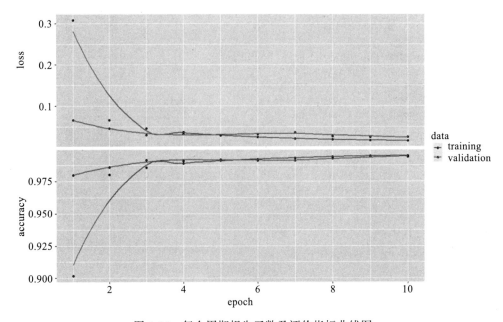

图 6-26   每个周期损失函数及评价指标曲线图

训练好模型后，使用 evaluate() 函数评估测试数据集的准确率。

```
> complex_cnn_model %>% evaluate(testx,testy,verbose = 0)
$loss
[1] 0.02096946

$accuracy
[1] 0.9934
```

复杂卷积神经网络在 MNIST 自带的测试数据预测得到的准确率能达到 99.3%，比简单卷积神经网络的准确率又提升了 0.5%。

利用训练好的复杂卷积神经网络模型对经过处理后的手写数字图像数据进行预测，并查看混淆矩阵。

```
> pred1 <- complex_cnn_model %>% predict_classes(mypic)
> y <- rep(0:9,each = 5)
```

```
> table(Actual = y,Predicted = pred1)
         Predicted
Actual 0 1 2 3 4 5 6 7 8 9
     0 5 0 0 0 0 0 0 0 0 0
     1 0 5 0 0 0 0 0 0 0 0
     2 0 0 5 0 0 0 0 0 0 0
     3 0 0 0 5 0 0 0 0 0 0
     4 0 0 0 0 2 0 0 2 1 0
     5 0 0 0 0 0 5 0 0 0 0
     6 0 0 0 0 0 4 1 0 0 0
     7 0 0 0 0 0 0 0 5 0 0
     8 0 0 0 0 1 0 0 0 4 0
     9 0 0 0 0 2 0 0 0 0 3
```

从混淆矩阵可知，0、1、2、3、5、7数字全部预测正确，其他数字图像均有预测结果与实际值不一致情况。

通过以下程序代码绘制预测与实际不一致的数字图像，如图6-27所示。

```
> ind1 <- which(y!=pred1)  # 提取预测与实际不一致的下标集
> # 绘制预测错误的数字图像
> par(mfrow=c(2,5))
> for(i in ind1){
+     plot(as.raster(mypic[i,,,]))
+     title(paste('Actual=',y[i],'Predicted=',pred1[i]))
+ }
> par(mfrow=c(1,1))
```

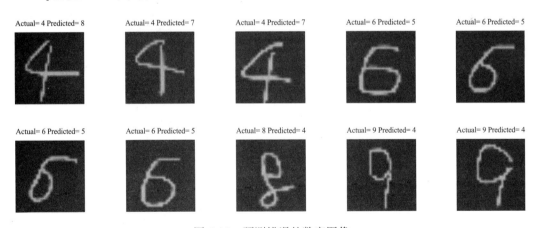

图 6-27　预测错误的数字图像

从图6-27可知，在50个数字中一共有10个数字预测错误。其中1个4被误预测为8，2个4被误预测为7，4个6都被误预测5，1个8被误预测为4，2个9被误预测为4。

用以下程序计算对手写数字的预测准确率。

```
> paste0(' 复杂卷积神经网络对手写数字的预测准确率 :',
+          round(sum(y==pred1)*100/length(y),2),"%")
[1] " 复杂卷积神经网络对手写数字的预测准确率 :80%"
```

使用复杂卷积神经网络对彩色手写数字的预测准确率为 80%，比前面的简单卷积神经网络的准确率提升了 16%（简单卷积神经网络模型为 64%），比第 5 章用 MLP 模型的准确率提升了 26%（MLP 模型为 54%），预测能力得到大大提升。

6.4　多分类实例：CIFAR-10 图像识别

本节将会通过 CIFAR-10 这个比较经典的数据集，进一步说明卷积神经网络在图像识别方面的应用。

6.4.1　CIFAR-10 数据描述

CIFAR-10 数据集由 Alex Krizhevsky、Vinod Nair 和 Geoffrey Hinton 收集整理，共包含 60 000 张 32×32 的彩色图像，其中 50 000 张用于训练模型，10 000 张用于评估模型。可以从其主页（http://www.cs.toronto.edu/~kriz/cifar.html）下载该数据集。它共有 10 个类别，分别是飞机、汽车、鸟、猫、鹿、狗、青蛙、马、船、卡车。每个分类有 6000 个图像。这 10 个类别如图 6-28 所示。

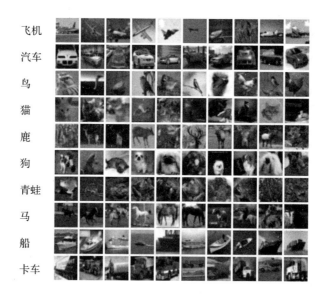

图 6-28　CIFAR-10 数据集的图像类别

6.4.2　加载 CIFAR-10 数据

Keras 提供了 dataset_cifar10() 函数用于下载或读取 CIFAR-10 数据。第一次运行 dataset_cifar10() 时，程序会检查是否有 cifar-10-batches-py.tar.gz 文件，如果还没有，就会

下载并解压文件。第一次运行因为需要下载文件，所以运行时间可能会比较长，之后就可以直接从本地加载数据，用于神经网络模型的训练。

如果是 Windows 环境，文件将存放在 C:\Users\ 用户名 \Documents\.keras\datasets 中。我们来查看解压后的 cifar-10-batches-py 目录下的内容。

```
# 查看 cifar-10 目录下的文件
> file <- 'C:/Users/Daniel/Documents/.keras/datasets/cifar-10-batches-py'
> list.files(file) # 查看目录下文件
[1] "batches.meta" "data_batch_1" "data_batch_2" "data_batch_3" "data_batch_4"
[6] "data_batch_5" "readme.html"  "test_batch"
```

CIFAR-10 数据集分为训练集和测试集两部分。训练集构成了 5 个训练批次（data_batch_1、data_batch_2、data_batch_3、data_batch_4、data_batch_5），每一个批次有 10 000 张图。另外用于测试的 10 000 张图单独构成一个批次（test_batch）。注意一个训练批次中的各类图像数量并不一定相同，总的训练样本包含来自每一类的 5000 张图。数据导入时，会直接被分割成训练集和测试集两部分，训练和测试数据又由图像数据和标签组成。

```
> library(keras)
> c(c(x_train,y_train),c(x_test,y_test)) %<-% dataset_cifar10()
> # 查看数据维度
> dim(x_train);dim(x_test)
[1] 50000     32     32     3
[1] 10000     32     32     3
> dim(y_train);dim(y_test)
[1] 50000     1
[1] 10000     1
```

train 训练数据集有 50 000 项，test 测试数据集 10 000 项。x_train 和 x_test 是四维数组，第一维是样本数，第二、三维是指图像大小为 32×32，第四维是 RGB 三原色，所以是 3。y_train 和 y_test 是矩阵（二维数组），第一维是样本数，第二维是图像数据的实际值。每一个数字代表一种图像类别的名称：0 代表飞机（airplane）、1 代表汽车（automobile）、2 代表鸟（bird）、3 代表猫（cat）、4 代表鹿（deer）、5 代表狗（dog）、6 代表青蛙（frog）、7 代表马（horse）、8 代表船（ship）、9 代表卡车（truck）。

运行以下程序代码，绘制 train 数据集中的前 10 张图像，如图 6-29 所示。

```
> # 绘制前 10 张图像
> label_dict <- data.frame('label' = 0:9,
+                          'name' = c("airplane","automobile","bird","cat","deer",
+                                     "dog","frog","horse","ship","truck"))
>
> par(mfrow=c(2,5))
> for(i in 1:10){
+   plot(as.raster(x_train[i,,,],max=255))
+   title(main = paste0(i-1,",",
```

```
+                          label_dict[label_dict$label==y_train[i],2]))
+ }
> par(mfrow=c(1,1))
```

0,frog   1,truck   2,truck   3,deer   4,automobile

5,automobile   6,bird   7,horse   8,ship   9,cat

图 6-29   CIFAR-10 数据集的前 10 张图像

6.4.3   CIFAR-10 数据预处理

为了将数据送入卷积神经网络模型进行训练与预测，必须进行数据的预处理。根据前面的维度分析可知，x_train 和 x_test 的图像数据已经是四维数组，符合卷积神经网络模型的维度要求。

接下来，我们查看 x_train 和 x_test 图像数据的最小值和最大值。

```
> min(x_train);max(x_train)
[1] 0
[1] 255
> min(x_test);max(x_test)
[1] 0
[1] 255
```

x_train 和 x_test 的数值范围都在 [0,255]，我们可以直接对其除以 255 得到标准化后的数据。

```
> x_train <- x_train / 255
> x_test <- x_test / 255
> min(x_train);max(x_train)
[1] 0
[1] 1
> min(x_test);max(x_test)
[1] 0
[1] 1
```

对于 CIFAR-10 数据集，我们希望预测图像的类型，例如 "ship" 图像的 label 是 8，经过独热编码转换为 0000000010，10 个数字正好对应输出层的 10 个神经元。可以利用 to_categorical() 函数进行转换。

```
> y_train_onehot <- to_categorical(y_train,num_classes = 10)
> y_test_onehot <- to_categorical(y_test, num_classes = 10)
> dim(y_train_onehot)
[1] 50000    10
> dim(y_test_onehot)
[1] 10000    10
```

6.4.4　构建简单卷积神经网络识别 CIFAR-10 图像

首先构建一个简单卷积神经网络，来验证卷积神经网络在这个数据集上的性能，并以此为基础对网络进行优化，逐步提高模型的准确率。

该简单卷积神经网络具有两个卷积层、一个最大值池化层、一个 Flatten 层和一个全连接层，其拓扑结构如下。

- ❑ 卷积层，具有 32 个特征图，卷积核大小为 3×3，激活函数为 ReLU。
- ❑ Dropout 概率为 20% 的 Dropout 层。
- ❑ 卷积层，具有 32 个特征图，卷积核大小为 3×3，激活函数为 ReLU。
- ❑ Dropout 概率为 20% 的 Dropout 层。
- ❑ 采样因子为 2×2 的最大值池化层。
- ❑ Flatten 层。
- ❑ 具有 512 个神经元和 ReLU 激活函数的全连接层。
- ❑ Dropout 概率为 50% 的 Dropout 层。
- ❑ 具有 10 个神经元的输出层，激活函数为 Softmax。

编译模型时，采用 RMSProp 优化器，categorical_crossentropy 作为损失函数，同时采用准确率来评估模型的性能。

构建模型 build_simple_cnn () 的程序代码如下。

```
> build_simple_cnn <- function(X=trainx) {
+    model <- keras_model_sequential() %>%
+      layer_conv_2d(filters = 32,
+                    kernel_size = c(3,3),
+                    activation = 'relu',
+                    input_shape = dim(X)[-1]) %>%
+      layer_dropout(rate = 0.2) %>%
+      layer_conv_2d(filters = 32,
+                    kernel_size = c(3,3),
+                    activation = 'relu') %>%
+      layer_dropout(rate = 0.2) %>%
+      layer_max_pooling_2d(pool_size = c(2,2)) %>%
+      layer_flatten() %>%
```

```
+        layer_dense(units = 512, activation = 'relu') %>%
+        layer_dropout(rate = 0.5) %>%
+        layer_dense(units = 10, activation = 'softmax')
+    # Compile
+    model %>% compile(
+        loss = 'categorical_crossentropy',
+        optimizer = optimizer_rmsprop(),
+        metrics = 'accuracy')
+    model
+ }
```

构建好模型后，使用 fit() 函数进行模型训练。将训练周期次数 epochs 设置为 25，batch_size 设置为 256，validation_split 设置为 0.2，表示从训练样本中抽取 20% 作为验证集。每个训练周期的损失函数及评价指标曲线如图 6-30 所示。

```
> simple_cnn_model <- build_simple_cnn(x_train)
> history <- simple_cnn_model %>%
+    fit(x_train,
+        y_train_onehot,
+        epochs = 25,
+        batch_size = 256,
+        validation_split = 0.2)
> plot(history)
```

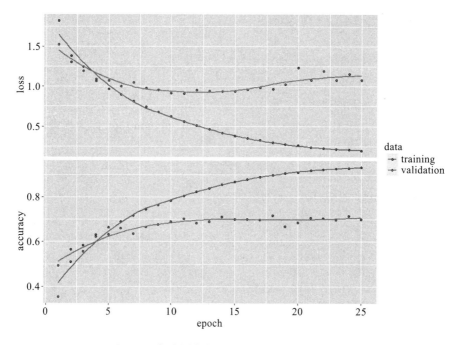

图 6-30　每个周期损失函数及评价指标曲线图

从图 6-30 可知，经过 30 个训练周期后，训练集的准确率为 93%，验证集的准确率为70%，出现过拟合现象。可使用当监测值不再改善时则终止训练的callback_early_stopping()回调函数来监控模型，以防止出现过拟合现象。

本例使用经过25个训练周期后得到的模型对测试集进行模型性能评估，得到的准确率为69%。

```
> # 模型评估
> simple_cnn_model %>% evaluate(x_test,y_test_onehot,verbose = 0)
$loss
[1] 1.107444

$accuracy
[1] 0.6904
```

利用训练好的简单卷积神经网络模型对测试进行预测，并查看混淆矩阵。

```
> pred <- simple_cnn_model %>% predict_classes(x_test)
> t <- table(Actual = y_test,Predicted = pred)
> t
       Predicted
Actual     0     1     2     3     4     5     6     7     8     9
     0   788    24    28    18    27     1    12    10    55    37
     1    23   817     5    13     3     2     8     4    27    98
     2   100    11   470    85   117    68    61    47    22    19
     3    37    18    46   525   102   137    42    38    22    33
     4    34     4    33    63   691    33    47    69    13    13
     5    23     9    38   226    63   535    18    57    14    17
     6    14    12    28    73    57    25   755     8    11    17
     7    27     4    25    43    78    40     4   739     8    32
     8    77    46     7    19     5     2     4     6   795    39
     9    44    98     7    14     4     1     6    13    24   789
```

模型对汽车的预测能力最好，有817个样本被正确预测，准确率超过81%；其次是船，有795个样本被正确预测。

利用ggplot2包的ggplot()函数绘制各类别被正确预测的样本数量，运行以下程序得到如图6-31所示结果。

```
> pred_right <- data.frame(label_dict,
+                          'number' = diag(t))
> library(ggplot2)
> ggplot(pred_right,aes(x=reorder(name,number),y=number,fill = I('steelblue3'))) +
+   geom_bar(stat="identity") +
+   geom_text(aes(label=number),vjust=1,color="white",size = 5,fontface = "bold")
```

从图6-31可知，模型对鸟的预测能力最差，准确率不足50%。

最后，让我们绘制实际是鸟，但预测错误的50张图像，运行以下程序代码得到如图6-32所示结果。

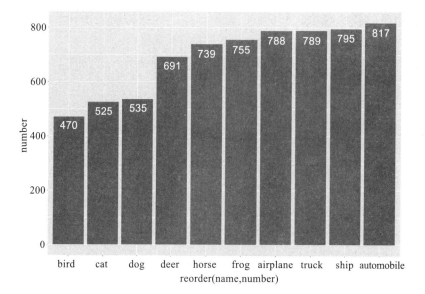

图 6-31   各类别被正确预测的样本数量

图 6-32   鸟类被预测错误的 50 张图像

```
> ind <- which(as.vector(y_test)==2 & pred != 2) # 提取实际为2，但预测不为2的下标集
> # 绘制预测错误的图像
> par(mfrow=c(5,10))
> for(i in 1:50){
```

```
+     plot(as.raster(x_test[ind[i],,,]))
+     title(main = paste0(label_dict[label_dict$label==y_test[ind[i]],2],">>",
+                         label_dict[label_dict$label==pred[ind[i]],2]))
+
+ }
> par(mfrow=c(1,1))
```

6.4.5 构建复杂卷积神经网络识别 CIFAR-10 图像

前面我们已经测试了一个结构简单的卷积神经网络，其在测试集上的准确率为 69%。接下来我们设计一个复杂卷积神经网络，测试其能否提高模型在测试集上的准确率，并在训练过程中加入回调函数，以防止过拟合，提高模型的泛化能力。

在这个卷积神经网络中，按照特征图 32、64 分别两次重复构建模型，模型的网络拓扑结构如下。

- ❏ 卷积层，具有 32 个特征图，卷积核大小为 3×3，激活函数为 ReLU。
- ❏ Dropout 概率为 20% 的 Dropout 层。
- ❏ 卷积层，具有 32 个特征图，卷积核大小为 3×3，激活函数为 ReLU。
- ❏ Dropout 概率为 20% 的 Dropout 层。
- ❏ 采样因子为 2×2 的最大值池化层。
- ❏ 卷积层，具有 64 个特征图，卷积核大小为 3×3，激活函数为 ReLU。
- ❏ Dropout 概率为 20% 的 Dropout 层。
- ❏ 卷积层，具有 64 个特征图，卷积核大小为 3×3，激活函数为 ReLU。
- ❏ Dropout 概率为 20% 的 Dropout 层。
- ❏ 采样因子为 2×2 的最大值池化层。
- ❏ Flatten 层。
- ❏ 具有 512 个神经元和 ReLU 激活函数的全连接层。
- ❏ Dropout 概率为 20% 的 Dropout 层。
- ❏ 具有 256 个神经元和 ReLU 激活函数的全连接层。
- ❏ Dropout 概率为 20% 的 Dropout 层。
- ❏ 具有 10 个神经元的输出层，激活函数为 Softmax。

编译模型时，采用 RMSProp 优化器，categorical_crossentropy 作为损失函数，同时采用准确率来评估模型的性能。

构建模型 build_complex_cnn() 的程序代码如下。

```
> build_complex_cnn <- function(X=trainx) {
+   model <- keras_model_sequential() %>%
+     layer_conv_2d(filters = 32,
```

```
+                    kernel_size = c(3,3),
+                    activation = 'relu',
+                    input_shape = dim(X)[-1]) %>%
+    layer_dropout(rate = 0.2) %>%
+    layer_conv_2d(filters = 32,
+                    kernel_size = c(3,3),
+                    activation = 'relu') %>%
+    layer_dropout(rate = 0.2) %>%
+    layer_max_pooling_2d(pool_size = c(2,2)) %>%
+    layer_conv_2d(filters = 64,
+                    kernel_size = c(3,3),
+                    activation = 'relu') %>%
+    layer_dropout(rate = 0.2) %>%
+    layer_conv_2d(filters = 64,
+                    kernel_size = c(3,3),
+                    activation = 'relu') %>%
+    layer_dropout(rate = 0.2) %>%
+    layer_max_pooling_2d(pool_size = c(2,2)) %>%
+    layer_flatten() %>%
+    layer_dense(units = 512, activation = 'relu') %>%
+    layer_dropout(rate = 0.2) %>%
+    layer_dense(units = 128, activation = 'relu') %>%
+    layer_dropout(rate = 0.2) %>%
+    layer_dense(units = 10, activation = 'softmax')
+    # Compile
+    model %>% compile(
+      loss = 'categorical_crossentropy',
+      optimizer = optimizer_rmsprop(),
+      metrics = 'accuracy')
+    model
+ }
```

构建好模型后，使用 fit() 函数进行模型训练。将训练周期次数 epochs 设置为 25，batch_size 设置为 256，validation_split 设置为 0.2，表示从训练样本中抽取 20% 作为验证集。同时设置一个回调函数，如果经过 10 次训练周期后验证集的损失函数没有明显改善，则自动停止训练。每个训练周期的损失函数及评价指标曲线如图 6-33 所示。

```
> # 设置回调函数的停止条件
> early_stop <- callback_early_stopping(monitor = "val_loss",
+                                        patience = 10,
+                                        restore_best_weights = TRUE)
> # 训练模型
> complex_cnn_model <- build_complex_cnn(x_train)
> history <- complex_cnn_model %>%
+   fit(x_train,
+       y_train_onehot,
+       epochs = 25,
+       batch_size = 256,
```

```
+        validation_split = 0.2,
+        verbose = 2,
+        callbacks = early_stop)
Train on 40000 samples, validate on 10000 samples
Epoch 1/25
40000/40000 - 118s - loss: 2.0307 - accuracy: 0.2585 - val_loss: 1.8407 - val_accuracy: 0.3391
......
Epoch 25/25
40000/40000 - 120s - loss: 0.2500 - accuracy: 0.9111 - val_loss: 0.9682 - val_accuracy: 0.7292
> plot(history)
> # 保存模型
> complex_cnn_model %>% save_model_hdf5("../models/complex_cnn_model_25epochs.h5")
```

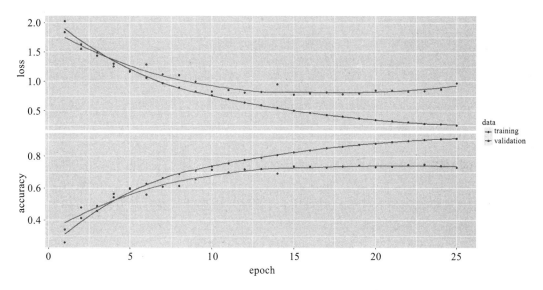

图 6-33　每个周期损失函数及评价指标曲线图

从图 6-33 可知，从第 15 个训练周期开始，虽然训练集的损失函数不断减小，但是验证集的损失函数不断增加，出现过拟合现象。因为回调函数的参数 restore_best_weights 设置为 TRUE，所以会获得 val_loss 最小（epochs=15）的模型权重值，从而得到本次训练的最佳模型权重，且避免了过拟合现象。

```
> # 查看 val_loss 最小值的周期
> which.min(history$metrics$val_loss)
[1] 15
> # 查看 val_loss 最小值
> min(history$metrics$val_loss)
[1] 0.7781159
```

利用训练好的模型对测试集进行模型性能评估，结果如下。

```
> complex_cnn_model %>% evaluate(x_test,y_test_onehot,verbose = 0)
$loss
[1] 0.8096064

$accuracy
[1] 0.7242
```

复杂卷积神经网络对测试集的预测准确率为 72.4%，比简单卷积神经网络提升了 3.4%。利用训练好的复杂卷积神经网络模型对测试进行预测，并查看混淆矩阵。

```
> pred1 <- complex_cnn_model %>% predict_classes(x_test)
> t1 <- table(Actual = y_test,Predicted = pred1)
> t1
       Predicted
Actual   0   1   2   3   4   5   6   7   8   9
     0 807  20  26  18  35   9  10   7  29  39
     1  13 859   8   2   7   6  12   1   7  85
     2  62   5 589  58 123  77  60  10   6  10
     3  21   8  64 480  80 224  83  12  12  16
     4  17   3  48  45 787  43  35  18   3   1
     5  14   2  30 137  63 708  25  14   2   5
     6   4   1  34  48  49  36 820   2   2   4
     7   6   5  39  48 147  86   8 648   1  12
     8 117  51  20  16  11  14  13   3 725  30
     9  22  79  12  22  10   3  15   9   9 819
```

模型对汽车的预测能力最好，有 859 个样本被正确预测，准确率为 85.9%；其次是青蛙，有 820 个样本被正确预测。

利用 ggplot2 包的 ggplot() 函数绘制各类别被正确预测的样本数量，运行以下程序得到如图 6-34 所示结果。

```
> pred_right1 <- data.frame(label_dict,
+                            'number' = diag(t1))
> library(ggplot2)
> ggplot(pred_right1,aes(x=reorder(name,number),y=number,fill = I('royalblue4'))) +
+   geom_bar(stat="identity") +
+   geom_text(aes(label=number),vjust=1,color="white",size = 5,fontface = "bold")
```

从图 6-34 可知，模型对猫的预测能力最差，准确率不足 50%。

最后，绘制实际是猫，但预测错误的 50 张图像，运行以下程序代码得到如图 6-35 所示结果。

```
> # 绘制实际是猫，但预测错误的前 50 张图像
> ind <- which(as.vector(y_test)==3 & pred1 != 3) # 提取实际为 3，但预测不为 3 的下标集
> # 绘制预测错误的图像
> par(mfrow=c(5,10))
> for(i in 1:50){
+     plot(as.raster(x_test[ind[i],,,]))
```

```
+     title(main = paste0(label_dict[label_dict$label==y_test[ind[i]],2],">>",
+                        label_dict[label_dict$label==pred1[ind[i]],2]))
+  }
> par(mfrow=c(1,1))
```

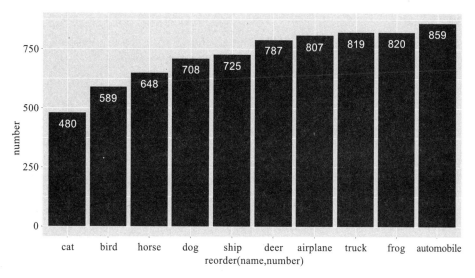

图 6-34　各类别被正确预测的样本数量

图 6-35　猫类被预测错误的 50 张图像

6.5　本章小结

　　本章介绍了卷积神经网络的基本原理及 Keras 实现。接着使用小样本图像数据集，对比全连接神经网络与卷积神经网络对测试样本的预测准确率差异，了解卷积神经网络在图像识别方面的优势。然后使用卷积神经网络对第 5 章的手写彩色数据图像进行预测，发现效果得到显著提升。最后演示了卷积神经网络在经典数据集 CIFAR-10 中的图像识别实例。

第 7 章

循环神经网络

到目前为止,我们主要关注的是前馈神经网络:网络从输入层到隐藏层再到输出层,信息的传递是单向的;且每层之间的神经元是无连接的;前一个输入和下一个输入之间没有任何关联,所有输出都是独立的。所以,前馈神经网络难以处理具有依赖性的时序数据,比如文本、语音、视频等。此外,时序数据的长度一般是不固定的,而前馈神经网络要求输入和输入的维度都是固定的,不能任意改变,因此,当处理这类时序相关的问题时,就需要一种能力更强的模型。

循环神经网络(Recurrent Neural Network,RNN)是一类具有短期记忆能力的神经网络,其网络节点之间的连接沿着序列形成有向图,因此可以显示输入随时间变化的动态行为。正如卷积神经网络是专门用于处理网格化数据(如图像)的神经网络,循环神经网络是专门用于处理和预测时序数据(结构类似于 $x^{(1)}, x^{(2)}, \cdots, x^{(i)}$)的神经网络。卷积神经网络擅长处理大小可变的图像,循环神经网络则对可变长度的时序数据有较强的处理能力。

循环神经网络的具体表现形式为:网络会对前面的信息进行记忆,并应用于当前输出的计算中,即隐藏层之间的节点不再是无连接的,而是有连接的,且隐藏层的输入不仅包括输入层的输出,还包括上一时刻隐藏层的输出。理论上,循环神经网络能够处理任何长度的序列数据。循环神经网络具有循环连接,随着时间的推移向网络增加反馈和记忆。这种记忆能力增强了循环神经网络对序列问题的网络学习和泛化输入能力。

7.1 简单循环网络

简单循环网络(Simple Recurrent Network,SRN)是一个非常简单的循环神经网络,只有一个隐藏层。

在一个两层的前馈神经网络中，连接存在于相邻的层与层之间，但隐藏层的节点之间是无连接的。简单循环网络增加了从隐藏层到隐藏层的反馈连接。

7.1.1　简单循环网络基本原理

循环神经网络使用其内部状态（也称为存储器）来处理输入序列，图 7-1 展示了循环神经网络的一种典型架构。

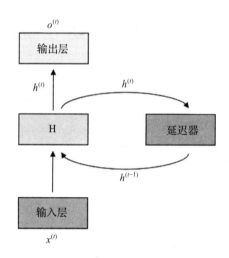

图 7-1　循环神经网络典型架构示意图

从图 7-1 可知，相比之前的网络，循环神经网络更加注重"时刻"的概念。图中 $o^{(t)}$ 表示循环神经网络在 t 时刻给出的一个输出，$x^{(t)}$ 表示在 t 时刻循环神经网络的输入。H 是循环神经网络的主体结构，循环的过程就是 H 不断被执行。在 t 时刻，H 会读取输入层的输入 $x^{(t)}$，并输出一个值 $o^{(t)}$，同时 H 的状态值会从当前步传递到下一步。也就是说，H 的输入除了来自输入层的输入数据 $x^{(t)}$，还来自上一时刻的 H 的输出。

对于 H 结构，一般可以认为它是循环神经网络的一个隐藏单元，任一时刻的隐藏状态值 $h^{(t)}$（即隐藏层神经元活性值）是前一时间步中隐藏状态值 $h^{(t-1)}$ 和当前时间步中输入值 $x^{(t)}$ 的函数，如下：

$$h^{(t)} = f(Wh^{(t-1)} + Ux^{(t)} + b^{(h)})$$

式中，$f(\cdot)$ 是非线性激活函数，通常为 Logistic 或 Tanh 函数，W 是相邻时刻隐藏单元间的权重矩阵，U 是从 $x^{(t)}$ 计算得到这个隐藏单元时用到的权重矩阵，$b^{(h)}$ 是由 $x^{(t)}$ 得到 $h^{(t)}$ 的偏置值。注意等式是递归的，即 $h^{(t-1)}$ 可以用 $h^{(t-2)}$ 和 $x^{(t-1)}$ 表示，以此类推，一直到序列的开始。循环神经网络就是这样对任意长度的序列化数据进行编码和合并信息的。

如果我们把每个时刻的状态都看作前馈神经网络的一层的话，那么可以将循环神经网络看作在时间维度上权重共享的神经网络。图 7-2 给出了按时间展开的循环神经网络。

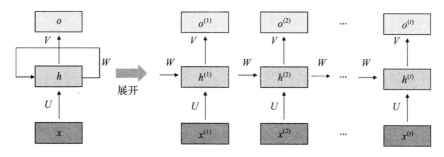

图 7-2   按时间展开的循环神经网络

就如传统神经网络的参数被包含在权重矩阵一样，循环神经网络的参数用 3 个权重矩阵 U、V、W 定义，分别对应输入、输出和隐藏状态。注意，按时间展开循环神经网络的权重矩阵 U、V、W 是所有时间步共享的。这是因为我们在每个时间步的不同输入上施加了相同的操作。在所有时间步上共享相同的权重向量，极大地减少了循环神经网络需要学习的参数个数。

从图 7-2 可知，为了从当前时刻的状态得到当前时刻的输出，在循环体外部还需要另外一个全连接神经网络来完成这个过程。该过程的表达式如下：

$$o^{(t)} = Vh^{(t)} + b_o$$

式中，V 是由 $h^{(t)}$ 计算得到 $o^{(t)}$ 时用到的权重矩阵，b_o 是由 $h^{(t)}$ 计算得到 $o^{(t)}$ 时用到的偏置值。

如果输出是离散的，那么我们可以用 Softmax() 函数对 $o^{(t)}$ 进行后续分类处理，最终获得标准化后的概率输出向量 y：

$$y^{(t)} = \text{Softmax}\,(o^{(t)}) = \text{Softmax}\,(Vh^{(t)} + b_o)$$

7.1.2   简单循环网络的 Keras 实现

Keras 提供的 layer_simple_rnn() 函数可以实现全连接循环神经网络，将输出反馈到下一时刻的输入。该函数表达形式为：

```
layer_simple_rnn(object, units, activation = "tanh", use_bias = TRUE,
    return_sequences = FALSE, return_state = FALSE,
    go_backwards = FALSE, stateful = FALSE, unroll = FALSE,
    kernel_initializer = "glorot_uniform",
    recurrent_initializer = "orthogonal", bias_initializer = "zeros",
    kernel_regularizer = NULL, recurrent_regularizer = NULL,
    bias_regularizer = NULL, activity_regularizer = NULL,
    kernel_constraint = NULL, recurrent_constraint = NULL,
    bias_constraint = NULL, dropout = 0, recurrent_dropout = 0,
    input_shape = NULL, batch_input_shape = NULL, batch_size = NULL,
    dtype = NULL, name = NULL, trainable = NULL, weights = NULL)
```

各参数描述如下。

- □ object：模型或图层对象。
- □ units：输出维度。
- □ activation：激活函数，默认为双曲正切（tanh），如果传入 NULL，则不会使用任何激活函数（即线性激活 $a(x)=x$）。
- □ use_bias: 布尔值，是否使用偏置项。
- □ return_sequences：布尔值，表示是返回输出序列中的最后一个输出还是全部序列。
- □ return_state：布尔值，除了输出之外是否返回最后一个状态。
- □ go_backwards：布尔值（默认为 FALSE）。如果为 TRUE，则向后处理输入序列并返回相反的序列。
- □ stateful：布尔值（默认为 FALSE）。如果为 TRUE，则将使用批次中索引 i 的每个样本的最后状态作为下一个批次中索引 i 的样本的初始状态。
- □ unroll：布尔值（默认为 FALSE）。如果为 TRUE，则网络将展开，否则将使用符号循环。网络展开可以加速 RNN，但往往会占用更多内存。展开只适用于短序列。
- □ kernel_initializer：kernel 权重矩阵的初始化器，用于输入的线性转换，默认为 glorot_uniform。
- □ recurrent_initializer：recurrent_kernel 权重矩阵的初始化程序，用于循环状态的线性转换。
- □ bias_initializer：偏置向量的初始化器。
- □ kernel_regularizer：应用于 kernel 权重矩阵的正则化函数。
- □ bias_regularizer：应用于偏置向量的正则化函数。
- □ recurrent_regularizer：应用于 recurrent_kernel 权重矩阵的正则化函数。
- □ activity_regularizer：应用于图层输出（它的激活值）的正则化函数。
- □ kernel_constraints：应用于 kernel 权重矩阵的约束函数。
- □ recurrent_constraints：应用于 recurrent_kernel 权重矩阵的约束函数。
- □ bias_constraints：应用于偏置向量的约束函数。
- □ dropout：0~1 之间的浮点数，控制输入线性变换的神经元丢弃比例。
- □ recurrent_dropout：0~1 之间的浮点数，控制循环状态的线性变换的神经元丢弃比例。

7.1.3 多分类实例：SimpleRNN 实现手写数字识别

虽然 MNIST 数据集的各样本在本质上并非序列性质，但不难想象每张图像都会被转换为一连串像素的行或列。因此，以 RNN 为基础的模型就能以一连串长度为 28 的输入向量（timesteps 为 28）来处理每张 MNIST 图像。图 7-3 是用于 MNIST 数字识别的 RNN 模型。

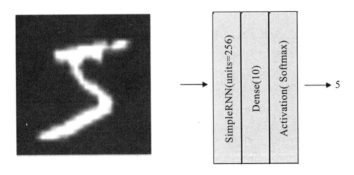

图 7-3　用于 MNIST 数字识别的 RNN 模型

以下程序代码实现 MNIST 数据读取及预处理。

```
> library(keras)
> # 载入 MNIST 数据集
> c(c(x_train,y_train),c(x_test,y_test)) %<-% dataset_mnist()
>
> # 计算标签数量
> num_labels <- length(unique(y_train))
>
> # 转换为独热向量
> y_train <- to_categorical(y_train)
> y_test <- to_categorical(y_test)
>
> # 调整尺寸及标准化
> image_size <- dim(x_train)[2]
> # x_train <- array_reshape(x_train,c(-1,image_size,image_size))
> x_train <- x_train / 255
> x_test <- x_test / 255
```

以下代码构建了一个 RNN 单元为 256、输入长度为 28、timesteps 为 28 的简单循环神经网络模型，如图 7-4 所示。

```
> # 网络参数
> input_shape <- c(image_size,image_size)
> batch_size <- 128
> units <- 256
> dropout <- 0.2
>
> # 输入长度为 28、timesteps 为 28、输出单元为 256
> model <- keras_model_sequential()
> model %>%
+   layer_simple_rnn(units = units,
+                    dropout = dropout,
+                    input_shape = input_shape) %>%
+   layer_dense(num_labels,activation = 'softmax')
>
> summary(model)
```

```
Model: "sequential_2"
_____
Layer (type)                        Output Shape                   Param #
========================================================================
simple_rnn_1 (SimpleRNN)            (None, 256)                     72960
_____
dense_1 (Dense)                     (None, 10)                      2570
========================================================================
Total params: 75,530
Trainable params: 75,530
Non-trainable params: 0
_____
```

图 7-4　构建循环神经网络模型

从模型构建过程可知，RNN 与全连接神经网络和卷积神经网络模型主要有两个差异之处。首先是 input_shape=c(image_size,image_size)，这实际上等于 input_shape=c(timesteps,input_dim)，即一连串长为 input_dim 的 timesteps 长度向量。其次是采用 SimpleRNN 层来代表 units=256 的 RNN 单元，参数 units 代表输出单元的数量。

大家应该还记得 RNN 的输出隐藏状态值：

$$h^{(t)} = \tanh(Wh^{(t-1)} + Ux^{(t)} + b^{(h)})$$

故对 units=256 的 SimpleRNN 层来说，参数总数为 $256 \times 256 + 256 \times 28 + 256 = 72\,960$，其中 256×256 对应于 W（循环核心，即先前输出的权重）、256×28 对应于 U（核心，当下输出的权重）、256 对应于 b（偏置值）。

输出层的参数总数为 2570，是因为 SimpleRNN 有 256 个隐藏单元，$256 \times 10 + 10 = 2570$。

模型定义好后，在开始训练前，还需要编译模型，这里采用 sgd 优化器，categorical_crossentropy 作为损失函数，同时采用准确率来评估模型的性能。

```
> model %>%
+   compile(loss = 'categorical_crossentropy',
+           optimizer = 'sgd',
+           metrics = c('accuracy'))
```

构建好模型后，使用 fit() 函数进行模型训练。将训练周期次数 epochs 设置为 20，batch_size 设置为 128。

```
> history <- model %>%
+   fit(x_train,y_train,
+       epochs = 20,
+       batch_size = batch_size,
+       validation_split = 0.2,
+       verbose = 2)
Train on 48000 samples, validate on 12000 samples
Epoch 1/20
48000/48000 - 29s - loss: 0.7318 - accuracy: 0.7885 - val_loss: 0.3803 - val_accuracy: 0.8974
......
Epoch 20/20
48000/48000 - 27s - loss: 0.0986 - accuracy: 0.9700 - val_loss: 0.0795 - val_accuracy: 0.9753
```

最后，利用测试数据集验证模型性能，并将结果保存到 score 中。

```
> score <- model %>% evaluate(x_test,y_test,
+                               batch_size = batch_size ,
+                               verbose = 2)
10000/1 - 2s - loss: 0.0390 - accuracy: 0.9769
> score
$loss
[1] 0.07501229

$accuracy
[1] 0.9769
```

利用 SimpleRNN 得到模型对测试集的预测准确率为 97.7%，效果不如全连接神经网络和卷积神经网络。

7.1.4   回归问题实例：SimpleRNN 预测纽约出生人口数量

样本数据集是从 1946 年 1 月到 1959 年 12 月纽约每月出生人口数量（由牛顿最初收集）数据集，可以从此链接下载（http://robjhyndman.com/tsdldata/data/nybirths.dat）。

首先通过 scan() 函数从网上下载纽约每月出生人口数量数据集。

```
> births <- scan("http://robjhyndman.com/tsdldata/data/nybirths.dat")
Read 168 items
```

births 一共有 168 条样本，分别记录了从 1946 年 1 月到 1959 年 12 月纽约每月出生人口数量。可利用 ts() 函数将其转变为时序数据。

```
> births_ts <- ts(births,frequency=12,start=c(1946,1))
> class(births_ts)
[1] "ts"
```

经过 ts() 函数处理后，已经转换成时间序序列。

结合 xts 包绘制纽约每月出生人口数量趋势图，如图 7-5 所示。

```
> # 绘制时序图
> if(!require(xts)) install.packages("xts")
> plot(as.xts(births_ts),
+       col='cadetblue',
+       main = '纽约每月出生人口数量趋势图')
```

从图 7-5 可以看到这个时间序列在一定月份存在的季节性变动：在每年的夏天都有一个出生峰值，在冬季的时候进入波谷。

我们先定义将数据归一化的函数和使归一化后数据转化成原数据的函数。

```
> normalize <- function(vec, min, max) {
+   (vec-min) / (max-min)
+ }
```

```
> denormalize <- function(vec,min,max) {
+    vec * (max - min) + min
+ }
```

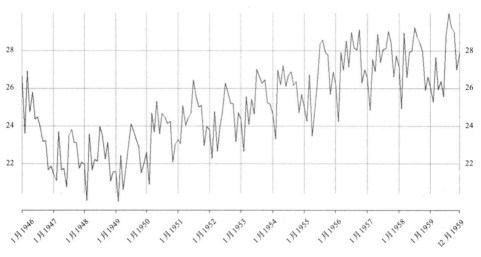

图 7-5   纽约每月出生人口数量趋势图

我们再定义两个函数，从时序数据中按照时间步长提取 X 和 y。

```
> # get data into "timesteps form": design matrix
> build_X <- function(tseries, num_timesteps) {
+    X <- if (num_timesteps > 1) {
+      t(sapply(1:(length(tseries) - num_timesteps),
+             function(x) tseries[x:(x + num_timesteps - 1)]))
+    } else {
+      tseries[1:length(tseries) - num_timesteps]
+    }
+    if (num_timesteps == 1) dim(X) <- c(length(X),1)
+    cat("\nBuilt X matrix with dimensions: ", dim(X))
+    return(X)
+ }
>
> # get data into "timesteps form": target
> build_y <- function(tseries, num_timesteps) {
+    y <- sapply((num_timesteps + 1):(length(tseries)), function(x) tseries[x])
+    cat("\nBuilt y vector with length: ", length(y))
+    return(y)
+ }
```

下面通过小例子来演示这几个自定义函数的用法。我们创建一个简单向量 vec，元素由 3、1、2、5、10 组成。使用自定义的函数对其进行归一化及反归一化。

```
> (vec <- c(3,1,2,5,10))
```

```
[1]  3  1  2  5 10
> minvec <- min(vec)
> maxvec <- max(vec)
> vec_normalize <- round(normalize(vec,minvec,maxvec),2)
> vec_normalize
[1] 0.22 0.00 0.11 0.44 1.00
> round(denormalize(vec_normalize,minvec,maxvec),0)
[1]  3  1  2  5 10
```

将 build_X 和 build_y 的参数 num_timesteps 设置为 2，查看对 vec 处理后的结果。

```
> X <- build_X(vec,num_timesteps = 2)

Built X matrix with dimensions:  3 2
> y <- build_y(vec,num_timesteps = 2)

Built y vector with length:  3
> X
     [,1] [,2]
[1,]   3   1
[2,]   1   2
[3,]   2   5
> y
[1]  2  5 10
```

接下来，让我们先对 births 数据集进行数据预处理。将 births 分为两部分，最后 24 条记录作为测试集，其余的作为训练集。

```
> n <- length(births)
> train <- births[1:(n-24)]
> test <- births[(n-23):n]
```

利用 normalize() 函数对训练集和测试集进行标准化处理，注意测试集需要用训练集的最小值和最大值进行转换。

```
> minval <- min(train)
> maxval <- max(train)
> train_normalize <- normalize(train, minval, maxval)
> test_normalize <- normalize(test, minval, maxval)
```

我们想利用最近 12 个月的出生人口数量来预测下个月的出生人口数量，即利用 1946 年 1 月～12 月的出生人口数量来预测 1947 年 1 月的出生人口数量、利用 1946 年 2 月～1947 年 1 月的出生人口数量来预测 1947 年 2 月的出生人口数量，依次类推。所以将 build_X() 和 build_y() 函数参数 num_timesteps 设置为 12。

```
> num_timesteps <- 12
> X_train <- build_X(train_normalize,num_timesteps)
Built X matrix with dimensions:  132 12
> y_train <- build_y(train_normalize,num_timesteps)
```

```
Built y vector with length:  132
> X_test <- build_X(test_normalize,num_timesteps)
Built X matrix with dimensions:  12 12
> y_test <- build_y(test_normalize,num_timesteps)
Built y vector with length:  12
```

因为 Keras SimpleRNN 要求输入矩阵的形状为 (sample,timesteps,input_dim)，所以需要对 X_train、X_test 进行形状处理。

```
> X_train <- array_reshape(X_train,c(dim(X_train),1))
> X_test <- array_reshape(X_test,c(dim(X_test),1))
> dim(X_train)
[1] 132  12   1
> dim(X_test)
[1] 12 12  1
```

自此，数据准备工作完成。

让我们构建一个 RNN 单元为 12、timesteps 为 12、input_dim 为 1 的简单循环神经网络。编译模型时，采用 Adam 优化器，mean_squared_error 作为损失函数。

```
> # 构建模型
> num_units <- 12
> num_steps <- 12
> num_features <- 1
> dropout <- 0.2
> batch_size <- 16
> epochs <- 100
>
> model <- keras_model_sequential()
> model %>%
+   layer_simple_rnn(units = num_units,
+                    dropout = dropout,
+                    input_shape = c(num_steps,num_features)) %>%
+   layer_dense(1) %>%
+   compile(
+     loss = 'mean_squared_error',
+     optimizer = 'adam'
+   )
```

构建好模型后，使用 fit() 函数进行模型训练。在训练过程中，设置一个回调函数，如果经过 2 次训练周期后验证集的损失函数没有明显改善，则自动停止训练。

```
> history <- model %>%
+   fit(X_train, y_train, batch_size = batch_size, epochs = epochs,
+       validation_split = 0.2, verbose = 2,
+       callbacks = callback_early_stopping(patience=2))
Train on 105 samples, validate on 27 samples
Epoch 1/100
105/105 - 0s - loss: 0.0186 - val_loss: 0.0423
```

```
Epoch 2/100
105/105 - 0s - loss: 0.0199 - val_loss: 0.0376
Epoch 3/100
105/105 - 0s - loss: 0.0221 - val_loss: 0.0487
Epoch 4/100
105/105 - 0s - loss: 0.0231 - val_loss: 0.0370
Epoch 5/100
105/105 - 0s - loss: 0.0236 - val_loss: 0.0431
Epoch 6/100
105/105 - 0s - loss: 0.0200 - val_loss: 0.0580
```

利用 evaluate() 对模型性能进行评估。

```
> model %>% evaluate(X_train,y_train,verbose = 2)
132/1 - 0s - loss: 0.0524
      loss
0.0345905
> model %>% evaluate(X_test,y_test,verbose = 2)
12/1 - 0s - loss: 0.0694
      loss
0.06940047
```

模型对训练集的均方误差为 0.0346，对测试集的均方误差为 0.069。

利用 predict() 函数对训练集和测试集进行预测。

```
> pred_train <- model %>% predict(X_train)
> pred_test <- model %>% predict(X_test)
```

由于预测出来的结果是经过标准化后的数据，所以需要利用 denormalize() 函数进行转换。

```
> pred_train <- denormalize(pred_train, minval, maxval)
> pred_test <- denormalize(pred_test, minval, maxval)
```

将训练集、测试集的实际值和预测值放在一个数据框 df 中。

```
> df <- data.frame(
+    time_id = 1:168,
+    train = c(train, rep(NA, length(test))),
+    test = c(rep(NA, length(train)), test),
+    pred_train = c(rep(NA, num_timesteps), round(pred_train,3), rep(NA, length(test))),
+    pred_test = c(rep(NA, length(train)), rep(NA, num_timesteps), round(pred_test,3))
+ )
```

使用 head() 函数查看 df 前 13 行记录。

```
> head(df,13)
  time_id  train test pred_train pred_test
1       1 26.663   NA         NA        NA
2       2 23.598   NA         NA        NA
3       3 26.931   NA         NA        NA
```

4	4 24.740	NA	NA	NA
5	5 25.806	NA	NA	NA
6	6 24.364	NA	NA	NA
7	7 24.477	NA	NA	NA
8	8 23.901	NA	NA	NA
9	9 23.175	NA	NA	NA
10	10 23.227	NA	NA	NA
11	11 21.672	NA	NA	NA
12	12 21.870	NA	NA	NA
13	13 21.439	NA	21.83	NA

因为 timesteps 设置为 12，所以训练集的第一条记录是利用 1946 年 1～12 月预测 1947 年 1 月的人口出生数量，故 df 前 12 条记录没有预测值。

7.2　长短期记忆网络（LSTM）

RNN 在处理长期依赖（时间序列上距离较远的节点）时会遇到巨大的困难，因为计算距离较远的节点之间的联系时会涉及雅可比矩阵的多次相乘，会造成梯度消失或者梯度膨胀的现象。为了改善 RNN 的长期依赖问题，一个非常好的解决方式是引入门控机制来控制信息的累积速度，包括有选择地加入新的信息，并有选择地遗忘之前累积的信息。这一类网络可以称为基于门控的循环神经网络（Gate RNN），而 LSTM 就是 Gate RNN 中最著名的一种。

7.2.1　LSTM 基本原理

长短期记忆（Long Short-Term Memory，LSTM）网络是循环神经网络的一个变体，旨在避免长期依赖性问题，具有长期记忆信息的能力，可以有效地解决简单循环网络的梯度爆炸或梯度消失问题。

所有递归神经网络都具有重复的神经网络模块的链式结构。在标准 RNN 中，该重复模块仅有一个非常简单的机构，例如单个 tanh 层，如图 7-6 所示。

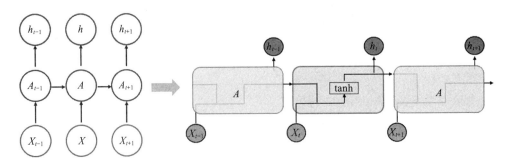

图 7-6　标准 RNN 的递归结构

LSTM 也具有类似的链式结构，但重复模块具有不同的结构。LSTM 有四个层，以非常特殊的方式进行交互。在 LSTM 网络结构中，直接根据当前输入数据得到的输出称为隐藏状态（hidden state）。还有一种数据是不仅仅依赖于当前输入数据，而且是一种伴随整个网络过程中用来记忆、遗忘、选择并最终影响隐藏状态结果的东西，称为单元状态。单元状态就是实现长短期记忆的关键。如图 7-7 所示。

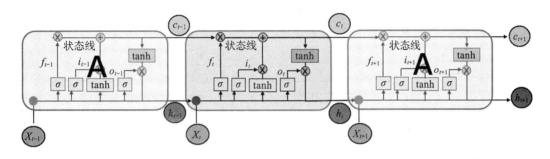

图 7-7　LSTM 的递归单元结构

图 7-7 看起来有些复杂，让我们逐个查看组件。横穿图 7-7 上部的线是单元状态（记忆细胞）c，表示单元的内部记忆。横穿底部的线是隐藏状态。整个绿色的矩形方框就是一个单元。单元状态是不输出的，它仅仅对隐藏状态产生影响。i_t、f_t、o_t 是 LSTM 控制通过存储单元中的信息流动的输入门、遗忘门和输出门。

- ❏ 输入门：有条件地决定在单元中存储哪些信息，用于控制当前信息的输入。当信息经过输入单元激活后会和输入门进行相乘，以确定是否写入当前信息。
- ❏ 遗忘门：有条件地决定哪些信息从单元中抛弃，用于控制是否重置之前的记忆信息。其与细胞之前的记忆信息进行乘法运算，以确定是否保留之前的信息。
- ❏ 输出门：有条件地决定哪些信息需要输出，用于控制当前记忆信息的输出。其与当前细胞记忆信息进行相乘以确定是否输出信息。

LSTM 计算过程如下。

- ❏ 首先利用上一时刻的隐藏状态 h_{t-1} 和当前时刻输入 x_t，计算出三个门。
- ❏ 结合遗忘门 f_t 和输入门 i_t 来更新记忆单元 c_t。
- ❏ 结合输出门 o_t，将内部状态的信息传递给外部状态 h_t。

为了更深入地理解这些门如何调节 LSTM 的隐藏状态，我们用下面的等式进行介绍。等式显示这些门是如何通过上一时刻的隐藏状态 h_{t-1} 来计算当前时刻 t 的隐藏状态 h_t 的。

$$i_t = \sigma(W_i h_{t-1} + U_i x_t + b_i)$$
$$f_t = \sigma(W_f h_{t-1} + U_f x_t + b_f)$$

$$o_t = \sigma(W_o h_{t-1} + U_o x_t + b_o)$$
$$g_t = \tanh(W_g h_{t-1} + U_g x_t)$$
$$c_t = (c_{t-1} \otimes f_t) \oplus (g_t \otimes i_t)$$
$$h_t = \tanh(c_t \otimes o_t)$$

其中 $\sigma(\cdot)$ 为 Logistic 函数，其输出区间为 $(0,1)$，x_t、i_t、f_t、o_t 分别为当前时刻的输入、输入门、遗忘门和输出门。

通常情况下，我们不需要访问单元状态，除非想设计复杂的网络结构。例如在设计 encoder-decoder 模型时，我们可能需要对单元状态的初始值进行设定。需要注意的是，LSTM 可以随时替换 SimpleRNN 单元，唯一的不同是 LSTM 能抗梯度消失问题。你可以在网络中用 LSTM 替换掉 RNN 单元而不用担心任何副作用。在更多的训练次数后，通常会看到更好的结果。

7.2.2　LSTM 的 Keras 实现

Keras 提供的 layer_lstm() 函数可以实现长短期记忆网络（LSTM），该函数表达形式为：

```
layer_lstm(object, units, activation = "tanh",
    recurrent_activation = "hard_sigmoid", use_bias = TRUE,
    return_sequences = FALSE, return_state = FALSE,
    go_backwards = FALSE, stateful = FALSE, unroll = FALSE,
    kernel_initializer = "glorot_uniform",
    recurrent_initializer = "orthogonal", bias_initializer = "zeros",
    unit_forget_bias = TRUE, kernel_regularizer = NULL,
    recurrent_regularizer = NULL, bias_regularizer = NULL,
    activity_regularizer = NULL, kernel_constraint = NULL,
    recurrent_constraint = NULL, bias_constraint = NULL, dropout = 0,
    recurrent_dropout = 0, input_shape = NULL,
    batch_input_shape = NULL, batch_size = NULL, dtype = NULL,
    name = NULL, trainable = NULL, weights = NULL)
```

各参数描述如下。

❑ object：模型或图层对象。

❑ units：输出维度。

❑ activation：激活函数，默认为双曲正切（tanh），如果传入 NULL，则不会使用任何激活函数（即线性激活 $a(x)=x$）。

❑ recurrent_activation：用于循环步骤的激活功能。

❑ use_bias：布尔值（默认为 TRUE），该层是否使用偏向量。

❑ return_sequences：布尔值（默认为 FALSE），若为 FALSE，返回最后一层最后一个步长的隐藏状态；若为 TRUE，返回最后一层的所有隐藏状态。也就是说，当值为 TRUE 时，返回的是 c(samples,time_steps,output_dim) 的 3D 张量，当值为 FALSE 时，返回的是 (samples,output_dim) 的 2D 张量。

❑ return_state：布尔值（默认为 FALSE），若为 TRUE，除了返回输出值之外，还要返回最后一个单元状态。

❑ go_backwards：布尔值（默认为 FALSE），如果为 TRUE，返回最后一层的最后一个步长的输出隐藏状态和输入单元状态。

❑ stateful：布尔值（默认为 FALSE），如果为 TRUE，则批次中索引 i 处的每个样本的最后状态将用作后续批次中索引 i 的样本的初始状态。

❑ unroll：布尔值（默认为 FALSE），如果为 TRUE，则将展开网络，否则将使用符号循环。网络展开可以加速 RNN，但往往会占用大量内存。展开仅适用于短序列。

其他参数的用法与 layer_simple_rnn() 函数中参数的用法相似，此处不再赘述。

在进行多层 LSTM 时，需要注意以下两点：

1）需要对第一层的 LSTM 指定 input_shape 参数。

2）将前 $N-1$ 层 LSTM 的 return_sequences 设置为 TRUE，保证每一层都会向下传播所有时间步长上的预测，同时保证最后一层的 return_sequences 设置为 FALSE。

下面通过一个例子来说明 LSTM 中参数 return_sequences 和 return_state 在不同取值情况下的详细区别。

创建一个步长为 3、维度为 1 的数组作为输入。然后创建一个 2 层神经网络，其中第一层必须将参数 return_sequences 设置为 TRUE，这样才能转化成步长为 3 的输入变量。以下是创建数组及第一层网络的代码。

```
> library(keras)
> data = array_reshape(c(0.1,0.2,0.3),
+                      c(1,3,1))
> data
, , 1

     [,1] [,2] [,3]
[1,]  0.1  0.2  0.3

> dim(data)
[1] 1 3 1
> # 创建输入层
> inputs1 = layer_input(shape = c(3,1))
> summary(inputs1)
Tensor("input_1:0", shape=(None, 3, 1), dtype=float32)
> lstm1 <- inputs1 %>% layer_lstm(2,return_sequences = TRUE,return_state = TRUE)
```

（1）return_sequences=TRUE

在创建第二层神经网络时，将参数 return_sequences 设置为 TRUE，则输出结果为最后一层 LSTM 的每一个时间步长隐藏状态的结果。

```
> lstm2 <- lstm1 %>% layer_lstm(2,return_sequences = TRUE)
> model <- keras_model(inputs = inputs1,outputs = lstm2)
```

```
> print(model %>% predict(data))
, , 1
        [,1]          [,2]          [,3]
[1,] -0.002308925 2.81957e-05 0.002257168
, , 2
        [,1]        [,2]          [,3]
[1,] 0.01969379 0.0144226 0.008279538
```

（2）return_sequence = FALSE，return_state = TRUE

在创建第二层神经网络时，将参数 return_sequences 设置为 FALSE、return_state 设置为 TRUE，则输出结果为返回最后一层最后一个时间步长的输出隐藏状态和输入细胞状态。

```
> lstm2 <- lstm1 %>% layer_lstm(2,return_state = TRUE)
> model <- keras_model(inputs = inputs1,outputs = lstm2)
> print(model %>% predict(data))
[[1]]
            [,1]       [,2]
[1,] -0.01107516 0.0151508
[[2]]
            [,1]       [,2]
[1,] -0.01107516 0.0151508
[[3]]
            [,1]       [,2]
[1,] -0.02208883 0.03051613
```

（3）return_sequence = TRUE，return_state = TRUE

在创建第二层神经网络时，将参数 return_sequences 设置为 TRUE、return_state 设置为 TRUE，则输出结果为最后一层所有时间步长的隐藏状态，以及最后一步的隐藏状态和细胞状态。

```
> lstm2 <- lstm1 %>% layer_lstm(2,return_sequences = TRUE,
+                               return_state = TRUE)
> model <- keras_model(inputs = inputs1,outputs = lstm2)
> print(model %>% predict(data))
[[1]]
, , 1

            [,1]          [,2]          [,3]
[1,] -0.005969133 -0.006798612 -0.007749368

, , 2

            [,1]         [,2]          [,3]
[1,] 0.01968043 0.01595475 0.01290966


[[2]]
            [,1]          [,2]
```

```
[1,] -0.007749368 0.01290966

[[3]]
              [,1]          [,2]
[1,] -0.01560516 0.02566891
```

（4）return_sequence = FALSE，return_state = FALSE

在创建第二层神经网络时，将参数 return_sequences 设置为 FALSE、return_state 设置为 FALSE，则输出结果为最后一层最后一个步长的隐藏状态。

```
> lstm2 <- lstm1 %>% layer_lstm(2)
> model <- keras_model(inputs = inputs1,outputs = lstm2)
> print(model %>% predict(data))
              [,1]          [,2]
[1,] -0.001822708 0.007086083
```

7.2.3　回归问题实例：LSTM 预测股价

股价数据是非常常见的时序数据之一，本节我们将使用 LSTM 对股价进行预测。

1. 股份数据处理

google_stock_prics.csv 文件记录了 Google 从 2010 年 1 月至 2018 年 5 月每日（非节假日）股价数据，共 2120 条记录。每条记录包含了当日的开盘价、最高价、最低价、收盘价、调整收盘价和成交量的信息。我们先将数据读入 R 中，并查看前六条记录。

```
> library(keras)
> source('functions.R')
> # 读入 Google 股价数据
> googl <- read.csv('../data/google_stock_prics.csv')
> head(googl)
      Date     Open     High      Low    Close  Adj.Close   Volume
1 2010/1/4  313.7888 315.0701 312.4324 313.6887  313.6887  3908400
2 2010/1/5  313.9039 314.2342 311.0811 312.3073  312.3073  6003300
3 2010/1/6  313.2433 313.2433 303.4835 304.4344  304.4344  7949400
4 2010/1/7  305.0050 305.3053 296.6216 297.3474  297.3474 12815700
5 2010/1/8  296.2963 301.9269 294.8499 301.3113  301.3113  9439100
6 2010/1/11 302.5325 302.5325 297.3173 300.8559  300.8559 14411300
```

我们将数据集划分为两部分：前 1760 条记录作为训练集，用于模型训练，后 360 条记录作为测试集，用于模型验证。由于希望利用历史收盘价格（Close）的数据来预测未来收盘价格，所以在做数据分区时只提取收盘价格。

```
> # 数据分区
> train <- googl[1:1760,'Close']
> test <- googl[1761:2120,'Close']
```

利用 normalize() 函数对训练集和测试集进行标准化处理，记住测试集需要用训练集的最小值和最大值进行转换。

```
> minval <- min(train)
> maxval <- max(train)
> train_normalize <- normalize(train, minval, maxval)
> test_normalize <- normalize(test, minval, maxval)
```

我们想利用最近 60 天的数据来预测下一天的收盘股价，故将 build_X()、build_y() 函数 num_timesteps 参数设置为 60，构建 X、y。

```
> # 构建 X、y
> num_timesteps <- 60
> X_train <- build_X(train_normalize,num_timesteps)
Built X matrix with dimensions: 1700 60
> y_train <- build_y(train_normalize,num_timesteps)
Built y vector with length: 1700
> X_test <- build_X(test_normalize,num_timesteps)
Built X matrix with dimensions: 300 60
> y_test <- build_y(test_normalize,num_timesteps)
Built y vector with length: 300
```

因为 LSTM 要求输入矩阵的形状为 (sample,timesteps,input_dim)，所以需要对 X_train、X_test 进行形状处理。

```
> # 形状处理
> X_train <- array_reshape(X_train,c(dim(X_train),1))
> X_test <- array_reshape(X_test,c(dim(X_test),1))
> dim(X_train)
[1] 1700   60    1
> dim(X_test)
[1] 300   60    1
```

至此，数据预处理工作已经完成。

2. 无状态 LSTM

接下来，我们构建一个两层无状态 LSTM 网络。两层 LSTM 的神经元数量均为 50，其中希望把第一层 LSTM 的隐藏层状态全部返回给下一层 LSTM，故将第一层的参数 return_sequences 设置为 TRUE。两层 LSTM 后均带有一个 Dropout 层，以防止过拟合。最后接一个密集层作为输出层，神经元数量为 1。因为是预测模型，所以不需要指定激活函数。

编译模型时，采用 Adam 优化器，mean_squared_error 作为损失函数。

```
> # 构建模型
> model <- keras_model_sequential()
> model %>%
+   layer_lstm(units = 50,return_sequences = TRUE,input_shape = dim(X_train)[-1]) %>%
+   layer_dropout(rate = 0.2) %>%
+   layer_lstm(units = 50) %>%
+   layer_dropout(rate = 0.2) %>%
```

```
+    layer_dense(units = 1) %>%
+    compile(loss = 'mean_squared_error',optimizer = 'adam')
```

无状态 LSTM 在输入样本后，默认会被打乱。也就是说，每个样本独立，样本之间无前后关系，适合输入一些没有关系的样本。在训练模型时，fit() 函数的参数 shuffle 默认为 TRUE，即 Keras 在训练时会默认打乱样本，导致序列之间的依赖性消失，样本和样本之间没有了时序关系，顺序被打乱。这时记忆参数在批量、小序列之间的传递就没有意义了，所以 Keras 要对记忆参数进行初始化。我们在训练过程中，设置一个回调函数，如果经过 5 次训练周期后验证集的损失函数没有明显改善，则自动停止训练。

```
> # 训练模型
> history <- model %>%
+    fit(X_train, y_train, batch_size = 50, epochs = 50,
+        validation_split = 0.2, verbose = 2,
+        callbacks = callback_early_stopping(patience=5))
Train on 1360 samples, validate on 340 samples
Epoch 1/50
1360/1360 - 13s - loss: 0.0021 - val_loss: 0.0014
Epoch 2/50
1360/1360 - 13s - loss: 0.0017 - val_loss: 0.0018
......
Epoch 14/50
1360/1360 - 12s - loss: 0.0014 - val_loss: 0.0016
Epoch 15/50
1360/1360 - 12s - loss: 0.0013 - val_loss: 0.0011
```

经过 15 个周期后，模型停止了训练。利用 save_model_hdf5() 函数将训练好的模型保存到本地。

```
> model %>% save_model_hdf5('../model/lstm_1v1_stateless.h5')
```

使用 predict() 函数对训练集和测试集进行预测。由于预测出来的结果是标准化后的数据，所以需要利用 denormalize() 函数进行转换。

```
> # 模型预测
> pred_train <- model %>% predict(X_train)
> pred_test <- model %>% predict(X_test)
> pred_train <- denormalize(pred_train, minval, maxval)
> pred_test <- denormalize(pred_test, minval, maxval)
```

利用以下命令绘制训练集样本的实际值和预测值曲线，如图 7-8 所示。

```
> # 绘制训练集的实际值和预测值曲线
> plot(train[61:length(train)],col = 'red',type = 'l',lwd = 2,
+      xlab = 'Time',ylab = 'Google Stock Price',
+      main = 'Google Stock Price Prediction')
> lines(pred_train,col='blue',type = 'l',lty=3,lwd = 2)
> legend('topleft',legend = c('real_stock_price ','predicted_stock_price'),
```

```
+        lty=c(1,2),lwd = 2,
+        col = c('red','blue'),bty = 'n')
```

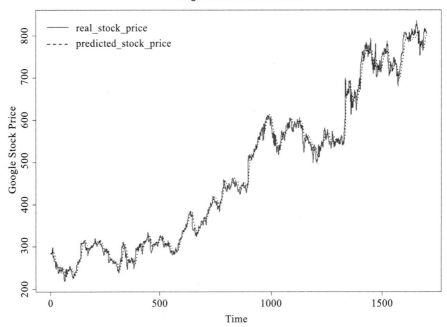

图 7-8   LSTM 对训练集的预测效果

从图 7-8 可知，预测曲线与实际曲线基本保持一致，说明 LSTM 对训练集的拟合效果非常好。

利用以下命令绘制测试集样本的实际值和预测值曲线，如图 7-9 所示。

```
> # 绘制测试集的实际值和预测值曲线
> plot(test[61:length(test)],col = 'red',type = 'l',lwd = 2,
+      xlab = 'Time',ylab = 'Google Stock Price',
+      main = 'Google Stock Price Prediction')
> lines(pred_test,col='blue',type = 'l',lty=2,lwd = 2)
> legend('topleft',legend = c('real_stock_price ','predicted_stock_price'),
+        lty=c(1,2),lwd = 2,
+        col = c('red','blue'),bty = 'n')
```

下面计算在测试集上的均方误差根。

```
> mean(test[61:length(test)])
[1] 1012.324
> # 查看模型在测试集上的均方误差根
> (n <- length(pred_test))
[1] 300
```

```
> mse <- sum((test[61:length(test)]-pred_test)^2)/n
> rmse <- sqrt(mse)
> rmse
[1] 58.74394
```

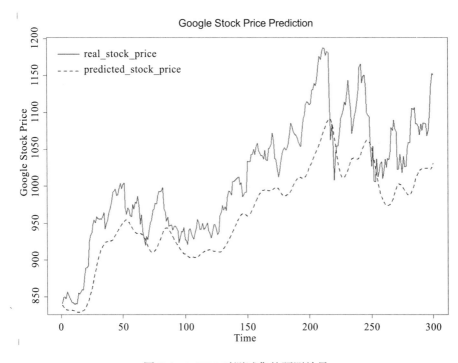

图 7-9 LSTM 对测试集的预测效果

在平均股价为 1012 的 300 个测试样本里，无状态 LSTM 在测试集上的均方误差根为 58.7。

3. 有状态 LSTM

有状态（stateful）LSTM 能够在训练中维护跨批次的有状态信息，即当前批次的训练数据计算的状态值，可以用作下一批次训练数据的初始隐藏状态。有状态 LSTM 能让模型学习到输入样本之间的时序特征，适合一些长序列的预测，此时样本的前后顺序对模型是有影响的。stateful 代表除了每个样本内的时间步内传递，每个样本之间还会有信息 (c, h) 传递。

当使用有状态 LSTM 时，需假定以下两种情况。

1）所有的批次都有相同数量的样本，即训练集和测试集的样本数量均能被 batch_size 整除。

2）如果 x_1 和 x_2 是连续批次的样本，则对于每一个 $i \in$ timesteps，$x_2[i]$ 是 $x_1[i]$ 的后续序列。

有状态 LSTM 的实现步骤如下。

1）必须将参数 batch_size 显式地传递给模型的第一层。

2）在 LSTM 层中将 stateful 设置为 TRUE。

3）在调用 fit() 函数时需指定 shuffle 为 FALSE，因为打乱样本后，序列之间就没有依赖性了。

4）训练完一个周期后，需要使用 reset_state() 函数来重置状态。

接下来，将上一小节的无状态 LSTM 调整为有状态 LSTM，并使用训练集数据进行训练。在构建和拟合模型时的关键代码如下。

1）将 batch_size 设置为 50，则 1700（训练样本量）/50=34，300（测试样本量）/50=6。

2）构建模型时，将第一层 LSTM 网络参数 return_sequences 设置为 TRUE，stateful 设置为 TRUE，batch_input_shape 设置为 c(batch_size,60,1))；第二层 LSTM 网络的 stateful 设置为 TRUE。

3）使用 for 循环进行模型训练，需指定 fit() 函数的 batch_size，且将循环周期次数设置为 1，shuffle 设置为 FALSE；在 fit() 函数后使用 reset_states() 函数重置模型状态。

以下是构建和训练有状态 LSTM 网络的程序代码。

```
> batch_size <- 50
> num_epochs <- 50
> # 构建模型
> # 期望输入数据尺寸：(batch_size, timesteps, input_dim)
> stateful_model <- keras_model_sequential()
> stateful_model %>%
+   layer_lstm(units = 50,return_sequences = TRUE,stateful = TRUE,
+              batch_input_shape = c(batch_size,60,1)) %>%
+   layer_dropout(rate = 0.2) %>%
+   layer_lstm(units = 50,stateful = TRUE) %>%
+   layer_dropout(rate = 0.2) %>%
+   layer_dense(units = 1) %>%
+   compile(loss = 'mean_squared_error',optimizer = 'adam')
> # 训练模型
> for (i in seq(num_epochs)){
+   stateful_model %>% fit(
+     X_train, y_train,batch_size = batch_size,epochs = 1,
+     shuffle = FALSE)
+   stateful_model %>% reset_states()
+ }
```

模型训练好后，使用 save_model_hdf5() 函数将模型保存到本地。

```
> stateful_model %>% save_model_hdf5('../model/lstm_stateful_model.h5')
```

接下来，我们对测试集和训练集进行预测，进行反归一化处理，并分别绘制训练集和测试集的实际值和预测值曲线，如图 7-10 所示。

```
> # 模型预测
> pred_train_stateful <- stateful_model %>% predict(X_train,batch_size = batch_size)
```

```
> pred_test_stateful <- stateful_model %>% predict(X_test,batch_size = batch_size)
>
> pred_train_stateful <- denormalize(pred_train_stateful, minval, maxval)
> pred_test_stateful <- denormalize(pred_test_stateful, minval, maxval)
>
> par(mfrow=c(1,2))
> # 绘制训练集的实际值和预测值曲线
> plot(train[61:length(train)],col = 'red',type = 'l',lwd = 2,
+      xlab = 'Time',ylab = 'Google Stock Price',ylim = c(200,1200),
+      main = 'Train Data Prediction')
> lines(pred_train_stateful,col='blue',type = 'l',lty=3,lwd = 2)
> legend('topleft',legend = c('real ','predicted'),
+        lty=c(1,2),lwd = 2,horiz = TRUE,
+        col = c('red','blue'),bty = 'n')
>
> # 绘制测试集的实际值和预测值曲线
> plot(test[61:length(test)],col = 'red',type = 'l',lwd = 2,
+      xlab = 'Time',ylab = 'Google Stock Price',ylim = c(200,1200),
+      main = 'Test Data Prediction')
> lines(pred_test_stateful,col='blue',type = 'l',lty=2,lwd = 2)
> legend('topleft',legend = c('real ','predicted'),
+        lty=c(1,2),lwd = 2,horiz = TRUE,
+        col = c('red','blue'),bty = 'n')
> par(mfrow=c(1,1))
```

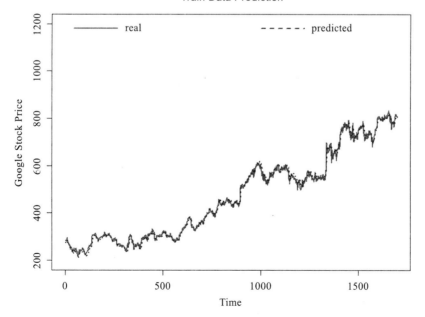

图 7-10　有状态 LSTM 的预测效果

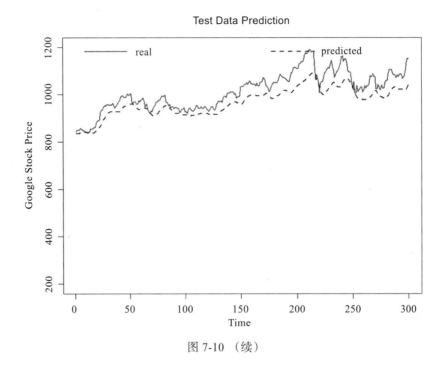

图 7-10 （续）

下面计算有状态 LSTM 在测试集上的均方误差根。

```
> mean(test[61:length(test)])
[1] 1012.324
> # 查看模型在测试集上的均方误差根
> (n <- length(pred_test_stateful))
[1] 300
> mse <- sum((test[61:length(test)]- pred_test_stateful)^2)/n
> rmse <- sqrt(mse)
> rmse
[1] 53.12967
```

在平均股价为 1012 的 300 个测试样本里，有状态 LSTM 在测试集上的均方误差根为 53.1，比无状态 LSTM 的预测效果要好一些。

7.3 门控循环单元（GRU）

LSTM 的参数相当于传统 RNN 的 4 倍，前馈网络的 8 倍。如此多的参数，虽然使得模型能力大大加强，但也使得该结构过于冗余。门控循环单元（Gated Recurrent Unit，GRU）网络是一种比 LSTM 网络更加简单的循环神经网络。

7.3.1 GRU 基本原理

GRU 保留了 LSTM 对梯度消失问题的抗力，但它的内部结构更加简单，更新隐藏状态时需要的计算也更少，因此训练得更快。GRU 循环单元结构如图 7-11 所示。

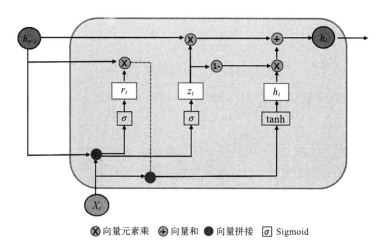

⊗ 向量元素乘　⊕ 向量和　● 向量拼接　σ̄ Sigmoid

图 7-11　GRU 循环单元结构

从图 7-10 可知，GRU 用两个门取代了 LSTM 中的输入门、遗忘门和输出门：更新门 z（update gate）和重置门 r（reset gate）。更新门及重置门与 LSTM 中的门结构类似，它们的输入都是当前时间片段的输入信息以及之前隐藏层的输出信息乘以权重后的累加，再放入 Sigmoid 函数中激活。下面等式定义了 GRU 中的门控机制：

$$z_t = \sigma(W_z h_{t-1} + U_z x_t)$$

$$r_t = \sigma(W_r h_{t-1} + U_r x_t)$$

$$c_t = \tanh(W_c h_{t-1} \otimes r_t + U_c x_t)$$

$$h_t = (z_t \otimes c_t) \oplus ((1 - z_t) \otimes h_{t-1})$$

7.3.2　GRU 的 Keras 实现

Keras 提供的 layer_gru() 函数可以实现门控循环单元 GRU，该函数表达形式为：

```
layer_gru(object, units, activation = "tanh",
    recurrent_activation = "hard_sigmoid", use_bias = TRUE,
    return_sequences = FALSE, return_state = FALSE,
    go_backwards = FALSE, stateful = FALSE, unroll = FALSE,
    reset_after = FALSE, kernel_initializer = "glorot_uniform",
    recurrent_initializer = "orthogonal", bias_initializer = "zeros",
    kernel_regularizer = NULL, recurrent_regularizer = NULL,
    bias_regularizer = NULL, activity_regularizer = NULL,
    kernel_constraint = NULL, recurrent_constraint = NULL,
    bias_constraint = NULL, dropout = 0, recurrent_dropout = 0,
    input_shape = NULL, batch_input_shape = NULL, batch_size = NULL,
    dtype = NULL, name = NULL, trainable = NULL, weights = NULL)
```

layer_gru() 函数中的参数几乎与 layer_lstm() 函数相同，其中参数 reset_after 是 GRU 约定（是否在矩阵乘法之前或之前应用复位门）。默认值为 FALSE，即在矩阵乘法之前应用，TRUE 即在矩阵乘法之后应用（CuDNN 兼容）。

7.3.3　回归问题实例：基于 GRU 网络的温度预测

本节使用气象站记录的天气时间序列数据集，基于 GRU 网络进行温度预测。

1. 数据理解

本节将使用耶拿 2016 年天气数据集，该数据集由每间隔 10 分钟对耶拿 14 种不同天气特征（例如空气温度、大气压力、湿度、风向）等数据组成。我们将使用它来构建一个 GRU 模型，该模型将最近过去 10 天的数据点作为输入，并预测未来 24 小时的空气温度。

将数据导入 R 中，并查看数据结构。

```
> library(keras)
> library(tibble)
> library(ggplot2)
> data <- read.csv('../data/jena_climate_2016.csv')
> glimpse(data)
Observations: 52,259
Variables: 15
$ Date.Time        <fct> 01.01.2016 00:00:00, 01.01.2016 00:10:00, 01.01.2016 00:20...
$ p..mbar.         <dbl> 999.08, 999.03, 999.07, 999.09, 999.09, 999.08, 999.06, 99...
$ T..degC.         <dbl> -0.01, 0.01, 0.06, 0.07, -0.05, 0.07, -0.05, -0.09, -0.41,...
$ Tpot..K.         <dbl> 273.22, 273.25, 273.29, 273.30, 273.18, 273.30, 273.18, 27...
$ Tdew..degC.      <dbl> -0.44, -0.41, -0.36, -0.36, -0.50, -0.33, -0.52, -0.55, -0...
$ rh....           <dbl> 96.9, 97.0, 97.0, 96.9, 96.8, 97.1, 96.6, 96.7, 96.3, 96.4...
$ VPmax..mbar.     <dbl> 6.10, 6.11, 6.13, 6.14, 6.09, 6.14, 6.09, 6.07, 5.93, 5.81...
$ VPact..mbar.     <dbl> 5.91, 5.93, 5.95, 5.95, 5.89, 5.96, 5.88, 5.87, 5.71, 5.60...
$ VPdef..mbar.     <dbl> 0.19, 0.18, 0.18, 0.19, 0.19, 0.18, 0.21, 0.20, 0.22, 0.21...
$ sh..g.kg.        <dbl> 3.69, 3.70, 3.71, 3.71, 3.68, 3.72, 3.67, 3.66, 3.56, 3.49...
$ H2OC..mmol.mol.  <dbl> 5.92, 5.94, 5.96, 5.96, 5.90, 5.97, 5.88, 5.87, 5.71, 5.60...
$ rho..g.m..3.     <dbl> 1271.32, 1271.16, 1270.97, 1270.93, 1271.54, 1270.93, 1271...
$ wv..m.s.         <dbl> 1.16, 1.01, 0.80, 0.77, 0.84, 0.33, 0.36, 0.29, 0.18, 0.29...
$ max..wv..m.s.    <dbl> 2.04, 2.12, 1.52, 1.64, 1.92, 0.84, 0.76, 0.84, 0.40, 0.88...
$ wd..deg.         <dbl> 192.40, 211.60, 203.80, 184.20, 200.10, 159.80, 163.50, 39...
```

数据集一共有 52 259 条记录，15 个特征变量，除了第一个特征属于因子型变量，其他特征均为数值型变量。

绘制随时间变化的温度（以摄氏度为单位）曲线图，如图 7-12 所示。

```
> ggplot(data = data,aes(x = 1:nrow(data),y = `T..degC.`)) +
+    geom_line(color = 'blue',size = 1) +
+    theme_bw()
```

从图 7-12 的温度时间曲线可以清楚地看到温度有明显的周期变化，年中温度高于年初和年末。

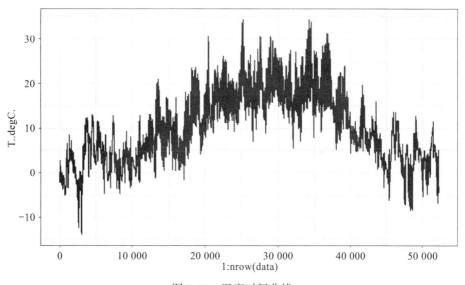

图 7-12　温度时间曲线

我们再来看看前 10 天的温度数据曲线，由于数据每 10 分钟记录一次，因此每天可以获得 144 条记录，前 10 天共有 1440 条记录，曲线如图 7-13 所示。

```
> ggplot(data[1:1440,], aes(x = 1:1440, y = `T..degC.`)) +
+   geom_line(color='purple',size=1) +
+   theme_bw()
```

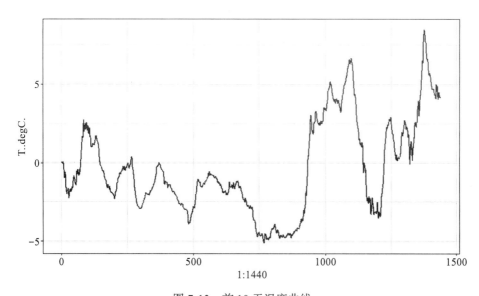

图 7-13　前 10 天温度曲线

从图 7-13 可知，前 10 天的温度变化看起来比较混乱，要准确预测未来 24 小时的温度看来并非易事。

2. 数据处理

我们将使用前 40 000 条记录作为训练集来训练样本。由于各特征变量的数值范围差异比较大，我们首先进行数据标准化处理，此处采用 z-score 标准化。

```
> # 使用训练数据集的均值和标准差对整体数据进行标准化处理
> data <- data.matrix(data[,-1])                    # 剔除时间列
> train_data <- data[1:40000,]                      # 筛选训练集
> mean <- apply(train_data, 2, mean)                # 计算训练集各特别变量均值
> std <- apply(train_data, 2, sd)                   # 计算训练集各特别变量标准差
> data <- scale(data, center = mean, scale = std)   # 对所有记录进行 z-score 标准化
```

接下来生成一个数据生成器，用于生成适合 GRU 模型的训练集、验证集和测试集。创建数据生成器的程序代码如下。

```
> generator <- function(data, lookback, delay, min_index, max_index,
+                        shuffle = FALSE, batch_size = 128, step = 6) {
+    if (is.null(max_index))
+        max_index <- nrow(data) - delay - 1
+    i <- min_index + lookback
+    function() {
+      if (shuffle) {
+        rows <- sample(c((min_index+lookback):max_index), size = batch_size)
+      } else {
+        if (i + batch_size >= max_index)
+          i <<- min_index + lookback
+        rows <- c(i:min(i+batch_size-1, max_index))
+        i <<- i + length(rows)
+      }
+
+      samples <- array(0, dim = c(length(rows),
+                                  lookback / step,
+                                  dim(data)[[-1]]))
+      targets <- array(0, dim = c(length(rows)))
+
+      for (j in 1:length(rows)) {
+        indices <- seq(rows[[j]] - lookback, rows[[j]]-1,
+                    length.out = dim(samples)[[2]])
+        samples[j,,] <- data[indices,]
+        targets[[j]] <- data[rows[[j]] + delay,2]
+      }
+      list(samples, targets)
+    }
+ }
```

数据生成器各参数描述如下。

❏ data：原始的数值型数组（经过标准化后的数据）。

❏ lookback：输入数据应返回多少时间步长。

❏ delay：目标是未来多少时间范围内。

❏ min_index/max_index：data 数组中的索引，用于分割要绘制的时间步长。

❏ shuffle：是否需要对样本进行重新洗牌，即打乱样本原有次序。

❏ step：采样数据的时间段（以时间步长为单位），将设置为 6 以便每小时绘制 1 个数据点。

generator() 函数将返回一个包含（samples,targets）的列表。

使用 generator() 函数来实例化三个生成器：前 40 000 条记录用于训练、40 001～46 000 条记录用于验证，剩下的记录用于测试。

```
> lookback <- 1440
> step <- 6
> delay <- 144
> batch_size <- 128
> # 创建三个实例化生成器
> min_index <- c(1,40001 ,46001)
> max_index <- c(40000,46000,NULL)
> dataset <- c('train_gen','val_gen','test_gen')
> for(i in 1:3){
+     assign(dataset[i],generator(
+     data,
+     lookback = lookback,
+     delay = delay,
+     min_index = min_index[i],
+     max_index = max_index[i],
+     shuffle = TRUE,
+     step = step,
+     batch_size = batch_size
+   ))
+ }
> val_steps <- (46000 - 40001 - lookback) / batch_size
>
> test_steps <- (nrow(data) - 46001 - lookback) / batch_size
```

3. GRU 建模

接下来，我们构建一个一层 GRU 网络的模型。神经元数量设置为 32，紧接一个密集层作为输出层，神经元数量为 1。因为是预测模型，所以不需要指定激活函数。编译模型时，采用 RMSProp 优化器，MAE 作为损失函数。

```
> model <- keras_model_sequential() %>%
+   layer_gru(units = 32,
+             input_shape = list(NULL, dim(data)[[-1]])) %>%
+   layer_dense(units = 1)
```

```
>
> model %>% compile(
+   optimizer = optimizer_rmsprop(),
+   loss = "mae"
+ )
>
> history <- model %>% fit_generator(
+   train_gen,
+   steps_per_epoch = 30,
+   epochs = 20,
+   validation_data = val_gen,
+   validation_steps = val_steps
+ )
Epoch 1/20
30/30 [==============================] - 402s 13s/step - loss: 0.3263 - val_loss: 0.2589
Epoch 2/20
30/30 [==============================] - 396s 13s/step - loss: 0.2926 - val_loss: 0.2725
......
Epoch 19/20
30/30 [==============================] - 356s 12s/step - loss: 0.2424 - val_loss: 0.2690
Epoch 20/20
30/30 [==============================] - 368s 12s/step - loss: 0.2379 - val_loss: 0.2695
```

使用 save_model_hdf5() 函数将训练好的模型保存到本地。

```
> model %>% save_model_hdf5('../model/gru_model.h5')
```

绘制训练集和验证集的损失曲线，如图 7-14 所示。

```
> plot(history)
```

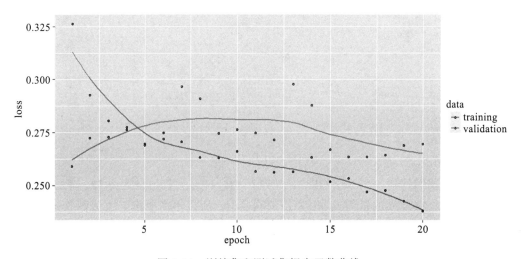

图 7-14   训练集和测试集损失函数曲线

从图 7-14 可知，当 epoch 大于 10 时，训练集和验证集的 mae 值均逐步减少，当 epoch

为 20 时，验证集的 mae 值为 0.27，可尝试增加 steps_per_epoch 值对模型进一步调优。

7.4　本章小结

本章介绍了三种循环神经网络的基本原理及其 Keras 实现，并利用实例对各自的用法进行了讲解。读者需重点掌握长短期记忆模型（LSTM），该模型是目前在时序数据建模时常用的技术之一。

第 8 章

自 编 码 器

到目前为止，我们学习的深度学习网络均用在有监督学习的场景中。有监督学习一般分为分类和回归两种类型，两者的主要区别是目标变量（预测变量 Y）的类型不同，即离散型与连续型，例如分类是基于类标号的训练集数据建立分类模型并使用其对新观测值（测试数据集）进行分类的算法。在无监督学习中，类似分类和回归中的目标变量事先并不存在，即入模变量都是处于相同的地位，训练的目的是从这些自变量 X 中发现规律。

深度学习中的自编码器（又称自编码网络）和生成对抗网络均属于无监督学习方法。从本章开始，我们一起来学习深度学习中的无监督学习。本章会详细介绍自编码器，下一章将介绍生成对抗网络。

8.1 自编码器介绍

自编码器（Auto Encoder，AE）是一种基于无监督学习的数据维度压缩和特征表达方法，是一种利用反向传播算法使得输出值等于输入值的神经网络。它先将输入压缩成潜在空间表征，然后将这种表征重构为输出。自编码器必须捕捉可以代表输入数据的最重要的因素，就像主成分分析（PCA）那样，将原始变量通过正交变换得到一组线性不相关的变量，利用方差贡献率找到可以代表原信息的主要成分。

从本质上讲，自编码器是一种数据压缩算法，其压缩和解压算法都是通过神经网络来实现的。自编码器有如下三个特点。

❑ 数据相关性：这意味着自编码器只能压缩那些与训练数据类似的数据。比如我们使用猫狗图像训练出来的自编码器来解压花图像，效果肯定会不理想。

❑ 数据有损性：这意味着自编码器在解压时得到的输出与原始输入相比会有信息损失。

❏ 自动学习性：自编码器是从数据样本中自动学习的，这意味着很容易对指定类的输入训练出一种特定的编码器。

目前，自编码器的应用主要体现在以下几个方面。

❏ 数据去噪：构建一种能够重构输入样本并进行特征表达的神经网络。特征表达是指对于分类会发生变动的不稳定模式，神经网络也能将其转换成可以准确识别的特征。当样本中包含噪声时，能够消除噪声的神经网络被称为降噪自编码器（Denoising Auto Encoder，DAE）；在自编码器中加上正则化限制的神经网络被称为稀疏自编码器（Sparse Auto Encoder，SAE）。

❏ 为可视化降维：自编码器在适当的维度和系数约束下可以学习到比 PCA 等技术更有意义的数据映射。可视化高维数据的一个好办法是首先使用自编码器将维度降低到较低的水平，再使用 t-SNE 将其投影在 2D 平面上。

❏ 构建深层神经网络：训练深层神经网络时，通过自编码器训练样本得到参数初始值。得到参数初始值是指在深层神经网络中得到最优参数。一个深层神经网络，即使使用误差反向传播算法，也很难把误差梯度有效地反馈到底层，这样就会导致神经网络训练困难。所以，可以使用自编码器计算每层的参数，并将其作为神经网络的参数初始值逐层训练，以便得到更加完善的神经网络模型。

8.1.1　自编码器的基本结构

通过以下三个步骤可以构建一个自编码器：搭建编码器，搭建解码器，设定一个用于衡量由于压缩而丢失信息的损失函数。编码器和解码器一般都是参数化的方程，并关于损失函数可导。典型情况是使用神经网络搭建编码器和解码器，并通过最小化损失函数来优化编码器和解码器参数，所以自编码器又称为自编码网络。构建自编码器的流程如图 8-1 所示。

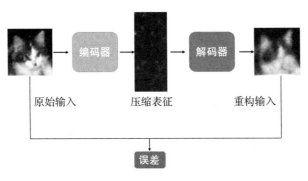

图 8-1　构建自编码器

如图 8-1 所示，将原始特征输入编码器，能将输入压缩成潜在空间表征。那么怎么知道这个表征表示的就是输入呢？可以在后面加一个解码器（decoder），这时解码器能重构来自潜在空间表征的输入。因为无标签数据，所以误差就是直接对比重构后的数据与原输入数据得到的。

自编码器是一种基于无监督学习的三层正向反馈神经网络，目的在于通过不断调整参数，重构经过维度压缩的输入样本。与多层感知器非常相似，自编码网络包含一个输入层、隐藏层和输出层，其结构如图 8-2 所示。

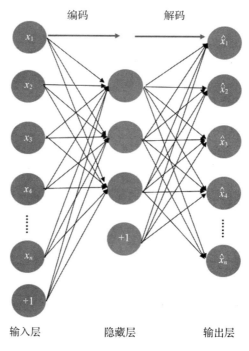

图 8-2　自编码器网络结构

从图 8-2 可知，输入层的神经元数量与输出层的神经元数量是相同的。输入层到隐藏层的映射被称为编码器，隐藏层到输出层的映射被称为解码器。先通过编码器得到压缩后的向量，再通过解码器将压缩后的向量重构回原来的输入。

8.1.2　使用 Keras 建立简单自编码器

自编码器的基本结构中只有三个网络层，即只有一个隐藏层。它的输入和输出是相同的，可通过使用 Adam 优化器和均方误差损失函数来学习如何重构输入。

下面构建一个针对彩色图像的基本自编码器。在这里，输入维度为 2352（28×28×3），隐藏层的神经元数量为 768。因隐藏层维度小于输入维度，故称这个自编码器是有损的，以迫使神经网络来学习数据的压缩表征。

以下程序代码用于构建简单自编码器。

```
> library(keras)
> input_size = 28*28*3
> hidden_size = 16*16*3
> output_size = 28*28*3
>
> x = layer_input(shape = c(input_size))
> # 编码器
> h = layer_dense(x,hidden_size,activation = 'relu')
> # 解码器
> r = layer_dense(h,output_size,activation = 'sigmoid')
> # 构建自编码器
> autoencoder = keras_model(inputs = x,outputs = r)
> autoencoder %>% compile(optimizer='adam', loss='mse')
```

我们已经在 cats 目录中收集了 2500 张猫的照片，前 20 张图像如图 8-3 所示。

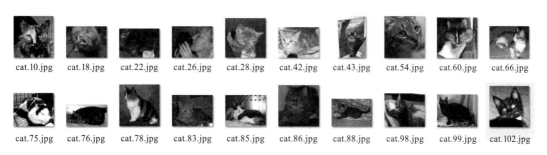

图 8-3   前 20 张猫的图像

首先定义一个用于图像数据读入及转换的函数。功能包括在读入图像时将图像的大小规定为（28, 28）；利用 image_to_array() 函数将 PIL 格式转换为数组，并进行标准化处理；再利用 array_reshape() 函数将数组从三维变为四维。

```
> image_loading <- function(image_path) {
+   image <- image_load(image_path,target_size=c(28,28))
+   image <- image_to_array(image) / 255
+   image <- array_reshape(image, c(1, dim(image)))
+   return(image)
| }
```

利用 image_loading() 函数将 2500 张猫图像读入 R 中。因为 lapply() 函数得到的结果是列表，所以需要再次利用 array_reshape() 函数将列表转换为四维数组。

```
> image_paths <- list.files('../data/cats',
+                           pattern = '.jpg',
+                           full.names = TRUE)
> cat_tensors <- lapply(image_paths, image_loading)
> cat_tensors <- array_reshape(cat_tensors,
+                           c(length(cat_tensors),28,28,3))
```

```
> dim(cat_tensors)
[1] 2500   28   28    3
```

利用 plot() 函数查看前 20 张图像，如图 8-4 所示。

```
> par(mfrow=c(2,10))
> for(i in 1:20) {
+    plot(as.raster(cat_tensors[i,,,]))
+ }
> par(mfrow=c(1,1))
```

图 8-4   前 20 张图像

在建模前，对数据进行分区，将前 2000 张图像数据作为训练集，后 500 张图像数据作为测试集。由于我们构建的是全连接神经网络，所以需要将图像数据维度变为一维。

```
> # 数据拆分
> X_train <- cat_tensors[1:2000,,,]
> X_test <- cat_tensors[2001:2500,,,]
> # 形状改变
> X_train_flatten <- array_reshape(X_train,dim = c(2000,28*28*3))
> X_test_flatten <- array_reshape(X_test,dim = c(500,28*28*3))
```

利用 fit() 函数进行简单自编码器训练，由于训练的目的是尽可能重构其原始输入，所以参数 x、y 均为 X_train_flatten 对象。此外，将参数 epochs 和 batch_size 都设为 50。训练周期的损失函数曲线如图 8-5 所示。

```
> epochs = 50
> batch_size = 50
> history = autoencoder %>%
+    fit(X_train_flatten, X_train_flatten,
+        batch_size=batch_size,
+        epochs=epochs, verbose=2,
+        validation_data=list(X_test_flatten,X_test_flatten))
Train on 2000 samples, validate on 500 samples
Epoch 1/50
2000/2000  - 5s 3ms/sample - loss: 0.0583 - val_loss: 0.0478
Epoch 2/50
2000/2000  - 2s 1ms/sample - loss: 0.0424 - val_loss: 0.0392
......
Epoch 49/50
2000/2000  - 2s 1ms/sample - loss: 0.0113 - val_loss: 0.0167
Epoch 50/50
```

```
2000/2000  - 2s 1ms/sample - loss: 0.0112 - val_loss: 0.0161
> plot(history)
```

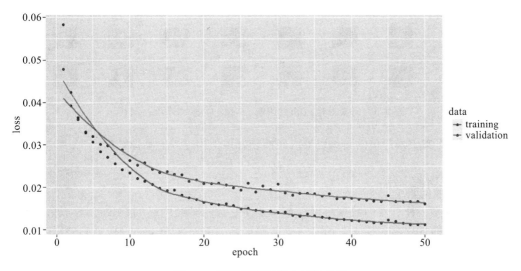

图 8-5　训练周期的损失函数曲线

利用 save_model_hdf5() 函数将训练好的模型保存到本地。

```
> autoencoder %>% save_model_hdf5('../models/base_autoencoder.h5')
```

利用 evaluate() 函数评估模型效果。

```
> score <- autoencoder %>%
+   evaluate(X_test_flatten,X_test_flatten,verbose = 2)
500/1 - 1s - loss: 0.0162
> score
      loss
0.01618699
```

模型对测试集的均方误差为 0.0162。

利用 predict() 函数对测试集的每个图像数据进行预测，并绘制前 10 张原始图像及重构后的图像，如图 8-6 所示。

```
> # 模型预测
> decoded_imgs = autoencoder %>% predict(X_test_flatten)
> decode_imgs_reshape <- array_reshape(decoded_imgs,
+                                     dim = c(dim(decoded_imgs)[1],28,28,3))
> # 绘制前 10 张原始图像和重构后的图像
> par(mfrow=c(2,10))
> for(i in 1:10){
+   plot(as.raster(X_test[i,,,]))
+ }
> for(j in 1:10){
```

```
+     plot(as.raster(decode_imgs_reshape[j,,,]))
+   }
> par(mfrow=c(1,1))
```

图 8-6   将原始输入和重构输入的前 10 张图像进行对比

从图 8-6 可知，最简单的自编码器已经能较好地重构输入的图像数据。

8.1.3   稀疏自编码器

自编码器是一种有效的数据维度压缩算法。它会对神经网络的参数进行训练，使输出层尽可能如实地重构输入样本。但是，隐藏层的神经元个数太少会导致神经网络很难重构样本，而神经元个数太多又会产生冗余，降低压缩效率。为了解决这个问题，可以在自编码器的基础上增加 L1 的限制（L1 主要是约束每一层中的神经元大部分为 0，只有少数不为 0），从而得到稀疏自编码器。通过增加正则化项，大部分神经元的输出都变为了 0，这样就能利用少数神经元有效完成压缩或重构。稀疏自编码器的网络结构如图 8-7 所示。

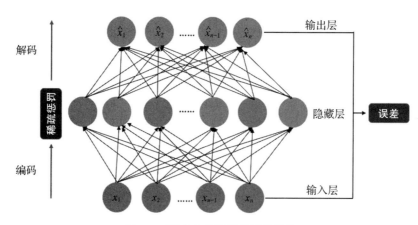

图 8-7   稀疏自编码器的网络结构

如图 8-7 所示，通过设置隐藏神经元的数量远远大于输入神经元的数量，建立输入向量 X 的一个非线性映射，然后通过增加稀疏约束来学习数据的稀疏表示。最受欢迎的稀疏约束是 KL（Kullback-Leibler）散度。

增加了稀疏约束后的自编码器的损失函数定义如下：

$$L_{\text{sparse}} = L(x, \hat{x}) + \beta \sum_j KL(\rho \| \hat{\rho}_j)$$

其中，*KL* 表示 *KL* 散度，定义如下：

$$KL(\rho \| \hat{\rho}_j) = \rho \log \frac{\rho}{\hat{\rho}_j} + (1-\rho) \log \frac{1-\rho}{1-\hat{\rho}_j}$$

其中 ρ 表示网络中神经元的期望激活程度（若激活函数为 Sigmoid，此值可设为 0.05，表示大部分神经元未激活）。$\hat{\rho}_j$ 表示在所有训练样本中隐藏层第 j 个神经元的平均激活程度，其公式如下：

$$\hat{\rho}_j = \frac{1}{m} \sum_i [a_j(x_i)]$$

其中 x_i 表示第 i 个训练样本。

在 Keras 中，我们可以通过参数 activity_regularizer 达到对某层激活值进行约束的目的。对上一小节的简单自编码器，我们在隐藏层中加入 *L*1 正则化，作为优化阶段中损失函数的惩罚项。与简单自编码器相比，这样操作后的数据表征更为稀疏。

以下是构建稀疏自编码器的代码。

```
> input_size = 28*28*3
> hidden_size = 28*32*3
> output_size = 28*28*3
> x = layer_input(shape = c(input_size))
> # 编码器, 增加 L1 正则化
> h = layer_dense(x,hidden_size,activation = 'relu',
+                 activity_regularizer = regularizer_l1(10e-5))
> # 解码器
> r = layer_dense(h,output_size,activation = 'sigmoid')
> # 构建稀疏自编码器
> sae = keras_model(inputs = x,outputs = r)
> sae %>% compile(optimizer='adam', loss='mse')
```

因为我们添加了正则性约束，所以模型过拟合的风险降低。在对模型训练时，我们将参数 epochs 调整为 100。训练周期的损失函数曲线如图 8-8 所示。

```
> epochs = 100
> batch_size = 50
> history1 = sae %>%
+     fit(X_train_flatten, X_train_flatten,
+         batch_size=batch_size,
+         epochs=epochs, verbose=2,
+         validation_data=list(X_test_flatten,X_test_flatten))
Train on 2000 samples, validate on 500 samples
Epoch 1/100
2000/2000 - 8s - loss: 0.0730 - val_loss: 0.0670
Epoch 2/100
2000/2000 - 6s - loss: 0.0621 - val_loss: 0.0580
......
Epoch 99/100
2000/2000 - 6s - loss: 0.0314 - val_loss: 0.0329
```

```
Epoch 100/100
2000/2000 - 6s - loss: 0.0314 - val_loss: 0.0328
> plot(history1)
```

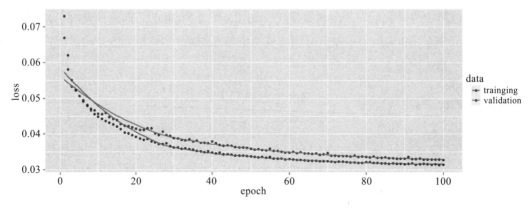

图 8-8　稀疏自编码器的损失函数曲线

如图 8-8 所示，由于增加了 L1 正则化，所以训练集和测试集的拟合曲线更加贴近。
利用 save_model_hdf5() 函数将训练好的模型保存到本地。

```
> sae %>% save_model_hdf5('../models/sparse_autoencoder.h5')
```

利用 evaluate() 函数评估模型效果。

```
> score <- sae %>%
+   evaluate(X_test_flatten,X_test_flatten,verbose = 0)
> score
     loss
0.03278651
```

模型对测试集的均方误差为 0.0328，效果不如简单自编码器。

利用 predict() 函数对测试集的每个图像数据进行预测，并绘制前 10 张的原始图像及重
构后的图像，如图 8-9 所示。

```
> # 模型预测
> decoded_imgs = sae %>% predict(X_test_flatten)
> decode_imgs_reshape <- array_reshape(decoded_imgs,
+                                       dim = c(dim(decoded_imgs)[1],28,28,3))
> # 绘制前10张原始图像和重构后的图像
> par(mfrow=c(2,10))
> for(i in 1:10){
+   plot(as.raster(X_test[i,,,]))
+ }
> for(j in 1:10){
+   plot(as.raster(decode_imgs_reshape[j,,,]))
+ }
> par(mfrow=c(1,1))
```

图 8-9 原始输入和重构输入的前 10 张图像对比

如图 8-9 所示，稀疏自编码器对重构猫图像数据的效果并不理想，连猫咪的轮廓都不能识别。

8.1.4 降噪自编码器

降噪自编码器（DAE）是在自编码器的基础上，对训练数据加入噪声，它是 AE 的变体。自编码器必须学习去除这种噪声而获得真正没有被噪声污染过的输入，也就是学习对输入信号更加鲁棒的表达，这也是它的泛化能力比一般编码器强的原因。DAE 可以通过梯度下降算法训练，其结构如图 8-10 所示。

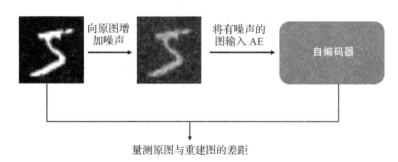

图 8-10 降噪自编码器的结构

如图 8-10 所示，降噪自编码器的网络结构与自编码器一样，只是对训练方法进行了改进。自编码器是把训练样本直接输入给输入层，而降噪自编码器是把向训练样本中加入随机噪声得到的样本输入给输入层。

我们继续以猫图像数据为例，讲解如何在 Keras 中实现降噪自编码器。我们先给输入数据增加噪声。引入噪声的方法很多，这里我们向原图像加入高斯噪声，然后把像素值进行 [0,1] 标准化。

```
> # 创建噪声数据
> noise_factor <- 0.1
> X_train_noisy <- X_train +
+   noise_factor * array_reshape(rnorm(dim(X_train)[1]*28*28*3),
+                                dim = dim(X_train))
> X_test_noisy <- X_test +
+   noise_factor * array_reshape(rnorm(dim(X_test)[1]*28*28*3),
+                                dim = dim(X_test))
```

```
> # 标准化处理
> X_train_noisy <- (X_train_noisy-min(X_train_noisy)) /
+   (max(X_train_noisy)-min(X_train_noisy))
> X_test_noisy <- (X_test_noisy-min(X_test_noisy)) /
+   (max(X_test_noisy)-min(X_test_noisy))
```

查看增加噪声前后的 10 张图像，如图 8-11 所示。

```
> # 查看前 10 张图像
> par(mfrow=c(2,10))
> for(i in 1:10) {
+   plot(as.raster(X_train[i,,,]))
+ }
> for(i in 1:10){
+   plot(as.raster(X_train_noisy[i,,,]))
+ }
> par(mfrow=c(1,1))
```

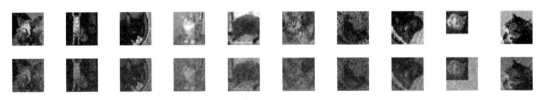

图 8-11　增加噪声前后的 10 张图像对比

　　当输入是图像时，卷积神经网络的预测能力基本会优于其他神经网络。在实际工作中，用于处理图像的自编码器几乎都可以用卷积自编码器。卷积自编码器的编码器部分由卷积层和 MaxPooling 层构成，MaxPooling 负责空域下采样；而解码器由卷积层和上采样层构成。

　　以下是利用卷积神经网络构建卷积自编码器的代码，由于我们输入的是彩色图像，所以需要将解码器最后一层的神经元数量设置为 3。

```
> # 构建神经网络
> x <- layer_input(shape = c(28,28,3))
> # 编码器
> h <- x %>%
+   layer_conv_2d(32,c(3,3),activation = 'relu',padding = 'same') %>%
+   layer_max_pooling_2d(c(2,2),padding = 'same') %>%
+   layer_conv_2d(32,c(3,3),activation = 'relu',padding = 'same') %>%
+   layer_max_pooling_2d(c(2,2),padding = 'same')
> # 解码器
> r <- h %>%
+   layer_conv_2d(32,c(3,3),activation = 'relu',padding = 'same') %>%
+   layer_upsampling_2d(c(2,2)) %>%
+   layer_conv_2d(32,c(3,3),activation = 'relu',padding = 'same') %>%
+   layer_upsampling_2d(c(2,2)) %>%
+   layer_conv_2d(3,c(3,3),activation = 'sigmoid',padding = 'same')
> dae <- keras_model(inputs = x,outputs = r)
```

```
> dae %>% compile(optimizer='adam', loss='mse')
```

模型构建后，就可以使用 fit() 函数进行模型训练，注意此时参数 x 为增加噪声后的测试数据集，参数 y 为原始测试数据集。降噪自编码器的损失函数曲线如图 8-12 所示。

```
> # 训练模型
> epochs = 100
> batch_size = 50
>
> history = dae %>% fit(X_train_noisy, X_train,
+                        batch_size=batch_size, epochs=epochs, verbose=2,
+                        validation_data=list(X_test_noisy, X_test))
Train on 2000 samples, validate on 500 samples
Epoch 1/100
2000/2000 - 7s - loss: 0.0151 - val_loss: 0.0154
Epoch 2/100
2000/2000 - 6s - loss: 0.0148 - val_loss: 0.0148
......
Epoch 99/100
2000/2000 - 6s - loss: 0.0104 - val_loss: 0.0107
Epoch 100/100
2000/2000 - 6s - loss: 0.0103 - val_loss: 0.0108
> plot(history)
```

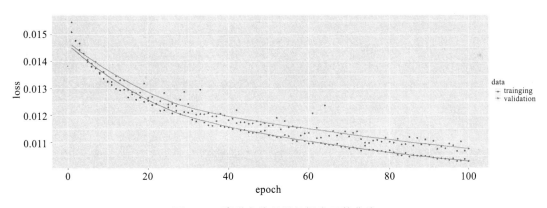

图 8-12 降噪自编码器的损失函数曲线

利用 save_model_hdf5() 函数将训练好的模型保存到本地。

```
> dae %>% save_model_hdf5('../models/denoising_autoencoder.h5')
```

利用 predict() 函数对测试集的每个图像数据进行预测，并绘制前 10 张的原始图像，增加噪声后的图像以及重构后的图像，如图 8-13 所示。

```
> # 模型预测
> decoded_imgs <- dae %>% predict(X_test_noisy)
>
> # 查看前 10 张图像
```

```
> par(mfrow=c(3,10))
> for(i in 1:10) {
+    plot(as.raster(X_test[i,,,]))
+ }
> for(i in 1:10){
+    plot(as.raster(X_test_noisy[i,,,]))
+ }
> for(i in 1:10){
+    plot(as.raster(decoded_imgs[i,,,]))
+ }
> par(mfrow=c(1,1))
```

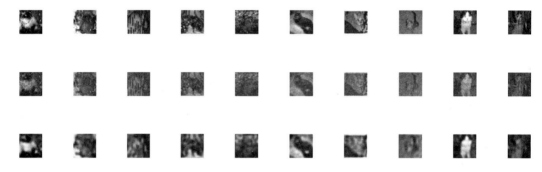

图 8-13　原始输入、增加噪声输入、重构输入的前 10 张图像对比

从图 8-13 可知，虽然往原始图像中增加了噪声，但是卷积自编码器还是基本能把各张图像中猫的大致轮廓识别出来。考虑到仅仅使用了 2000 张照片用于模型训练，读者可以尝试加入更多猫图像数据或者使用数据增强技术来提高降噪自编码器的预测能力。

8.1.5　栈式自编码器

自编码器、稀疏自编码器以及降噪自编码器都是包括编码器和解码器的三层结构，但在进行维度压缩时，可以只包括输入层和隐藏层。把输入层和隐藏层多层堆叠后，就可以得到栈式自编码器（Stacked Autoencoder，SA）。栈式自编码器就是在简单自编码器的基础上，增加其隐藏层的深度，以获得更好的特征提取能力和训练效果。深度网络的每一层都是一个编码器，在这个编码器中，每一层的输出连接到下一层的输入。为了紧凑地表示，隐藏层中神经元数量往往变得越来越小。

栈式自编码器是由一个多层稀疏自编码器做成的神经网络，其前一层自编码器的输出作为后一层自编码器的输入。拥有两个隐藏层的栈式自编码器如图 8-14 所示。

如图 8-14 所示，首先训练第一个自编码器，然后保留第一个自编码器的编码器部分，并把第一个自编码器的隐藏层作为第二个自编码器的输入层进行训练。通过多层堆叠，栈式自编码器能有效地完成输入模型的压缩。以手写数字为例，第一层自编码器能捕捉部分字符，第二层编码器能捕捉部分字符的组合，这样就能逐层完成低维到高维的特征提取。

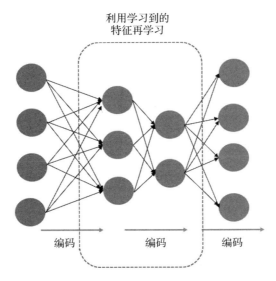

图 8-14　拥有两个隐藏层的栈式自编码器

栈式自编码器就是一个无监督预训练、有监督微调进行训练的神经网络模型。栈式自编码器训练数据基本分为以下两个步骤。

❑ 预训练阶段。栈式自编码器和多层神经网络都能得到有效的参数，所以我们可以把训练后的参数作为神经网络或者卷积神经网络的参数初始值，这种方法叫作预训练。模型本身就是一系列自编码器，并且是逐层训练这些自编码器。首先，选取多层神经网络的输入层和第一个隐藏层，组成一个自编码器，然后先正向传播，再进行反向传播，计算输入与重构结果的误差，调整参数，使误差收敛于极小值。接下来，训练输入层与第一个隐藏层的参数，把正向传播的值作为输入，训练其与第二个隐藏层之间的参数，然后调整参数，使第一个隐藏层的值与第二个隐藏层反向传播的值之间的误差收敛于极小值。这样，对第一个隐藏层的重构就完成了。对网络的所有层进行预训练后，可以得到神经网络的参数初始值。

❑ 微调阶段。截至目前，我们一直是引用无监督学习，接下来需要使用有监督学习来调整整个网络的参数，这也叫作微调。如果不实施预训练，而是使用随机数初始化网络参数，网络训练可能会无法顺利完成。实施预训练后，可以得到能够更好地表达训练对象的参数，使得训练过程更加顺利。

栈式自编码器通常是隐藏层对称的，又称为深度自编码器。深度自编码器首先用受限玻尔兹曼机（Restricted Boltzmann Machine）进行逐层预训练，得到初始的权值与偏置（权值与偏置的更新过程用对比散度 CD-1 算法实现）。然后，自编码得到重构数据，通过 BP 算法进行全局微调权值与偏置（权值与偏置的更新过程用 Polak-Ribiere 共轭梯度法实现）。一般来讲，深度自编码器是关于隐藏层对称的，图 8-15 是一个 5 层的、拥有两个编码器和两个解码器的深度自编码器架构。

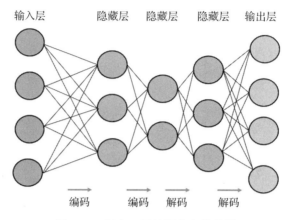

图 8-15　拥有 5 层的深度自编码器

接下来，我们构建一个 5 层深度自编码器，对 Fashion-MNIST 图像数据集（其涵盖了来自 10 种类别的共 7 万个不同商品的灰色图片）进行自编码。深度自编码器各层的神经元数量如图 8-16 所示。

图 8-16　各层神经元数量

下述代码首先构建一个 5 层深度自编码器，隐藏层使用 ReLU 激活函数，输出层使用 Sigmoid 函数；在编译网络时，使用 Adam 为优化器，Mean_Square_Error 为目标函数。

```
> # 构建模型
> input_img <- layer_input(shape = c(784))
> encoded <- input_img %>%
+   layer_dense(units = 128,activation = 'relu') %>%
+   layer_dense(units = 64,activation = 'relu')  # 编码器
> decoded <- encoded %>%
+   layer_dense(units = 128,activation = 'relu') %>%
+   layer_dense(units = 784,activation = 'sigmoid') # 解码器
> deep_autoencoder <- keras_model(inputs = input_img,
+                                 outputs = decoded)
> # 编译模型
> deep_autoencoder %>%
+   compile(optimizer = 'adam',loss='mse')
```

训练模型时，我们将 epochs 设为 50，batch_size 设为 256。模型训练好后，使用 save_model_hdf5() 函数将其保存到本地。

```
> # 数据处理
> mnist <- dataset_fashion_mnist()
```

```
> x_train <- mnist$train$x
> x_test <- mnist$test$x
> # 数据标准化
> x_train <- x_train / 255
> x_test <- x_test / 255
> # 将形状 (samples,28,28) 变成 (samples,784)
> x_train <- array_reshape(x_train,dim = c(nrow(x_train),784))
> x_test <- array_reshape(x_test,dim = c(nrow(x_test),784))
> # 训练模型
> history <- deep_autoencoder %>%
+   fit(x_train,x_train,
+       epochs = 50,
+       batch_size = 256,
+       shuffle = TRUE,
+       verbose = 2,
+       validation_data=list(x_test,x_test))
Train on 60000 samples, validate on 10000 samples
Epoch 1/50
60000/60000 - 5s - loss: 0.0439 - val_loss: 0.0237
Epoch 2/50
60000/60000 - 3s - loss: 0.0202 - val_loss: 0.0181
......
Epoch 49/50
60000/60000 - 2s - loss: 0.0080 - val_loss: 0.0083
Epoch 50/50
60000/60000 - 3s - loss: 0.0080 - val_loss: 0.0081
> # 保存模型
> deep_autoencoder %>% save_model_hdf5('../models/deep_autoencoder.h5')
```

最后，让我们利用训练好的深度自编码器对 x_test 进行预测，并对比前 10 张数字图像，如图 8-17 所示。

```
> # 模型预测
> dae_imgs <- deep_autoencoder %>% predict(x_test)
>
> # 查看前 10 张图像
> par(mfrow=c(2,10))
> for(i in 1:10) {
+     plot(as.raster(array_reshape(x_test[i,],dim = c(nrow(x_test[i,]),28,28))))
+ }
> for(i in 1:10){
+     plot(as.raster(array_reshape(dae_imgs[i,],dim = c(nrow(dae_imgs[i,]),28,28))))
+ }
> par(mfrow=c(1,1))
```

图 8-17 原始输入和重构输入的前 10 张图像对比

如图 8-17 所示，深度自编码器能很好地还原 Fashion-MNIST 数据集中的 10 种灰色图像。

8.2   实例：使用自编码器预测信用风险

本节将以信用卡欺诈数据为例，希望在建立自编码器时能得到一个正常交易的压缩层。对包含欺诈交易的数据进行预测，如果结果与实际值很类似，说明是正常交易；如果差异大，则可能是欺诈交易。

8.2.1   数据理解

该数据集来源于 Kaggle 网站，一共包含 284 807 条记录和 31 个变量。其中因变量 Class 表示在交易中是否发生欺诈行为（1 表示欺诈交易，0 表示正常交易）。变量 Time 和 Amount 分别表示交易时间间隔和交易金额。其他变量由于数据中涉及敏感信息，已对原始数据作了主成分（PCA）处理，一共包含 28 个主成分。首先将数据读入 R 中，并查看因变量 Class 中各类别的比例差异，判断是否存在不平衡状态。

```
> library(readr)
> df <- read_csv('../data/creditcard.csv',col_types = list(Time = col_number()))
> # 查看因变量 Class 各类别数量
> table(df$Class)

     0      1
284315    492
> # 查看因变量 Class 各类别数量占比
> round(prop.table(table(df$Class)),4)

     0      1
0.9983 0.0017
```

在 284 807 条记录中，仅有 492 条欺诈交易，占比为 0.17%，属于高度不平衡的分类问题。面对这种问题，传统的分类算法通常效果不佳，因为只有很少的稀有类样本，模型的准确率会偏向于多数类别的样本。换句话说，即使不建模，对于这样的二元分类问题，正确猜测某条交易为正常交易的概率值都是 99.83%，而正确猜测交易为欺诈的概率几乎为 0。

传统做法是在建模前将不平衡数据通过抽样技术转换为相对平衡的数据。因为一般二元分类问题，概率划分阈值默认为 0.5，即当样本预测为阳性（1）的概率值大于 0.5 时被预测为正样本（欺诈交易），否则为负样本（正常交易）。此例采用另一种技术，即在训练模型前不对数据进行类失衡问题处理，待模型训练好后，按照预测为阳性（1）的概率值进行降序排列后，再选择最优的划分阈值。

自编码器通常用于降维，学习一组数据的表征。对于这类失衡问题，我们将训练一个自编码器，以对来自训练集中的正常交易记录进行编码。假设欺诈交易与正常交易的分布不同，因此，我们期望自编码器在欺诈交易上的重构误差要比正常交易中的高。这意味着我们可以将重构错误用作指示是否欺诈的指标。

为了使自编码器正常工作，初始有一个很强的假设：自变量的正常交易和欺诈交易的样本分布很不同。我们通过可视化来验证这一点，以下代码实现将各变量数据分布转换为 [0,1] 范围内并绘制分组密度曲线，如图 8-18 所示。

```
> library(tidyr)
> library(dplyr)
> library(ggplot2)
> library(ggridges)
> df %>%
+    gather(variable, value, -Class) %>%
+    ggplot(aes(y = as.factor(variable),
+               fill = as.factor(Class),
+               x = percent_rank(value))) +
+    geom_density_ridges()
```

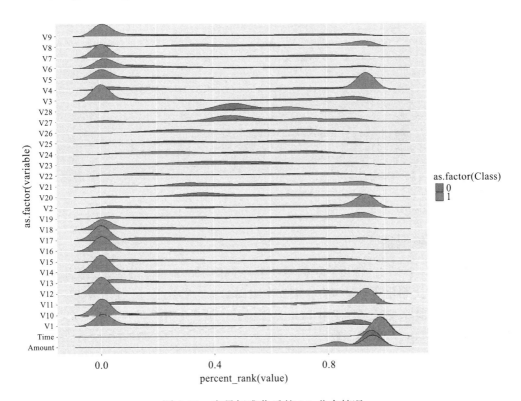

图 8-18　变量标准化后的 0/1 分布情况

从图 8-18 可知，除了时间变量具有完全一致的分布外，欺诈交易的变量数据分布与正常交易相比有很大不同，故该数据适合使用自编码器进行欺诈用户甄别。

8.2.2 数据预处理

在建模前，我们需要对数据进行预处理。由于变量 Time 交易时间间隔对我们模型的意义不大，在做数据预处理前先将其移除。

```
> # 移除 Time 变量
> df <- df[,-1]
```

然后对变量 Amount 交易金额进行标准化处理。

```
> # 标准化数据
> df$Amount <- scale(df$Amount)
```

在建立自编码器前，先将数据分为训练与测试数据集。在构建训练数据集时，我们只包含正常交易记录，因为在建立自编码器时，我们希望得到一个正常交易的压缩层。然后对包含欺诈交易的数据进行预测，如果结果与实际值很类似，说明是正常交易，如果差异大，则可能是欺诈交易。以下代码先提取正常交易的全部数据，并随机选取 80% 作为训练集，将剩下的正常交易和欺诈交易数据作为测试集。

```
> # 将数据分为训练与测试数据集
> set.seed(1234)
> normal <- df[df$Class==0,]                    # 提取正常交易记录
> index <- sample(1:nrow(normal),nrow(normal)*0.8) # 随机抽取 80%
> X_train <- normal[index,]
> X_train$Class <- NULL
> X_test <- rbind(normal[-index,],df[df$Class==1,])
> y_test <- X_test$Class
> X_test$Class <- NULL
> # 将 X_train、X_test 转换成矩阵
> X_train <- as.matrix(X_train)
> X_test <- as.matrix(X_test)
```

8.2.3 构建自编码器

让我们创建一个 5 层的深度自编码器。第一个编码器有 14 个神经元，使用 Tanh 激活函数，并加入 L1 正则化防止过拟合；第二个编码器有 7 个神经元，使用 ReLU 激活函数；第一个解码器有 14 个神经元，使用 Tanh 激活函数；第二个解码器的神经元数量与输入变量数量相同，使用 ReLU 激活函数。

```
> library(keras)
> input_dim <- dim(X_train)[2]
> input_layer <- layer_input(shape = c(input_dim))
> # 编码
> encoder <- input_layer %>%
+   layer_dense(units = 14,activation = 'tanh',
+               activity_regularizer = regularizer_l1(10e-5)) %>%
+   layer_dense(units = 7,activation = 'relu')
```

```
> # 解码
> decoder <- encoder %>%
+   layer_dense(units = 14,activation = 'tanh') %>%
+   layer_dense(units = input_dim,activation = 'relu')
> # 构建深度自编码器
> autoencoder <- keras_model(inputs = input_layer,
+                            outputs = decoder)
```

编译模型时, 优化器选择 Adam, 损失函数选用 mse, 拟合模型时的度量标准为 Accuracy。

```
> # 模型编译
> autoencoder %>% compile(
+   optimizer = 'adam',
+   loss = 'mse',
+   metrics = c('accuracy'))
```

8.2.4 模型训练

现在使用 fit() 函数进行模型训练, 模型训练周期为 10, 每个批次大小为 32。

```
> # 训练模型
> nb_epoch <- 10
> batch_size <- 32
> history <- autoencoder %>% fit(
+   X_train,X_train,
+   epochs = nb_epoch,
+   batch_size  = batch_size,
+   shuffle = TRUE,
+   validation_data = list(X_test,X_test),
+   verbose = 2)
Train on 227452 samples, validate on 57355 samples
Epoch 1/10
227452/227452 - 37s - loss: 0.7748 - accuracy: 0.6412 - val_loss: 0.9591 - val_accuracy: 0.6948
Epoch 2/10
227452/227452 - 37s - loss: 0.7161 - accuracy: 0.7100 - val_loss: 0.9302 - val_accuracy: 0.7161
......
Epoch 9/10
227452/227452 - 37s - loss: 0.6837 - accuracy: 0.7345 - val_loss: 0.9037 - val_accuracy: 0.7322
Epoch 10/10
227452/227452 - 39s - loss: 0.6826 - accuracy: 0.7347 - val_loss: 0.9031 - val_accuracy: 0.7277
```

使用 save_model_hdf5() 函数将训练好的模型保存到本地。

```
> save_model_hdf5(autoencoder,
+                 filepath = '../models/creditCardFraud_model.h5' )
```

8.2.5 模型预测

最后, 使用训练好的自编码器进行预测。运行以下代码对测试集进行预测, 并计算 mse。

```
> pred <- autoencoder %>%
+   predict(X_test)
> mse <- apply((X_test-pred)^2,1,mean)
```

ROC 曲线下的面积（Area Under Curve，AUC）是衡量高度不平衡数据集中模型性能的一个常用指标。我们可以使用 Metrics 扩展包来计算 AUC 值，该包能实现机器学习中常见的各种模型性能评估指标。

```
> # 计算 AUC 值
> if(!require(Metrics)) install.packages("Metrics")
> auc(y_test,mse)
[1] 0.9499112
```

以下代码将均方误差结果与实际标签组成一个误差数据框 error_df，并使用 summary() 函数查看重建后误差的描述统计分析。

```
> # 组成数据框
> error_df <- data.frame('error' = mse,
+                        'true_class' = y_test)
> # 重构误差描述统计分析
> summary(error_df)
     error              true_class
 Min.   :  0.03475   Min.   :0.000000
 1st Qu.:  0.23697   1st Qu.:0.000000
 Median :  0.38278   Median :0.000000
 Mean   :  0.90238   Mean   :0.008578
 3rd Qu.:  0.61761   3rd Qu.:0.000000
 Max.   :276.07437   Max.   :1.000000
```

从描述统计分析结果来看，最大重构误差高达 276，最小重构误差仅 0.035，与实际值几乎无差异。

为了能利用预测结果识别是否为欺诈交易，我们还需要找到 mse 的阈值 k。如果 mse 大于 k，认为该交易是欺诈行为（否则认为是正常的）。我们期望通过阈值 k 尽可能得到高的精度和召回率。但这两个指标是此消彼长的关系，故常用既强调覆盖又强调精准的 F1-Score 指标作为阈值 k 划分好坏的标准。

为了更好地理解精度、召回率和 F1-Score 三个指标，我们将使用混淆矩阵进行阐述。二元分类混淆矩阵如表 8-1 所示。

表 8-1   混淆矩阵

		预测类别	
		1	0
实际类别	1	TP	FN
	0	FP	TN

先对表 8-1 中的 TP、TN、FP、FN 进行解释。

❑ TP（True Positive）：指模型预测为正（1）并且实际上也的确是正（1）的观测对象的数量。

❑ TN（True Negative）：指模型预测为负（0）并且实际上也的确是负（0）的观测对象的数量。

❑ FP（False Positive）：指模型预测为正（1）但是实际上是负（0）的观测对象的数量。

❑ FN（False Negative）：指模型预测为负（0），但是实际上是正（1）的观测对象的数量。

接下来，可以根据混淆矩阵得到精度、召回率、F1-Score、特效性等评估指标。

❑ 精度（Precision）：又叫查准率，模型的精度是指模型正确识别为正（1）的对象占模型识别为正（1）的观测对象总数的比值。公式如下：

$$\frac{TP}{TP+FP}$$

❑ 召回率（Sensitivity）：又叫灵敏度、击中率或真正率，模型正确识别为正（1）的对象占全部观测对象中实际为正（1）的对象数量的比值。公式如下：

$$\frac{TP}{TP+FN}$$

❑ F1-Score：既强调覆盖又强调精准程度，为精度和灵敏性的调和平均。公式如下：

$$F1 = \frac{2(Precision * Specificity)}{Precision + Specificity} = \frac{2TP}{(2TP+FP+FN)}$$

❑ 特效性（Specificity）：又叫真负率，模型正确识别为负（0）的对象占全部观测对象中实际为负（0）的对象数量的比值。公式如下：

$$\frac{TN}{TN+FP}$$

幸运地，我们可以借助 pROC 扩展包快速得到最佳划分的阈值。运行以下代码绘制 ROC 曲线，并在 ROC 曲线中添加 AUC 值、最佳划分阈值，如图 8-19 所示。

```
> # 绘制 ROC 曲线，寻找最佳划分阈值
> library(pROC)
> roc <- roc(error_df$true_class,
+            error_df$error)
Setting levels: control = 0, case = 1
Setting direction: controls < cases
> plot(roc,print.auc=TRUE)
> plot(roc, print.thres="best",
+      print.thres.best.method="closest.topleft",
+      add = TRUE)
```

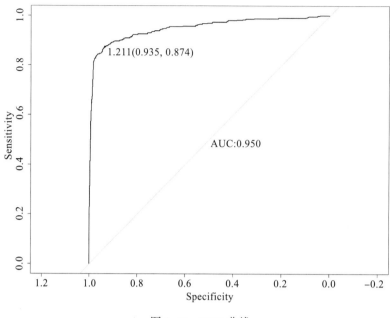

图 8-19　ROC 曲线

从图 8-19 可知，AUC 值为 0.950，mse 的最佳划分阈值为 1.211，此时的特效性为 0.935，召回率为 0.874。

可以得到最佳阈值 1.211 对测试集的交易进行判断，当 mse 值大于 1.211 时为欺诈交易（1），否则为正常交易（0）。

```
> k <- 1.211
> pred_class <- ifelse(mse > 1.211,1,0)
```

利用预测得到的预测标签，手动计算特效性和召回率指标。

```
> # 计算特效性
> specificity <- sum(pred_class==0 & y_test==0) / sum(y_test==0)
> round(specificity,3)
[1] 0.935
> # 计算召回率
> Sensitivity <- sum(pred_class==1 & y_test==1) / sum(y_test==1)
> round(Sensitivity,3)
[1] 0.874
```

得到的结果与图 8-19 中 ROC 曲线绘制的一致。

8.3　实例：使用自编码器建立推荐系统

本节将对电影评价数据集进行数据处理，将其转换为推荐系统适合的评分矩阵数据集，并使用基于物品的协同过滤推荐算法的自编码器建立推荐系统，找到较优的 mae 划分阈值，对用户对电影是否打分进行预测。

8.3.1 数据理解

MovieLens（ml-100k）电影评价数据集是通过 MovieLens（movielens.umn.edu）网站在 1997 年 9 月至 1998 年 4 月的 7 个月收集的。

文件列表如下：

```
ml-100k
ml-100k\allbut.pl
ml-100k\mku.sh
ml-100k\README
ml-100k\u.data
ml-100k\u.genre
ml-100k\u.info
ml-100k\u.item
ml-100k\u.occupation
ml-100k\u.user
ml-100k\u1.base
ml-100k\u1.test
ml-100k\u2.base
ml-100k\u2.test
ml-100k\u3.base
ml-100k\u3.test
ml-100k\u4.base
ml-100k\u4.test
ml-100k\u5.base
ml-100k\u5.test
ml-100k\ua.base
ml-100k\ua.test
ml-100k\ub.base
ml-100k\ub.test
```

其中各文件分析如下。

❑ u.data：完整的数据集文件，943 位用户对 1682 部电影的 100 000 个评分（1～5），每个用户至少评价了 20 部电影。

❑ u.info：用户数、项目数、评价总数。

❑ u.item：电影的信息，由 tab 字符分隔。

❑ u.genre：电影流派信息 0～18 编号。

❑ u.user：用户基本信息。id、年龄、性别、职业、邮编，其中 id 与 u.data 一致。

❑ u1.base：将 u.data 的 80% 作为训练集。

❑ u1.test：将 u.data 剩下的 20% 作为测试集。

运行以下代码将测试集和训练集导入 R 中，数据集一共有 4 列，分别为用户 id、电影 id、用户评分、用户评分时间。

```
> # 读取 MovieLens 数据
> name <- c('userid', 'itemid', 'rating', 'tm')
> training_set <- read.csv("../data/ml-100k/u1.base",sep = "\t",header = F)
> colnames(training_set) <- name
> test_set <- read.csv("../data/ml-100k/u1.test",sep = "\t",header = F)
> colnames(test_set) <- name
```

使用 head() 函数查看训练集和测试集的前六行数据。

```
> # 查看数据前六行
> head(training_set)
  userid   itemid   rating         tm
1      1        1        5  874965758
2      1        2        3  876893171
3      1        3        4  878542960
4      1        4        3  876893119
5      1        5        3  889751712
6      1        7        4  875071561
> head(test_set)
  userid   itemid   rating         tm
1      1        6        5  887431973
2      1       10        3  875693118
3      1       12        5  878542960
4      1       14        5  874965706
5      1       17        3  875073198
6      1       20        4  887431883
```

训练集的第一条记录是 id 为 1 的用户对 id 为 1 的电影打了 5 分，测试集的第一条记录是 id 为 1 的用户对 id 为 6 的电影打了 5 分。

运行以下代码，计算电影数量和用户人数。

```
> # 计算电影数量和用户人数
> n_movies <- max(unique(training_set$itemid),unique(test_set$itemid))
> n_movies
[1] 1682
> n_users <- max(unique(training_set$userid),unique(test_set$userid))
> n_users
[1] 943
```

可见，电影有 1682 部，用户有 943 位，与前文数据描述一致。

8.3.2 数据预处理

用于构建推荐系统模型的数据集应为评分矩阵（ratingMatrix）。ratingMatrix 有两种：realRatingMatrix 和 binaryRatingMatrix。realRatingMatrix 是一个评分矩阵，以真实的评分数据反映在矩阵中，而 binaryRatingMatrix 为布尔矩阵，相当于把 realRatingMatrix 中大于 0 的数值赋予 1，两种形式的评分矩阵中，对电影没有评分则记录的用户为 0。

运行以下代码，将训练数据集由数据框变成布尔矩阵，用户对电影有打分就记录为 1，否则为 0。

```
> # 建立训练数据集矩阵（变成用户有评分则为 1，没有评分为 0 的矩阵）
> training_m <- matrix(0,nrow = n_users,ncol = n_movies,
+           dimnames = list(unique(c(unique(training_set$userid),unique(test_set$userid))),
+                                   unique(c(unique(training_set$itemid),unique(test_set$itemid))))))
> for(i in 1:nrow(training_set)){
+   training_m[training_set[i,1],
+             training_set[i,2]] <- 1
+ }
```

创建好训练集的布尔矩阵后，使用 dim() 查看 training_m 的维度，并查看矩阵前六行六列数据。

```
> # 查看维度
> dim(training_m)
[1]   943 1682
> # 查看矩阵前六行六列
> training_m[1:6,1:6]
  1 2 3 4 5 7
1 1 1 1 1 1 0
2 1 0 0 0 0 0
3 0 0 0 0 0 0
4 0 0 0 0 0 0
5 0 0 0 0 0 0
6 1 0 0 0 0 0
```

training_m 是一个 943 行（用户数量）1682 列（电影数量）的布尔矩阵，1 表示用户对该电影有打分，0 表示用户对此部电影未打分。

同样，我们需要对测试数据集进行相似处理，运行以下代码得到测试集的布尔矩阵。

```
> # 建立测试数据集矩阵
> test_m <- matrix(0,nrow = n_users,ncol = n_movies,
+         dimnames = list(unique(c(unique(training_set$userid),unique(test_set$userid))),
+                                 unique(c(unique(training_set$itemid),unique(test_set$itemid))))))
> for(i in 1:nrow(test_set)){
+   test_m[test_set[i,1],
+         test_set[i,2]] <- 1
+ }
> # 查看维度
> dim(test_m)
[1]   943 1682
```

8.3.3 构建自编码器

推荐系统的算法有很多，包括基于内容推荐、协同过滤推荐、基于规则推荐、基于效用推荐和基于知识推荐等。各种推荐算法都有其优缺点，如表 8-2 所示。

表 8-2 各种推荐算法的优缺点

推荐算法	优 点	缺 点
基于内容推荐	• 推荐结果直观，容易解释 • 不需要领域知识	• 新用户问题 • 复杂属性不好处理 • 要有足够数据构造分类器
协同过滤推荐	• 新兴趣发现、不需要领域知识 • 性能随着时间推移提高 • 推荐个性化、自动化程度高 • 能处理复杂的非结构化对象	• 可扩展性问题 • 新用户问题 • 质量取决于历史数据集 • 系统开始时推荐质量差
基于规则推荐	• 能发现新兴趣点 • 不需要领域知识	• 规则抽取难、耗时 • 产品名同义性问题 • 个性化程度低
基于效用推荐	• 无冷启动和稀疏问题 • 对用户偏好变化敏感 • 能考虑非产品特性	• 用户必须输入效用函数 • 推荐是静态的，灵活性差 • 属性重叠问题
基于知识推荐	• 能把用户需求映射到产品上 • 能考虑非产品属性	• 知识难获得 • 推荐是静态的

由于各种推荐算法各有优缺点，所以在实践中，推荐采用组合算法的方法。研究应用最多的是内容推荐和协同过滤推荐的组合。

常用的方法有 IBCF（基于物品的协同过滤推荐）、UBCF（基于用户的协同过滤推荐）、SVD（矩阵因子化）、PCA（主成分分析）、RANDOM（随机推荐）、POPULAR（基于流行度的推荐）。

此例我们将使用基于物品的协同过滤推荐算法来预测用户是否对电影进行评分，因此在构建自编码器时，输入层的形状大小为 1982（n_movies）。输入层后面接只有一个隐藏层的编码器，神经元数量为 50，使用 Softmax 作为激活函数。解码器的神经元数量为 1982（n_movies），因为我们希望原样输出，所以不需要设置激活函数。编译模型时，使用 Adam 优化器，mae 作为损失函数。运行以下代码，实现自编码器的构建。

```
> # 建立自编码器
> library(keras)
> encoding_dim <- 50
> input_data <- layer_input(shape = c(n_movies))
> encoded <- input_data %>%
+   layer_dense(encoding_dim,activation = 'softmax')
> decoded <- encoded %>%
+   layer_dense(n_movies)
>
> autoencoder <- keras_model(input_data,decoded)
> autoencoder %>% compile(
+   optimizer = 'adam',
+   loss = 'mae')
```

8.3.4 模型训练

现在就可以使用 fit() 函数进行模型训练了，模型训练周期为 100，每个批次大小为 32。

```
> # 训练自编码器
> history <- autoencoder %>%
+   fit(training_m,
+       training_m,
+       verbose = 2,
+       epochs = 100,
+       batch_size = 32,
+       validation_data = list(test_m,test_m))
Train on 943 samples, validate on 943 samples
Epoch 1/100
943/943 - 2s - loss: 0.0517 - val_loss: 0.0132
Epoch 2/100
943/943 - 0s - loss: 0.0511 - val_loss: 0.0130
......
Epoch 99/100
943/943 - 0s - loss: 0.0495 - val_loss: 0.0133
Epoch 100/100
943/943 - 0s - loss: 0.0493 - val_loss: 0.0133
```

8.3.5 模型预测

最后，使用训练好的自编码器进行预测。运行以下代码，对训练集和测试集的用户对电影是否打分进行预测。

```
> # 对训练集进行预测
> pred_train <- autoencoder %>%
+   predict(training_m)
> # 对测试集进行预测
> pred_test <- autoencoder %>%
+   predict(test_m)
```

为了能利用预测结果识别用户是否对该电影进行打分，我们还需要找到 mae 的阈值 k，如果 mae 大于 k，认为用户有对该电影打分（否则未打分）。以下代码使用 quantile() 函数查看预测结果的百分位数统计情况。

```
> # 查看训练集预测结果百分位数
> round(quantile(pred_train,probs = c(0,0.2,0.4,0.5,0.6,0.7,0.8,1)),4)
     0%      20%      40%      50%      60%      70%      80%     100%
-0.0184 -0.0002  0.0000   0.0000   0.0001   0.0001   0.0002   1.0139
> # 查看测试集预测结果百分位数
> round(quantile(pred_test,probs = c(0,0.2,0.4,0.5,0.6,0.7,0.8,1)),4)
     0%      20%      40%      50%      60%      70%      80%     100%
-0.0198 -0.0002 -0.0001   0.0000   0.0001   0.0001   0.0002   0.9992
```

从结果可知，训练集和测试集均有超过 70% 的用户的 mae 值低于 0.001。我们以 0.001

作为 mae 的划分阈值，当 mae 值大于 0.001 时，预测用户有对该电影打分，否则未打分。

运行以下代码，查看训练集和测试集第一条记录的用户对 1982 部电影正确预测是否打分的准确率。

```
> # 查看第一条记录的用户对电影是否打分的准确率
> # 训练集
> sum(as.integer(pred_train[1,] > 0.001) == training_m[1,]) / length(training_m[1,])
[1] 0.911415
> # 测试集
> sum(as.integer(pred_test[1,] > 0.001) == test_m[1,]) / length(test_m[1,])
[1] 0.8781213
```

使用此推荐系统对 id 为 1 的用户对 1682 部电影是否打分的预测结果，在训练集上的准确率是 91.1%，测试集上的准确率是 87.8%。

最后，让我们看看推荐系统在整个数据集上的预测准确率。

```
> # 查看预测的整体准确率
> # 训练集
> sum(as.integer(pred_train>0.001) == training_m) / (943*1682)
[1] 0.9413704
> # 测试集
> sum(as.integer(pred_test>0.001) == test_m) / (943*1682)
[1] 0.9742971
```

训练集中能准确预测用户对该电影是否打分的准确率为 94.1%，测试集中能准确预测用户对该电影是否打分的准确率为 97.4%

8.4　本章小结

本章首先介绍了常用自编码器的基本原理及 Keras 实现，并通过实例演示如何实现各种自编码器的构建；接着将自编码器用在有监督学习的二分类问题上，实现预测用户是否存在欺诈行为；最后通过实例介绍如何使用自编码器搭建推荐系统。

第 9 章

生成式对抗网络

一般而言，深度学习模型可以分为判别式模型与生成式模型。由于反向传播（Back Propagation，BP）、Dropout 等算法的发明，判别式模型得到了迅速发展。然而，由于生成式模型建模较为困难，因此发展缓慢。直到 2014 年，Ian Goodfellow 首次提出了生成式对抗网络（Generative Adversarial Network，GAN），才令生成式模型这一领域越来越受到学术界和工业界的重视。GAN 是一类在无监督学习中使用的神经网络，不需要标记数据。GAN 在计算机视觉、自然语言处理、人机交互等领域有着越来越深入的应用，其有助于解决文本生成图像、提高图片分辨率、药物匹配、检索特定模式的图片等任务。

本章将讲述 GAN 的基本原理及其应用。

9.1 生成式对抗网络简介

生成式对抗网络由生成器（Generator）和判别器（Discriminator）两个神经网络生成。GAN 受博弈论中的零和博弈启发，其思想是生成器和判别器这两个神经网络拥有不一样的目标，相互进行对抗和博弈，从而更精准地完成任务。最常听见的比喻是：生成器是负责做假钞的造假者，判别器是检验是否假钞的警察。最初，造假者向警察出示假钞，警察对比真钞可判断其为假的，并向造假者提供反馈意见。然后造假者根据收到的反馈信息再制作新的假钞，警察再次判断其为假的，并提供更多的反馈。如此循环下去，直到警察最后也难以判断其真假。

一般的 GAN 网络架构如图 9-1 所示。

从图 9-1 可知，生成器 G 的输入是给定的 z。z 一般是指均匀分布或者正态分布随机采样得到的噪声，它通过生成器 G 生成伪造的数据样本（例如图像、音频等），并试图欺骗判别器。生成的假样本和真实样本放在一起，由判别器去区分输入的样本是真实样本还是假样本。生成器和判别器都是神经网络，在训练阶段相互竞争。上述步骤会不断重复，由生成式对抗网络得到的数据也就越来越逼近真实数据。所有的 GAN 架构都遵循这样的设计。

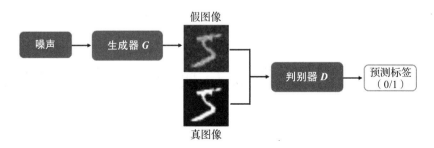

图 9-1　一般的 GAN 网络架构

GAN 的目标是训练 D 使训练样本和来自 G 的样本实现正确分类的概率最大化，同时训练 G 来最小化 $\log(1-D(G(z)))$。其目标函数定义如下：

$$\min_G \max_D V(D,G) = \mathbb{E}_{x \sim p_{data}(x)}[\log(D(x))] + \mathbb{E}_{z \sim p_z(z)}[\log(1-D(G(z)))]$$

其中，G 为生成器，D 为判别器，$p_{data}(x)$ 为真实数据的分布，$p(z)$ 为输入噪声变量上定义的先验分布，x 为从 $p_{data}(x)$ 中采样的样本，z 为从 $p(z)$ 中采样的样本，$D(x)$ 为判别器网络，$G(z)$ 为生产器网络。

这个目标函数可以分解为判别器的优化和生成器的优化两部分。

❑ 第一部分：判别器的优化通过 $\max_D V(D,G)$ 实现，$V(D,G)$ 为判别器的目标函数，其第一项 $\mathbb{E}_{x \sim p_{data}(x)}[\log D(x)]$ 表示对于从真实数据分布中采用的样本，其被判别器判定为真实样本概率的数学期望。在预测时，当然希望正样本的概率越接近 1 越好，因此希望最大化这一项。第二项 $\mathbb{E}_{z \sim p_z(z)}[\log(1-D(G(z)))]$ 表示对于从噪声 $p_z(z)$ 分布中采样得到的样本，经过生成器生成之后得到的生成数据，然后送入判别器，其预测概率的负对数的期望，这个值越大，就越接近 0（预测为负样本），也就代表判别器越好。判别器在生成器空闲时进行训练，在此阶段，仅对网络进行正向传播，而不会进行反向传播。

❑ 第二部分：生成器的优化通过 $\min_G \max_D V(D,G)$ 来实现。生成器的目标不是 $\min_G V(D,G)$，即生成器不是最小化判别器的目标函数，而是最小化判别器目标函数的最大值。生成器在判别器空闲时进行训练。

GAN 现在是一个非常活跃的研究主题，并且有许多不同类型的 GAN 实现，下面介绍几种常见的 GAN 变体。

- ❑ GAN（Vanilla GAN）：Ian Goodfellow 提出的朴素 GAN，生成器和判别器在结构上是通过以多层全连接网络为主体的多层感知机（Multi-Layer Perceptron，MLP）实现的，然而其调参难度较大，很容易训练失败，且生成图片质量效果也不佳，尤其是对较复杂的数据集更为明显。

- ❑ BGAN（Boundary-Seeking GAN）：原版 GAN 不适用于离散数据，而 BGAN 可以用来自鉴别器的估计差异度量来计算生成样本的重要性权重，为训练生成器来提供策略梯度，因此可以用离散数据进行训练。BGAN 里生成样本的重要性权重和判别器的判定边界紧密相关，因此也叫寻找边界的 GAN。

- ❑ CGAN（Conditional GAN）：条件式生成对抗网络，其中生成器和判别器都以某种外部信息为条件，比如类别标签或者其他形式的数据。

- ❑ DCGAN（Deep Convolutional GAN）：DCGAN 是最受欢迎、最成功的 GAN 实现之一。卷积神经网络比 MLP 有更强的拟合与表达能力，并在判别式模型中取得了巨大成果。本质上，DCGAN 是在 GAN 的基础上提出了一种训练架构，并对其做了训练指导，比如几乎完全用卷积层取代了全连接层，去掉池化层，采用批标准化（Batch Normalization，BN）等技术，将判别模型的成果引入生成模型中。

- ❑ AAE（Adversarial Auto-Encoder）：一种概率性自编码器，运用 GAN，通过将自编码器的隐藏编码向量和任意先验分布进行匹配来进行变分推断，可以用于半监督分类、分离图像的风格和内容、无监督聚类、降维、数据可视化等方面。

- ❑ BiGAN（Bidirectional GAN）：双向 GAN，这种变体能学习反向的映射，也就是将数据投射回隐藏空间。

- ❑ Pix2Pix：将生成器看作一种映射，即将图片映射成另一张需要的图片，所以才取名为 Pix2Pix，表示像素到像素的映射（map pixel to pixel）。Pix2Pix 成功地将 GAN 应用于图像翻译领域，解决了图像翻译领域内存在的众多问题，也为后来的研究者带来重要的启发。

- ❑ CycleGAN：Pix2Pix 致命的缺点在于，它的训练需要相互配对的图片 x 与 y，然而，这类数据是极度缺乏的。对此，CycleGAN 提出了不需要配对的数据的图像翻译方法。CycleGAN 有一些非常有趣的用例，例如将照片转换为绘画，将夏季拍摄的照片转换为冬季拍摄的照片，将马的照片转换为斑马照片等。

- ❑ DualGAN：这种变体能够用两组不同域的无标签图像来训练图像翻译器，架构中的主要 GAN 学习将图像从域 U 翻译到域 V，而它的对偶 GAN 学习一个相反的过程，形成一个闭环。

- ❑ LSGAN（Least Square GAN）：最小平方 GAN 的提出，是为了解决 GAN 无监督学习训练中梯度消失的问题，是在判别器上使用最小平方损失函数。

9.2　实例：使用 GAN 生成手写数字

本节将介绍用于 MNIST 数据集的基础生成式对抗网络。我们将从 MNIST 数据集中选择 50 张数字为 5 的图像，并使用基础 GAN 生成新的数字 5 图像。

9.2.1　数据准备

因为生成式对抗网络属于无监督模型，此实例在模型训练时不需要用到 MNIST 的标签数据。运行以下代码，我们将得到训练样本中仅为 5 的图像数据。

```
> library(keras)
> # MNIST data
> mnist <- dataset_mnist()
> trainx <- mnist$train$x
> trainy <- mnist$train$y
> # 提取数字为 5 的图像数据
> trainx <- trainx[trainy==5,,]
```

运行以下代码，对数字为 5 的前 50 张图像进行可视化，结果如图 9-2 所示。

```
> par(mfrow=c(5,10))
> par(mar = c(0.5, 0.5, 0.5, 0.5),
+     xaxs = 'i',
+     yaxs = 'i')
> for (i in 1:50) {
+     img <- trainx[i, , ]
+     img <- t(apply(img, 2, rev))
+   image(
+     1:28,
+     1:28,
+     img,
+     col = gray((0:255) / 255),
+     xaxt = 'n',
+     yaxt = 'n'
+   )
+ }
```

接下来，需要将 trainX 数据集的维度从三维（c（samples, height, width））变成四维（c（samples, height, width, channel））；且将取值范围转化为 [−1, 1] 区间。由于原来的数值范围为 [0,255]，故可以通过以下代码实现。

```
> # 形状变化
> trainx <- array_reshape(trainx, c(nrow(trainx), 28, 28, 1))
> # 取值范围为 [-1,1]
> trainx <- trainx/127.5 - 1
> round(min(trainx),2);round(max(trainx),2)
[1] -1
[1] 1
```

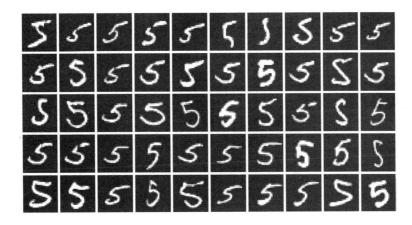

图 9-2 前 50 张数字为 5 的图像

9.2.2 构建生成器

生成器的作用是合成假的数字图像，我们将使用多层感知器从 28 维噪声（均值为 0，标准差为 1 的正态分布）生成伪图像。在层与层之间采用批量归一化的方法来平稳化训练过程，使用 Leaky ReLU 作为每一层结构之后的激活函数，最后一层的激活函数使用 Tanh，而不用 Sigmoid。生成器网络架构如图 9-3 所示。

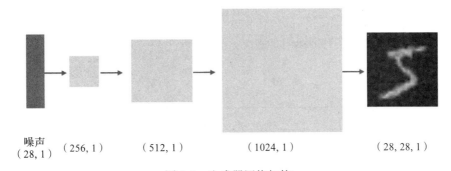

噪声
（28, 1）   （256, 1）   （512, 1）   （1024, 1）   （28, 28, 1）

图 9-3 生成器网络架构

生成器是包含以下层的序贯模型。

❑ 输入数据形状为 28，输出为 256 个神经元数量的密集层。

❑ 用于应用此函数到输入数据的 Leaky ReLU 层。稀疏的梯度会影响 GAN 的训练。Leaky ReLU 可快速收敛、解决梯度消失和神经元死亡问题。

❑ 批标准化层，用于逐层标准化数据。可避免梯度消失或爆炸，尤其是受到 Sigmoid 或 Tanh 影响的数据；可减少数据初始化的影响；还可以大幅减少训练时间。

❑ 输出为 512 个神经元的密集层。

❑ 批标准化层。

❑ 输出为 1024 个神经元的密集层。

❑ Leaky ReLU 层。

❑ 批标准化层。

❑ 输出为 256 个神经元的密集层，使用的激活函数为 Tanh。

❑ 变为 img_shape 的层。

运行以下代码构建上述生成器网络。

```
> # 创建生成器
> h <- 28; w <- 28; c <- 1; l <- 28   # l- 潜在空间的维度
> gi <- layer_input(shape = l) # 输入层
> img_shape <- c(28,28,1)
> go <- gi %>%
+   layer_dense(256,input_shape = l) %>%
+   layer_activation_leaky_relu(alpha = 0.2) %>%
+   layer_batch_normalization(momentum = 0.8) %>%
+   layer_dense(512) %>%
+   layer_activation_leaky_relu(alpha = 0.2) %>%
+   layer_batch_normalization(momentum = 0.8) %>%
+   layer_dense(1024) %>%
+   layer_activation_leaky_relu(alpha = 0.2) %>%
+   layer_batch_normalization(momentum = 0.8) %>%
+   layer_dense(prod(img_shape),activation = 'tanh') %>%
+   layer_reshape(img_shape)   # 输出层
>
> g <- keras_model(gi, go)        # 构建生成器
```

通过 summary() 函数查看构建的生成器，如图 9-4 所示。

```
> # 查看生成器网络
> summary(g)
```

```
Model: "model_1"
_____
Layer (type)                          Output Shape                    Param #
===============================================================================
input_2 (InputLayer)                  [(None, 28)]                    0
dense_12 (Dense)                      (None, 256)                     7424
leaky_re_lu_3 (LeakyReLU)             (None, 256)                     0
batch_normalization_3 (BatchNormalization)  (None, 256)               1024
dense_13 (Dense)                      (None, 512)                     131584
leaky_re_lu_4 (LeakyReLU)             (None, 512)                     0
batch_normalization_4 (BatchNormalization)  (None, 512)               2048
dense_14 (Dense)                      (None, 1024)                    525312
leaky_re_lu_5 (LeakyReLU)             (None, 1024)                    0
batch_normalization_5 (BatchNormalization)  (None, 1024)              4096
dense_15 (Dense)                      (None, 784)                     803600
reshape_1 (Reshape)                   (None, 28, 28, 1)               0
===============================================================================
Total params: 1,475,088
Trainable params: 1,471,504
Non-trainable params: 3,584
```

图 9-4　查看构建的生成器

9.2.3　构建判别器

判别器的作用是判断一个模型生成的图像和真实的图像的相似度。可以通过与生成器网络相反的顺序使用序贯模型构建判别器。对于 MNIST 数据集来说，模型输入是一个 28×28 像素的单通道图像。使用 Leaky ReLU 作为每一层结构之后的激活函数，最后一层的激活函数为 Sigmoid，神经元数量为 1。Sigmoid 函数的输出值在 [0,1] 之间，表示图像真实度的概率值，其中 0 表示肯定是假的，1 表示肯定是真的。判别器网络架构如图 9-5 所示。

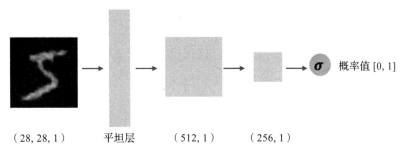

图 9-5　判别器网络架构

判别器是包含以下层的序贯模型。

- 第一层将 input_shape 展平为（28,28,1）。
- 添加输出为（*,512）的密集层。
- 添加 Leaky ReLU 激活函数。
- 添加另一个密集层，输出为（*,256）。
- 添加另一个激活函数 Leaky ReLU。
- 添加形状为（*,1）的最终输出，激活函数为 Sigmoid。

运行以下代码构建上述判别器网络，如图 9-6 所示。

```
> # 创建判别器
> di <- layer_input(shape = c(h, w, c))          # 输入
>
> do <- di %>%
+    layer_flatten(input_shape = img_shape) %>%
+    layer_dense(units = 512) %>%
+    layer_activation_leaky_relu(alpha = 0.2) %>%
+    layer_dense(units = 256) %>%
+    layer_activation_leaky_relu(alpha = 0.2) %>%
+    layer_dense(units = 1,activation = 'sigmoid')  # 输出
> d <- keras_model(di, do)                        # 判别器
> summary(d)                                       # 查看判别器网络
```

9.2.4　生成 GAN 模型

这里我们需要搭建两个模型：一个是代表警察的判别器模型；另一个是代表制造假币

犯罪分子的对抗模型。

```
Model: "model_2"

Layer (type)                          Output Shape                    Param #
================================================================================
input_3 (InputLayer)                  [(None, 28, 28, 1)]             0
flatten_2 (Flatten)                   (None, 784)                     0
dense_16 (Dense)                      (None, 512)                     401920
leaky_re_lu_6 (LeakyReLU)             (None, 512)                     0
dense_17 (Dense)                      (None, 256)                     131328
leaky_re_lu_7 (LeakyReLU)             (None, 256)                     0
dense_18 (Dense)                      (None, 1)                       257
Total params: 533,505
Trainable params: 533,505
Non-trainable params: 0
```

图 9-6　构建判别器网络

下面代码实现如何在 Keras 框架下生成判别器模型。由于判别器的输出为 Sigmoid 函数，因此采用二进制交叉熵为损失函数。在这种情况下，以 RMSProp 作为优化器可以生成比 Adam 优化器更逼真的图像。

```
> # 判别器模型
> d %>% compile(optimizer = 'rmsprop',
+               loss = "binary_crossentropy")
```

对抗模型的基本架构是生成器和判别器的叠加。生成器试图欺骗判别器并从其反馈结果中学习。对抗模型的网络架构如图 9-7 所示。

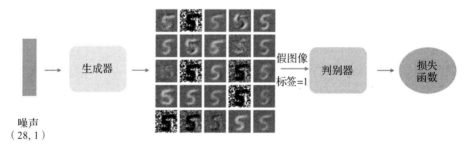

图 9-7　对抗模型的网络架构

对抗模型将生成器和判别器连接在一起。训练时，这个模型将使生成器向某个方向移动，从而提高其欺骗判别器的能力。注意，在训练过程中需要将判别器设置为冻结（即不可训练），这样在训练 GAN 时它的权重才不会更新。

下面代码实现如何在 Keras 框架下生成对抗模型，通过 freeze_weights() 函数将判别器冻结，只训练生成器。

```
> # 冻结判别器，只训练生成器
> freeze_weights(d)
```

```
> # 使用噪声生成图像, 将图像输入给判别器判别图像
> gani <- layer_input(shape = 1)
> gano <- d(g(gani))
> # 堆叠生成器和判别器, 建立生成器欺骗判别器
> gan <- keras_model(gani, gano)
> gan %>% compile(optimizer = 'rmsprop',
+                  loss = "binary_crossentropy")
```

9.2.5　训练 GAN 模型

在训练 GAN 前，我们先在本地创建一个 FakeImages 文件夹，用于存放生成器生成的假图像。通过自定义函数 save_images() 将图像保存到本地的 FakeImages 文件夹。

```
> # 创建用于存放假图像的本地文件夹
> dir <- "../FakeImages"
> dir.create(dir)
>
> # 自定义函数 save_images(), 保存图像到本地
> save_images <- function(fake,i){
+    png(file = paste('../FakeImages/',i,'.png'))
+    par(mfrow=c(5,5))
+    par(mar = c(0.5, 0.5, 0.5, 0.5),
+        xaxs = 'i',
+        yaxs = 'i')
+    for (i in 1:25) {
+      img <- fake[i, , , ]
+      img <- t(apply(img, 2, rev))
+      image(
+        1:28,
+        1:28,
+        img * 127.5 + 127.5,
+        col = gray((0:255) / 255),
+        xaxt = 'n',
+        yaxt = 'n'
+      )
+    }
+    dev.off()
+ }
```

接下来我们将迭代训练 GAN，编译得到其损失并保存生成的图像。GAN 模型的训练过程如下。

1）使用正态分布对潜在空间的点进行随机采用，利用噪声数据生成 50 张假图像数据。

2）从 trainx 数据集中提取前 50 张真图像数据。

3）合并 100 张真图像和假图像数据。

4）生成标签数据，利用 runif() 函数生成范围在（0.9，1）的 50 个随机数作为真图像的标签，范围在（0，0.1）的 50 个随机数作为假图像的标签。

5）训练判别器。

6）通过 GAN 模型来训练生成器，此时冻结判别器权重。

7）当训练周期为 50 的倍数时将生成的 25 张假图像保存到 FakeImages 文件夹。

训练 GAN 的实现代码如下。

```
> # 训练 GAN
> b <- 50
> start <- 1; dloss <- NULL; gloss <- NULL
> # 训练周期为 2000
> for (i in 1:2000) {
+    # 生成 50 个假图像
+    noise <- matrix(rnorm(b*1), nrow = b, ncol= 1)
+    fake <- g %>% predict(noise)
+    # 合并真图像和假图像
+    stop <- start + b - 1
+    real <- trainx[start:stop,,,]
+    real <- array_reshape(real, c(nrow(real), 28, 28, 1))
+    rows <- nrow(real)
+    both <- array(0, dim = c(rows * 2, dim(real)[-1]))
+    both[1:rows,,,] <- real
+    both[(rows+1):(rows*2),,,] <- fake
+    # 生成标签数据，0.9~1 为真，0~0.1 为假
+    labels <- rbind(matrix(runif(b, 0.9,1), nrow = b, ncol = 1),
+                    matrix(runif(b, 0, 0.1), nrow = b, ncol = 1))
+
+    # 训练判别器
+    dloss[i] <- d %>% train_on_batch(both, labels)
+    fakeAsReal <- array(runif(b, 0, 0.1), dim = c(b, 1))
+
+    # 训练生成器
+    gloss[i] <- gan %>% train_on_batch(noise, fakeAsReal)
+
+    start <- start + b
+    if (start > (nrow(trainx) - b))  start <- 1
+    cat("Discriminator Loss:", dloss[i], "\n")
+    cat("Gan Loss:", gloss[i], "\n")
+
+    # 保存假图像
+    if(i %% 50==0){
+       fake <- 0.5*fake + 0.5
+       save_images(fake,i)
+    }
+ }
```

初次迭代的生成的图像如图 9-8 所示。

图 9-8 初次迭代生成的图像

迭代 50 次后生成的图像有部分能初步形成 5 的轮廓，如图 9-9 所示。

图 9-9 迭代 50 次后生成的图像

迭代 150 次后生成的图像基本都能勾勒出 5 的轮廓，如图 9-10 所示。
迭代 2000 次后所有图像都生成了非常清晰的 5，如图 9-11 所示。

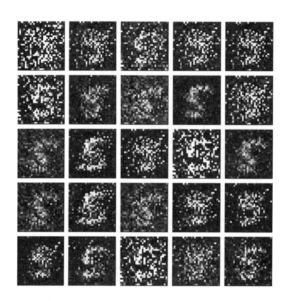

图 9-10　迭代 150 次后生成的图像

图 9-11　迭代 2000 次后生成的图像

最后，让我们计算 GAN 的平均指标。模型经过 2000 次迭代后的平均指标如下：

```
> # 计算 GAN 平均指标
> cat('mean d loss:',mean(dloss),'\n')
mean d loss: 0.6910655
> cat('mean g loss:',mean(gloss))
mean g loss: 0.8615948
```

判别器的平均损失约为 0.69，生成器的平均损失约为 0.86。

9.3 实例：深度卷积生成式对抗网络

GAN 训练起来非常不稳定，经常会使得生成器产生没有意义的输出。深度卷积生成式对抗网络（DCGAN）提出使用 CNN 结构来稳定 GAN 的训练。以下是一个稳健的 DCGAN 架构。

❏ 使用小步卷积代替池化层，其中判别器中用跨步卷积代替池化层，生成器中用转置卷积（又称反卷积）代替池化层。

❏ 在生成器和判别器中均使用批标准化。

❏ 删除全连接隐藏层以获得更深架构。

❏ 对生成器除输出之外的所有层使用 ReLU 激活函数，输出层使用 Tanh 激活函数。

❏ 对判别器除输出之外的所有层使用 Leaky ReLU 激活函数，输出层使用 Sigmoid 激活函数。

同样使用 MNIST 数据集中的 5 图像进行模型构建。

在构建生成器时采用上采样可得到更高分辨率的图像。此处先简单介绍图像采样目的。图像的采样分为上采用与下采样。

❏ 下采样（subsampled）或降采样（downsampled）的主要目的有两个：使得图像符合显示区域的大小；生成对应图像的缩略图。

❏ 上采样（upsampling）或图像插值（interpolating）的主要目的是放大图像，显示在更高分辨率的图像。上采样的原理是图像放大几乎都是采用内插值方法，即在原有图像的基础上在像素之间采用合适的插值算法插入新的元素。

Keras 中的 layer_upsampling_2d() 函数实现二维上采样（表示上采样两个二维图像），其对卷积结果进行上采样从而将特征图放大。这个方法没有引入可训练的参数，只是一个简单的插值，即参数 size，该方法将数据的行和列分别重复 size[1] 和 size[2] 次。下面通过一个简单的例子进行说明。

运行以下代码创建一个 2 行 2 列的矩阵。

```
> x = matrix(c(1,2,3,4),nrow = 2,
+            byrow = T)
> x
     [,1]  [,2]
[1,]    1     2
[2,]    3     4
```

以下代码将 layer_upsampling_2d() 的参数 size 设置为 c(2,2)，表示将行列分别重复 2 次，即处理后将得到一个 4 行 4 列的矩阵。

```
> inputs = layer_input(shape = c(2,2,1))
> out = inputs %>% layer_upsampling_2d(size = c(2,2))
> model = keras_model(inputs,out)
> summary(model)
Model: "model"
```

Layer (type)	Output Shape	Param #
input_1 (InputLayer)	[(None, 2, 2, 1)]	0
up_sampling2d (UpSampling2D)	(None, 4, 4, 1)	0

```
Total params: 0
Trainable params: 0
Non-trainable params: 0
```

```
> y = model %>% predict(array_reshape(x,c(1,2,2,1)))
> y = array_reshape(y,c(4,4))
> y
     [,1]  [,2]  [,3]  [,4]
[1,]   1     1     2     2
[2,]   1     1     2     2
[3,]   3     3     4     4
[4,]   3     3     4     4
```

可见，输入形状为（2,2,1），输出为（4,4,1），矩阵 y 为 4 行 4 列。

同理，当 size 为（3,3）时，将得到 6 行 6 列的矩阵。

```
> out1 = inputs %>% layer_upsampling_2d(size = c(3,3))
> model1 = keras_model(inputs,out1)
> summary(model1)
Model: "model_1"
```

Layer (type)	Output Shape	Param #
input_1 (InputLayer)	[(None, 2, 2, 1)]	0
up_sampling2d_1 (UpSampling2D)	(None, 6, 6, 1)	0

```
Total params: 0
Trainable params: 0
Non-trainable params: 0
> y1 = model1 %>% predict(array_reshape(x,c(1,2,2,1)))
> y1 = array_reshape(y1,c(6,6))
> y1
     [,1]  [,2]  [,3]  [,4]  [,5]  [,6]
[1,]   1     1     1     2     2     2
[2,]   1     1     1     2     2     2
[3,]   1     1     1     2     2     2
```

```
[4,]     3      3      3      4      4      4
[5,]     3      3      3      4      4      4
[6,]     3      3      3      4      4      4
```

下一步我们将构建生成器。

9.3.1　构建生成器

创建一个包含 ReLU 激活函数的双卷积层的生成器。

❑ 输入数据形状为 latent_size（潜在空间大小），输出为 6272（7×7×128）个神经元数量的密集层。

❑ 将输出变为（7, 7, 128）。

❑ 二维上采样，参数 size 设置为（2, 2）。

❑ 二维卷积，输出为 128 维。

❑ ReLU 激活函数。

❑ 二维上采样，参数 size 设置为（2, 2）。

❑ 二维卷积，输出为 64 维。

❑ ReLU 激活函数。

❑ 输出为三维的二维卷积，其中 channel 为通道数。

❑ 最后为 Tanh 激活函数。

运行以下代码构建上述生成器网络。

```
> # 创建生成器
> build_generator <- function(latent_size,channel){
+   gi <- layer_input(shape = latent_size)
+
+   go <- gi %>% layer_dense(units = 32 * 14 * 14) %>%
+     layer_activation_relu() %>%
+
+     layer_reshape(target_shape = c(14, 14, 32)) %>%
+
+     layer_conv_2d(filters = 32,
+                   kernel_size = 5,
+                   padding = "same") %>%
+     layer_activation_relu() %>%
+     # 上采样
+     layer_upsampling_2d(size = c(2,2)) %>%
+     layer_conv_2d(filters = 32,kernel_size = 5,padding = 'same') %>%
+     layer_activation_relu() %>%
+
+     layer_conv_2d(filters = 64,kernel_size = 5,padding = 'same') %>%
+     layer_activation_relu() %>%
+
+     layer_conv_2d(filters = 1,
+                   kernel_size = 5,
```

```
+                        activation = "tanh",
+                        padding = "same")
+    g <- keras_model(gi, go)
+
+    g %>% summary()
+
+    return (g)
+ }
```

以下代码将潜在空间设置为28，颜色通道数为1，构建生成器，查看模型结构，如图 9-12 所示。

```
> l <- 28;c <- 1
> generator <- build_generator(latent_size = l,channel = c)
```

```
Model: "model_2"
_____
Layer (type)                        Output Shape                    Param #
================================================================================
input_2 (InputLayer)                [(None, 28)]                    0
_____
dense (Dense)                       (None, 6272)                    181888
_____
re_lu (ReLU)                        (None, 6272)                    0
_____
reshape (Reshape)                   (None, 14, 14, 32)              0
_____
conv2d (Conv2D)                     (None, 14, 14, 32)              25632
_____
re_lu_1 (ReLU)                      (None, 14, 14, 32)              0
_____
up_sampling2d_2 (UpSampling2D)      (None, 28, 28, 32)              0
_____
conv2d_1 (Conv2D)                   (None, 28, 28, 32)              25632
_____
re_lu_2 (ReLU)                      (None, 28, 28, 32)              0
_____
conv2d_2 (Conv2D)                   (None, 28, 28, 64)              51264
_____
re_lu_3 (ReLU)                      (None, 28, 28, 64)              0
_____
conv2d_3 (Conv2D)                   (None, 28, 28, 1)               1601
================================================================================
Total params: 286,017
Trainable params: 286,017
Non-trainable params: 0
_____
```

图 9-12   查看生成器结构

9.3.2   构建判别器

判别器从图像开始反向进行，最后输出损失值。以下是创建判别器的代码。

```
> # 创建判别器
> build_discriminator <- function(img_shape){
+    di <- layer_input(shape = img_shape)
+
+    do <- di %>%
+      layer_conv_2d(filters = 64,
+                    kernel_size = 4) %>%
+      layer_activation_leaky_relu() %>%
+      layer_conv_2d(filters = 64,
+                    kernel_size = 4,
```

```
+                         strides = 2) %>%
+      layer_activation_leaky_relu() %>%
+      layer_flatten() %>%
+      layer_dropout(rate = 0.3) %>%
+      layer_dense(units = 1,
+                        activation = "sigmoid")
+   d <- keras_model(di, do)
+
+   d %>% summary()
+
+   return(d)
+
+ }
```

运行后，得到判别器的网络结构如图 9-13 所示。

```
> img_shape <- c(28,28,1)
> discriminator <- build_discriminator(img_shape = img_shape)
```

```
Model: "model_3"
_____
Layer (type)                    Output Shape                 Param #
========================================================================
input_3 (InputLayer)            [(None, 28, 28, 1)]          0
_____
conv2d_4 (Conv2D)               (None, 25, 25, 64)           1088
_____
leaky_re_lu (LeakyReLU)         (None, 25, 25, 64)           0
_____
conv2d_5 (Conv2D)               (None, 11, 11, 64)           65600
_____
leaky_re_lu_1 (LeakyReLU)       (None, 11, 11, 64)           0
_____
flatten (Flatten)               (None, 7744)                 0
_____
dropout (Dropout)               (None, 7744)                 0
_____
dense_1 (Dense)                 (None, 1)                    7745
========================================================================
Total params: 74,433
Trainable params: 74,433
Non-trainable params: 0
_____
```

图 9-13　查看判别器结构

9.3.3　编译模型

首先对判别器进行编译，采用 Adam 优化器，binary_crossentropy 作为损失函数。

```
> discriminator %>% compile(loss = 'binary_crossentropy',
+                           optimizer = 'rmsprop')
```

接着堆叠生成器和判别器，记住需要冻结判别器。

```
> freeze_weights(discriminator)
> gani <- layer_input(shape = 1)
> gano <- gani %>% generator %>% discriminator
> gan <- keras_model(gani,gano)
> gan %>% compile(loss = 'binary_crossentropy',
+                 optimizer = 'rmsprop')
```

9.3.4 训练 DCGAN 模型

同样，我们先提取 MNIST 数据集中的 5 图像，并将数据标准化在 [-1, 1] 范围内。

```
> # 加载 MNIST 数据
> mnist <- dataset_mnist()
> trainx <- mnist$train$x
> trainy <- mnist$train$y
> # 提取数字为 5 的图像数据
> trainx <- trainx[trainy==5,,]
> # 形状变化
> trainx <- array_reshape(trainx, c(nrow(trainx), 28, 28, 1))
> # 取值范围为 [-1,1]
> trainx <- trainx/127.5 - 1
> round(min(trainx),2);round(max(trainx),2)
[1] -1
[1] 1
```

先在本地创建一个 FakeImagesDcgan 文件夹，用于存放生成器生成的假图像。通过自定义函数 save_images() 将图像保存到本地的 FakeImagesDcgan 文件夹。

```
> # 创建用于存放假图像的本地文件夹
> dir <- "../FakeImagesDcgan"
> dir.create(dir)
>
> # 自定义函数 save_images(), 保存图像到本地
> save_images <- function(fake,i){
+   png(file = paste('../FakeImagesDcgan/',i,'.png'))
+   par(mfrow=c(5,5))
+   par(mar = c(0.5, 0.5, 0.5, 0.5),
+       xaxs = 'i',
+       yaxs = 'i')
+   for (i in 1:25) {
+     img <- fake[i, , , ]
+     img <- t(apply(img, 2, rev))
+     image(
+       1:28,
+       1:28,
+       img * 127.5 + 127.5,
+       col = gray((0:255) / 255),
+       xaxt = 'n',
+       yaxt = 'n'
+     )
+   }
+   dev.off()
+ }
```

以下代码在训练过程中迭代 300 次，且当训练周期为 50 的倍数时将生成的 25 张假图像保存到 FakeImageDcgan 文件夹。

```
> b <- 50
> start <- 1; dloss <- NULL; gloss <- NULL
> # 训练周期为300
> for (i in 1:300) {
+    # 生成 50个假图像
+    noise <- matrix(rnorm(b*l), nrow = b, ncol= l)
+    fake <- generator %>% predict(noise)
+    # 合并真图像和假图像
+    stop <- start + b - 1
+    real <- trainx[start:stop,,,]
+    real <- array_reshape(real, c(nrow(real), 28, 28, 1))
+    rows <- nrow(real)
+    both <- array(0, dim = c(rows * 2, dim(real)[-1]))
+    both[1:rows,,,] <- real
+    both[(rows+1):(rows*2),,,] <- fake
+    # 生成标签数据，0.9~1 为真，0~0.1 为假
+    labels <- rbind(matrix(runif(b, 0.9,1), nrow = b, ncol = 1),
+                    matrix(runif(b, 0, 0.1), nrow = b, ncol = 1))
+
+    # 训练判别器
+    dloss[i] <- discriminator %>% train_on_batch(both, labels)
+    fakeAsReal <- array(runif(b, 0.9, 1), dim = c(b, 1))
+
+    # 训练生成器
+    gloss[i] <- gan %>% train_on_batch(noise, fakeAsReal)
+
+    start <- start + b
+    if (start > (nrow(trainx) - b))  start <- 1
+    cat("Discriminator Loss:", dloss[i], "\n")
+    cat("Gan Loss:", gloss[i], "\n")
+
+    # 保存假图像
+    if(i %% 50==0){
+       fake <- 0.5*fake + 0.5
+       save_images(fake,i)
+    }
+ }
Discriminator Loss: 0.7039864
Gan Loss: 0.6884820
Discriminator Loss: 0.8816382
Gan Loss: 1.338914
Discriminator Loss: 0.7490529
Gan Loss: 0.6868284
Discriminator Loss: 0.472004
Gan Loss: 0.6980334
Discriminator Loss: 0.4674403
Gan Loss: 0.7041405
Discriminator Loss: 0.4442564
Gan Loss: 0.7076991
......
```

训练 50 次后生成的图像已出现数字 5 的部分笔画，输出图像如图 9-14 所示。

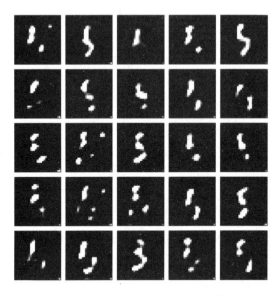

图 9-14   训练 50 次后生成的图像

训练 100 次后生成的图像已可容易识别为数字 5，图像如图 9-15 所示。

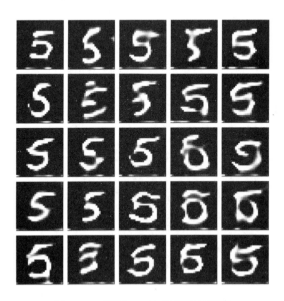

图 9-15   训练 100 次后生成的图像

训练 300 次后所有图像都生成了非常清晰的 5，如图 9-16 所示。

图 9-16 训练 300 次后生成的图像

与简单 GAN 相比，DCGAN 能用更少的训练周期获得更加清晰的图像。

9.4 本章小结

本章介绍了生成式对抗网络的基本原理及常用变体，并通过实例讲解如何利用 MNIST 数据集创建普通 GAN 和 DCGAN 生成数字 5 图像。

CHAPTER 10

第 10 章

使用 R 语言进行文本挖掘

前面章节主要是针对图像数据进行处理和建模，本章将学习如何对文本数据进行分析和挖掘。文本挖掘（Text Mining）是从大量的文本数据中抽取隐含的、未知的、可能有用的信息。文本挖掘和一般数据分析的最大不同是能够处理文本的数据，而几乎所有的传统分析方法都是处理数值型的数据。随着技术的不断进步，文本挖掘吸纳了信息论等越来越多的新技术，从早期的逻辑匹配一直发展到了如今越来越多地依赖于数学和统计学的局面。另一个常用的术语是自然语言处理（NLP），它是计算机科学的一个分支，是一门专门研究如何处理和运用自然语言的学科。NLP 是人工智能（AI）的一种类型，它使得机器能够分析和理解人类语言。

本章将重点学习如何利用 R 语言对中文文本进行挖掘。中文文本挖掘和英文的最大不同就是中文没有天然分割开的词语。中文中常用的汉字就只有几千个，而且每个汉字都能代表不同的含义，因此以单个汉字作为基本的元素是不可行的，需要人工地对句子进行分词处理。由于汉语中不同的断句常常会造成不同的分词，这就成了中文分词的难点。人们想了很多方法来处理这些文本歧义的问题，目前使用最广的隐式马尔可夫模型已经能够在兼顾效率的同时高精度地分词了，Rwordseg 分词包的算法就是基于隐马尔可夫模型的。

10.1 文本挖掘流程

文本挖掘被描述为自动化或半自动化处理文本的过程，其中文分词的结果可以直接用来建立文本对象。文本挖掘最常用的结构是词条与文档的关系矩阵，利用这个矩阵可以使用很多文本挖掘的算法来得到不同的结果，包括相似度计算、文本聚类、文本分类、主题模型、情感分析等。文本挖掘的处理流程如图 10-1 所示。

从图 10-1 可知，文本挖掘主要包含以下几个步骤。

- ❏ 读取数据库或本地外部文本文件。
- ❏ 文本分词。
- ❏ 构建文档 – 词条矩阵，即文本的特征提取。
- ❏ 对矩阵建立统计模型。
- ❏ 将结果反馈至用户端。

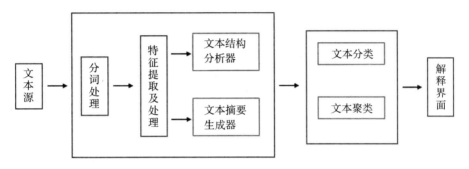

图 10-1　文本挖掘的处理流程

10.2　相关 R 包简介及安装

R 语言提供了丰富的扩展包来完成文本分词和建模。常用的扩展包有 tm、tmcn、Rwordseg、jiebaR、tidytext 等。下面对这些扩展包进行简要介绍。

10.2.1　tm 包简介及安装

tm 包是文本挖掘的基础框架包，被很多 NLP 相关的包引用。tm.plugin.dc、tm.plugin.mail、tm.plugin.factiva 是针对 tm 包的扩展，可以用来分布式存储语料、处理邮件文本、获取 Factiva 语料。

tm 包主要有以下几点不足。

- ❏ 中文支持不是很好：没有采用 UTF-8 的方式，而是针对不同字符集进行处理，并没有包含中文字符集的处理方式。
- ❏ 对象过于复杂且封装性不好：所有数据结构都使用自定义的方式，基于 S3 而不是 S4 开发，封装性不好。
- ❏ 为大数据设计但不适合大数据：设计思想是针对大数据的文本挖掘，但是使用 R 进行文本分析的场景多半是实验性质，很多灵活的方法不能在 tm 包中轻松实现。

tm 包的安装非常简单，直接通过命令 install.packages（"tm"）即可完成安装。

10.2.2　tmcn 包简介及安装

目前最常用的文本挖掘包是 tm 包，其他大部分 NLP 的相关包都是基于这个框架的。

但是 tm 包存在一些缺陷，在 R 中进行分析的时候不是很方便。最明显的问题是中文支持得不够好，其函数的设计并没有考虑到国际化的需求和 UTF-8 的支持，很多函数操作中文时不方便。此外，tm 包的开发大量使用了 S3 的面向对象方法，虽然为后续的开发者提供了接口，但是这些对象对于使用者来说并没有什么便利，不仅增加了学习的复杂度，而且由于 S3 封装性上的天然缺陷，初学者容易出错且错误提示不清楚。另外，tm 包及相关体系完全基于文档词条矩阵的数据结构虽然在大量数据的工程化实现方面非常便利，但是并没有简单高性能运算的机制，其设计优势在 R 中完全没有体现。

tmcn 试图去解决这些问题，先从中文支持开始，逐步更新去解决各种问题，同时兼顾 tm 框架，在框架之外进行一些有益的补充。tmcn 包有如下突出优点。

- ❑ 中文编码：各种编码的识别和 UTF-8 之间的转换；中文简体字和繁体字之间的切换；增强了 tau 包中的一些功能。
- ❑ 中文语料资源：例如 GBK 字符集及中文停止词等。
- ❑ 字符处理：常用的字符处理函数，一些函数是对 stringr 包的优化或者不同实现。
- ❑ 文本挖掘：基于基础 R 对象的文本挖掘框架，包含常用的文本挖掘模型，以及一些独立的 NLP 库，比如 CRF++、word2vec 等。

tmcn 包目前在 R-Forge 上开发和发布，读者可以下载不同系统的版本进行安装，如图 10-2 所示。

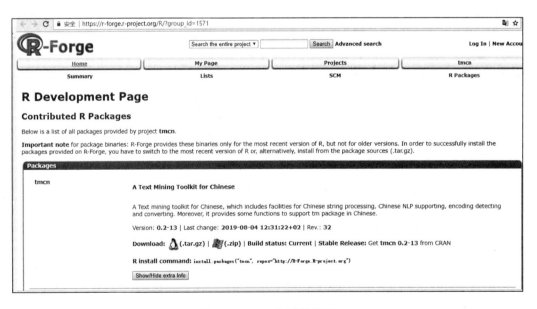

图 10-2   tmcn 包下载界面

在最新版本的 R 中可以使用以下命令直接通过 R-Forge 安装：

```
install.packages("tmcn", repos = "http://R-Forge.R-project.org")
```

10.2.3　Rwordseg 包简介及安装

Rwordseg 是 R 环境下的一个中文分词工具，使用 rJava 调用 Java 分词工具 Ansj。

Ansj 是一个开源的 Java 中文分词工具，基于中科院的 ictclas 中文分词算法，采用隐式马尔可夫模型（Hidden Markov Model, HMM）。作者重写了一个 Java 版本，并且全部开源，使得 Ansj 可用于人名识别、地名识别、组织机构名识别、多级词性标注、关键词提取、指纹提取等领域，且支持行业词典、用户自定义词典。

Rwordseg 包完全引用了 Ansj 包，并在其基础上开发了 R 的接口，同时根据 R 处理文本的习惯进行了调整。

能够成功安装 Rwordseg 包的前提是提前安装了 rJava 依赖包，而成功安装 rJava 的前提是本机安装了 JDK（Java Platform）。可从 Oracle 官网免费下载与 R 对应系统位数一致的 JDK 进行安装及环境变量配置。然后，可通过以下命令在线安装 rJava 包和 Rwordseg 包。

```
install.packages("rJava")
install.packages("Rwordseg", repos = "http://R-Forge.R-project.org")
```

如果使用以上命令不能成功安装 Rwordseg 包，也可直接在 R-Forge 网站下载 Rwordseg 压缩包进行本地安装。Rwordseg 压缩包的下载界面如图 10-3 所示。

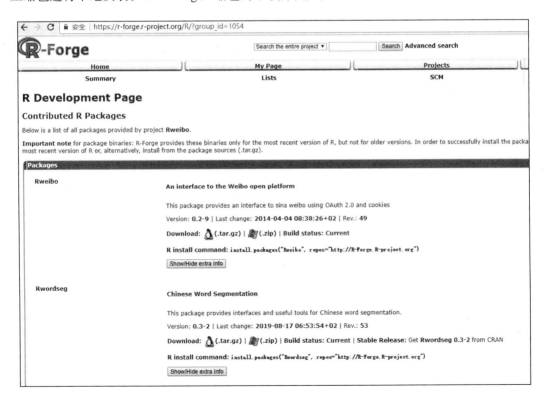

图 10-3　Rwordseg 包下载界面

10.2.4   jiebaR 包简介及安装

结巴分词（jiebaR）是一款高效的 R 语言中文分词包，底层使用的是 C++，通过 Rcpp 进行高效调用。jiebaR 支持最大概率法（Maximum Probability）、隐式马尔科夫模型（HMM）、索引模型（QuerySegment）、混合模型（MixSegment）四种分词模式，同时支持词性标注、关键词提取、文本 Simhash 相似度比较等功能。

jiebaR 具有如下特性。

- ❏ 支持多个操作系统。
- ❏ 通过 Rcpp 模块实现同时加载多个分词系统，可以分别使用不同的分词模式和词库。
- ❏ 支持多种分词模式、中文姓名识别、关键词提取、词性标注以及文本 Simhash 相似度比较等功能。
- ❏ 支持加载自定义用户词库，设置词频、词性。
- ❏ 同时支持简体中文、繁体中文分词。
- ❏ 支持自动判断编码模式。
- ❏ 速度快于其他 R 中文分词包。
- ❏ 安装简单，无须复杂设置。
- ❏ 可以通过 Rpy2、jvmr 等被其他语言调用。
- ❏ 基于 MIT 协议。

当前 jiebaR 已经发布到 CRAN 上，可以通过以下命令进行在线安装。

```
install.packages("jiebaR")
```

10.2.5   tidytext 包简介及安装

由于文本是非结构化数据，所以常规的数据处理及可视化方法不适合做文本分析。tidytext 包提供了相对简单却实用的功能，其将文本视为单个单词的数据框架，使我们能轻松地对文本进行操作、汇总和可视化，使得许多文本挖掘任务变得更容易，也更高效。

当前 tidytext 已经发布到 CRAN 上，可以通过以下命令进行在线安装。

```
install.packages("tidytext")
```

10.3   tm 包快速上手

tm 包提供了文本挖掘最通用的框架，主要功能有数据读写、语料库转换、语料库过滤、元数据管理和词条—文档关系矩阵。下面逐一介绍。

10.3.1   数据读写

tm 包主要管理文件的数据结构，该数据结构被称为语料库（Corpus），表示一系列文档的集合。语料库又分为动态语料库（Volatile Corpus）和静态语料库（Permanent Corpus）。动态语料库作为 R 对象保存在内存中，可以使用 VCorpus() 或者 Corpus() 函数生成；静态语料库则作为 R 外部文件保存（文档存储在磁盘上），可以使用 PCorpus() 函数生成。

函数的第一个参数为 x，表示资料来源对象。对于这些资料来源，tm 包提供了一些相关的函数，举例如下。

❑ DirSource()：处理目录。

❑ VectorSource()：由文档构成的向量。

❑ DataframeSource()：数据框。

第二个参数为 readerControl，这里必须声明 reader 和 language 这两个内容。

reader 是指从资料源创立的文本文件。tm 包提供了一系列的函数支持，可以使用 getReaders() 获得这些函数的列表，如下所示。

```
> getReaders()
 [1] "readDataframe"        "readDOC"
 [3] "readPDF"              "readPlain"
 [5] "readRCV1"             "readRCV1asPlain"
 [7] "readReut21578XML"     "readReut21578XMLasPlain"
 [9] "readTagged"           "readXML"
```

language 就比较简单了，即字符集，比如可能是 UTF-8 字符集。

使用静态语料库时会涉及第三个参数 dbControl，表明 R 连接外部数据库，另一个参数 dbType 用于控制 filehash 包支持的数据库类型。支持连接数据库可以有效地减少对内存的要求，但数据的访问会受磁盘的读写能力限制。

比如，tm 包的 texts/txt 目录下有 5 个包含拉丁字符的纯文本，内容是罗马诗人奥维德 Ovid 的诗集。

```
> (txt <- system.file("texts","txt",package = "tm"))
[1] "C:/Users/Daniel/Documents/R/win-library/3.6/tm/texts/txt"
> list.files(txt)
[1] "ovid_1.txt" "ovid_2.txt" "ovid_3.txt" "ovid_4.txt" "ovid_5.txt"
```

可以通过以下命令将文本读进来。

```
> (ovid <- Corpus(DirSource(txt),
+                 readerControl = list(lanuage = "lat")))
<<SimpleCorpus>>
Metadata:  corpus specific: 1, document level (indexed): 0
Content:   documents: 5
```

当然也可以从字符向量创建语料库。

```
> (vec <- c("This is R","This is RStudio"))
[1] "This is R"        "This is RStudio"
> (vec <- Corpus(VectorSource(vec)))
```

```
<<SimpleCorpus>>
Metadata:  corpus specific: 1, document level (indexed): 0
Content:  documents: 2
```

可以使用 print() 和 summary() 函数查看语料库的部分信息。而完整信息的提取则需要使用 inspect() 函数。

```
> print(vec)
<<SimpleCorpus>>
Metadata:  corpus specific: 1, document level (indexed): 0
Content:  documents: 2
> summary(vec)
  Length Class             Mode
1 2      PlainTextDocument list
2 2      PlainTextDocument list
> inspect(vec)
<<SimpleCorpus>>
Metadata:  corpus specific: 1, document level (indexed): 0
Content:  documents: 2

[1] This is R       This is RStudio
```

可以使用 writeCorpus() 函数将 R 中的语料库保存到本地。

```
> # 语料库的保存
> writeCorpus(vec)
> list.files(,'.txt')
[1] "1.txt" "2.txt"
```

以上代码将在当前工作目录下生成与语料库对应的两个纯文本文件，第一个文件 1.txt 中的内容为 This is R，第二个文件 2.txt 中的内容为 This is RStudio。

10.3.2　语料库转换

一旦创建了语料库，后续修改则不可避免，比如填充、停止词去除。在 tm 包里，这些函数都归到信息转化中，其主要函数就是 tm_map()，该函数可以通过 maps 方式将转化函数实施到每一个语料上。

```
> (txt <- " Currently, the CRAN package repository features 16640 available
    packages.  ")
[1] " Currently, the CRAN package repository features 16640 available packages. "
> txt <- Corpus(VectorSource(txt))
> # 去除多余的空白
> txt <- tm_map(txt,stripWhitespace)
> inspect(txt)
<<SimpleCorpus>>
Metadata:  corpus specific: 1, document level (indexed): 0
Content:  documents: 1
[1]  Currently, the CRAN package repository features 16640 available packages.
```

最初，这段文字的开始、中间和结束均有多余的空白，通过运行 tm_map(txt, strip-Whitespace) 后可以将多余空白去除。

通过 tm_map(txt,removeNumbers) 命令可以去除数字。运行以下语句，则可以将 16640 从内容中移除。

```
> txt <- tm_map(txt,removeNumbers)
> inspect(txt)
<<SimpleCorpus>>
Metadata:  corpus specific: 1, document level (indexed): 0
Content:  documents: 1
[1]  Currently, the CRAN package repository features  available packages.
```

通过 tm_map(txt,removePunctuation) 命令可以去除标点符号。

```
> # 去除标点符号
> txt <- tm_map(txt,removePunctuation)
> inspect(txt)
<<SimpleCorpus>>
Metadata:  corpus specific: 1, document level (indexed): 0
Content:  documents: 1
[1]  Currently the CRAN package repository features  available packages
```

通过 tm_map(txt,tolower) 命令可进行大小写转换。

```
> # 大小写转换
> txt <- tm_map(txt,tolower)
> inspect(txt)
<<SimpleCorpus>>
Metadata:  corpus specific: 1, document level (indexed): 0
Content:  documents: 1
[1]  currently the cran package repository features  available packages
```

使用 removeWords 去除语料库，停止词也可以使用自定义的数据对象，但数据对象必须是向量形式。

```
> # 去除语料库停止词
> txt <- tm_map(txt,removeWords,stopwords("english"))
> inspect(txt)
<<SimpleCorpus>>
Metadata:  corpus specific: 1, document level (indexed): 0
Content:  documents: 1
[1]  currently  cran package repository features  available packages
```

处理后的内容已不包含 the 这个单词。

10.3.3　语料库过滤

有时候，我们需要选取给定条件下的文档。假如需要从利用路透社文档创建的语料库中查找出 ID 等于 127，表头（heading）包含 " DIAMOND SHAMROCK (DIA) CUTS

CRUDE PRICES"字符的文本，可以通过以下代码实现。

```
> reut21578 <- system.file("texts","crude",package = "tm")
> reuters <- Corpus(DirSource(reut21578),
+                   readerControl = list(reader = readReut21578XMLasPlain))
> reuters
<<VCorpus>>
Metadata:  corpus specific: 0, document level (indexed): 0
Content:  documents: 20
> index <- meta(reuters,"id") == '127' &
+   meta(reuters,"heading") =="DIAMOND SHAMROCK (DIA) CUTS CRUDE PRICES"
    # 查询条件
> reuters[index]
<<VCorpus>>
Metadata:  corpus specific: 0, document level (indexed): 0
Content:  documents: 1
> inspect(reuters[index][[1]])
<<PlainTextDocument>>
Metadata:  16
Content:  chars: 527

Diamond Shamrock Corp said that
effective today it had cut its contract prices for crude oil by
1.50 dlrs a barrel.
    The reduction brings its posted price for West Texas
Intermediate to 16.00 dlrs a barrel, the copany said.
    "The price reduction today was made in the light of falling
oil product prices and a weak crude oil market," a company
spokeswoman said.
    Diamond is the latest in a line of U.S. oil companies that
have cut its contract, or posted, prices over the last two days
citing weak oil markets.
 Reuter
```

当然也可以进行全文过滤，假如我们需要查找内容中包含 company 的文档，可以通过 tm_filter() 函数实现。

```
> tm_filter(reuters, FUN = function(x) any(grep("company", content(x))))
<<VCorpus>>
Metadata:  corpus specific: 0, document level (indexed): 0
Content:  documents: 5
```

共有 5 个符合条件的文档被过滤出来。

10.3.4　元数据管理

元数据（core data）用于标记语料库的附件信息，它具有两部分内容：语料库元数据和文档元数据。Simple Dublin Core 是一种带有以下 15 种特定数据元素的元数据。元数据只记录语料库或文档的信息，与文档相互独立，互不影响。

- ❏ 创建者（Creator）。
- ❏ 主题（Subject）。
- ❏ 描述（Description）。
- ❏ 发行者（Publisher）。
- ❏ 资助者（Contributor）。
- ❏ 日期（Date）。
- ❏ 类型（Type）。
- ❏ 格式（Format）。
- ❏ 标识符（Identifier）。
- ❏ 来源（Source）。
- ❏ 语言（Language）。
- ❏ 关系（Relation）。
- ❏ 范围（Coverage）。
- ❏ 权限（Right）。

使用 meta(reuters[[1]]) 查看语料库的元数据信息，使用 meta(reuters) 查看语料的元数据格式。除 meta() 函数外，DublinCore() 函数提供了一套介于 Simple Dublin Core 元数据和 tm 元数据之间的映射机制，用于获得或设置文档的元数据信息。两个函数所获取的元数据信息如下所示。

```
> DublinCore(reuters[[1]],tag = "creator") <- "Ano Nymous"
> DublinCore(reuters[[1]])
  contributor: character(0)
  coverage   : character(0)
  creator    : Ano Nymous
  date       : NA
  description:
  format     : character(0)
  identifier : 127
  language   : en
  publisher  : character(0)
  relation   : character(0)
  rights     : character(0)
  source     : character(0)
  subject    : character(0)
  title      : DIAMOND SHAMROCK (DIA) CUTS CRUDE PRICES
  type       : character(0)
> meta(reuters[[1]])
  author     : Ano Nymous
  datetimestamp: NA
  description  :
  heading    : DIAMOND SHAMROCK (DIA) CUTS CRUDE PRICES
  id         : 127
  language   : en
```

```
origin        : Reuters-21578 XML
topics        : YES
lewissplit    : TRAIN
cgisplit      : TRAINING-SET
oldid         : 5670
topics_cat    : crude
places        : usa
people        : character(0)
orgs          : character(0)
exchanges     : character(0)
```

10.3.5　词条 – 文档关系矩阵

为了后续建模，一般需要对语料库创立词条 – 文档关系矩阵，创建时用到的函数为：

```
TermDocumentMatrix(x, control = list())
DocumentTermMatrix(x, control = list())
```

它们创建的矩阵互为转置矩阵。

参数 control = list() 中的可选参数有 removePunctuation，stopwords，weighting，stemming 等，其中 weighting 可以计算词条权重，有 weightTf，weightTfIdf，，weightBin 和 weightSMART 4 种。

```
> dtm <- DocumentTermMatrix(reuters)
> inspect(dtm[1:5,100:105])
<<DocumentTermMatrix (documents: 5, terms: 6)>>
Non-/sparse entries: 4/26
Sparsity          : 87%
Maximal term length: 10
Weighting         : term frequency (tf)
Sample            :
    Terms
Docs  abdul-aziz ability ability, able about above
  127          0       0        0    0     0     0
  144          0       2        0    0     1     2
  191          0       0        0    0     0     0
  194          0       0        0    0     0     0
  211          0       0        0    0     1     0
> tdm <- TermDocumentMatrix(reuters)
> tdm
<<TermDocumentMatrix (terms: 1266, documents: 20)>>
Non-/sparse entries: 2255/23065
Sparsity          : 91%
Maximal term length: 17
Weighting         : term frequency (tf)
> inspect(tdm[100:105,1:5])
<<TermDocumentMatrix (terms: 6, documents: 5)>>
Non-/sparse entries: 4/26
Sparsity          : 87%
```

```
Maximal term length: 10
Weighting          : term frequency (tf)
Sample             :
            Docs
Terms        127 144 191 194 211
  abdul-aziz   0   0   0   0   0
  ability      0   2   0   0   0
  ability,     0   0   0   0   0
  able         0   0   0   0   0
  about        0   1   0   0   1
  above        0   2   0   0   0
```

tm 包提供了一些对词条－文档关系矩阵进行操作的函数。可以使用 findFreqTerms() 函数对词频进行过滤。

```
> # 词频过滤，筛选出至少出现 30 次的词条
> findFreqTerms(dtm,lowfreq = 30)
[1] "and"  "for"  "its"  "oil"  "opec"  "prices" "said" "that" "the"
```

使用 findAssocs() 函数可以实现词条之间的相关性计算。比如对于 opec，找到相关系数在 0.85 以上的词条，代码如下。

```
> findAssocs(dtm,"opec",0.85)
$opec
  meeting emergency      oil      15.8  analysts
     0.88      0.87     0.87      0.85      0.85
```

词条－文档关系矩阵一般都是非常庞大的稀疏数据集，因此 tm 包还提供了一种删减稀疏性的 removeSparseTerms() 函数，删除稀疏性一般不会对矩阵的信息继承带来显著影响。

```
> inspect(removeSparseTerms(dtm,0.4))
<<DocumentTermMatrix (documents: 20, terms: 8)>>
Non-/sparse entries: 140/20
Sparsity           : 12%
Maximal term length: 6
Weighting          : term frequency (tf)
Sample             :
      Terms
Docs   and for its oil reuter said the was
  144    9   5   6  11      1    9  17   1
  236    7   4   8   7      1    6  15   7
  237   11   3   3   3      1    0  30   2
  246    9   6   3   4      1    4  18   2
  248    6   2   2   9      1    5  27   4
  273    5   4   0   5      1    5  21   1
  368    1   0   1   3      1    2  11   2
  489    5   4   2   4      1    2   8   0
  502    6   5   2   4      1    2  13   0
  704    5   3   1   3      1    3  21   0
```

以上代码去除了大于 40% 的稀疏词条。

字典是一个字符集合，经常用于在文本挖掘中展现相关的词条。我们可以将向量赋值给 DocumentTermMatrix() 函数的参数 list 中的 dictionary，此时生成的矩阵会根据字典提取计算，而不是漫无目的地全部提取。

```
> # 字典
> inspect(DocumentTermMatrix(reuters,
+        list(dictionary = c("price","crude","oil"))))
<<DocumentTermMatrix (documents: 20, terms: 3)>>
Non-/sparse entries: 38/22
Sparsity           : 37%
Maximal term length: 5
Weighting          : term frequency (tf)
Sample             :
    Terms
Docs  crude oil price
 127     2    5     2
 144     0   11     1
 191     2    2     2
 194     3    1     2
 236     1    7     1
 246     0    4     1
 248     0    9     0
 273     5    5     0
 349     2    3     0
 353     2    4     0
```

10.4　tmcn 包快速上手

tmcn 包是一个进行中文文本挖掘的 R 包。包含中文编码处理、文字操作、文本挖掘模型和算法等。

tmcn 包支持中文编码转换和中文语料资源。

❑ 中文语料资源：例如 GBK 字符集及中文停用词等。

❑ 中文编码转换：各种编码的识别和 UTF-8 之间的转换，中文简体字和繁体字之间的转换，增强了 tau 包的一些功能。

10.4.1　中文语料资源

tmcn 包自带 BGK 字符集，其数据框包含 8 列，分别为 UTF-8 中的汉字、唯一拼音、拼音、部首、笔画、笔顺、字体结构和出现频率。字符集 GBK 的前六条记录如下：

```
> library(tmcn)
> # 查看 GBK 的前六条记录
> data(GBK)
```

```
> if(!require(knitr)) install.packages("knitr")
载入需要的包: knitr
> table(head(GBK))
```

GBK	py0	py	Radical	Stroke_Num_Radical	Stroke_Order	Structure	Freq
吖	a	ā yā	口	3	フー、ノ	左右	26
阿	a	ā ɑ ē	阝	2	フ｜ー｜フー	左右	526031
啊	a	ɑ á à ɑ̌ ɑ	口	3	｜フーフ｜ー｜フー｜	左中右	53936
锕	a	ā	钅	5	ノーーーフフ｜ー｜フー｜	左中右	3
錒	a	ā	金	8	ノ、ーー、ノーフ｜ー｜フー｜	左右	0
嗄	a	á shà	口	3	｜フーーノ｜フーーーノフ、	左右	11

tmcn 包自带中文常用停止词数据框 STOPWORDS，共收录了 504 个单词（单词"起见"在 STOPWORDS 中出现两次，估计是开发者手误导致）。前六个单词如下所示：

```
# 查看 STOPWORDS 前六条记录
> data("STOPWORDS")
> head(STOPWORDS)
  word
1 第二
2 一番
3 一直
4 一个
5 一些
6 许多
```

stopwordsCN() 函数可以返回 STOPWORDS 的 503 个停止词，返回结果为向量，前六个单词如下所示：

```
> # 返回中文停止词
> stopwordsCN()[1:6]
[1] "第二" "一番" "一直" "一个" "一些" "许多"
```

可以结合 tm 包的 tm_map 函数和 tmcn 包的 stopwordsCN() 函数去除语料库中的中文停止词。

```
> library(tm)
> (text <- c("R 语言"," 一直"))
[1] "R 语言" " 一直"
> d.corpus <- Corpus(VectorSource(text))
> d.corpus <- tm_map(d.corpus,removeWords,stopwordsCN())
> as.list(d.corpus)
[[1]]
[1] "R 语言"

[[2]]
[1] ""
```

单词"一直"是停止词数据框 STOPWORDS 的第三条记录，所以运行以上代码后，返回结果已经将"一直"移除。

我们也可以自定义 stopwordsCN() 函数的停止词，通过参数 stopwords 实现。参数 useStopDic 是逻辑值，当为 TRUE 时，表示新的停止词将添加在 STOPWORDS 最前面，当为 FALSE 时，则仅使用指定新的停止词。

```
> stopwordsCN(stopwords = c("R语言"),
+              useStopDic = TRUE)[1:6]
[1] "R语言" "第二"  "一番"  "一直"  "一个"  "一些"
> stopwordsCN(stopwords = c("R语言"),
+              useStopDic = FALSE)
[1] "R语言"
```

比如现在希望将单词"R语言"移除，可以通过以下代码实现。

```
> d.corpus <- Corpus(VectorSource(text))
> d.corpus <- tm_map(d.corpus,removeWords,
+                     stopwordsCN(stopwords = "R语言",
+                                 useStopDic = FALSE))
> as.list(d.corpus)
[[1]]
[1] ""

[[2]]
[1] "一直"
```

10.4.2 中文编码转换

使用 Encoding() 函数可以检查字符串的编码类型。比如 txt1 是一个 UTF-8 编码的字符串，可以使用 Encoding() 函数查看其编码类型。

```
> txt1 <- c("R\u8BED\u8A00\u6DF1\u5EA6\u5B66\u4E60:\u57FA\u4E8EKeras")  #UTF-8编码
> Encoding(txt1)
[1] "UTF-8"
```

常规的字符格式转换函数为 iconv()，通过以下命令将 UTF-8 转换为 GBK。

```
> txt2 <- iconv(txt1,"UTF-8","GBK")     #iconv把txt1字符串从utf8转化为GBK
```

除了可以使用 Encoding() 函数查看编码类型外，tmcn 也自带了 isUTF8() 和 isGBK() 函数用于判断编码类型。下面代码将使用 isGBK() 函数判断 txt2 是否为 GBK 编码。

```
> isGBK(txt2) # 判断是否为GBK编码
[1] TRUE
```

tmcn 包也自带常用的格式转换函数。使用 catUTF8() 函数可以把字符串输出为 UTF-8 编码，使用 toUTF8() 函数可以把字符串编码变成中文。下面代码将使用 toUTF8() 函数将

txt1 变成中文，使用 catUTF() 函数将 txt2 变成 UTF-8 编码。

```
> toUTF8(txt1)                # 转换成中文
[1] "R语言深度学习：基于 Keras"
> txt2                        # 查看 txt2
[1] "R语言深度学习：基于 Keras"
> catUTF8(txt2)               # 转换成 UTF-8 编码
R\u8BED\u8A00\u6DF1\u5EA6\u5B66\u4E60：\u57FA\u4E8EKeras
```

除了编码类型转换外，tmcn 包中的 toTrad() 函数还能实现简体字与繁体字的转换，参数 rev 为 TRUE 时表示由繁到简，为 FALSE（默认值）时表示由简到繁。toPinyin() 函数能将中文变成拼音，参数 capitalize 默认为 FALSE，代表首字符小写。

以下代码利用 toTrad() 将 txt1 转换为繁体中文，利用 toPinyin() 将其转换为拼音。

```
> toTrad(txt1)                              # 由简转繁
[1] "R語言深度學習：基於 Keras"
> toPinyin(txt1,capitalize = TRUE)          # 转换为拼音，首字母大写
[1] "RYuYanShenDuXueXi:JiYuKERAS"
```

10.4.3　字符操作

tmcn 包还提供了常用的字符操作函数。比如 left() 函数是从左到右提取多少个字符，right() 函数则是从右到左提取多少个字符。以下代码利用这两个函数，分别提取 " R 语言" 中的 R、语言。

```
> left("R语言",1)
[1] "R"
> right("R语言",2)
[1] "语言"
```

strcap() 函数可以将单词首字母变成大写。

```
> (txt <- "R is a free software environment for statistical computing and
    graphics.")
[1] "R is a free software environment for statistical computing and graphics."
> strcap(txt)
[1] "R Is A Free Software Environment For Statistical Computing And Graphics."
```

strpad() 函数可以使用填充字符将字符串填充到指定的长度。参数 width 为字符串填充后的长度，参数 side 表示填充方式是左填充、右填充还是两边填充，默认为左填充，参数 pad 表示填充的字符。

```
> strpad(c('R语言','Python'),width = 8,pad = '*')
[1] "*****R语言" "**Python"
```

strstrip() 函数能去除字符串左右两边的空格，默认是两边空格都去除。当参数 side 为 left 时只移除左边空格，side 为 right 时只移除右边空格。注意该函数不能移除中间的空格。

```
> text <- "   R   语言   "
> strstrip(text)                          # 默认移除两边的空格
[1] "R   语言"
> strstrip(text,side = "left")            # 只移除左边空格
[1] "R   语言   "
> strstrip(text,side = "right")           # 只移除右边空格
[1] "   R   语言"
```

strextract() 函数则通过正则表达式提取匹配的子字符串。

10.5 Rwordseg 包快速上手

RWordseg 是中文分词包，调用了基于 Java 的 Ansi 分词工具，使用隐式马尔科夫模型进行分词。

10.5.1 中文分词

RWordseg 包中的 segmentCN() 函数用于中文分词操作，参数 strwords 为需要分词的句子，句子的编码格式可以是 GBK 或者 UTF-8。

```
> library(Rwordseg)
> txt1 <- "R语言也能做文本挖掘!" # BGK 编码
> txt2 <- "R\u8BED\u8A00\u4E5F\u80FD\u505A\u6587\u672C\u6316\u6398!" # UTF-8 编码
> segmentCN(txt1) # 对 GBK 编码句子进行分词
[1] "R语言" "也"    "能"    "做"    "文本"  "挖掘"
> segmentCN(txt2) # 对 UTF-8 编码句子进行分词
[1] "R语言" "也"    "能"    "做"    "文本"  "挖掘"
```

使用 segmentCN() 函数对句子进行分词时，会默认将符号移除。如果需要在分词后保留符号，可以将参数 nosymbol 设置为 FALSE。

```
> segmentCN(txt1,nosymbol = FALSE) # 结果中保留符号
[1] "R语言" "也"    "能"    "做"    "文本"  "挖掘"  "!"
```

segmentCN() 函数默认返回向量，可以将参数 returnType 设为 TRUE 直接输出 tm 接受的格式，也就是说将分词之后的每篇文档存成一个单独的字符串，用空格对词语进行分割。

```
> d.vec <- segmentCN(txt1,returnType = 'tm')
> d.vec
[1] "R语言 也 能 做 文本 挖掘"
```

如果输入参数为字符向量，则返回列表。

```
> segmentCN(c("R语言也能做文本挖掘","真是太棒了"))
[[1]]
[1] "R语言" "也"    "能"    "做"    "文本"  "挖掘"

[[2]]
```

```
[1] "真是" " 太 "     " 棒 "     " 了 "
```

利用参数 nature 可以设置是否输出词性，默认不输出，如果选择输出，那么返回的向量名为词性的标识。

```
> segmentCN(txt1,nature = TRUE)   n      d      v      v      n      v
"R 语言 "     " 也 "     " 能 "     " 做 "   " 文本 "   " 挖掘 "
```

不过目前的词性识别并不是真正意义上的智能词性识别，结果仅作为参考。

默认情况下，Rwordseg 包是无法识别人名的。可以通过 getOption() 函数查看人名识别功能的状态，通过 segment.options() 函数设置人名识别功能的状态。

```
> getOption("isNameRecognition")
[1] FALSE
> segmentCN(" 我叫金三顺 ")
[1] " 我 " " 叫 " " 金 " " 三 " " 顺 "
> segment.options(isNameRecognition = TRUE)
> getOption("isNameRecognition")
[1] TRUE
> segmentCN(" 我叫金三顺 ")
[1] " 我 "     " 叫 "     " 金三顺 "
```

在人名识别功能状态设置前 Rwordseg 包无法识别姓名，通过 segment.options() 函数设置后，则可以很好地将人的姓名识别出来。

需要注意的是，虽然我们可以使用 getOption() 函数来获取参数 isNameRecognition 的当前值，但是不能使用 options 函数来设置 isNameRecognition，而是需要使用本包自带的 segment.options() 函数来设置，否则不会生效。

10.5.2 添加和卸载自定义词典

有些文档的句子或词会出现歧义，例如雷克萨斯品牌是分为雷克萨斯和品牌两部分还是分为雷克萨、斯和品牌三部分，对于 segmentCN() 函数来说是非常困难的。为了能够正确地分词，可以通过 insertWords() 和 deleteWords() 函数添加和删除自定义词汇。

```
> # 添加和删除自定义词汇
> str <- " 雷克萨斯品牌的汽车 "
> segmentCN(str)
[1] " 雷克萨 " " 斯 "     " 品牌 "   " 的 "     " 汽车 "
> insertWords(" 雷克萨斯 ")
> segmentCN(str)
[1] " 雷克萨斯 " " 品牌 "     " 的 "       " 汽车 "
> deleteWords(" 雷克萨斯 ")
> segmentCN(str)
[1] " 雷克萨 " " 斯 "     " 品牌 "   " 的 "     " 汽车 "
```

除以上自定义词汇外，更一般的做法是添加和卸载用户自定义的词典。Rwordseg 包中提供 installDict() 函数和 uninstallDict() 函数，可用于添加和卸载用户自定义的词典。

installDict() 函数的基本表达形式如下：

```
installDict(dictpath, dictname,dicttype = c("text", "scel"), load = TRUE)
```

各参数描述如下。

❑ dictpath：表示需要安装词典的路径。

❑ dictname：表示自定义的词典名称。

❑ dicttype：表示安装的词典类型，text 为普通文本格式，scel 为搜狗细胞词典（可在搜狗官网下载）。

❑ load：表示安装后是否自动加载到内存，默认为 TRUE。

我们可以在搜狗网站（https://pinyin.sogou.com/dict/detail/index/15153）下载汽车名称词典（汽车词汇大全【官方推荐】.scel）并安装到 R 语言中。

```
> segmentCN(str)
[1] "雷克萨" "斯"      "品牌"    "的"       "汽车"
> installDict(dictpath = "../dict/汽车词汇大全【官方推荐】.scel",
+             dictname = "qiche")
2388 words were loaded! ... New dictionary 'qiche' was installed!
```

新的词典 qiche 已经添加完成，一共有 2388 个词语。可以通过 listDict() 函数查看词典信息，包含词典的名字、类型、描述和路径。

```
> listDict()
  Name Type              Des                                            Path
1 qiche 汽车 官方推荐，词库来源于网友上传!  C:/Program Files/R/R-3.6.0/library/Rwordseg/
      dict/qiche.dic
```

再次运行 segmentCN(str) 命令，查看此时的分词结果。

```
> segmentCN(str)
[1] "雷克萨斯" "品牌"      "的"         "汽车"
```

运行 uninstallDict() 函数将添加的词典移除。

```
> uninstallDict(removedict = listDict()$Name,
+               remove = TRUE)
2388 words were removed! ... The dictionary 'qiche' was uninstalled!
```

此时，自定义词典 qiche 已经移除，再次运行 segmentCN(str) 命令查看结果。

```
> segmentCN(str)
[1] "雷克萨" "斯"      "品牌"    "的"       "汽车"
```

当然，我们可以下载安装多个自定义词典，这样在进行分词时会利用多个词典中的词语。默认不添加自定义词典时，对列表 str1 的分词结果如下。

```
> str1 <- c("雷克萨斯品牌","可爱女人")
> segmentCN(str1)
```

```
[[1]]
[1] "雷" "克" "萨" "斯" "品牌"

[[2]]
[1] "可爱" "女人"
```

单独添加自定义词典 qiche 后的分词结果如下。

```
> installDict(dictpath = "../dict/汽车词汇大全【官方推荐】.scel",
+             dictname = "qiche")
2388 words were loaded! ... New dictionary 'qiche' was installed!
> segmentCN(str1)
[[1]]
[1] "雷克萨斯" "品牌"

[[2]]
[1] "可爱" "女人"
```

最后，我们在搜狗网站（https://pinyin.sogou.com/dict/detail/index/857）下载与周杰伦有关的词典（周杰伦有关的词.scel），安装后的分词结果如下。

```
> installDict(dictpath = "../dict/周杰伦有关的词.scel",
+             dictname = "music")
194 words were loaded! ... New dictionary 'music' was installed!
> segmentCN(str1)
[[1]]
[1] "雷克萨斯" "品牌"

[[2]]
[1] "可爱女人"
```

最后的输出是同时利用了两个自定义词典的结果。

利用 Rwordseg 包进行中文分词后，再结合 tm 和 tmcn 包就可以做中文文本分析和挖掘了。

10.6　jiebaR 包快速上手

jiebaR 是"结巴"中文分词（Python）的 R 语言版本，是目前做中文分词的最好组件。我们将从分词引擎、自定义词典、停止词过滤和关键词提取四个方面进行学习。

10.6.1　分词引擎

当运行 library(jiebaR) 程序加载包时，没有启动任何分词引擎，所以需要通过以下语句来启动引擎。

```
> library(jiebaR)
载入需要的包：jiebaRD
```

```
> # 启动引擎
> wk = worker()
```

可以有以下三种方式实现中文文本分词，它们的分词结果相同。

```
> # 三种分词方式
> txt <- "《R语言游戏数据分析与挖掘》"
> wk[txt]
[1] "R"        "语言"      "游戏"      "数据分析" " 与 "        " 挖掘 "
> wk <= txt
[1] "R"        "语言"      "游戏"      "数据分析" " 与 "        " 挖掘 "
> segment(txt,wk)
[1] "R"        "语言"      "游戏"      "数据分析" " 与 "        " 挖掘 "
```

我们也可以直接对本地的文本文件进行分词。运行以下语句，会在当前目录中生成一个新的分词结果文件。

```
> # 对文本文件进行分词
> wk["../data/demo.txt"]
[1] "../data/demo.segment.2020-11-27_00_21_22.txt"
```

worker() 函数用于新建分词引擎，可以同时新建多个分词引擎。引擎的类型有 mix（混合模型）、mp（最大概率模型）、hmm（HMM 模型）、query（索引模型）、tag（标记模型）、simhash（Simhash 模型）和 keywords（关键词模型）7 种。参数 type 默认为 mix，是 7 个分词引擎中分词效果最好的，它结合使用了最大概率法和隐式马尔科夫模型。

worker() 函数的基本表达形式如下：

```
worker(type = "mix", dict = DICTPATH, hmm = HMMPATH,
        user = USERPATH, idf = IDFPATH, stop_word = STOPPATH, write = T,
        qmax = 20, topn = 5, encoding = "UTF-8", detect = T,
        symbol = F, lines = 1e+05, output = NULL, bylines = F,
    user_weight = "max")
```

各参数描述如下。

❑ type：引擎类型。

❑ dict：词典路径，默认为 DICTPATH。

❑ hmm：用来指定 HMM 模型路径，默认为 DICTPATH，当然也可以指定其他分词引擎。

❑ user：用户自定义的词库。

❑ idf：IDF 词典。

❑ stop_word：用来指定停止词的路径。

❑ write：是否将文件分词结果写入文件，默认为 FALSE。

❑ qmax：词的最大查询长度，默认为 20 个字符。

❑ top：关键词的个数，默认为 5，可以应用 simhash 和 keyword 分词类型。

❑ encoding：输入文件的编码，默认为 UTF-8。

❑ detect：是否编码检查，默认为 TRUE。

❑ symbol：是否保留符号，默认为 FALSE。

❑ lines：每次读取文件的最大行数，用于控制读取文件的长度，大文件则会分次读取。

❑ output：输出文件的路径。

❑ bylines：按行输出。

❑ user_weight：用户词典的词权重，有 min、max 或 median 三个选项。

与 Rwordseg 包的 segmentCN() 函数一样，worker() 函数默认在分词结果中不保留符号，如果要保留符号，可以将参数 symbol 设置为 TRUE。

```
> # 保留符号
> wk1 = worker(symbol = T)
> wk1[txt]
[1] "《"        "R"        "语言"      "游戏"      "数据分析" " 与 "        "挖掘"       "》"
```

将参数 type 设置为 tag 时，可以进行词性标注。

```
> # 词性标注
> tagger <- worker(type = "tag")
> tagger[txt]
       x        n        n        l        p        v
      "R"     "语言"    "游戏" " 数据分析 "   " 与 "     "挖掘"
```

关于词性标注，jiebaR 包采用 ictclas 的标注方法，详细说明如表 10-1 所示。

表 10-1 标注方法说明

代 码	名 称	说 明
Ag	形语素	形容词性语素
a	形容词	取英语形容词 adjective 的第 1 个字母
ad	副形词	直接作状语的形容词。形容词代码 a 和副词代码 d 并在一起
an	名形词	具有名词功能的形容词。形容词代码 a 和名词代码 n 并在一起
b	区别词	取汉字"别"的声母
c	连词	取英语连词 conjunction 的第 1 个字母
Dg	副语素	副词性语素
d	副词	取 adverb 的第 2 个字母，因其第 1 个字母已用于形容词
e	叹词	取英语叹词 exclamation 的第 1 个字母
f	方位词	取汉字"方"的声母
g	语素	绝大多数语素都能作为合成词的"词根"，取汉字"根"的声母
h	前接成分	取英语 head 的第 1 个字母
i	成语	取英语成语 idiom 的第 1 个字母

（续）

代 码	名 称	说 明
j	简称略语	取汉字"简"的声母
k	后接成分	
l	习用语	习用语尚未成为成语，有点临时性，取"临"的声母
m	数词	取英语 numeral 的第 3 个字母，前两个字母 n、u 已有他用
Ng	名语素	名词性语素
n	名词	取英语名词 noun 的第 1 个字母
nr	人名	名词代码 n 和"人 (ren)"的声母并在一起
ns	地名	名词代码 n 和处所词代码 s 并在一起
nt	机构团体	"团"的声母为 t，名词代码 n 和 t 并在一起
nz	其他专名	"专"的声母的第 1 个字母为 z，名词代码 n 和 z 并在一起
o	拟声词	取英语拟声词 onomatopoeia 的第 1 个字母
p	介词	取英语介词 prepositional 的第 1 个字母
q	量词	取英语 quantity 的第 1 个字母
r	代词	取英语代词 pronoun 的第 2 个字母，p 已用于介词
s	处所词	取英语 space 的第 1 个字母
Tg	时语素	时间词性语素
t	时间词	取英语 time 的第 1 个字母
u	助词	取英语助词 auxiliary 的第 2 个字母，a 已用于形容词
Vg	动语素	动词性语素。动词代码为 v，在语素的代码 g 前面置以 V
v	动词	取英语动词 verb 的第一个字母
vd	副动词	直接作状语的动词。动词和副词的代码并在一起
vn	名动词	具有名词功能的动词。动词和名词的代码并在一起
w	标点符号	
x	非语素字	非语素字只是一个符号，字母 x 通常用于代表未知数、符号
y	语气词	取汉字"语"的声母
z	状态词	取汉字"状"的声母的前一个字母

10.6.2　自定义词典

　　词典是决定分词结果好坏的关键因素。jiebaRD 包默认有配置标准的词典，通过 show_dictpath() 函数可以查看默认的标准词典路径。

```
> show_dictpath()
[1] "C:/Program Files/R/R-3.6.0/library/jiebaRD/dict"
```

使用 dir() 函数查看词典目录里面的文件。

```
> dir(show_dictpath())
[1] "C:/Program Files/R/R-3.6.0/library/jiebaRD/dict"
[1] "backup.rda"      "hmm_model.zip" "idf.zip"       "jieba.dict.zip" "model.rda"
[6] "README.md"       "stop_words.utf8" "user.dict.utf8"
```

可以看到词典目录中包含多个文件，各文件功能如下所示。

❑ jieba.dict.utf8：系统词典文件，最大概率法，使用 utf8 编码。

❑ hmm_model.utf8：系统词典文件，隐式马尔科夫模型，使用 utf8 编码。

❑ user.dict.utf8：用户词典文件，使用 utf8 编码。

❑ stop_words.utf8：停止词文件，使用 utf8 编码。

❑ idf.utf8：DF 语料库，使用 utf8 编码。

❑ jieba.dict.zip：jieba.dict.utf8 的压缩包。

❑ hmm_model.zip：hmm_model.utf8 的压缩包。

❑ idf.zip：idf.utf8 的压缩包。

❑ backup.rda：无注释。

❑ model.rda：无注释。

❑ README.md：说明文件。

运行以下程序，打开系统词典文件 jieba.dict.utf8，并打印前 10 行。注意，由于 jieba. dict.utf8 文件在 jieba.dict.zip 压缩包中，所以需要使用 unzip() 函数进行解压。

```
> dict <- show_dictpath()
[1] "C:/Program Files/R/R-3.6.0/library/jiebaRD/dict"
> scan(file = unzip(paste(dict,"jieba.dict.zip",sep = "/")),
+       what = character(),nlines = 10,sep = "\n",
+       encoding = "utf-8",fileEncoding = "utf-8")
Read 10 items
 [1] "1号店 3 n" "1號店 3 n" "4S店 3 n"  "4s店 3 n"  "AA制 3 n"  "AB型 3 n"
 [7] "AT&T 3 nz" "A型 3 n"  "A座 3 n"  "A股 3 n"
```

我们发现系统词典的每一行都有三列，并以空格分隔，第一列为词项，第二列为词频，第三列为词性标注，且支持简体字和繁体字。

接着，我们打开用户词典文件 user.dict.utf8，并打印前 10 行。

```
> # 打开用户词典文件 user.dit.utf8，并打印前 10 行
> scan(file = paste(dict,"user.dict.utf8",sep = "/"),
+       what = character(),nlines = 10,sep = "\n",
+       encoding = "utf-8",fileEncoding = "utf-8")
Read 5 items
[1] "云计算 "   "韩玉鉴赏 " "蓝翔 nz"  "CEO"       "江大桥 "
```

用户词典第一行有两列，第一列为词项，第二列为词性标注，没有词频的列。因为用户词典默认词频为系统词库中的最大词频。

jiebaR 默认提供的用户词典只有 5 个单词，太简单了，肯定是不够用的。我们可以直接往 user.dict.utf8 文件添加自己想要的词项。比如我们往用户词典中添加"R 语言"词项，再次对 txt 对象进行分词。

```
> scan(file = paste(dict,"user.dict.utf8",sep = "/"),
+      what = character(),nlines = 10,sep = "\n",
+      encoding = "utf-8",fileEncoding = "utf-8")
Read 6 items
[1] "云计算"    "韩玉鉴赏" "蓝翔 nz"  "CEO"      "江大桥"    "R 语言"
> # 启动引擎
> wk = worker()
> # 三种分词方式
> txt <- "《R 语言游戏数据分析与挖掘》"
> wk[txt]
[1] "R 语言"    "游戏"     "数据分析" "与"              "挖掘"
```

可见，用户词典已经添加了"R 语言"这个词项，且对 txt 的分词结果中将"R 语言"看作一个词项了。

除了可以将自定义的词直接添加到默认的用户词典 user.dict.utf8 文件外，我们也可以使用 new_user_word() 函数添加新词。

```
> new_user_word(wk,c("R 语言","数据"))
[1] TRUE
> wk[txt]
[1] "R 语言" "游戏"   "数据"   "分析"   "与"        "挖掘"
```

添加新词后，分词结果中"R 语言"和"数据"会作为两个单词项。

当然，我们也可以自定义用户词典，不使用 jiebaR 默认的 user.dict.utf8 文件。我们在 dict 目录中创建了一个 user.utf8 文件，里面有两个单词：R 语言、可爱女人。

以下是使用 jiebaR 默认的用户词典的分词结果。

```
> txt1 <-c("《R 语言游戏数据分析与挖掘》",
+          "可爱女人",
+          "云计算与大数据")
> wk = worker()
> wk[txt1]
[1] "R"        "语言"     "游戏"     "数据分析" "与"       "挖掘"      "可爱"
[8] "女人"     "云计算"   "与"       "大"       "数据"
```

分词结果中并没有将"R 语言"和"可爱女人"认为是词项。

现在，我们在启动引擎时，将用户词典的路径指定为刚才自定义的用户词典，再来看看分词结果。

```
> wk1 = worker(user = "../dict/user.utf8")
> wk1[txt1]
 [1] "R 语言"   "游戏"     "数据分析" "与"       "挖掘"       "可爱女人" "云"
 [8] "计算"     "与"       "大"       "数据"
```

此时，"R 语言"和"可爱女人"已经是两个词项了，不过"云计算"被分成"云"和"计算"两个词项，也说明此时并未引用 jiebaR 包默认的用户词典。

在实际工作中，我们可使用搜狗词典来丰富自己的词典。可以到搜狗网站（http://wubi. sogou.com/dict/）将"成语俗语【官方推荐】"下载到本地，如图 10-4 所示。

图 10-4　"成语俗语【官方推荐】"下载界面

用文本编辑器打开"成语俗语【官方推荐】.scel"文件，发现是二进制的。所以我们需要用工具进行转换，把二进制的词典转成可以使用的文本文件。jiebaR 包的作者同时开发了一个 cidian 项目，可以转换搜狗的词典，我们只需要安装 cidian 包即可。也可以直接利用搜狗细胞词库在线提取转换工具（https://cidian.shinyapps.io/shiny-cidian/）完成转化。

此处利用在线提取转换工具进行演示，该工具是 cidian 包结合 shiny 包开发的小工具，界面如图 10-5 所示。

图 10-5　搜狗词库在线转换工具

首先，点击 Browse 按钮，在弹窗中选择下载好的"成语俗语【官方推荐】.scel"文件后点击上传，上传后界面如图 10-6 所示。

上传完成后，点击左下角的 Download 按钮，即可将转换后的文件保存到本地。我们查看转换后文件的前 20 个词项。

图 10-6   上传本地的搜狗词库文件

```
> scan(file = "../dict/20-11-28-06-08-27.jiebaR.user.txt",
+       what = character(),nlines = 20,sep = "\n",
+       encoding = "utf-8",fileEncoding = "utf-8")
Read 20 items
 [1] "阿保之功 n"    "阿保之劳 n"    "阿鼻地狱 n"    "阿鼻叫唤 n"    "阿狗阿猫 n"
 [6] "阿姑阿翁 n"    "阿娇金屋 n"    "阿匼取容 n"    "阿郎杂碎 n"    "阿猫阿狗 n"
[11] "阿娜多姿 n"    "阿娜妩媚 n"    "阿毗地狱 n"    "阿平绝倒 n"    "阿婆生儿子 n"
[16] "阿世徇俗 n"    "阿顺取容 n"    "阿私所好 n"    "阿私下比 n"    "阿魏无真 n"
```

因为在线转换工具界面的默认词性为 n，所以词典中所有词项的词性均为 n，无参考意义。

创建一个简单向量，用于验证下载的词典效果。以下是使用 jiebaR 默认的用户词典的分词效果。

```
> txt2 <- c("云计算","阿娜妩媚","阿婆生儿子")
> wk = worker()
> wk[txt2]
[1] "云计算" "阿娜"    "妩媚"    "阿婆"    "生"     "儿子"
```

分词结果将"阿娜妩媚"和"阿婆生儿子"进行拆分。

以下是使用搜狗成语俗语大全词典的分词效果。

```
> wk1 = worker(user = "../dict/20-11-28-06-08-27.jiebaR.user.txt")
> wk1[txt2]
[1] "云"           "计算"         "阿娜妩媚"     "阿婆生儿子"
```

此时，"云计算"被进行了拆分。

10.6.3　停止词过滤

停止词就是指在分词过程中，我们不需要作为结果的词，例如中英文的标点符号，英文语句中的 a、the、and 等，中文语言中的"的、地、得、我、你、他"等。这些词因为使用频率过高，会大量出现在一段文本中，从而在统计词频的时候对分词结果增加很多的噪声，所以通常都会将这些词过滤掉。

在 jiebaR 包中，过滤停止词有 2 种方法，一种是通过配置 stop_word 文件过滤，另一种是使用 filter_segment() 函数过滤。

我们首先学习通过配置 stop_words 文件的方法。jiebaRD 包的词典目录有默认的 stop_words.utf8 文件，里面有 1534 个停止词，包括符号、数字、英文单词和中文单词。

使用默认的停止词典，运行以下程序得到的过滤结果如下。

```
> txt <- "R语言提供了丰富的扩展包来完成文本分词和建模，常用的有 tm 包、tmcn 包、RwordSeg 包、
    jiebaR 包、tidytext 包。"
> wk <- worker()
> wk[txt]
 [1] "R"         "语言"      "提供"      "了"        "丰富"      "的"        "扩展"
 [8] "包来"      "完成"      "文本"      "分词"      "和"        "建模"      "常用"
[15] "的"        "有"        "tm"        "包"        "tmcn"      "包"        "RwordSeg"
[22] "包"        "jiebaR"    "包"        "tidytext"  "包"
```

我们新建一个 stopwords.txt 文件（文件要以 utf-8 格式保存），内容包含 R、的、了、包四个单词。

在加载引擎时，将 worker() 函数的参数 stop_word 的路径设置为 stopword.stxt 文件，分词结果如下。

```
> wk1 = worker(stop_word = "../dict/stopwords.txt")
> wk1[txt]
 [1] "语言"      "提供"      "丰富"      "扩展"      "包来"      "完成"
 [7] "文本"      "分词"      "和"        "建模"      "常用"      "有"
[13] "tm"        "tmcn"      "RwordSeg"  "jiebaR"    "tidytext"
```

可见，此时已经将 R、的、了、包这四个停止词从结果中过滤了。

我们还可以通过动态调用 filter_segment() 函数来过滤。

```
> filter <- c("R","的","了","包")
> seg <- wk[txt]
> filter_segment(seg,filter)
 [1] "语言"      "提供"      "丰富"      "扩展"      "包来"      "完成"
 [7] "文本"      "分词"      "和"        "建模"      "常用"      "有"
[13] "tm"        "tmcn"      "RwordSeg"  "jiebaR"    "tidytext"
```

10.6.4 关键词提取

关键词提取是文本处理中非常重要的一个环节，一个经典算法是 TF-IDF（Term Frequent-Inverse Document Frequency）算法。TF-IDF 是一种基于统计的计算方法，常用于评估在一个文档集中一个词对某份文档的重要程度。从算法的名称就可以看出，TF-IDF 算法由两部分组成：TF（Term Frequency，词频）算法和 IDF（Inverse Document Frequency 逆

文档频率）算法。TF 算法代表词频，即统计一个词在一篇文档中出现的频次，其基本思想是，一个词在文档中出现的次数越多，其对文档的表达能力就越强。而 TDF 算法表示逆文档频率，统计一个词在文档集的多少个文档中出现，其基本的思想是，如果一个词在越少的文档中出现，则其对文档的区分能力也就越强。

如果某个词在文章中多次出现，而且不是停止词，那么它很可能反映了这段文章的特性，是我们要找的关键词。再通过 IDF 来算出每个词的权重，不常见的词出现的频率越高，则权重越大。

jiebaR 包的关键词提取的实现也是使用 TF-IDF 算法，在 jiebaRD 词典的 idf.zip 压缩包为 IDF 的语料库。运行以下程序查看前 20 条内容。

```
> dict <- show_dictpath()
[1] "C:/Program Files/R/R-3.6.0/library/jiebaRD/dict"
> scan(file = unzip(paste(dict,"idf.zip",sep = "/")),
+      what = character(),nlines = 20,sep = "\n",
+      encoding = "utf-8",fileEncoding = "utf-8")
Read 20 items
 [1] "劳动防护 13.900677652"  "生化学 13.900677652"   "奥萨贝尔 13.900677652"
 [4] "考察队员 13.900677652"  "岗上 11.5027823792"    "倒车挡 12.2912397395"
 [7] "编译 9.21854642485"     "蝶泳 11.1926274509"    "外委 11.8212361103"
[10] "故作高深 11.9547675029"  "尉遂成 13.2075304714"  "心源性 11.1926274509"
[13] "现役军人 10.642581114"   "杜勃留 13.2075304714"  "包天笑 13.900677652"
[16] "贾政陪 13.2075304714"    "托尔湾 13.900677652"   "多瓦 12.5143832909"
[19] "多瓣 13.900677652"       "巴斯特尔 11.598092559"
```

df.utf8 文件每一行有两列，第一列是词项，第二列为权重。通过计算文档的词频（TF值），与语料库的 IDF 值相乘，就可以得到 TF-IDF 值，从而提取文档的关键词。

我们使用 freq() 函数对下面的文本内容进行关键词提取。

```
> txt <- "结巴分词（jiebaR）是一款高效的 R 语言中文分词包，底层使用的是 C++，通过 Rcpp 进行高效调用。"
> wk = worker()
> seg <- wk[txt]
> freq(seg)
      char  freq
1     进行    1
2     通过    1
3     Rcpp    1
4     C++     1
5     使用    1
6     底层    1
7     包      1
8     分词    2
9     jiebaR  1
10    是      2
11    一款    1
12    高效    2
```

```
13       的     2
14     语言     1
15     结巴     1
16       R     1
17     调用     1
18     中文     1
```

jiebaR 包处理分词过程确实简单，几行代码就能实现分词的各种操作，是目前最流行的中文分词工具之一。

10.7 tidytext 包快速上手

tidytext 是 R 语言的文本分析包，一般会把数据整理为数据框，每行都是由 docid-word-freq 组成。把文本看作由单个单词构成的数据框的优势在于：有助于轻松地操作、汇总以及展示文本特征；有助于将自然语言处理整合到有效的工作流程中。

10.7.1 整洁文本格式

使用整洁数据会使数据处理与分析更容易、更有效，在处理文本时也是如此。Hadley Wickhan（Wickhan 2014）认为整洁数据的结果如下所示。

❑ 每个变量是一列。

❑ 每个观察（样本、记录）是一行。

❑ 每次观察的结果会构成一张表。

因此，可将整洁文本格式定义为表（数据框），其每行都有一个词条（token）。词条是一个有意义的文本单元。词条化是指将文本分解为词条的过程。这种每行一个词条（one-token-per-row）的结构与当前分析文本时采用字符串或词条—文档关系矩阵的存储方式形成对比。对于整洁文本挖掘，存储在每行的词条通常可以是一个单词，也可以是 N-Gram、段落或者句子。tidytext 包能对常用文本单元进行词条化，并将其转换为每行一个词条的格式。

整洁数据集允许使用一套"简洁"工具进行操作，包括 dplyr、tidyr、ggplot2、broom 等流行包。通过保证输入和输出为整洁表格的形式，使得这些包之间的转换变得容易。这些简洁工具包能扩展到许多文本分析和研究中。

如上所述，我们将整洁文本格式定义为每行一个词条形式的表。以这种方式构建文本数据是符合整洁数据原则的，可以通过一组一致的工具来进行操作。以下是其与文本挖掘方法中常用的文本存储方式的比较。

❑ 字符串（String）：文本最原始的形式就是用 R 中的字符向量存储的字符串，通常可以先将这种数据读入内存中。

❑ 语料（Corpus）：这种类型的对象通常含有原始字符串，还包含额外的元数据和细节标注等。

❑ 词条—文档关系矩阵（Term-Document Matrix）：这是一个描述文档集合（如语料库）的稀疏矩阵，该矩阵的行表示一个文档，列表示词项，矩阵的值通常是数字或者 TF-IDF 值。

词条是一个有意义的文本单元，通常是我们需要进一步分析的词项。词条化就是将文本分解为词条化的过程。在整洁文本框架中，我们需要将文本分为单个词条（即词条化过程），并将其转换为整洁的数据结构。可以使用 tidy 包的 unnest_tokens() 函数轻松实现。

首先演示如何利用 unnest_tokens() 函数将英文文本整理成整洁数据。我们创建一个 english 数据框，内容如下。

```
> library(dplyr)
> english <- data_frame(Date = c("2020-09-20","2018-03-29","2020-08-18","2020-08-27"),
+                    Package = c("tidytext","tokenizers","dplyr","tidyr"),
+                    Title = c("Text Mining using 'dplyr', 'ggplot2', and Other
                              Tidy Tools","Fast, Consistent Tokenization of Natural
                              Language Text","A Grammar of Data Manipulation","Tidy
                              Messy Data"))
> english
# A tibble: 4 x 3
  Date        Package    Title
  <chr>       <chr>      <chr>
1 2020-09-20 tidytext    "Text Mining using 'dplyr', 'ggplot2', and Other Tidy
    Tools"
2 2018-03-29 tokenizers "Fast, Consistent Tokenization of Natural Language Text"
3 2020-08-18 dplyr       "A Grammar of Data Manipulation"
4 2020-08-27 tidyr       "Tidy Messy Data"
```

接下来，利用 unnest_tokens() 函数对其进行数据整洁处理。这里用到 unnest_tokens() 函数的两个基本参数是列名。首先创建将要输出的列名，文本被拆分到此列（此例为 word），然后是输入列名，文本来自此列（此例为 Title）。数据整洁处理后如下所示。

```
> library(tidytext)
> english %>%
+   unnest_tokens(word,Title)
# A tibble: 24 x 3
  Date        Package    word
  <chr>       <chr>      <chr>
 1 2020-09-20 tidytext    text
 2 2020-09-20 tidytext    mining
 3 2020-09-20 tidytext    using
 4 2020-09-20 tidytext    dplyr
 5 2020-09-20 tidytext    ggplot2
 6 2020-09-20 tidytext    and
 7 2020-09-20 tidytext    other
 8 2020-09-20 tidytext    tidy
 9 2020-09-20 tidytext    tools
```

```
10 2018-03-29 tokenizers fast
# ... with 14 more rows
```

从以上结果可知，使用 unnest_tokens() 函数时，为保证新数据框中每行只有一个词条
（word），需要对每行的文本都进行分词处理。我们还发现：

❑ 其他列原样保留，比如此例中的列 Date、Package；

❑ 标点符号已被删除；

❑ 默认情况下，unnest_tokens() 函数将词条转换为小写，是为了更方便地与其他数据
集比较或合并（将参数 to_lower 设置为 FALSE 可关闭）。

如果我们想保留原来文本数据的列，将参数 drop 设置为 FALSE 即可，结果如下所示。

```
> english %>%
+   unnest_tokens(word,Title,drop = FALSE)
# A tibble: 24 x
    Date        Package       Title                                             word
    <chr>       <chr>         <chr>                                             <chr>
  1 2020-09-20 tidytext      Text Mining using 'dplyr', 'ggplot2', and Other Tidy
                              Tools text
  2 2020-09-20 tidytext      Text Mining using 'dplyr', 'ggplot2', and Other Tidy
                              Tools mining
  3 2020-09-20 tidytext      Text Mining using 'dplyr', 'ggplot2', and Other Tidy
                              Tools using
  4 2020-09-20 tidytext      Text Mining using 'dplyr', 'ggplot2', and Other Tidy
                              Tools dplyr
  5 2020-09-20 tidytext      Text Mining using 'dplyr', 'ggplot2', and Other Tidy
                              Tools ggplot2
  6 2020-09-20 tidytext      Text Mining using 'dplyr', 'ggplot2', and Other Tidy
                              Tools and
  7 2020-09-20 tidytext      Text Mining using 'dplyr', 'ggplot2', and Other Tidy
                              Tools other
  8 2020-09-20 tidytext      Text Mining using 'dplyr', 'ggplot2', and Other Tidy
                              Tools tidy
  9 2020-09-20 tidytext      Text Mining using 'dplyr', 'ggplot2', and Other Tidy
                              Tools tools
 10 2018-03-29 tokenizers    Fast, Consistent Tokenization of Natural Language Text
                              fast
# ... with 14 more rows
```

通常，在文本分析中，我们会希望删除停止词，它们都是对分析无用的单词，却又是
非常常见。例如英语中的 the、of、to、and 等词。下面用 anti_join() 函数来去掉停止词，这
些停止词保存在 stop_words 数据集中。

```
> data("stop_words")
> tidy_english <- english %>%
+   unnest_tokens(word,Title)
> tidy_english %>%
+   anti_join(stop_words)
```

```
Joining, by = "word"
# A tibble: 18 x 3
   Date        Package    word
   <chr>       <chr>      <chr>
 1 2020-09-20  tidytext   text
 2 2020-09-20  tidytext   mining
 3 2020-09-20  tidytext   dplyr
 4 2020-09-20  tidytext   ggplot2
 5 2020-09-20  tidytext   tidy
 6 2020-09-20  tidytext   tools
 7 2018-03-29  tokenizers fast
 8 2018-03-29  tokenizers consistent
 9 2018-03-29  tokenizers tokenization
10 2018-03-29  tokenizers natural
11 2018-03-29  tokenizers language
12 2018-03-29  tokenizers text
13 2020-08-18  dplyr      grammar
14 2020-08-18  dplyr      data
15 2020-08-18  dplyr      manipulation
16 2020-08-27  tidyr      tidy
17 2020-08-27  tidyr      messy
18 2020-08-27  tidyr      data
```

unnest_tokens() 函数利用 tokneizers 包将原始数据框中的每一行文本分成词条。tokneizers 包可以直接通过 install.packages（"tokenizers"）命令进行在线安装。unnest_tokens() 函数默认的词条化操作是使用 tokenize_words() 函数对单词进行操作，也可以使用其他选项，例如字符、n-gram、句子、行、段落或基于正则表达式的分词。

在剔除停止词时，除了利用 anti_join() 函数外，也可以直接利用 tokenize_words() 函数的参数 stopwords 进行设置。运行以下程序得到的结果同上。

```
> english %>%
+   unnest_tokens(word,Title,
+                 stopwords = stop_words$word)
```

如果想只剔除 and 这个单词，可以通过以下方式实现。

```
> english %>%
+   unnest_tokens(word,Title,
+                 stopwords = "and")
# A tibble: 23 x 3
  Date        Package    word
  <chr>       <chr>      <chr>
1 2020-09-20  tidytext   text
2 2020-09-20  tidytext   mining
3 2020-09-20  tidytext   using
4 2020-09-20  tidytext   dplyr
5 2020-09-20  tidytext   ggplot2
6 2020-09-20  tidytext   other
7 2020-09-20  tidytext   tidy
```

```
 8 2020-09-20 tidytext   tools
 9 2018-03-29 tokenizers fast
10 2018-03-29 tokenizers consistent
# ... with 13 more rows
```

接下来，我们演示如何利用 unnest_tokens() 函数将中文文本整理成整洁数据。我们创建一个 chinese 数据框，内容如下。

```
> chinese <- data_frame(press = c("电子工业出版社",
+                                 "人民邮电出版社",
+                                 "机械工业出版社"),
+                   book = c("R语言数据可视化之美：专业图表绘制指南（增强版）",
+                            "R语言实战 第2版（图灵出品）",
+                            "高级R语言编程指南（原书第2版）"),
+                   price = c(152.6,73.7,107.9))
> chinese
# A tibble: 3 x 3
  press          book                                             price
  <chr>          <chr>                                            <dbl>
1 电子工业出版社 R语言数据可视化之美：专业图表绘制指南（增强版）  153.
2 人民邮电出版社 R语言实战 第2版（图灵出品）                       73.7
3 机械工业出版社 高级R语言编程指南（原书第2版）                   108.
```

unnest_tokens() 函数可以直接对中文文本进行分词后再进行整洁。运行以下程序对列 book 进行数据整洁。

```
> chinese %>%
+   unnest_tokens(word,book)
# A tibble: 34 x 3
   press          price word
   <chr>          <dbl> <chr>
 1 电子工业出版社 153.  r
 2 电子工业出版社 153.  语言
 3 电子工业出版社 153.  数据
 4 电子工业出版社 153.  可
 5 电子工业出版社 153.  视
 6 电子工业出版社 153.  化
 7 电子工业出版社 153.  之
 8 电子工业出版社 153.  美
 9 电子工业出版社 153.  专业
10 电子工业出版社 153.  图表
# ... with 24 more rows
```

显然中文分词效果不太理解，比如将可视化分成了可、视、化三个词。下面我们利用上一小节的 jiebaR 包先进行中文分词后再利用 unnest_tokens() 函数进行数据整洁。以下代码是利用 jiebaR 对列 book 的分词结果。

```
> library(jiebaR)
> wk = worker(bylines = TRUE)
```

```
> chinese_cut <- chinese %>%
+   mutate(book = sapply(segment(book,wk),
+                        function(x){paste(x,collapse = " ")}))
> chinese_cut
# A tibble: 3 x 3
  press              book                                                  price
  <chr>             <chr>                                                 <dbl>
1 电子工业出版社    R 语言 数据 可视化 之美 专业 图表 绘制 指南 增强版    153.
2 人民邮电出版社    R 语言 实战 第 2 版 图灵 出品                          73.7
3 机械工业出版社    高级 R 语言 编程 指南 原 书 第 2 版                    108.
```

再次利用 unnest_tokens() 函数对中文格式进行整洁处理，注意此时需要将参数 token 设置为 stringr 包的 str_split() 函数，否则还是会利用 unnest_tokens() 函数的分词。jiebaR 包的分词将不生效。

```
> chinese_cut %>%
+   unnest_tokens(word,book,
+                 token = stringr::str_split, pattern = " ")
# A tibble: 28 x 3
   press              price word
   <chr>             <dbl> <chr>
 1 电子工业出版社    153. r
 2 电子工业出版社    153. 语言
 3 电子工业出版社    153. 数据
 4 电子工业出版社    153. 可视化
 5 电子工业出版社    153. 之美
 6 电子工业出版社    153. 专业
 7 电子工业出版社    153. 图表
 8 电子工业出版社    153. 绘制
 9 电子工业出版社    153. 指南
10 电子工业出版社    153. 增强版
# ... with 18 more rows
```

10.7.2　使用 tidy 处理中国四大名著

mqxsr 是一个收录明末清初中国小说的 R 扩展包，被收录在 GitHub 上。可以通过以下代码进行在线安装。

```
devtools::install_github("boltomli/mingqingxiaoshuor")
```

mqxsr 包的 books() 函数收录了明清小说的数据。该数据框有两列，第一列是 text，是小说内容；第二列是 book，记录的是书名。下面我们一起看看 books() 一共收录了哪几本小说。

```
> library(mqxsr)
> mqxs <-  books()
> unique(mqxs$book)
[1] 水浒传      三国志演义 西游记     红楼梦      喻世明言   警世通言   醒世恆言
```

Levels: 水滸傳 三國志演義 西遊記 紅樓夢 喻世明言 警世通言 醒世恆言

mqxsr 包一共收录了 7 部非常著名的明清小说。运行以下程序查看每部小说的行数。

```
> library(dplyr)
> mqxs %>% group_by(book) %>%
+   summarise(total_lines = n()) %>%
+   arrange(desc(total_lines)) # 查看每部小说的行数
# A tibble: 7 x 2
  book        total_lines
  <fct>           <int>
1 紅樓夢          28409
2 西遊記          26939
3 三國志演義       21287
4 水滸傳          16900
5 喻世明言         13530
6 警世通言          4386
7 醒世恆言          3452
```

由结果可知，《紅樓夢》最长，一共有 28409 行，《醒世恆言》最短，仅 3452 行。

同样，我们先利用 jiebaR 包进行中文分词后再利用 unnest_tokens() 函数进行数据整洁处理。运行以下程序得到数据整洁的结果如下。

```
> library(jiebaR)
> wk <- worker(bylines = TRUE)
> tidy_mqxs <- mqxs %>%
+   mutate(text = sapply(segment(text,wk),
+           function(x){paste(x,collapse = " ")})) %>%
+   unnest_tokens(word, text)
> tidy_mqxs
# A tibble: 2,558,830 x 2
   book     word
   <fct>    <chr>
 1 水滸傳    楔子
 2 水滸傳    張天師
 3 水滸傳    祈
 4 水滸傳    禳
 5 水滸傳    瘟疫
 6 水滸傳    洪
 7 水滸傳    太尉
 8 水滸傳    誤
 9 水滸傳    走
10 水滸傳    妖魔
```

如果读者更喜欢查看简体字，我们可以通过 tmcn 包中的 toTrad() 函数将繁体字转换为简体字。

```
> # 繁体字转换为简体字
> library(tmcn)
> tidy_mqxs_simplified <- data.frame(sapply(tidy_mqxs,
```

```
+                                        function(x) {toTrad(x,rev = TRUE)}))
> head(tidy_mqxs_simplified,10)
      book    word
1   水浒传    楔子
2   水浒传    张天师
3   水浒传    祈
4   水浒传    禳
5   水浒传    瘟疫
6   水浒传    洪
7   水浒传    太尉
8   水浒传    误
9   水浒传    走
10  水浒传    妖魔
```

10.7.3 对中国四大名著进行词频统计

文本挖掘的一个常见任务是查看分词后的词频，并比较不同文本的频数。运行以下代码对《水浒传》的词频进行统计，并对词频进行降序排列。

```
> tidy_mqxs_simplified %>%
+    filter(book==" 水浒传 ") %>%
+    count(word,sort = TRUE)
# A tibble: 13,027 x 2
   word         n
   <fct>    <int>
 1 了        8062
 2 道        5704
 3 来        3691
 4 裏        3332
 5 我        3288
 6 你        3050
 7 去        3032
 8 那        2985
 9 人        2838
10 的        2646
# ... with 13,017 more rows
```

运行以下代码对《三国志演义》的词频进行统计，并对词频进行降序排列。

```
> tidy_mqxs_simplified %>%
+    filter(book==" 三国志演义 ") %>%
+    count(word,sort = TRUE)
# A tibble: 15,479 x 2
   word         n
   <fct> <int>
 1 曰       8721
 2 之       6269
 3 兵       3298
 4 人       2399
```

```
 5  将     2339
 6  吾     2274
 7  为     2267
 8  不     2242
 9  军     2240
10  也     2230
# ... with 15,469 more rows
```

运行以下代码对《西游记》的词频进行统计，并对词频进行降序排列。

```
> tidy_mqxs_simplified %>%
+    filter(book==" 西遊记 ") %>%
+    count(word,sort = TRUE)
# A tibble: 18,673 x 2
   word       n
   <fct> <int>
 1  道     9763
 2  了     7197
 3  那     6838
 4  我     6343
 5  他     5600
 6  你     5259
 7  的     5190
 8  是     4186
 9  行者   4156
10  来     3141
# ... with 18,663 more rows
```

运行以下代码对《红楼梦》的词频进行统计，并对词频进行降序排列。

```
> tidy_mqxs_simplified %>%
+ filter(book==" 红楼梦 ") %>%
+    count(word,sort = TRUE)
# A tibble: 18,630 x 2
   word       n
   <fct> <int>
 1  了    18827
 2  的    15148
 3  道     8009
 4  我     7731
 5  他     6666
 6  说     6653
 7  是     6161
 8  你     6035
 9  也     5808
10  人     5273
# ... with 18,620 more rows
```

我们利用 wordcloud 包的 wordcloud() 函数对词频进行词云展示。该函数表达形式如下：

```
wordcloud(words,freq,scale=c(4,.5),min.freq=3,max.words=Inf,
```

```
random.order=TRUE, random.color=FALSE, rot.per=.1,
colors="black",ordered.colors=FALSE,use.r.layout=FALSE,
fixed.asp=TRUE, ...)
```

各参数描述如下。

❑ words：关键词列表。

❑ freq：关键词对应的词频列表。

❑ scale：显示字体大小的范围，例如 c(3,0.3)，最大字体是 3，最小字体是 0.3。

❑ min.freq：最小词频，低于最小词频的词不会被显示。

❑ max.words：显示的最大词数量。

❑ random.order：词在图上的排列顺序。TRUE（默认）表示词随机排列；FALSE 表示
词按频数从图中心位置往外降序排列，即频数大的词出现在中心位置。

❑ random.color：控制词的字体颜色。TRUE 表示字体颜色随机分配；FALSE（默认）
表示根据频数分配字体颜色。

❑ rot.per：控制词摆放角度。TRUE 表示旋转 90 度；FALSE（默认）表示水平摆放。

❑ colors：字体颜色列表。

❑ ordered.colors：控制字体颜色使用顺序。TRUE 表示按照指定的顺序给出每个关键
词字体颜色，FALSE（默认）表示任意给出字体颜色。

利用 wordcloud() 函数对《水浒传》中出现频率最高的 200 个词语进行词云展示，运行
以下代码得到如图 10-7 所示结果。

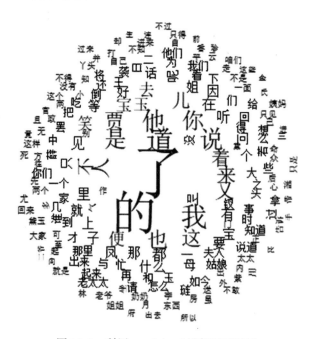

图 10-7　利用 wordcloud 进行词云展示

```
if(!require(wordcloud)) install.packages("wordcloud")
> data_sub <- tidy_mqxs_simplified %>%
+     filter(book== "红楼梦") %>%
+     count(word,sort = TRUE) %>%
+     top_n(200)
Selecting by n
> wordcloud(data_sub$word,
+             data_sub$n,
+             random.order = F)
```

我们也可以利用 wordcloud2 包的 wordcloud2() 函数对词频进行交互式的词云展示。运行以下代码得到如图 10-8 所示结果。

```
> library(wordcloud2)
> data_sub <- tidy_mqxs_simplified %>%
+     filter(book== "三国志演义") %>%
+     count(word,sort = TRUE) %>%
+     top_n(200)
Selecting by n
> wordcloud2(data_sub,shape = 'star')
```

图 10-8　利用 wordcloud2 进行词云展示

10.7.4　非整洁格式转换

除了 tidytext 包之外，大多数现有的基于 R 的自然语言处理包都不兼容这种 tidy 格式。这些包的输入必须是其他结构的数据，并能输出非整洁格式的文本。文本挖掘软件包最常用的结构之一是文档—词条矩阵（DTM）。DTM 对象不能直接用于整洁工具，就像整洁数据框不能作为大多数文本挖掘包的输入一样。因此，为了在这两种格式之间转换，tidytext 包提供了以下两个函数。

❑ tidy()：将文档—词条矩阵转换为整洁数据框。broom 包为许多统计模型和对象提供了类似的整洁函数。

❑ cast()：将每行一个词项的整洁数据框变成一个矩阵。tidytext 包提供了三个类似的函数，不同的函数能转换为不同类型的矩阵：cast_sparse()、cast_dtm() 和 cast_dfm()。

下面以 tmcn 包的 SPORT 体育数据为例，演示如何将文档—词条矩阵转换为整洁数据框。我们只利用 SPORT 数据框中的列 connect，每一行记录了一条新闻内容。

```
> library(tm)
> library(tmcn)
> library(Rwordseg)
> data("SPORT")
> text1 <- SPORT$content
```

利用 Rwordseg 包的 segmentCN() 函数进行中文分词，并返回 tm 格式的数据，接着用 tm 包的 Corpus() 函数将数据转换成语料，并通过 writeLines() 函数查看语料的第一条记录。

```
> # 中文分词
> d.vec <- segmentCN(text1,returnType = "tm")
> # Corpus 对象用来存储原始的语料
> d.corpus <- Corpus(VectorSource(d.vec))
> # 查看 d.corpus 对象中第一篇文档的信息
> writeLines(as.character(d.corpus[[1]]))
湖 人 今日 在 主场 以 108 103 击败 灰 熊 湖 人 球员 丹吉 洛 拉塞尔 赛后 在 自己 的 Instagram
    上 发布 了 一段 视频 视频 中 拉塞尔 将 自己 身上 的 毛巾 递给 了 一位 小 球 迷 小 球迷
    在 得到 自己 偶像 的 毛巾 后 显得 激动 不已 向 这 个 孩子 致敬 拉塞尔 写道 拉 塞尔本 场
    比赛 上 场 36分钟 17 投 9 中 得到 28分 6个 篮板 5个 助攻
```

利用 tm 包的 tm_map() 函数去除停止词，使用 tmcn 包中的 stopwordsCN() 来获得中文的停止词列表。将 stopwordsCN() 函数作为 removeWords 的一个参数传入语料对象，从而对该对象的每一篇文档进行处理，并将处理后的新的语料对象返回。这个过程可以认为是数据的清洗过程。

```
> d.corpus <- tm_map(d.corpus,removeWords,stopwordsCN())
```

清洗之后的数据就可以用来建立文本分析的文档—词条矩阵了。这个数据结构在 tm 包中使用了一个专门的 DocumentTermMatrix 对象来实现。这是文本分析的基本数据结构，很多分析算法都要基于这个数据结果。

```
> ctrl <- list(removePunctuation = TRUE,
+              stopwords = stopwordsCN(),wordLengths = c(2,Inf))
> d.dtm <- DocumentTermMatrix(d.corpus,control = ctrl)
> d.dtm
<<DocumentTermMatrix (documents: 2357, terms: 15354)>>
Non-/sparse entries: 198481/35990897
Sparsity           : 99%
Maximal term length: 24
```

```
Weighting          : term frequency (tf)
```

需要注意的是，该函数通过参数 control 来设置相关的选项，比如是否删除标点符号、设定停止词、设置有效词语的长度（比如上例中我们只选择长度大于 2 的词）等。

现在，利用 tidytext 包的 tidy() 函数将词条—文档矩阵对象 d.dtm 转换成整洁数据框。

```
> library(tidytext)
> d_td <- tidy(d.dtm)
> d_td
# A tibble: 198,481 x 3
   document term         count
   <chr>    <chr>        <dbl>
 1 1        103              1
 2 1        108              1
 3 1        17               1
 4 1        28分             1
 5 1        36分钟           1
 6 1        5个              1
 7 1        6个              1
 8 1        instagram        1
 9 1        一位             1
10 1        一段             1
# ... with 198,471 more rows
```

注意，转换后的数据框为三列，分别为 document、term 和 count。该操作类似于 reshape2 包的 melt() 函数。

tidytext 包提供了一系列的 cast_* 函数来将整洁数据转换为矩阵。运行以下代码将 d_td 转换为文档—词条矩阵。

```
> d_td %>%
+   cast_dtm(document,term,count)
<<DocumentTermMatrix (documents: 2357, terms: 15354)>>
Non-/sparse entries: 198481/35990897
Sparsity           : 99%
Maximal term length: 24
Weighting          : term frequency (tf)
```

10.8　本章小结

本章学习了文本挖掘常用的 tm 和 tmcn 框架，并重点学习了中文分词包 Rwordseg 和 jiebaR，还通过学习 tidytext 包，学习了如何将文本数据转换为整洁数据框。

第 11 章

如何使用 Keras 处理文本数据

原始文本数据一般不符合深度学习模型要求，所以必须将文本数据编码为数字，才能符合机器学习或深度学习模型所需的数据格式。Keras 提供了一些基本工具来对原始文本数据进行预处理。本章将学习如何使用 Keras 对文本数据进行预处理。

11.1　使用 text_to_word_sequence 分词

使用文本的第一步是将其拆分为单词（词项）。单词称为标记（token），将文本拆分为标记的过程称为标记化（tokenization）。Keras 提供了 text_to_word_sequence() 函数将文本拆分为单词列表。默认情况下，此函数自动执行以下三项操作：

❏ 按空格拆分单词；

❏ 过滤掉标点符号；

❏ 将文本转换为小写（lower=TRUE）。

text_to_word_sequence() 函数基本表达形式如下：

```
text_to_word_sequence(text,
                      filters = "!\"#$%&()*+,-./:;<=>?@[\\]^_`{|}~\t\n",
                      lower = TRUE, split = " ")
```

各参数描述如下。

❏ text：需要分词的文本。

❏ filters：要过滤掉的字符序列，例如标点符号。默认值包含基本标点、制表符和换行符。

❏ lower：布尔值，为 TRUE 时表示将文本转换为小写。

❏ split：句子拆分标记（字符串），默认是空格，即遇到空格就分成两个词。

下面使用 text_to_word_sequence() 函数对英文文档进行分词。

```
> text_to_word_sequence("Convert text to a sequence of words (or tokens).")
[1] "convert" "text"   "to"   "a"   "sequence" "of"  "words"  "or"   "tokens"
```

由于中文文本的词语之间不是用空格分隔的，所以 text_to_word_sequence() 函数对其不起作用，如下所示。

```
> text_to_word_sequence(" 将文本转换为单词（或标记）序列。")
[1] " 将文本转换为单词(或标记)序列。"
```

所以，对于中文文本分词，可以使用 Rwordseg 包的 segment() 函数或者 jiebaR 包的 worker() 函数实现。以下命令是用 jiebaR 包进行中文文本分词。

```
> library(jiebaR)
> wk <- worker()
> wk[" 将文本转换为单词（或标记）序列。"]
[1] " 将"    " 文本" " 转换" " 为"    " 单词" " 或"    " 标记" " 序列"
```

11.2　使用独热编码

将文档表示为整数值序列是很常见的，其中文档中的每个单词都被表示为唯一的整数。Keras 提供了 text_one_hot() 函数对文本文档进行标记化和整数编码，而无须创建独热编码。text_one_hot() 函数是 text_hashing_trick() 函数的一个封装，返回文档的整数编码版本。与 text_to_word_sequence() 函数一样，text_one_hot() 函数可以将英文文本全部变成小写字母，过滤掉标点符号，并根据空格分隔单词。

text_one_hot() 函数除了需要指定输入的文本外，还必须通过参数 n 指定词汇量（维度）。具体数值应该是编码文档的词汇数量。当然如果你希望未来能更好地处理其他文档，可以设置更大的词汇量。词汇表的大小定义了散列单词的散列空间，如果散列空间的维度远大于需要唯一标记的个数，则散列冲突（即两个不同的单词可能具有相同的散列值）的可能性会减小。默认情况下，可以在直接调用 text_hashing_trick() 函数时指定备用的散列函数。

我们使用 text_to_word_sequence() 函数将英文文本拆分为单词，并利用 length() 函数计算该文本的词汇量大小。当使用 text_one_hot() 函数时，将参数 n 设置为该文本的词汇量大小的 3 倍，以减少散列冲突。

```
> english <- "Convert text to a sequence of words (or tokens)."
> word_count <- length(text_to_word_sequence(english))
> word_count
[1] 9
```

```
> text_one_hot(english,word_count*3)
[1]   7 10 11 14 23 25   9 26   4
```

运行以上代码得知该文本经过分词后的单词数量为 9，通过 text_one_hot() 函数将单词列表输出为 [1, n] 中的整数列表（不保证唯一性）。

由于 text_one_hot() 函数的输入为单词间以空格分隔的文本，所以当输入为中文文本时，可以对中文文本先用 jiebaR 包做分词，然后用 paste() 函数将单词用空格连接起来，再将结果传入 text_one_hot() 函数，实现代码如下。

```
> chinese <- "将文本转换为单词（或标记）序列。"
> # 使用 jiebaR 分词
> library(jiebaR)
载入需要的包：jiebaRD
> wk <- worker()
> (vec <- wk[chinese])
[1] "将"   "文本" "转换" "为"   "单词" "或"   "标记" "序列"
> length(vec)
[1] 8
> (vec_paste <- paste(vec,collapse = " "))
[1] "将 文本 转换 为 单词 或 标记 序列"
> text_one_hot(vec_paste,length(vec)*3)
[1]   5   6   7   2 22   9   9   6
```

此时"文本"和"序列"单词均被编码为整数 6，"或"和"标记"均被编码为整数 9。如果后续使用任何机器学习模型观察这些散列值，将无法区分 6 和 9 所对应的单词。

当然，也可以直接利用 Rwordseg 包的 segmentCN() 函数进行中文文本分词，将其参数 returnType 设置为 tm，即可返回按照空格分隔的单词列表，而无须再使用 paste() 函数将单词连接成向量，实现代码如下。

```
> library(Rwordseg)
载入需要的包：rJava
# Version: 0.2-1
> vec1 <- segmentCN(chinese,returnType = "tm")
> vec1
[1] "将 文本 转换 为 单词 或 标记 序列"
> text_one_hot(vec1,length(vec)*3)
[1]   5   6   7   2 22   9   9   6
```

Keras 提供的 text_hashing_trick() 函数更加灵活，该函数允许指定希望的散列（默认）或其他散列函数，如内置的 md5() 函数或者自定义的函数。下面是使用 md5 散列对英文文本进行整数编码的示例。

```
> text_hashing_trick(english,word_count*3,
+                    hash_function = "md5")
[1] 11 12 26 22 17 15   7   2 13
```

11.3　分词器 Tokenizer

分词器用于向量化文本，或将文本转换为序列（即单个字词以及对应下标构成的列表，下标从 1 开始）。分词是进行文本预处理的第一步，单词被称为令牌，将文本划分为令牌的方法也常被描述为令牌化。

Keras 提供了用于准备文本的 TokenizerAPI，其中 text_tokenizer() 函数用于将文本语料向量化，即将每个文本转换为一个整数序列（每个整数是字典中标记的索引）或一个向量。

text_tokenizer() 函数的表达形式如下：

```
text_tokenizer(num_words = NULL,
               filters = "!\"#$%&()*+,-./:;<=>?@[\\]^_`{|}~\t\n",
               lower = TRUE, split = " ", char_level = FALSE, oov_token = NULL)
```

参数 filters、lower、split 的用法与 text_to_word_sequence() 函数中参数的用法相同，其他参数描述如下。

❑ num_words：保留的最大词数，根据词频计算，默认为 NULL，即处理所有单词，如果设置为一个整数，最后返回最常见的、出现频率最高的 num_words 个单词。

❑ char_level：如果为 TRUE，则每个字符都将被视为标记。

❑ oov_token：如果指定字符串，那么它将被添加到 word_index 中，并用来替换在调用 text_to_sequence 期间没有的单词。

tokenizer 对象具有以下属性。

❑ word_counts：列表，将单词（字符串）映射为它们在训练期间出现的次数。仅在调用 fit_text_tokenizer() 之后设置。

❑ word_docs：将单词（字符串）映射为它们在训练期间出现的文档或文本的数量。仅在调用 fit_text_tokenizer() 之后设置。

❑ word_index：列表，将单词（字符串）映射为它们的排名或者索引。仅在调用 fit_text_tokenizer() 之后设置。

❑ document_count：整数，分词器被训练的文档（文本或者序列）数量。仅在调用 fit_text_tokenizer() 之后设置。

运行以下代码创建 tokenizer 对象，text_tokenizer() 函数中的所有参数均使用默认值，因 num_words 默认为 NULL，所以将返回所有单词。

```
> library(keras)
> documents <- c("Good Good Study,Day Day Up!",
+                "Good work",
+                "nice work",
+                "nice day",
+                "poor work",
+                "bad day")
> token <- text_tokenizer() %>%
```

```
+    fit_text_tokenizer(documents)
```

运行以下代码，查看 tokenizer 对象的 word_counts、word_docs、word_index 和 document_count 属性。

```
> # word_counts 属性
> unlist(token$word_counts)
 good study    day     up  work  nice  poor   bad
    3     1      4      1     3     2     1     1
> # word_docs 属性
> token$word_docs
defaultdict(<class 'int'>, {'study': 1, 'good': 2, 'day': 3, 'up': 1, 'work': 3,
    'nice': 2, 'poor': 1, 'bad': 1})
> # word_index 属性
> unlist(token$word_index)
  day  good  work  nice study    up  poor   bad
    1     2     3     4     5     6     7     8
> # document_count 属性
> token$document_count
[1] 6
```

属性 word_counts 中 good 对应数字 3，说明单词 good 在所有文档中一共出现 3 次；属性 word_docs 中 work 对应数字 3，说明单词 work 一共在 3 个文档中出现过，分别为 Good work、nice work、poor work；属性 word_index 指的是单词对应的索引列表；属性 document_count 为 6，说明一共有 6 个文档。

如果是对中文文档进行令牌化，可以结合 jiebaR 或者 Rwordseg 分词包来实现。先利用分词包对中文文档进行分词，再进行令牌化。

```
> documents1 <- c("今天星期五，",
+                  "我今天不加班！",
+                  "今天下班去逛街。")
> # 使用 Rwordseg 分词
> library(Rwordseg)
载入需要的包: rJava
# Version: 0.2-1
> vec1 <- segmentCN(documents1,returnType = "tm")
> vec1
[1] "今天 星期五"       "我 今天 不 加班"   "今天 下班 去 逛 街"
> # 进行 tokenizer
> token1 <- text_tokenizer() %>%
+    fit_text_tokenizer(vec1)
```

创建 token1 对象后，我们查看其 word_docs 和 word_index 属性。

```
> token1$word_docs
defaultdict(<class 'int'>, {'星期五': 1, '今天': 3, '班': 1, '加': 1, '我': 1,
    '不': 1, '逛': 1, '去': 1, '街': 1, '下班': 1})
> token1$word_index
$浛娬ぉ
```

```
[1] 1

Error: invalid multibyte string at '<94>'
```

很不幸，在查看单词对应的索引时因中文乱码问题报错了。此时不用太担心，乱码问题不会影响接下来的将文本转换为序列，或者直接将文本转换为深度学习可输入的矩阵或数组等操作。

使用 texts_to_sequences() 函数可以将 tokenizer 对象的文本转换为序列。该函数有两个参数，第一个是 tokenizer 对象，第二个是需要转换的文本。运行以下代码得到如下结果。

```
> seq <- texts_to_sequences(token,documents)
> seq
[[1]]
[1] 2 2 5 1 1 6

[[2]]
[1] 2 3

[[3]]
[1] 4 3

[[4]]
[1] 4 1

[[5]]
[1] 7 3

[[6]]
[1] 8 1

> seq1 <- texts_to_sequences(token1,vec1)
> seq1
[[1]]
[1] 1 2

[[2]]
[1] 3 1 4 5 6

[[3]]
[1]  1  7  8  9 10
```

documents 中的 "Good Good Study,Day Day Up!" 文档由 6 个整数（2 2 5 1 1 6）表示，Good work 用（2 3）表示。documents1 中的 "今天星期五," 文本经过分词后拆成 "今天星期五" 两个单词，由 2 个整数（1 2）表示。

之前对中文文本创建 tokenizer 时，虽然创建成功，但是存在中文乱码无法查看单词对应索引的情况，可以通过以下代码实现。

```
> vec <- segmentCN(documents1)
> word_index <- data.frame(word = unlist(vec),
+                          index = unlist(seq1))        # word --> index
> word_index <- word_index[!duplicated(word_index),]    # 剔除重复记录
> word_index
      word index
1     今天     1
2     星期五   2
3     我       3
5     不       4
6     加       5
7     班       6
9     下班     7
10    去       8
11    逛       9
12    街       10
```

对比英文文档中单词对应的索引，我们可以发现以下规律：英文文档单词对应索引是按照单词在全部文档中出现频数进行排序的，其中单词 day 出现次数最多，一共有 4 次，所以对应的索引为 1，然后是单词 good、work 均出现 3 次，因 good 比 word 先在文档中出现，所以 good 对应索引为 2，work 对应索引为 3；中文文档单词的索引并未按照词频排序，而是直接依据单词出现的先后顺序得到的索引。

使用 texts_to_matrix() 函数可以将 tokenizer 对象的文本转换为矩阵。该函数有三个参数，第一个是 tokenizer 对象，第二个是需要转换的文本，第三个参数是转换后矩阵的值模式，可以是 binary、count、tfidf、freq。此例选择 count，即统计单词在每个文档中出现的次数。

```
> texts_to_matrix(token,documents,mode = "count")
     [,1] [,2] [,3] [,4] [,5] [,6] [,7] [,8] [,9]
[1,]   0    2    2    0    0    1    1    0    0
[2,]   0    0    1    1    0    0    0    0    0
[3,]   0    0    0    1    1    0    0    0    0
[4,]   0    1    0    0    1    0    0    0    0
[5,]   0    0    0    1    0    0    0    1    0
[6,]   0    1    0    0    0    0    0    0    1
> texts_to_matrix(token1,vec1,mode = "count")
     [,1] [,2] [,3] [,4] [,5] [,6] [,7] [,8] [,9] [,10] [,11]
[1,]   0    1    1    0    0    0    0    0    0     0     0
[2,]   0    1    0    1    1    1    1    0    0     0     0
[3,]   0    1    0    0    0    0    0    1    1     1     1
```

从结果可知，将得到一个行表示文档、列表示单词、对应的值为单词在各文档中出现次数的矩阵。第一列的全部值都为 0，是因为矩阵默认增加了常数项。这样的矩阵可以直接作为深度学习建模时输入变量的数据格式。

11.4　使用 pad_sequences 填充文本序列

通过 tokenizer 得到的文本序列具有不同的长度，而深度学习模型通常是以具有相同长度的数组作为输入，此时可以使用 Keras 中的 pad_sequences() 函数填充可变长度序列，使得文本集中的所有文本长度相同。默认填充值为 0，可以通过参数 value 指定填充值。pad_sequences() 函数的表达形式如下：

```
pad_sequences(sequences, maxlen = NULL, dtype = "int32",
              padding = "pre", truncating = "pre", value = 0)
```

各参数描述如下。

❑ sequences：列表的列表。

❑ maxlen：整型，所有序列的最大长度。

❑ dtype：输出序列的类型。

❑ padding：字符串，有 pre、post 两种值，分别表示在序列前填充或在序列后填充。

❑ truncating：字符串，在序列长度大于 maxlen 的值时使用，有 pre、post 两种值，分别表示从序列前端截取或者从序列后端截取。

❑ value：浮点型，填充值。

此函数将 num_samples 序列列表转换为 (num_samples,num_timesteps) 形状的矩阵。如果没有指定参数 maxlen，则 num_timesteps 为最长序列的长度；如果指定参数 maxlen 值，则 num_timesteps 为 maxlen 值。比 num_timesteps 短的序列将使用 value 填充，比 num_timesteps 长的序列将被截取成与 num_timesteps 相同的长度。

继续以英文文档 documents 为例，经过 tokenizer 后的文本序列列表如下。

```
> seq
[[1]]
[1] 2 2 5 1 1 6

[[2]]
[1] 2 3

[[3]]
[1] 4 3

[[4]]
[1] 4 1

[[5]]
[1] 7 3

[[6]]
[1] 8 1
```

利用 pad_squences() 函数将其变成长度相同的二维矩阵，所有参数将使用默认设置。

因为第一个列表的长度为 6，所以我们将得到一个 6 行 6 列的矩阵，其他长度不足 6 的列表将在开头用 0 填充，结果如下所示。

```
> paddocuments <- pad_sequences(seq)
> paddocuments
     [,1] [,2] [,3] [,4] [,5] [,6]
[1,]    2    2    5    1    1    6
[2,]    0    0    0    0    2    3
[3,]    0    0    0    0    4    3
[4,]    0    0    0    0    4    1
[5,]    0    0    0    0    7    3
[6,]    0    0    0    0    8    1
```

如果我们想得到一个 5 列的矩阵，可以将参数 maxlen 设置为 5；若想对长度不足 5 的列表进行结尾填充，可以将参数 padding 设置为 post。

```
> paddocuments1 <- pad_sequences(seq,maxlen = 5,padding = "post")
> paddocuments1
     [,1] [,2] [,3] [,4] [,5]
[1,]    2    5    1    1    6
[2,]    2    3    0    0    0
[3,]    4    3    0    0    0
[4,]    4    1    0    0    0
[5,]    7    3    0    0    0
[6,]    8    1    0    0    0
```

从结果可知，对长度大于 maxlen 的列默认截取开头部分，可以通过将参数 truncating 设置为"post"进行从后端截取，如下所示。

```
> paddocuments2 <- pad_sequences(seq,maxlen = 5,
+                                 padding = "post",
+                                 truncating = "post")
> paddocuments2
     [,1] [,2] [,3] [,4] [,5]
[1,]    2    2    5    1    1
[2,]    2    3    0    0    0
[3,]    4    3    0    0    0
[4,]    4    1    0    0    0
[5,]    7    3    0    0    0
[6,]    8    1    0    0    0
```

同理，使用 pad_sequneces() 函数对中文文档 documents1 进行默认文本序列填充后的结果如下。

```
> seq1
[[1]]
[1] 1 2

[[2]]
```

```
[1] 3 1 4 5 6

[[3]]
[1]  1  7  8  9 10

> paddedDocuments <- pad_sequences(seq1,
+                                  maxlen = 5,
+                                  padding = "post")
> paddedDocuments
     [,1] [,2] [,3] [,4] [,5]
[1,]    1    2    0    0    0
[2,]    3    1    4    5    6
[3,]    1    7    8    9   10
```

11.5 词嵌入

独热编码存在的一个主要问题是它无法表示出词汇间的相似度，也被称为"词汇鸿沟"问题。独热编码的基本假设是词之间的语义和语法是相互独立的，仅仅从两个向量无法看出两个词汇之间的关系；其次是维度爆炸问题，随着词典规模的增大，句子构成的词袋模型的维度变得越来越大，矩阵也变得超稀疏，这种维度的暴增，会大大耗费计算资源。

词嵌入（Word Embedding）是一种自然语言处理技术，其原理是将文字映射成多维几何空间的向量。语义类似的文字向量在多维的几何空间的距离也比较相近。词嵌入是使用密集向量来表示词汇和文档的一类方法，是对传统的词袋模型编码方案的改进。

词嵌入有以下两种方法。

❑ 学习词嵌入：在完成预测任务的同时学习词嵌入。在这种情况下，一开始是随机的词向量，然后对这些词向量进行学习。

❑ 预训练词嵌入（pretrained word embedding）：将预计算好的词嵌入加载到待解决问题的机器学习模型中。

11.5.1 学习词嵌入

Keras 提供了一个可用于神经网络处理文本数据的嵌入层，它要求输入数据是整数编码，因此每个单词需要由唯一的整数表示。可以使用 Keras 提供的 Tokenizer API 来执行该数据准备步骤。

使用随机权重初始化嵌入层，并将学习训练数据集中所有词汇的嵌入。层非常灵活，可以有多种使用方式。

❑ 可用于单独训练词嵌入模型，保存的词嵌入模型可用于其他模型。

❑ 可用作深度学习模型的一部分，其中词嵌入模型与模型本身一起被学习。

❑ 可用于加载预训练此嵌入模型，一种转移学习方法。

嵌入层是使用在模型第一层的一个网络层，其目的是将所有索引标号映射到紧密的低维向量中，比如文本集 list(4L, 20L) 被映射为 list(c(0.25, 0.1)，c(0.6, -0.2))。该层通常用于文本数据建模，要求输入数据是一个二维张量（1 个批次内的文本数，每篇文本中的词语数），输出为一个三维张量（1 个批次内的文本数，每篇文本中的词语数，每个词语的维度）。

Keras 中使用 layer_embedding() 创建嵌入层，函数的表达形式为：

```
layer_embedding(object, input_dim, output_dim,
                embeddings_initializer = "uniform", embeddings_regularizer = NULL,
                activity_regularizer = NULL, embeddings_constraint = NULL,
                mask_zero = FALSE, input_length = NULL, batch_size = NULL,
                name = NULL, trainable = NULL, weights = NULL)
```

函数必须指定以下 3 个参数。

❑ input_dim：整数 >0，这是文本数据中词汇表大小，如最大索引 +1。

❑ output_dim：整数 ≥0，稠密嵌入矩阵的维度，也是单词嵌入的向量空间大小。它为每个单词定义了该层的输出向量的大小。

❑ input_length：这是输入序列的长度，正如你为 Keras 的任何输入层定义的那样。例如，如果所有输入文档都包含 100 个单词，则为 100。

例如，下面代码定义了一个词汇表大小为 100 的嵌入层，一个 32 维的向量空间，其中输入文档长度为 80。

```
layer_embedding(input_dim = 100,output_dim = 32,input_length = 80)
```

11.5.2 实例：学习词嵌入

本节将学习如何在深度学习网络中使用词嵌入模型进行文本分类问题。我们将定义一个有 10 个文本文档的小问题，每个文本文档可被分为正面情绪 1 或负面情绪 0。最后归纳成一个简单的情感分析问题。

首先定义文档及其代码标签，实现代码如下所示。

```
> library(keras)
> # 定义文本文档
> documents <- c("Well Done!",
+                "Good work",
+                "Great effort",
+                "nice work",
+                "Excellent!",
+                "Weak",
+                "Poor effort!",
+                "not good",
+                "poor work",
+                "Could have done better.")
> # 定义标签
> labels <- c(1,1,1,1,1,0,0,0,0,0)
```

接下来使用 tokenizer 对文档进行令牌化，并查看被处理的文档数、索引列表和词频数。

```
> # tokenizer
> token <- text_tokenizer() %>%
+   fit_text_tokenizer(documents)
> # 查看 document_count
> token$document_count
[1] 10
> # word_index
> unlist(token$word_index)
     work      done      good    effort      poor      well     great
        1         2         3         4         5         6         7
     nice excellent      weak       not     could      have    better
        8         9        10        11        12        13        14
> # word_counts
> unlist(token$word_counts)
     well      done      good      work     great    effort      nice
        1         2         2         3         1         2         1
excellent      weak      poor       not     could      have    better
        1         1         2         1         1         1         1
```

从以上执行结果可知，共处理了 10 个文档，因单词 word 出现次数最多，共 3 次，故其索引为 1。

建立 tokenizer 对象后，就可以使用 texts_to_sequences() 函数将其转换为数字列表。

```
> # 转换为 "数字列表"
> text_seq <- texts_to_sequences(token, documents)
> text_seq[1:3]
[[1]]
[1] 6 2

[[2]]
[1] 3 1

[[3]]
[1] 7 4
```

列表第一部分内容为 "6 2"，因为第一个文档为 "Well done!"，well 对应数字 6，done 对应数字 2。

最后使用 pad_sequences() 函数让转换后的数字长度相同，此处参数 maxlen 为默认值，即得到的文档长度均为 4，且采用前面补 0 的方式进行填充。

```
# 让转换后的数字长度相同
> pad_seq <- pad_sequences(text_seq)
> pad_seq
      [,1] [,2] [,3] [,4]
[1,]    0    0    6    2
[2,]    0    0    3    1
[3,]    0    0    7    4
```

```
[4,]     0     0     8     1
[5,]     0     0     0     9
[6,]     0     0     0    10
[7,]     0     0     5     4
[8,]     0     0    11     3
[9,]     0     0     5     1
[10,]   12    13     2    14
```

自此，建模前的数据预处理工作已经完成。

接下来建立序贯型深度学习模型，将嵌入层作为神经网络模型的首层，通过以下代码实现。

```
> # 建立序贯模型
> input_dim <- length(token$word_index) + 1
> input_dim
[1] 15
> model <- keras_model_sequential()
> # 嵌入层
> model %>%
+   layer_embedding(input_dim = input_dim,
+                   output_dim = 6,
+                   input_length = 4)
```

嵌入层的参数 input_dim 为 tokenizer 对象最大索引值（14）+1，故为 15；将参数 output_dim 设置为 6，故每个单词的输出维度（即词向量）为 6；参数 input_length 为输入文档长度，故为 4。

为了验证结果，我们运行以下代码，将数字列表变为向量列表，查看转换后的维度。

```
> # 编译及预测
> model %>% compile(optimizer = "rmsprop",
+                   loss = "mse")
> output_array <- model %>%
+   predict(pad_seq)
> # 查看数字列表的维度
> dim(pad_seq)
[1] 10   4
> # 查看转换后的维度
> dim(output_array)
[1] 10   4   6
```

转换后的维度输出为"[1] 10 4 6"，说明有 10 个文档，每个文档均有 4 个单词，每个单词有 6 维的词向量。

接下来，我们需要将嵌入层打平后再连接隐藏层，实现代码如下，同时利用 summary() 查看模型摘要。

```
> # 需将嵌入层打平后再连接隐藏层
> model1 <- keras_model_sequential()
> model1 %>%
```

```
+    layer_embedding(input_dim = input_dim,
+                    output_dim = 6,
+                    input_length = 4) %>%        # 嵌入层
+    layer_flatten() %>%                          # 平坦层
+    layer_dense(4,activation = "relu") %>%       # 隐藏层
+    layer_dense(1,activation = "sigmoid")        # 输出层
> summary(model1)
Model: "sequential_2"
```

Layer (type)	Output Shape	Param #
embedding_3 (Embedding)	(None, 4, 6)	90
flatten (Flatten)	(None, 24)	0
dense (Dense)	(None, 4)	100
dense_1 (Dense)	(None, 1)	5

```
Total params: 195
Trainable params: 195
Non-trainable params: 0
```

从模型摘要可知，嵌入层的输出是一个 4×6 矩阵，它被平坦层展平为 24 个元素的向量。
在训练模型之前，我们必须使用 compile 方法对训练模型进行设置，实现代码如下。

```
> model1 %>%
+    compile(loss = "binary_crossentropy",
+            optimizer = "adam",
+            metrics = c("acc"))
```

现在，使用 fit 方法进行模型训练，并将训练过程存储在 history 变量中。

```
> history <- model1 %>%
+    fit(pad_seq,
|        labels,
+        epochs =10,
+        verbose = 2)
Train on 10 samples
Epoch 1/10
10/10 - 7s - loss: 0.6920 - acc: 0.5000
Epoch 2/10
10/10 - 0s - loss: 0.6915 - acc: 0.7000
Epoch 3/10
10/10 - 0s - loss: 0.6910 - acc: 0.8000
Epoch 4/10
10/10 - 0s - loss: 0.6905 - acc: 0.8000
Epoch 5/10
10/10 - 0s - loss: 0.6901 - acc: 0.8000
```

```
Epoch 6/10
10/10 - 0s - loss: 0.6896 - acc: 0.8000
Epoch 7/10
10/10 - 0s - loss: 0.6891 - acc: 0.8000
Epoch 8/10
10/10 - 0s - loss: 0.6887 - acc: 0.8000
Epoch 9/10
10/10 - 0s - loss: 0.6882 - acc: 0.8000
Epoch 10/10
10/10 - 0s - loss: 0.6877 - acc: 0.8000
```

从以上执行结果可知，共执行了 10 个训练周期，同时发现误差越来越小，准确率在达到 80% 时就不增加了。

最后，利用 predict 方法对训练数据进行预测，并查看混淆矩阵。

```
> # predict
> pred <- model1 %>%
+   predict(pad_seq)
> # 假设阈值为 0.5
> pred_label <- ifelse(pred>0.5,1,0)
> # 混淆矩阵
> table("actual" = labels,
+       "predict" = pred_label)
      predict
actual 0 1
     0 4 1
     1 1 4
```

从预测结果可知，正负情绪各有一个预测错误，准确率为 80%。

11.5.3　预训练词嵌入

有时可用的训练数据很少，以至于只利用手头数据无法学习适合特定任务的词嵌入。此时我们可以从预计算的嵌入空间中加载嵌入向量，而不是在解决问题的同时学习词嵌入。

这种词嵌入通常是利用词频统计计算得出的（观察哪些词共同出现在句子或文档中）。我们将学习两种常用的词嵌入形式：word2vec 和 GloVe，它们被统称为词的分布式表示。这些嵌入方法已被证明更加有效，并在深度学习和自然语言处理中被广泛采用。

1. word2vec

word2vec 是由谷歌公司领导的研究小组于 2013 年创建的模型组。这些模型是无监督的，它以大型文本语料作为输入，并生成词的向量空间。和独热编码的向量空间的稀疏向量相比，word2vec 向量空间更稠密。

word2vec 的两种结构如下。

❑ 连续词袋模型（Continuous Bag Of Word，CBOW）：在 CBOW 结构中，模型通过周

围的词预测当前词。另外，上下文词汇的顺序不会影响预测结果。

❑ 连续 Skip-Gram 模型：连续 Skip-Gram 模型正好与 CBOW 相反，是输入当前词的
词向量，输出周围词的词向量。

两种模型都专注于在给定其本地使用上下文的情况下学习单词，其中上下文由相邻单
词的窗口给定。该窗口是模型的可配置参数，滑动窗口的大小对得到的向量相似性具有很
大的影响，大窗口倾向于产生更多的主题相似性，而较小的窗口倾向于产生更多的功能和
句法的相似性。

该方法的主要优点是可以有效地学习高质量的词嵌入（低空间和时间复杂度），允许从
更大的文本语料库学习更大的嵌入（更多维度）。

2. GloVe

GloVe（Global Vector for Word Representation，单词表示的全局向量）是一个基于全
局词频统计（count-based & overall statistic）的词表征（word representation）工具，它可以
把一个单词表达成一个由实数组成的向量，这些向量捕捉到了单词之间一些语义特性，比
如相似性（similarity）、类比性（analogy）等。我们通过对向量的运算，比如欧氏距离或者
cosine 相似度，可以计算出两个单词之间的语义相似性。

GloVe 和 word2vec 的不同之处在于，word2vec 是一个预测模型，而 GloVe 是一个基于
计数的模型。GloVe 是一种将潜在语义分析（LSA）等矩阵分解技术的全局统计与 word2vec
中基于本地语境的学习结合起来的方法。GloVe 不是使用窗口来定义局部上下文，而是使用
整个文本语料库中的统计信息构造显式的单词上下文或单词共现矩阵，进而获得更好的词
嵌入模型，如图 11-1 所示。

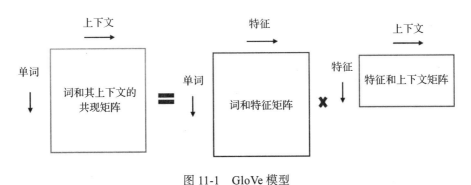

图 11-1　GloVe 模型

接下来，让我们看看如何在 Keras 中加载预先训练好的单词嵌入。

11.5.4　实例：预训练 GloVe 嵌入

从"https://nlp.stanford.edu/projects/glove/"下载 2014 年英文维基百科的预训练嵌入，
这是一个 822MB 的压缩文件，文件名是 glove.6B.zip。它是在 10 亿个令牌（单词）的数据

集上训练得到的，词汇量为 40 万字，有不同的嵌入矢量大小：50、100、200 和 300 维度。我们可以下载此词嵌入模型集合，使用预训练嵌入的权重初始化 Keras 的嵌入层，然后使用嵌入层编码训练集中的单词。

下载解压后，将看到有 4 个文件：glove.6B.50d.txt、glove.6B.100d.txt、glove.6B.200d.txt 和 glove.6B.300d.txt。这里我们使用 glove.6B.100d.txt，里面包含 40 万个单词（或非单词的标记）的 100 维嵌入向量。查看文件时，可以在每一行上看到一个令牌（单词），后面跟着权重（100 个数字）。

与前面示例一样，第一步是定义示例，将它们编码为整数，然后将序列填充为相同的长度，实现代码如下。

```
> library(keras)
> # 定义文本文档
> documents <- c("Well Done!",
+                "Good work",
+                "Great effort",
+                "nice work",
+                "Excellent!",
+                "Weak",
+                "Poor effort!",
+                "not good",
+                "poor work",
+                "Could have done better.")
> # 定义标签
> labels <- c(1,1,1,1,1,0,0,0,0,0)
>
> # 令牌化
> token <- text_tokenizer() %>%
+   fit_text_tokenizer(documents)
>
> # 转换为数字列表
> text_seq <- texts_to_sequences(token,documents)
>
> # 让转换后的数字长度相同
> pad_seq <- pad_sequences(text_seq)
```

使用 readLines() 函数将整个 GloVe 词嵌入文件加载到 R 中，并查看第一行的内容。

```
> # 读入 GloVe 词嵌入文件
> glove_dir = "../downloads/glove.6B"
> lines <- readLines(file.path(glove_dir, "glove.6B.50d.txt"))
> lines[1]
[1] "the 0.418   0.24968    -0.41242    0.1217    0.34527 -0.044457    -0.49688  -0.17862
  -0.00066023 -0.6566    0.27843 -0.14767  -0.55677    0.14658 -0.0095095 0.011658
      0.10204 -0.12792    -0.8443  -0.12181  -0.016801  -0.33279    -0.1552  -0.23131
      -0.19181  -1.8823   -0.76746  0.099051  -0.42125  -0.19526     4.0071  -0.18594
      -0.52287 -0.31681 0.00059213 0.0074449   0.17778  -0.15897   0.012041 -0.054223
      -0.29871 -0.15749  -0.34758 -0.045637  -0.44251   0.18785  0.0027849 -0.18411
      -0.11514 -0.78581"
```

第一行内容是单词 the 及对应的 100 个权重数字。

我们需要将每一行的文本构建成一个将单词映射为其向量（数值向量）表示的索引。

```
> value <- strsplit(lines[1], " ")[[1]]
> first_row <- list(as.double(value[-1]))
> names(first_row) <- value[1]
> first_row
$the
 [1]  0.41800000  0.24968000 -0.41242000  0.12170000  0.34527000 -0.04445700
 [7] -0.49688000 -0.17862000 -0.00066023 -0.65660000  0.27843000 -0.14767000
[13] -0.55677000  0.14658000 -0.00950950  0.01165800  0.10204000 -0.12792000
[19] -0.84430000 -0.12181000 -0.01680100 -0.33279000 -0.15520000 -0.23131000
[25] -0.19181000 -1.88230000 -0.76746000  0.09905100 -0.42125000 -0.19526000
[31]  4.00710000 -0.18594000 -0.52287000 -0.31681000  0.00059213  0.00744490
[37]  0.17778000 -0.15897000  0.01204100 -0.05422300 -0.29871000 -0.15749000
[43] -0.34758000 -0.04563700 -0.44251000  0.18785000  0.00278490 -0.18411000
[49] -0.11514000 -0.78581000
```

如果将 40 万字都转换成以上的列表形式将非常慢，可以通过以下代码将需要转换的词嵌入挑选出来。

```
> # 需要进行词嵌入的单词
> target <- names(unlist(token$word_index))
> target
 [1] "work"      "done"      "good"      "effort"    "poor"      "well"
 [7] "great"     "nice"      "excellent" "weak"      "not"       "could"
[13] "have"      "better"
> # GloVe 中的单词
> word <- unlist(lapply(lines,function(x){strsplit(x," ")[[1]][[1]]}))
> word[1:6]
[1] "the" ","   "."   "of"  "to"  "and"
> length(word)
[1] 400000
> # 查找只包含需要建模的词嵌入
> index <- which(word %in% target)
> index
 [1]   34   37   95  144  162  220  354  440  752  969  993 2691 3083 4346
> lines_sub <- lines[index]
> lines_sub[1:3]
[1] "have 0.94911  -0.34968   0.48125  -0.19306 -0.0088384   0.28182 -0.9613  -0.13581
        -0.43083 -0.092933   0.15689   0.059585   -0.49635  -0.17414  0.75661   0.4921
         0.21773  -0.22778  -0.13686  -0.90589   -0.48781   0.19919  0.91447  -0.16203
        -0.20645   -1.7312  -0.47622  -0.04854   -0.14027  -0.45828  4.0326    0.6052
         0.10448   -0.7361   0.2485   -0.033461  -0.13395   0.052782 -0.27268  0.079825
        -0.80127    0.30831  0.43567   0.88747    0.29816  -0.02465 -0.95075   0.36233
        -0.72512   -0.6089"
[2] "not 0.55025  -0.24942 -0.0009386   -0.264     0.5932    0.2795 -0.25666  0.093076
        -0.36288 0.090776    0.28409    0.71337   -0.4751  -0.24413  0.88424   0.89109
         0.43009  -0.2733    0.11276   -0.81665   -0.41272   0.17754  0.61942   0.10466
         0.33327  -2.3125   -0.52371  -0.021898   0.53801  -0.50615  3.8683    0.16642
```

```
        -0.71981 -0.74728    0.11631   -0.37585    0.5552   0.12675 -0.22642 -0.10175
        -0.35455  0.12348    0.16532      0.7042 -0.080231 -0.068406 -0.67626  0.33763
         0.050139  0.33465"
[3] "could 0.90754 -0.38322   0.67648 -0.20222   0.15156     0.13627 -0.48813  0.48223
        -0.095715  0.18306   0.27007  0.41415 -0.48933 -0.0076005  0.79662    1.0989
         0.53802 -0.54468 -0.16063 -0.98348 -0.19188     -0.2144  0.19959 -0.31341
         0.24101  -2.2662 -0.25926 -0.10898  0.66177     -0.48104    3.6298  0.45397
        -0.64484 -0.52244 0.042922 -0.16605 0.097102    0.044836  0.20389 -0.46322
        -0.46434  0.32394  0.25984  0.40849  0.20351    0.058722 -0.16408  0.20672
        -0.1844 0.071147"
```

运行以下代码，将向量 lines_sub 变成一个以单词映射为词向量的列表。

```
> # 将向量 lines_sub 转换为列表
> embeddings_index <- lapply(lines_sub,
+                            function(x){as.double(strsplit(x," ")[[1]])[-1]})
> names(embeddings_index) <- unlist(lapply(lines_sub,
+                            function(x){strsplit(x," ")[[1]][1]}))
> embeddings_index[1:3]
$have
 [1]  0.9491100 -0.3496800  0.4812500 -0.1930600 -0.0088384  0.2818200 -0.9613000
 [8] -0.1358100 -0.4308300 -0.0929330  0.1568900  0.0595850 -0.4963500 -0.1741400
[15]  0.7566100  0.4921000  0.2177300 -0.2277800 -0.1368600 -0.9058900 -0.4878100
[22]  0.1991900  0.9144700 -0.1620300 -0.2064500 -1.7312000 -0.4762200 -0.0485400
[29] -0.1402700 -0.4582800  4.0326000  0.6052000  0.1044800 -0.7361000  0.2485000
[36] -0.0334610 -0.1339500  0.0527820 -0.2726800  0.0798250 -0.8012700  0.3083100
[43]  0.4356700  0.8874700  0.2981600 -0.0246500 -0.9507500  0.3623300 -0.7251200
[50] -0.6089000

$not
 [1]  0.5502500 -0.2494200 -0.0009386 -0.2640000  0.5932000  0.2795000 -0.2566600
 [8]  0.0930760 -0.3628800  0.0907760  0.2840900  0.7133700 -0.4751000 -0.2441300
[15]  0.8842400  0.8910900  0.4300900 -0.2733000  0.1127600 -0.8166500 -0.4127200
[22]  0.1775400  0.6194200  0.1046600  0.3332700 -2.3125000 -0.5237100 -0.0218980
[29]  0.5380100 -0.5061500  3.8683000  0.1664200 -0.7198100 -0.7472800  0.1163100
[36] -0.3758500  0.5552000  0.1267500 -0.2264200 -0.1017500 -0.3545500  0.1234800
[43]  0.1653200  0.7042000 -0.0802310 -0.0684060 -0.6762600  0.3376300  0.0501390
[50]  0.3346500

$could
 [1]  0.9075400 -0.3832200  0.6764800 -0.2022200  0.1515600  0.1362700 -0.4881300
 [8]  0.4822300 -0.0957150  0.1830600  0.2700700  0.4141500 -0.4893300 -0.0076005
[15]  0.7966200  1.0989000  0.5380200 -0.5446800 -0.1606300 -0.9834800 -0.1918800
[22] -0.2144000  0.1995900 -0.3134100  0.2410100 -2.2662000 -0.2592600 -0.1089800
[29]  0.6617700 -0.4810400  3.6298000  0.4539700 -0.6448400 -0.5224400  0.0429220
[36] -0.1660500  0.0971020  0.0448360  0.2038900 -0.4632200 -0.4643400  0.3239400
[43]  0.2598400  0.4084900  0.2035100  0.0587220 -0.1640800  0.2067200 -0.1844000
[50]  0.0711470
```

自此，已经对预训练 GloVe 嵌入进行了数据预处理，完成 GloVe 词嵌入矩阵。
我们将使用与前面示例相同的模型架构，实现代码如下所示。

```
> # 模型定义
> model <- keras_model_sequential()
> model %>%
+    layer_embedding(input_dim = 15,
+                      output_dim = 50,
+                      input_length = 4) %>%          # 嵌入层
+    layer_flatten() %>%                               # 平坦层
+    layer_dense(4,activation = "relu") %>%           # 隐藏层
+    layer_dense(1,activation = "sigmoid")            # 输出层
2020-12-27 15:54:06.826130: I tensorflow/core/platform/cpu_feature_guard.cc:142]
    Your CPU supports instructions that this TensorFlow binary was not compiled
    to use: AVX2
> summary(model)
Model: "sequential_5"
```

Layer (type)	Output Shape	Param #
embedding_5 (Embedding)	(None, 4, 50)	750
flatten_5 (Flatten)	(None, 200)	0
dense_10 (Dense)	(None, 4)	804
dense_11 (Dense)	(None, 1)	5

```
Total params: 1,559
Trainable params: 1,559
Non-trainable params: 0
```

定义好模型后，需要将准备好的 GloVe 矩阵加载到嵌入层，即模型的第一层，实现代码如下所示。

```
> # 将预训练的词嵌入加载到嵌入层中
> embeddings_matrix <- matrix(unlist(embeddings_index),
+                             nrow = length(embeddings_index),
+                             ncol = length(embeddings_index[[1]]),
+                             byrow = TRUE)
> embeddings_matrix <- matrix(unlist(embeddings_index),
+                             nrow = length(embeddings_index),
+                             ncol = length(embeddings_index[[1]]),
+                             byrow = TRUE)
>
> get_layer(model, index = 1) %>%
+    set_weights(list(embeddings_matrix)) %>%
+    freeze_weights()
```

接着进行编译和训练模型，实现代码如下所示。

```
> model %>%
+    compile(loss = "binary_crossentropy",
```

```
+            optimizer = "adam",
+            metrics = c("acc"))
Train on 10 samples
Epoch 1/10
10/10 - 0s - loss: 0.6064 - acc: 0.6000
Epoch 2/10
10/10 - 0s - loss: 0.6033 - acc: 0.8000
Epoch 3/10
10/10 - 0s - loss: 0.6001 - acc: 0.8000
Epoch 4/10
10/10 - 0s - loss: 0.5972 - acc: 0.8000
Epoch 5/10
10/10 - 0s - loss: 0.5948 - acc: 0.8000
Epoch 6/10
10/10 - 0s - loss: 0.5924 - acc: 0.8000
Epoch 7/10
10/10 - 0s - loss: 0.5899 - acc: 0.8000
Epoch 8/10
10/10 - 0s - loss: 0.5873 - acc: 0.9000
Epoch 9/10
10/10 - 0s - loss: 0.5846 - acc: 0.9000
Epoch 10/10
10/10 - 0s - loss: 0.5824 - acc: 0.9000
> save_model_weights_hdf5(model, "pre_trained_glove_model.h5")
```

最后，利用 predict 方法对训练数据进行预测，并查看混淆矩阵。

```
> # predict
> pred <- model %>%
+   predict(pad_seq)
> # 假设阈值为 0.5
> pred_label <- ifelse(pred>0.5,1,0)
> # 混淆矩阵
> table("actual" = labels,
+       "predict" = pred_label)
      predict
actual 0 1
     0 4 1
     1 0 5
```

有一个文档被误分类，比之前没有使用预训练词嵌入模型效果有提升。

11.6 本章小结

本章学习了如何使用 Keras 对文本文档进行预处理的技巧，并详细介绍了词嵌入的两种方式。通过本章的学习，读者可基本掌握深度学习中文本数据的处理技巧。后面两章将学习如何利用 Keras 进行文本数据深度学习的实例。

第 12 章

情感分析实例：IMDB 影评情感分析

在第 10 章我们学习了如何利用 R 语言常用的扩展包对文本数据进行预处理，在第 11 章学习了如何利用 Keras 自带的一些工具对文本数据进行预处理，使其满足深度学习模型所需的数据格式要求。本章将利用前两章掌握的文本数据处理技术，使用 IMDB 收集的电影评论的数据集，分析某部电影是一部好电影还是一部不好的电影，借此研究情感分析问题，让计算机理解文本包含的情感信息。

12.1 IMDB 数据集

IMDB（Internet Movie Database，网络电影数据库）数据集是一个与电影相关的在线数据集，网址为 http://www.imdb.com/interfaces/。IMDB 数据集共有 50 000 条影评文字，其中训练集和测试集数据各 25 000 条，每一条影评文字都被标记为正面评价或负面评价。

12.1.1 加载 IMDB 数据集

Keras 内置了经过预处理的 IMDB 数据集，影评文字已经被转换为整数序列，其中每个整数代表字典中的某个单词。

以下代码将会加载 IMDB 数据集中的训练数据集和测试数据集。

```
> # 加载 IMDB 数据集
> library(keras)
> c(c(train_data, train_labels),
+   c(test_data, test_labels)) %<-% dataset_imdb()
```

读入的训练数据集与测试数据集说明如下所示。

❑ train_data：训练数据集的影评文字整数列表，其中第 1～12500 条是正面评价文字，第 12501～25000 条是负面评价文字。

❑ train_labels：训练数据集中的评价标签，其中第 1～12500 条是正面评价，全部为 1，第 12501～25000 条为负面评价，全部是 0。

❑ test_data：测试数据集的影评文字整数列表，其中第 1～12500 条是正面评价文字，12501～25000 条是负面评价文字。

❑ test_labels：测试数据集中的评价标签，其中第 1～12500 条是正面评价，全部为 1，第 12501～25000 条为负面评价，全部是 0。

12.1.2 查看 IMDB 数据集

加载 IMDB 数据集后，我们就可以查看影评文字了。

运行以下代码查看训练数据集第 1 项的影评文字，该影评文字整数序列长度为 218，说明有 218 个单词，我们只查看前 20 个整数。

```
> length(train_data[[1]])
[1] 218
> train_data[[1]][1:20]
 [1]    1   14   22   16   43  530  973 1622 1385   65  458 4468   66 3941
[15]    4  173   36  256    5   25
```

如果你好奇整数列表中整数对应的单词，可以借助 dataset_imdb_word_index() 函数实现。dataset_imdb_word_index() 函数返回一个列表，其中列表名称是单词，值是整数。

```
> word_index <- dataset_imdb_word_index()
> word_index[1:6]
$fawn
[1] 34701
$tsukino
[1] 52006
$nunnery
[1] 52007
$sonja
[1] 16816
$vani
[1] 63951
$woods
[1] 1408
```

从单词索引列表可知，单词 fawn 对应的整数为 34701，tsukino 对应的整数为 52006。

```
> word_index_vector <- unlist(word_index) # 将列表转换为向量
> # 将训练集第一条的整数序列转换为单词序列
> decoded_review <- sapply(train_data[[1]], function(index)
+ {names(word_index_vector[which(word_index_vector == index)])})})
> # 查看转换后单词序列的前 20 个单词
```

```
> decoded_review[1:20]
 [1] "the"        "as"        "you"       "with"      "out"        "themselves" "powerful"
 [8] "lets"       "loves"     "their"     "becomes"   "reaching"   "had"        "journalist"
[15] "of"         "lot"       "from"      "anyone"    "to"         "have"
```

利用 tidytext 包查看训练数据集第一条影评文字中各单词的出现次数，实现代码如下所示。

```
# 查看词频统计
> decoded_review_df <- data.frame(word=decoded_review)
> library(tidytext)
> library(dplyr)
> word_count <- decoded_review_df %>%
+    count(word,sort = TRUE)
> word_count
# A tibble: 125 x 2
   word      n
   <fct> <int>
 1 of       15
 2 with     11
 3 to        9
 4 that      6
 5 you       6
 6 for       4
 7 from      4
 8 have      4
 9 her       4
10 out       4
# ... with 115 more rows
```

从以上运行结果可知，训练数据集第一条影评文字中单词出现次数最多的是 of，共出现 15 次，其次是 with，共出现 11 次。

运行以下代码，绘制词频最高的前 10 个单词的柱状图，如图 12-1 所示。

```
> # 对前十词频的单词进行可视化
> library(ggplot2)
> word_count$word <- factor(word_count$word,
+                            levels = word_count$word)
> ggplot(data=word_count[1:10,], aes(x=word, y=n, fill=word)) +
+    geom_bar(colour="black", stat="identity")+
+    xlab("Common Words") + ylab("N Count")+
+    ggtitle("Top 10 common words")+
+    guides(fill=FALSE)+
+    theme(plot.title = element_text(hjust = 0.5))+
+    theme(text = element_text(size = 15))+
+    theme(panel.background = element_blank(),
+          panel.grid.major = element_blank(),
+          panel.grid.minor = element_blank())
```

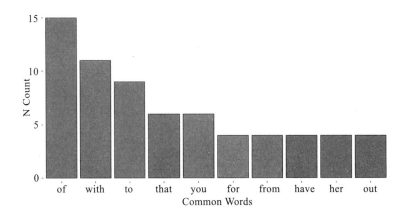

图 12-1   对出现频率最高的 10 个单词做可视化

12.2   利用机器学习进行情感分析

我们对 IMDB 数据集已经有了基本了解，本节将利用 tm 包对文本数据进行预处理，并使用传统的机器学习算法建立情感预测模型，进行情感分析。

12.2.1   数据预处理

首先将训练集和测试集数据合并在一起，再将文本向量转换为语料库，并查看语料库信息。

```
> library(tm)
> # 合并训练集和测试集
> data <- rbind(train_data,test_data)
> corpus <- Corpus(VectorSource(data))
> print(corpus)
<<SimpleCorpus>>
Metadata:  corpus specific: 1, document level (indexed): 0
Content:   documents: 50000
```

因为将训练集和测试集数据整理在一起，所以生成的语料库有 50 000 个文档。

接着使用 DocumentTermMatrix() 函数将语料库转换为文档—词条矩阵。

```
> # 转换为文档—词条矩阵
> dtm <- DocumentTermMatrix(corpus,
+                          control = list(weighting = weightTfIdf))
> dtm
<<DocumentTermMatrix (documents: 50000, terms: 96610)>>
Non-/sparse entries: 6705953/4823794047
Sparsity          : 100%
```

```
Maximal term length: 6
Weighting          : term frequency - inverse document frequency (normalized)
    (tf-idf)
```

该矩阵一共有 4830500000 个元素（50000×96610），其中有 6705953 个元素是有值的（即此条文档中出现过该单词），占比仅有 1.38%（6705953 / 4830500000），属于极其稀疏矩阵。

可以使用 removeSparseTerms() 函数删减其稀疏性，提高矩阵的稠密性。

```
> # 去除大于 65% 的稀疏词条
> dtm2 <- removeSparseTerms(dtm,0.65)
> dtm2
<<DocumentTermMatrix (documents: 50000, terms: 44)>>
Non-/sparse entries: 1173617/1026383
Sparsity           : 47%
Maximal term length: 3
Weighting          : term frequency - inverse document frequency (normalized)
    (tf-idf)
```

处理后，词条数量从之前的 96610 下降到 44，说明矩阵稀疏性被极大降低，将提高后续的建模效率。

以下代码将文档—词条矩阵转换为数据框，并进行数据分区，前 25000 条记录作为训练集，后 25000 条记录作为测试集。

```
> m <- as.matrix(dtm2)                               # 转换为矩阵
> remove(dtm,dtm2,corpus)                            # 移除 dtm、dtm2、corpus 对象
> data <- data.frame(m)                              # 转换为数据框
> data <- cbind(c(train_labels,test_labels),data)    # 整合标签
> colnames(data)[1] <- "label"
> train_data <- data[1:25000,]                       # 训练集
> test_data <- data[25001:50000,]                    # 测试集
> remove("m","data")                                 # 移除 m、data 对象
```

至此，机器学习建模前的数据预处理已经完成，下一小节将利用机器学习算法建立情感预测模型。

12.2.2　机器学习预测情感

我们将使用以下三种机器学习算法分别建立情感预测模型。

❑ 逻辑回归：逻辑回归是机器学习分类算法的一种，是在线性回归模型的基础上构建因变量的转换函数，将因变量的数值压缩在 0～1 范围内，这个范围可以理解为某事件发生的概率。

❑ 朴素贝叶斯：朴素贝叶斯是一种十分简单的分类算法，是一个基于概率的分类器，它源于贝叶斯理论，假设样本属性之间相互独立。朴素贝叶斯的思路非常简单：对于给出的待分类项，求解在此项出现的条件下各个类别出现的概率，哪个最大，就

认为此待分类项属于哪个类别。

❑ 决策树：决策树算法在分类、预测、规则提取等领域有着广泛应用。CART 决策树是一种非常有效的非参数分类和回归方法，通过构建树、修剪树、评估树来构建一个决策树。当因变量是连续型时，该树称为回归树；当因变量是离散型时，该树称为分类树。CART 算法也使用目标变量的纯度来分裂决策节点，只是它使用的分裂度量是 Gini 增益。需要注意的是，CART 内部只支持二分叉树。

运行以下程序代码生成这三种机器学习算法模型。

```
> # 逻辑回归
> modelLR <- glm(label ~ .,
+                data = train_data,
+                family = binomial)
> # 朴素贝叶斯
> library(e1071)
> modelNaiveBayes <- naiveBayes(label ~ .,
+                               data = train_data)
> # 决策树
> library(rpart)
> modelRpart <- rpart(label ~ .,
+                     data = train_data)
```

利用训练好的三个模型分别对训练集和测试集进行预测，并计算混淆矩阵和预测准确率。

运行以下代码，得到逻辑回归对训练集和测试集预测结果的混淆矩阵及准确率。

```
> # 利用逻辑回归进行预测
> # 测试集
> pred_train <- predict(modelLR,newdata = train_data)
> pred_train <- ifelse(pred_train > 0.5,1,0)
> # 混淆矩阵
> table(train_data[,1],pred_train)
   pred_train
        0      1
  0 12499      1
  1 12499      1
> # 准确率
> sum(train_data[,1]==pred_train) / 25000
[1] 0.5
> # 测试集
> pred_test <- predict(modelLR,newdata = test_data)
> pred_test <- ifelse(pred_test > 0.5,1,0)
> # 混淆矩阵
> table(test_data[,1],pred_test)
   pred_test
        0      1
  0 12498      2
  1 12500      0
```

```
> # 准确率
> sum(test_data[,1]==pred_test) / 25000
[1] 0.49992
```

从结果可知，逻辑回归的模型效果很差，基本都预测为了 0。

下面我们看看朴素贝叶斯模型的预测效果。

```
> # 利用朴素贝叶斯进行预测
> # 测试集
> pred_train <- predict(modelNaiveBayes,newdata = train_data)
> # 混淆矩阵
> table(train_data[,1],pred_train)
   pred_train
       0    1
  0 6874 5626
  1 6588 5912
> # 准确率
> sum(train_data[,1]==pred_train) / 25000
[1] 0.51144
> # 测试集
> pred_test <- predict(modelNaiveBayes,newdata = test_data)
> # 混淆矩阵
> table(test_data[,1],pred_test)
   pred_test
       0    1
  0 6677 5823
  1 6717 5783
> # 准确率
> sum(test_data[,1]==pred_test) / 25000
[1] 0.4984
```

朴素贝叶斯的预测结果相对好一些，预测准确率大约在 50%。

最后，我们看看决策树的预测效果。

```
> # 利用决策树进行预测
> # 测试集
> pred_train <- predict(modelRpart,
+                       newdata = train_data,
+                       type = "class")
> # 混淆矩阵
> table(train_data[,1],pred_train)
   pred_train
       0    1
  0 4564 7936
  1 4301 8199
> # 准确率
> sum(train_data[,1]==pred_train) / 25000
[1] 0.51052
> # 测试集
> pred_test <- predict(modelRpart,
```

```
+                            newdata = test_data,
+                            type = "class")
> # 混淆矩阵
> table(test_data[,1],pred_test)
   pred_test
        0    1
  0 4475 8025
  1 4455 8045
> # 准确率
> sum(test_data[,1]==pred_test) / 25000
[1] 0.5008
```

决策树的预测效果又比朴素贝叶斯好一些。

本节只是想让读者了解如何利用机器学习对文本数据进行预测。对以上模型均未进行任何优化，也并未使用随机森林、XGBoost、支持向量机等其他算法进行尝试。

12.3 利用深度学习进行情感分析

上一节未经优化的传统机器学习算法对 IMDB 数据集的情感预测效果不佳，本节我们将利用 Keras 对 IMDB 数据集进行预处理，并利用多种深度学习模型进行情感分析。

12.3.1 数据预处理

假设我们只对数据集前 5000 个最常用的单词感兴趣，所以在导入数据集时将参数 num_words 设置为 5000，实现代码如下所示。

```
> # 加载 IMDB 数据集
> library(keras)
> c(c(train_data, train_labels),
+   c(test_data, test_labels)) %<-% dataset_imdb(num_words = 5000)
```

因为后续要将数字列表转为向量列表，并送入深度学习模型进行训练，所以长度必须固定。通过 pad_sequences() 函数将数字列表的长度都设置为 100，转换为 25 000 行 100 列的二维矩阵。

```
> # 训练集
> cat('处理前训练集第五条记录数量: ',length(train_data[[5]]))
处理前训练集第五条记录数量: 147
> train_data <- pad_sequences(train_data,maxlen = 100)   # 截长补短
> cat("处理后训练集第五条记录数量: ",length(train_data[5,]))
处理后训练集第五条记录数量: 100
```

处理后，所有记录的长度都变成了 100，其中训练集第五条记录的前 47 个元素被剔除，后面的 100 个得以保留。

对测试集数据也同样处理，并查看测试集第一条记录处理前后的情况。

```
> cat('处理前测试集第一条记录数量: ',length(test_data[[1]]))
处理前测试集第一条记录数量: 68
> test_data[[1]]  # 查看第一条记录
 [1]    1   591   202   14   31    6   717   10   10    2    2    5    4   360
[15]    7    4   177    2   394  354    4   123    9   1035 1035 1035   10   10
[29]   13   92   124   89   488    2   100   28   1668   14   31   23   27    2
[43]   29   220   468    8   124   14   286  170    8   157   46    5   27  239
[57]   16   179    2   38   32   25    2   451  202   14    6   717
> test_data <- pad_sequences(test_data,maxlen = 100)  # 截长补短
> cat("处理后测试集第一条记录数量 ",length(test_data[1,]))
处理后测试集第一条记录数量 100
> test_data[1,]
 [1]    0    0    0    0    0    0    0    0    0    0    0    0    0    0
[15]    0    0    0    0    0    0    0    0    0    0    0    0    0    0
[29]    0    0    0    0    1   591  202   14   31    6   717   10   10    2
[43]    2    5    4   360    7    4   177    2   394  354    4   123    9  1035
[57] 1035 1035   10   10   13   92   124   89   488    2   100   28  1668   14
[71]   31   23   27    2   29   220  468    8   124   14   286  170    8   157
[85]   46    5   27   239   16   179    2   38   32   25    2   451  202   14
[99]    6   717
```

处理后，对长度小于 100 的数字列表的开头用 0 进行填充，使其长度扩展为 100。

以下代码建立一个线性堆叠模型，后续只需要将各个神经网络层加入模型即可。

```
> model <- keras_model_sequential()
```

将嵌入层加入模型中，因我们加载数据集时限制了前 5000 个单词，所以输入的词向量的大小将为 5000。因数字列表的每一项都有 100 个数字，所以输入长度为 100。选择使用 32 维向量来表示每个单词，构建嵌入层的输出，实现代码如下。

```
> # 加入嵌入层
> top_words <- 5000
> max_words <- 100
> out_dimension <- 32
> model %>%
+   layer_embedding(input_dim = top_words,
+                   output_dim = out_dimension,
+                   input_length = max_words)
```

12.3.2　多层感知器模型

从开发一个仅有单个隐藏层的多层感知器模型开始研究情感分析的问题。在模型接入隐藏层前，需要通过平坦层将嵌入层打平。多层感知器模型架构如下所示。

```
> model_mlp <- model
> model_mlp %>%
+   layer_flatten()  %>%                                    # 平坦层
+   layer_dense(units = 256,activation = 'relu') %>%        # 隐藏层
```

```
+    layer_dense(units = 1,activation = 'sigmoid')          # 输出层
> model_mlp %>% summary()
Model: "sequential"
```

Layer (type)	Output Shape	Param #
embedding (Embedding)	(None, 100, 32)	160000
flatten (Flatten)	(None, 3200)	0
dense (Dense)	(None, 256)	819456
dense_1 (Dense)	(None, 1)	257

```
Total params: 979,713
Trainable params: 979,713
Non-trainable params: 0
```

因为嵌入层的每一项有 100 个数字，每一个数字转换为 32 维的向量，所以转换为平坦层的神经元有 3200 个（$100\times32=3200$）。

在训练模型之前，我们必须使用 compile 方法对训练模型进行设置，实现代码如下所示。

```
> model_mlp %>%
+    compile(loss = 'binary_crossentropy',
+            optimizer = 'adam',
+            metrics = c('acc'))
```

使用 fit 方法进行训练，并将训练过程存储在 history 变量中。

```
> # 训练模型
> history <- model_mlp %>%
+    fit(train_data,train_labels,
+        epochs = 10,
+        batch_size = 512,
+        validation_split = 0.2,
+        verbose = 2)
Train on 20000 samples, validate on 5000 samples
Epoch 1/10
20000/20000 - 8s - loss: 0.6483 - acc: 0.6241 - val_loss: 0.5050 - val_acc: 0.7566
Epoch 2/10
20000/20000 - 5s - loss: 0.3433 - acc: 0.8515 - val_loss: 0.3602 - val_acc: 0.8388
Epoch 3/10
20000/20000 - 5s - loss: 0.1878 - acc: 0.9296 - val_loss: 0.3932 - val_acc: 0.8326
Epoch 4/10
20000/20000 - 5s - loss: 0.0895 - acc: 0.9783 - val_loss: 0.4458 - val_acc: 0.8260
Epoch 5/10
20000/20000 - 5s - loss: 0.0308 - acc: 0.9970 - val_loss: 0.5104 - val_acc: 0.8226
Epoch 6/10
```

```
20000/20000 - 5s - loss: 0.0113 - acc: 0.9996 - val_loss: 0.5637 - val_acc: 0.8202
Epoch 7/10
20000/20000 - 5s - loss: 0.0056 - acc: 0.9999 - val_loss: 0.5971 - val_acc: 0.8202
Epoch 8/10
20000/20000 - 4s - loss: 0.0035 - acc: 1.0000 - val_loss: 0.6249 - val_acc: 0.8220
Epoch 9/10
20000/20000 - 4s - loss: 0.0024 - acc: 1.0000 - val_loss: 0.6477 - val_acc: 0.8214
Epoch 10/10
20000/20000 - 4s - loss: 0.0018 - acc: 1.0000 - val_loss: 0.6656 - val_acc: 0.8228
> save_model_hdf5(model_mlp,'../models/imdb_emotion_analysis.h5')
```

因参数 validation_split 设置为 0.2，所以在训练之前 Keras 会自动将数据分成两部分：
80% 作为训练数据，20% 作为验证数据。因为全部数据有 25000 项，所以将 20000 项作为
训练数据，5000 项作为验证数据。

从以上执行结果可知，共执行了 10 个训练周期，训练误差逐步减少，准确率逐步
提升。

至此，我们已经完成了模型的训练，现在要使用测试数据集 test_data 评估模型的准确
率，代码如下。

```
> scores <- model_mlp %>%
+     evaluate(test_data,test_labels,verbose = 0)
> scores
$loss
[1] 0.6540937

$acc
[1] 0.8282
```

从以上执行结果可知准确率是 0.83，远高于前面机器学习的模型。

最后，对测试数据集进行预测，并查看其混淆矩阵。

```
> pred <- model_mlp %>%
+     predict_classes(test_data)
> # 混淆矩阵
> table(test_labels,pred)
          pred
test_labels    0      1
          0 10320  2180
          1  2115 10385
```

从混淆矩阵可知，正面评价与负面评价的预测准确率差不多，均在 82% 以上，模型均
衡性很好。

12.3.3　卷积神经网络模型

卷积神经网络被设计为符合图像数据的空间结构，对场景中学习对象的位置和方向具
有鲁棒性。这种相同的原则也可以用于处理序列问题，同样可以帮助学习单词段落间的结

构。接下来在词嵌入层之后，增加一层一维辍学层、一维卷积层和池化层，后续的网络层
与上一小节的多层感知器模型相同。卷积神经网络结构如下所示。

```
> top_words <- 5000
> max_words <- 100
> out_dimension <- 32
> # 卷积神经网络
> model_cnn <- keras_model_sequential() %>%                    # 序贯模型
+   layer_embedding(input_dim = top_words,
+                   output_dim = out_dimension,
+                   input_length = max_words) %>%               # 嵌入层
+   layer_spatial_dropout_1d(0.25) %>%                         # 一维版本的辍学层
+   layer_conv_1d(filters = 32,kernel_size = 3,
+                 padding = 'same',activation = 'relu') %>%     # 一维卷积层
+   layer_max_pooling_1d(pool_size = 2) %>%                    # 一维池化层
+   layer_flatten()  %>%                                       # 平坦层
+   layer_dense(units = 256,activation = 'relu') %>%           # 隐藏层
+   layer_dense(units = 1,activation = 'sigmoid')             # 输出层
> model_cnn %>% summary()
Model: "sequential"
```

Layer (type)	Output Shape	Param #
embedding (Embedding)	(None, 100, 32)	160000
spatial_dropout1d (SpatialDropout1D)	(None, 100, 32)	0
conv1d (Conv1D)	(None, 100, 32)	3104
max_pooling1d (MaxPooling1D)	(None, 50, 32)	0
flatten (Flatten)	(None, 1600)	0
dense (Dense)	(None, 256)	409856
dense_1 (Dense)	(None, 1)	257

```
Total params: 573,217
Trainable params: 573,217
Non-trainable params: 0
```

接下来的编译模型与训练模型与上一小节几乎一致，不过将训练周期从 10 次改成 3 次。

```
> # 模型编译
> model_cnn %>%
+   compile(loss = 'binary_crossentropy',
+           optimizer = 'adam',
+           metrics = c('acc'))
> # 训练模型
> history <- model_cnn %>%
```

```
+    fit(train_data,train_labels,
+        epochs = 3,
+        batch_size = 512,
+        validation_split = 0.2,
+        verbose = 2)
rain on 20000 samples, validate on 5000 samples
Epoch 1/3
20000/20000 - 10s - loss: 0.6741 - acc: 0.5694 - val_loss: 0.5768 - val_acc: 0.7314
Epoch 2/3
20000/20000 - 6s - loss: 0.4216 - acc: 0.8130 - val_loss: 0.3545 - val_acc: 0.8390
Epoch 3/3
20000/20000 - 6s - loss: 0.2923 - acc: 0.8761 - val_loss: 0.3437 - val_acc: 0.8444
> save_model_hdf5(model_cnn,'../models/imdb_emotion_analysis_model_cnn.h5')
```

至此，我们已经完成了卷积神经网络模型的训练，现在要使用测试数据集 test_data 评估模型的准确率，代码如下。

```
> scores <- model_cnn %>%
+    evaluate(test_data,test_labels,verbose = 0)
> scores
$loss
[1] 0.3448022

$acc
[1] 0.84972
```

利用卷积神经网络模型对测试数据集进行评估的准确率为 0.849，高于前面的多层感知器模型。

最后，对测试数据集进行预测，并查看其混淆矩阵。

```
> pred <- model_cnn %>%
+    predict_classes(test_data)
> # 混淆矩阵
> table(test_labels,pred)
           pred
test_labels      0       1
          0  10104    2396
          1   1361   11139
```

卷积神经网络模型对负面评价（0）的预测准确率为 80.8%，对正面评价（1）的预测准确率为 89.1%。

12.3.4　RNN 模型

接下来将使用 RNN 模型进行 IMDB 情感分析。需要在词嵌入层后面、输出层前面增加一层一维辍学层和 simpleRNN 层，网络架构如下。

```
> # RNN 模型
> model_rnn <- keras_model_sequential() %>%                    # 序贯模型
```

```
+    layer_embedding(input_dim = top_words,
+                    output_dim = out_dimension,
+                    input_length = max_words) %>%              # 嵌入层
+    layer_spatial_dropout_1d(rate = 0.25) %>%                  # 一维版本的辍学层
+    layer_simple_rnn(units = 64,activation = 'relu',dropout = 0.2) %>%  # SimpleRNN 层
+    layer_dense(units = 1,activation = 'sigmoid')              # 输出层
> model_rnn %>% summary()
Model: "sequential_4"
```

Layer (type)	Output Shape	Param #
embedding_2 (Embedding)	(None, 100, 32)	160000
spatial_dropout1d_2 (SpatialDropout1D)	(None,100,32)	0
simple_rnn_2 (SimpleRNN)	(None, 64)	6208
dense_3 (Dense)	(None, 1)	65

```
Total params: 166,273
Trainable params: 166,273
Non-trainable params: 0
```

接下来进行模型编译和训练，训练过程如下所示。

```
> # 模型编译
> model_rnn %>%
+    compile(loss = 'binary_crossentropy',
+            optimizer = 'adam',
+            metrics = c('acc'))
> # 模型训练
> history <- model_rnn %>%
+    fit(train_data,train_labels,
+        epochs = 10,
+        batch_size = 512,
+        validation_split = 0.2,
+        verbose = 2)
Train on 20000 samples, validate on 5000 samples
Epoch 1/10
20000/20000 - 20s - loss: 0.6854 - acc: 0.5587 - val_loss: 0.6750 - val_acc: 0.5640
Epoch 2/10
20000/20000 - 11s - loss: 0.6175 - acc: 0.6722 - val_loss: 0.5165 - val_acc: 0.7786
Epoch 3/10
20000/20000 - 11s - loss: 0.4284 - acc: 0.8098 - val_loss: 0.3716 - val_acc: 0.8362
Epoch 4/10
20000/20000 - 12s - loss: 0.3342 - acc: 0.8573 - val_loss: 0.4019 - val_acc: 0.8428
Epoch 5/10
20000/20000 - 12s - loss: 0.2852 - acc: 0.8815 - val_loss: 0.3469 - val_acc: 0.8428
Epoch 6/10
20000/20000 - 12s - loss: 0.2660 - acc: 0.8895 - val_loss: 0.3857 - val_acc: 0.8280
```

```
Epoch 7/10
20000/20000 - 12s - loss: 0.2947 - acc: 0.8789 - val_loss: 0.4094 - val_acc: 0.8410
Epoch 8/10
20000/20000 - 11s - loss: 0.2438 - acc: 0.9000 - val_loss: 0.3530 - val_acc: 0.8476
Epoch 9/10
20000/20000 - 12s - loss: 0.2202 - acc: 0.9117 - val_loss: 0.3574 - val_acc: 0.8456
Epoch 10/10
20000/20000 - 12s - loss: 0.2029 - acc: 0.9186 - val_loss: 0.4261 - val_acc: 0.8402
> save_model_hdf5(model_rnn,'../models/imdb_emotion_analysis_model_rnn.h5')
```

我们已经完成了 RNN 模型的训练，现在要使用测试数据集 test_data 评估模型的准确率，代码如下。

```
> scores <- model_rnn %>%
+   evaluate(test_data,test_labels,verbose = 0)
> scores
$loss
[1] 0.4270423

$acc
[1] 0.84172
```

准确率为 0.841，略低于卷积神经网络模型的。

最后，对测试数据集进行预测，并查看其混淆矩阵。

```
> pred <- model_rnn %>%
+   predict_classes(test_data)
> # 混淆矩阵
> table(test_labels,pred)
           pred
test_labels    0     1
          0  9897  2603
          1  1354 11146
```

RNN 模型对负面评价（0）的预测准确率为 79.2%，略低于卷积神经网络的 80.8%；对正面评价（1）的预测准确率为 89.2%，略高于卷积神经网络的 89.1%。

12.3.5　LSTM 模型

接下来将使用 LSTM 模型进行 IMDB 情感分析，运行以下代码构建模型架构，并查看模型概要。

```
> # 构建模型
> model_lstm <- keras_model_sequential() %>%
+   layer_embedding(input_dim = top_words,
+                   output_dim = out_dimension,
+                   input_length = max_words) %>%      # 嵌入层
+   layer_dropout(rate = 0.25)  %>%                    # 辍学层
+   layer_lstm(128,dropout=0.2) %>%                    # LSTM 层
```

```
+    layer_dense(units = 1, activation = "sigmoid")    # 输出层
> model_lstm %>% summary()
Model: "sequential_5"
```

Layer (type)	Output Shape	Param #
embedding_3 (Embedding)	(None, 100, 32)	160000
dropout (Dropout)	(None, 100, 32)	0
lstm (LSTM)	(None, 128)	82432
dense_4 (Dense)	(None, 1)	129

```
Total params: 242,561
Trainable params: 242,561
Non-trainable params: 0
```

接下来进行模型编译和训练，训练过程如下所示。

```
> # 模型编译
> model_lstm %>%
+    compile(loss = 'binary_crossentropy',
+            optimizer = 'adam',
+            metrics = c('acc'))
> # 模型训练
> history <- model_lstm %>%
+    fit(train_data,train_labels,
+        epochs = 10,
+        batch_size = 512,
+        validation_split = 0.2,
+        verbose = 2)
Train on 20000 samples, validate on 5000 samples
Epoch 1/10
20000/20000 - 231s - loss: 0.6565 - acc: 0.5888 - val_loss: 0.5382 - val_acc: 0.7408
Epoch 2/10
20000/20000 - 308s - loss: 0.4517 - acc: 0.7998 - val_loss: 0.4215 - val_acc: 0.8104
Epoch 3/10
20000/20000 - 346s - loss: 0.3361 - acc: 0.8581 - val_loss: 0.3617 - val_acc: 0.8314
Epoch 4/10
20000/20000 - 379s - loss: 0.2961 - acc: 0.8806 - val_loss: 0.3466 - val_acc: 0.8400
Epoch 5/10
20000/20000 - 401s - loss: 0.2782 - acc: 0.8892 - val_loss: 0.3544 - val_acc: 0.8434
Epoch 6/10
20000/20000 - 352s - loss: 0.2546 - acc: 0.8981 - val_loss: 0.3835 - val_acc: 0.8390
Epoch 7/10
20000/20000 - 425s - loss: 0.2367 - acc: 0.9065 - val_loss: 0.3684 - val_acc: 0.8374
Epoch 8/10
20000/20000 - 384s - loss: 0.2313 - acc: 0.9105 - val_loss: 0.4075 - val_acc: 0.8268
Epoch 9/10
```

```
20000/20000 - 383s - loss: 0.2292 - acc: 0.9082 - val_loss: 0.3719 - val_acc: 0.8430
Epoch 10/10
20000/20000 - 397s - loss: 0.2104 - acc: 0.9179 - val_loss: 0.4093 - val_acc: 0.8348
> save_model_hdf5(model_lstm,'../models/imdb_emotion_analysis_model_lstm.h5')
```

从以上执行结果可知，共执行了 10 个训练周期，训练误差逐步减少，准确率逐步提升。

至此，我们已经完成了 LSTM 模型的训练，现在要使用测试数据集 test_data 评估模型的准确率，代码如下。

```
> # 评估模型
> scores <- model_lstm %>%
+   evaluate(test_data,test_labels,verbose = 0)
> scores
$loss
[1] 0.4210967

$acc
[1] 0.8324
```

LSTM 模型对测试数据集进行评估的准确率为 0.832，略低于卷积神经网络模型和 SimpleRNN 模型。

最后，对测试数据集进行预测，并查看其混淆矩阵。

```
> # 模型预测
> pred <- model_lstm %>%
+   predict_classes(test_data)
> # 混淆矩阵
> table(test_labels,pred)
           pred
test_labels     0      1
         0  11009   1491
         1   2699   9801
```

LSTM 模型对负面评价（0）的预测准确率为 88.1%，高于卷积神经网络和 SimpleRNN 模型；对正面评价（1）的预测准确率仅为 78.4%，低于卷积神经网络和 SimpleRNN 模型。

12.3.6　GRU 模型

最后使用 GRU 模型进行 IMDB 情感分析。运行以下代码构建模型架构，并查看模型概要。

```
> # 构建模型
> model_gru <- keras_model_sequential() %>%
+   layer_embedding(input_dim = top_words,
+                   output_dim = out_dimension,
+                   input_length = max_words) %>%      # 嵌入层
+   layer_dropout(rate = 0.25)  %>%                    # 辍学层
```

```
+    layer_gru(128,dropout=0.2) %>%                        # GRU 层
+    layer_dense(units = 1, activation = "sigmoid")        # 输出层
> model_gru %>% summary()                                  # 模型概要
Model: "sequential"
```

Layer (type)	Output Shape	Param #
embedding (Embedding)	(None, 100, 32)	160000
dropout (Dropout)	(None, 100, 32)	0
gru (GRU)	(None, 128)	61824
dense (Dense)	(None, 1)	129

```
Total params: 221,953
Trainable params: 221,953
Non-trainable params: 0
```

接下来进行模型编译和训练，训练过程如下所示。

```
> # 模型编译
> model_gru %>%
+    compile(loss = 'binary_crossentropy',
+            optimizer = 'adam',
+            metrics = c('acc'))
> # 模型训练
> history <- model_gru %>%
+    fit(train_data,train_labels,
+        epochs = 10,
+        batch_size = 512,
+        validation_split = 0.2,
+        verbose = 2)
Train on 20000 samples, validate on 5000 samples
Epoch 1/10
20000/20000 - 132s - loss: 0.6647 - acc: 0.5829 - val_loss: 0.5361 - val_acc: 0.7340
Epoch 2/10
20000/20000 - 136s - loss: 0.4384 - acc: 0.8011 - val_loss: 0.3928 - val_acc: 0.8292
Epoch 3/10
20000/20000 - 146s - loss: 0.3184 - acc: 0.8651 - val_loss: 0.3566 - val_acc: 0.8428
Epoch 4/10
20000/20000 - 149s - loss: 0.2963 - acc: 0.8806 - val_loss: 0.3510 - val_acc: 0.8460
Epoch 5/10
20000/20000 - 149s - loss: 0.2598 - acc: 0.8931 - val_loss: 0.4075 - val_acc: 0.8356
Epoch 6/10
20000/20000 - 153s - loss: 0.2430 - acc: 0.9008 - val_loss: 0.3723 - val_acc: 0.8420
Epoch 7/10
20000/20000 - 148s - loss: 0.2396 - acc: 0.9050 - val_loss: 0.4022 - val_acc: 0.8386
Epoch 8/10
20000/20000 - 149s - loss: 0.2259 - acc: 0.9111 - val_loss: 0.3950 - val_acc: 0.8372
```

```
Epoch 9/10
20000/20000 - 152s - loss: 0.2185 - acc: 0.9145 - val_loss: 0.3812 - val_acc: 0.8328
Epoch 10/10
20000/20000 - 158s - loss: 0.2110 - acc: 0.9183 - val_loss: 0.4213 - val_acc: 0.8316
> save_model_hdf5(model_gru,'../models/imdb_emotion_analysis_model_gru.h5')
```

从以上执行结果可知, 共执行了 10 个训练周期, 训练误差逐步减少, 准确率逐步提升。

我们已经完成了 GRU 模型的训练, 现在要使用测试数据集 test_data 评估模型的准确率, 代码如下。

```
> # 评估模型
> scores <- model_gru %>%
+   evaluate(test_data,test_labels,verbose = 0)
> scores
$loss
[1] 0.4264309

$acc
[1] 0.83788
```

利用 GRU 模型对测试数据集进行评估的准确率为 0.837。

最后对测试数据集进行预测, 并查看其混淆矩阵。

```
> # 模型预测
> pred <- model_gru %>%
+   predict_classes(test_data)
> # 混淆矩阵
> table(test_labels,pred)
           pred
test_labels     0      1
          0 10563  1937
          1  2116 10384
```

GRU 模型对负面评价 (0) 的预测准确率为 84.5%, 对正面评价 (1) 的预测准确率仅为 83.1%。

12.4 本章小结

本章分别利用机器学习和深度学习的方式对 IMDB 数据集进行情感分析。两种方式对数据处理的技巧很不同, 我们需掌握传统的文本数据挖掘和 Keras 的数据预处理技巧, 并掌握常用的深度学习模型在文本挖掘中的应用。

第 13 章

中文文本分类实例：新浪新闻分类实例

上一章是对英文文本进行情感分析，本章将利用 tmcn 包的 SPORT 数据集进行中文文本分类实践。SPORT 数据集一共收录了 2357 条体育新闻内容。我们将对 SPORT 数据集进行分析，并分别使用机器学习和深度学习建立分类模型对新闻所属类型进行预测。

13.1 SPORT 数据集

SPORT 数据集一共有 2357 行 6 列，其中各列描述如下。

❑ id：新闻序号。

❑ time：新闻时间。

❑ title：新闻标题。

❑ class：新闻类型，B 表示篮球类，F 表示足球类。

❑ abstract：新闻摘要。

❑ content：新闻内容。

这里我们使用 SPORT 数据集的变量 class 和 content，其中对 content 进行中文文本分词及探索，并以变量 class 为目标变量建立分类模型，对新闻所属类型进行预测。

运行以下代码，将 SPORT 数据集加载到 R 中。

```
> library(tmcn)
> data("SPORT")
```

首先，查看 2357 条新闻中篮球类和足球类新闻各有多少。

```
> table(SPORT$class)
  B    F
1361  996
```

篮球类（B）新闻一共有 1361 条，足球类（F）新闻一共有 996 条。

在进行文本挖掘前，先对变量 content 的文章内容进行初步分析。首先利用 tidytext 包对 SPORT 数据集进行整洁，计算篮球类（B）和足球类（F）的词频统计，并查看前十条记录。

```
> library(tidytext)
> library(jiebaR)
> library(jiebaR)
> wk <- worker(bylines = TRUE)
> tidy_data <- SPORT %>%
+   mutate(text = sapply(segment(content,wk),
+          function(x){paste(x,collapse = " ")})) %>%
+   unnest_tokens(word, content)
> # 查看篮球类新闻内容的词频统计
> b_word_count<- tidy_data %>%
+   filter(class=="B") %>%
+   count(word,sort = TRUE)
> # 查看单词数量
> nrow(b_word_count)
[1] 9758
> b_word_count
# A tibble: 9,758 x 2
   word        n
   <chr> <int>
 1 的     9860
 2 场     4878
 3 在     4206
 4 了     4125
 5 赛     3557
 6 比赛   3042
 7 我们   2444
 8 季     2360
 9 我     2331
10 他     2207
# ... with 9,748 more rows
> # 查看足球类新闻内容的词频统计
> f_word_count <- tidy_data %>%
+   filter(class=="F") %>%
+   count(word,sort = TRUE)
> # 查看单词数量
> nrow(f_word_count)
[1] 8061
> f_word_count
# A tibble: 8,061 x 2
   word        n
   <chr> <int>
 1 的     8788
 2 在     3343
 3 了     2595
 4 我们   2289
 5 他     1874
```

```
6   比赛   1826
7   赛     1718
8   我     1697
9   尔     1609
10  场     1531
# ... with 8,051 more rows
```

篮球类新闻进行分词后的单词个数有 9758 个，足球类新闻进行分词后的单词个数有 8061 个。

文本挖掘对文本进行分词和词频统计后，经常会对结果进行词云展示。常用的函数有 wordcloud 包的 wordcloud() 函数和 wordcloud2 包的 wordcloud2() 函数。wordcloud() 函数在本书前文已有介绍，此例将主要介绍用于绘制动态词云的 wordcloud2() 函数。该函数的表达形式为：

```
wordcloud2(data, size = 1, minSize = 0, gridSize =  0,
           fontFamily = 'Segoe UI', fontWeight = 'bold',
           color = 'random-dark', backgroundColor = "white",
           minRotation = -pi/4, maxRotation = pi/4, shuffle = TRUE,
           rotateRatio = 0.4, shape = 'circle', ellipticity = 0.65,
           widgetsize = NULL, figPath = NULL, hoverFunction = NULL)
```

常用参数描述如表 13-1 所示。

表 13-1　wordcloud2 函数主要参数描述

参　　数	描　　述
data	生成词云的数据，包含具体词语以及频率
size	字体大小，默认为 1，一般该值越小，生成的形状轮廓越明显
fontFamily	字体，如微软雅黑
fontWeight	字体粗细，包含 normal、bold 以及 600
color	字体颜色，可以选择 random-dark 以及 random-light，其实就是颜色色系
backgroundColor	背景颜色，支持 R 语言中的常用颜色，如 gray、black，但是还支持不了更加具体的颜色选择，如 gray20
minRontatin、maxRontatin	字体旋转角度范围的最小值以及最大值，选定后，字体会在该范围内随机旋转
rotationRation	字体旋转比例，如设定为 1，则全部词语都会发生旋转
shape	词云形状选择，默认是 circle，即圆形。还可以选择 cardioid（苹果形或心形）、star（星形）、diamond（钻石）、triangle-forward（三角形）、triangle（三角形）、pentagon（五边形）

现在利用 wordcloud2() 函数对篮球类新闻分词结果进行词云展示，由于前十记录的单词都是非篮球领域的专业术语，我们从第 11 条记录开始展示。运行以下代码得到如图 13-1 所示结果。

```
> library(wordcloud2)
> # 对篮球类新闻进行词云展示
```

```
> wordcloud2(b_word_count[11:nrow(b_word_count),],
+           shape = "star")
```

图 13-1　利用 wordcloud2() 函数对篮球类新闻进行词云展示

从图 13-1 可知，篮球比赛中常用的篮板、助攻、分钟等词语在词云中很突出。
运行下面代码对足球类新闻分词结果进行词云展示，结果如图 13-2 所示。

```
> wordcloud2(f_word_count[11:nrow(f_word_count),],
+           shape = "star")
```

图 13-2　利用 wordcloud2() 函数对足球类新闻进行词云展示

为了提高篮球类和足球类新闻的分词效果，我们可以从搜狗网站下载相应的词库进行安装。将篮球【官方推荐】（https://pinyin.sogou.com/dict/cate/index/370）和足球【官方推荐】（https://pinyin.sogou.com/dict/cate/index/372）的词库下载到本地，利用 Rwordseg 包的 installDict() 函数将本地词库加载到词典中。

```
> library(Rwordseg)
> installDict(dictpath = "../dict/篮球【官方推荐】.scel",
+             dictname = "basketball")
2195 words were loaded! ... New dictionary 'basketball' was installed!
> installDict(dictpath = "../dict/足球【官方推荐】.scel",
+             dictname = "football")
8806 words were loaded! ... New dictionary 'football' was installed!
```

运行以上代码后，共安装了 2195 个与篮球相关的专业词语，以及 8806 个与足球相关的专业词云。

利用 Rwordseg 包的 segmentCN() 函数进行中文分词，运行以下代码分别对篮球类和足球类新闻进行分词，并利用 unlist() 函数将分词后的列表转为向量。

```
> # 对篮球类新闻进行分词
> b_vec <- unlist(segmentCN(SPORT[SPORT$class=="B","content"]))
> f_vec <- unlist(segmentCN(SPORT[SPORT$class=="F","content"]))
```

分词后，我们还需要对各词汇的词频进行统计，才能进行词云展示，此处将使用 tmcn 包的 createWordFreq() 函数进行词频统计，函数表达形式如下：

```
createWordFreq(obj, onlyCN = TRUE, nosymbol = TRUE, stopwords = NULL,
               useStopDic = FALSE)
```

各参数描述如下。

❏ obj：需要被转换的向量或者词条文档矩阵。

❏ onlyCN：是否只保留中文词汇。

❏ nosymbol：是否保留标点符号。

❏ stopwords：停止词向量。

❏ useStopDic：是否使用默认的停止词。

运行以下代码分别统计篮球类和足球类新闻的词频，只保留中文词汇，剔除标点符号，并使用 tmcn 包自带的停止词。

```
> # 词频统计
> b_vec_count <- createWordFreq(b_vec,
+                               onlyCN = TRUE,
+                               nosymbol = TRUE,
+                               stopwords = stopwordsCN())
> f_vec_count <- createWordFreq(f_vec,
+                               onlyCN = TRUE,
+                               nosymbol = TRUE,
```

```
+                                    stopwords = stopwordsCN())
```

最后，再次使用 wordcloud2 包的 wordcloud2() 函数进行词云展示。篮球类新闻词云结果如图 13-3 所示。

```
> wordcloud2(b_vec_count[11:nrow(b_vec_count),],
+                 shape = "star")
```

图 13-3　对引入自定义词典后的篮球新闻词云展示

足球类新闻词云结果如图 13-4 所示。

图 13-4　对引入自定义词典后的足球新闻词云展示

```
> wordcloud2(f_vec_count[11:nrow(f_vec_count),],
+           shape = "star")
```

13.2   利用机器学习进行文本分类

上一小节利用词云对篮球和足球分词结果进行可视化展示。从可视化结果对比可知，篮球和足球的关键词语会有较大差异，可猜想分类模型将得到不错的效果。本节将对 SPORT 数据集进行数据预处理，并通过 caret 构建多种机器学习模型来对文本所述类型进行预测。

13.2.1   数据预处理

我们利用 Rwordseg 包的 segmentCN() 函数将新闻内容进行分词选择 tm 格式的输出，即分词之后的每篇文档将保存为一个单独用空格对词语进行分割的字符串。

```
> # 中文分词
> library(tmcn)
> library(Rwordseg)
> data("SPORT")
> text <- SPORT$content
> d.vec <- segmentCN(text,returnType = "tm")
```

使用 tm 包 Corpus() 函数创建语料库，因为 d.vev 对象是向量，所以需要使用 Vertor-Source() 函数进行读取，实现代码如下所示。

```
> library(tm)
> (d.corpus <- Corpus(VectorSource(d.vec)))
<<SimpleCorpus>>
Metadata:  corpus specific: 1, document level (indexed): 0
Content:  documents: 2357
```

语料对象包含所有文档（2357 条新闻）的信息。需要使用 tm 包提供的 tm_map() 函数来对语料进行数据清洗，运行以下代码剔除停止词。

```
> # 剔除停止词
> d.corpus <- tm_map(d.corpus,removeWords,stopwordsCN())
```

其中 removeWords() 是 tm 包提供的专门用于去除停止词的函数。我们使用 tmcn 包中的 stopwordsCN() 函数来获取中文的停止词列表，默认是一个内置的停止词字典。stopwordsCN() 函数作为 removeWords() 函数的一个参数传入语料对象，从而对该对象内的每一篇文档进行处理，并将处理后的新语料对象返回。利用 tm_map() 函数和一些内置的类似于 removeWords() 函数的文档处理函数可以对语料库进行各种操作。

数据清洗后就可以用来建立文本挖掘所需的词条文档矩阵，使用 tm 包的 Document-

TermMatrix() 函数实现。这是文本挖掘的基本数据结构，很多算法都要基于这个数据结果。
运行以下代码创建词条文档矩阵。

```
> ctrl <- list(removePunctuation = TRUE,
+                stopwords = stopwordsCN(),
+                wordLengths = c(2,Inf))
> d.dtm <- DocumentTermMatrix(d.corpus,control = ctrl)
```

以下代码使用 findFreqTerms() 函数来寻找频数超过 1500 次的词。

```
> findFreqTerms(d.dtm,1500)
 [1] "上"    "中"    "场"    "尔"    "得到""比赛""球员""篮板""会"    "很"
[11] "德"    "球队""说"    "赛季""都"    "斯"    "不"
```

以下代码使用 findAssocs() 函数找到与“篮板”相关系数超过 0.6 的词。

```
> findAssocs(d.dtm," 篮板 ",0.6)
$篮板
助攻 得到
0.73 0.64
```

篮板与助攻的相关系数为 0.73，篮板与得到的相关系数为 0.64。

运行以下代码查看词条文档矩阵的稀疏性。

```
> d.dtm
<<DocumentTermMatrix (documents: 2357, terms: 13641)>>
Non-/sparse entries: 199156/31952681
Sparsity          : 99%
Maximal term length: 24
Weighting          : term frequency (tf)
> dim(d.dtm)
[1]  2357 13641
```

该词条文档矩阵的稀疏性高达99% $\left(\dfrac{31952681}{199156+31952681} \right)$，在 32151 837 个元素中仅有

199156 个元素非缺失。所以如果删除一些稀疏词条后对于最后的结果不会有较大影响。
removeSparseTerms() 函数可以用来删除稀疏词条，即设定某个阈值，然后删除低于这个值
比例的稀疏词条。运行以下代码去除大于 65% 的稀疏词条。

```
> d.dtm_sub <- removeSparseTerms(d.dtm,0.65)
> d.dtm_sub
<<DocumentTermMatrix (documents: 2357, terms: 17)>>
Non-/sparse entries: 18268/21801
Sparsity          : 54%
Maximal term length: 2
Weighting          : term frequency (tf)
> dim(d.dtm_sub)
[1] 2357    17
```

去除大于 65% 的稀疏词条后，数据稀疏性从之前的 99% 下降到 54% $\left(\dfrac{21801}{18268+21801}\right)$，

词条数量也从之前的 13641 减少到现在的 17，这将极大提高后面的建模速度。

13.2.2　数据分区

在进行数据分区前，运行以下代码将词条文档矩阵转化为数据框，并将新闻类型合并到数据框的第 1 列。

```
> data <- data.frame(as.matrix(d.dtm_sub))
> data <- cbind(SPORT$class,data)
> colnames(data) <- c("class",paste0("x",1:17))
```

接下来，利用 caret 包的 createDataPartition() 函数对 data 进行等比例分区，80% 作为训练集，20% 作为测试集。

```
> library(caret)
> index <- createDataPartition(data$class,p = 0.8,list = FALSE)
> train <- data[index,]                     # 训练集
> test <- data[-index,]                     # 测试集
> rm(list = c("ctrl", "d.corpus", "d.dtm", "d.dtm_sub", "d.vec", "data",
+             "index", "text"))             # 移除不需要再次用到的数据对象
```

13.2.3　机器学习建模

在正式训练前，首先使用 caret 包的 trainControl() 函数定义模型训练参数。其中参数 method 确定了重抽样方法：boot、cv、LOOCV、LGOCV、repeatedcv、timeslice、none 和 oob；参数 method 确定多次交叉检验的抽样方法；参数 number 确定划分的 K 折数量；参数 repeats 确定反复次数；参数 selectionFunction 确定选择最佳参数的函数。

以下代码设置重复 5 次的 10 折交叉验证抽样。

```
> library(caret)
> control <- trainControl(method = "repeatedcv",
+                         number = 10,
+                         repeats = 5)
```

利用 caret 包的 train() 函数可以建立多种模型，还可以根据不同的评价标准自动调整参数来找出最优结果。该函数的表达形式为：

```
train(x, y, method = "rf", preProcess = NULL, ...,
     weights = NULL, metric = ifelse(is.factor(y), "Accuracy", "RMSE"),
     maximize = ifelse(metric %in% c("RMSE", "logLoss", "MAE"), FALSE,
     TRUE), trControl = trainControl(), tuneGrid = NULL,
     tuneLength = ifelse(trControl$method == "none", 1, 3))
```

主要参数描述如下。

❑ x：行为样本，列为特征的矩阵或数据框。

❑ y：每个样本的结果，数值或因子型。

❑ method：指定具体的模型形式，支持大量训练模型。

❑ preProcess：代表自变量预处理方法的字符向量。

❑ weights：加权的数值向量，仅作用于允许加权的模型。

❑ metric：指定将使用什么汇总度量来选择最优模型。

❑ maximize：逻辑值，metric 是否最大化。

❑ trControl：定义函数运行参数的列表。

❑ tuneGrid：可能调整值的数据框，列名与调整参数一致。

❑ tuneLength：调整参数网格中的粒度数量，默认为每个调整参数的 level 数量。

运行以下代码，分别利用朴素贝叶斯、决策树 C5.0、随机森林、梯度提升机、神经网络 5 种算法建立机器学习预测模型。

```
> set.seed(7)
> # 朴素贝叶斯
> modelNavieBayes <- train(class ~ .,
+                          data = train,
+                          method = "nb",
+                          trCOntrol = control)
> # 决策树 C5.0
> modelC50 <- train(class ~ .,
+                  data = train,
+                  method = "C5.0",
+                  trCOntrol = control)
> # 随机森林
> modelRF <- train(as.factor(class) ~ .,
+                  data = train,
+                  method = "rf",
+                  trControl = control)> # 梯度提升机
>modelGbm <- train(class ~ .,
+                  data = train,
+                  method = "gbm",
+                  trControl = control)
># 神经网络
>modelNnet <- train(class ~ .,
>                   data = train,
>                   method = "nnet",
>                   trControl = control)
```

模型训练好后，将使用各模型对测试数据集进行预测，分别计算准确率（Accuracy）、灵敏性（Sensitivity）和特效性（Specificity）指标，并将结果存放在 result 数据集中。

```
> # 对测试集进行预测
> Accuracy <- NULL
> Sensitivity <- NULL
```

```
> Specificity <- NULL
> for(i in 1:5){
+    pred <- predict(switch(i,modelNavieBayes,modelC50,modelRF,modelGbm,modelNnet),
+                   newdata = test)
+    t <- table(test$class,pred)
+    Accuracy <- c(Accuracy,sum(diag(t))/sum(t))
+    Sensitivity<- c(Sensitivity,t(1)/(t(1)+t(3)))
+    Specificity <- c(Specificity,t(4)/(t(2)+t(4)))
+ }
> result <- data.frame(Model = c("NB","C50","RF","GBM","NNET"),
+                     Accuracy,Sensitivity,Specificity)
> # 查看预测结果
> result
  Model  Accuracy    Sensitivity   Specificity
1  NB    0.8407643   0.7389706     0.9798995
2  C50   0.8407643   0.7977941     0.8994975
3  RF    0.8513800   0.7794118     0.9497487
4  GBM   0.8428875   0.7830882     0.9246231
5  NNET  0.8386412   0.7720588     0.9296482
```

从准确率来看，随机森林的效果最好（0.85138）；从灵敏性来看，决策树的效果最好（0.7978）；从特效性来看，朴素贝叶斯的效果最好（0.9799）。

13.3　利用深度学习进行文本分类

上一小节利用机器学习对新闻所属类型的预测取得不错的效果，本节将利用深度学习模型对 SPORT 数据集的新闻类型进行预测，查看效果是否优于机器学习。

13.3.1　数据预处理

利用 Rwordseg 包的 segmentCN() 函数对新闻文本进行分词，输出 tm 格式，即分词之后的每篇文档将保存为一个单独用空格对词语进行分割的字符串。

```
> library(tmcn)
> library(Rwordseg)
> data(SPORT)
> text <- SPORT$content
> d.vec <- segmentCN(text,returnType = "tm")
```

使用 Keras 中的 text_tokenizer() 函数对文档进行令牌化。

```
> library(keras)
> token <- text_tokenizer() %>%
+    fit_text_tokenizer(d.vec)
```

使用 texts_to_sequences() 函数可以将 tokenizer 对象的文本转换为序列。该函数有两个参数，第一个是 tokenizer 对象，第二个是需要转换的文本。运行以下代码得到结果如下。

```
> seq <- texts_to_sequences(token,d.vec)
```

运行以下代码查看列表对象中各序列的最大长度和最小长度。

```
> max(unlist(lapply(seq,length)))        # 最大长度
[1] 552
> min(unlist(lapply(seq,length)))        # 最小长度
[1] 51
```

从以上结果可知，最长序列为 552，最短序列为 51。因为后续要将数字列表转为向量列表，并送入深度学习模型进行训练，所以长度必须固定。通过 pad_sequences() 函数将数字列表的长度都设置为 100，转换为 2357 行 100 列的二维矩阵。

```
> X<- pad_sequences(seq,maxlen = 100)
> cat('处理前训练集第五条记录数量: ',length(seq[[1]]))
处理前训练集第五条记录数量: 81
> X[1,]
 [1]      0    0    0    0    0    0    0    0    0    0    0    0    0
[14]      0    0    0    0    0    0  239   79    2   74   57 2127 1337
[27]    166  480  239   23  721  423  221   44  134   26  101    2   37
[40]      1  713   28  887    3  767  873  873   11   44  134   26   27
[53]     37  922    1 6811 8749    3  607  266  119  266  119    2   29
[66]     37 3182    1 6811   69 1893 6812  427    9  300  960 1726   44
[79]    134   26  481   44  134   26   13   15    7   28   15 1768  460
[92]     82  207   11   29 2441  815   32  641   36
```

处理后，将在长度小于 100 的数字列表的开头用 0 进行填充，使其长度扩展为 100。

对新闻类别变量 class 进行重新编码，当类别为 B 时编码为 1，否则编码为 0，并将重新编码的结果保存为 y。

```
> y <- ifelse(SPORT$class=="B",1,0)
```

与机器学习建模前的操作相同，利用 caret 包的 createDataPartition() 函数对 X 和 y 进行分区，80% 作为训练集，20% 作为测试集。

```
> index <- caret::createDataPartition(y,p=0.8,list=FALSE)
> X_train <- X[index,]      # 训练集自变量
> X_test <- X[ index,]      # 测试集自变量
> y_train <- y[index]       # 训练集因变量
> y_test <- y[-index]       # 测试集因变量
```

13.3.2 多层感知器模型

接下来我们创建一个多层感知器模型来对文本进行分类。首先通过以下代码创建一个线性堆叠模型。

```
> model <- keras_model_sequential()
```

嵌入层的参数 input_dim 为 token 最大索引值（length(token$word_index)）；将参数 output_dim 设置为 16，故每个单词的输出维度（即词向量）为 16；参数 input_length 为输入文档长度，为 100。

```
> # 嵌入层
> max_features <- length(token$word_index)
> maxlen <- 100
> model %>%
+   layer_embedding(input_dim = max_features,
+                   output_dim = 16,
+                   input_length = maxlen)
```

以下代码创建一个仅有单个隐藏层的多层感知器模型，在模型接入隐藏层前，需要通过平坦层将嵌入层打平，利用 summary() 函数查看多层感知器的架构。

```
> model_mlp %>%
+   layer_flatten() %>%                              # 平坦层
+   layer_dropout(rate = 0.25) %>%                   # 辍学层
+   layer_dense(units = 16,activation = "relu") %>%  # 隐藏层
+   layer_dropout(rate = 0.25) %>%                   # 辍学层
+   layer_dense(units = 1,activation = "sigmoid")    # 输出层
>
> model_mlp %>% summary()
Model: "sequential_2"
```

Layer (type)	Output Shape	Param #
embedding_1 (Embedding)	(None, 100, 16)	224096
flatten (Flatten)	(None, 1600)	0
dropout (Dropout)	(None, 1600)	0
dense (Dense)	(None, 16)	25616
dropout_1 (Dropout)	(None, 16)	0
dense_1 (Dense)	(None, 1)	17

```
Total params: 249,729
Trainable params: 249,729
Non-trainable params: 0
```

因为嵌入层的每一项有 100 个数字，每一个数字转换为 16 维的向量，所以转换为平坦层的神经元有 1600 个（100×16＝1600）。

在训练模型之前，需要使用 compile 方法对训练模型进行设置，代码如下所示。

```
> model_mlp %>% compile(
```

```
+    optimizer = "rmsprop",
+    loss = "binary_crossentropy",
+    metrics = c("acc"))
```

接下来进行模型训练，并将模型训练过程存储在 history 中。

```
> history <- model_mlp %>% fit(
+    X_train,y_train,
+    epochs = 5,
+    batch_size = 32,
+    validation_split = 0.2,
+    verbose = 2)
Train on 1508 samples, validate on 378 samples
Epoch 1/5
1508/1508 - 8s - loss: 0.6550 - acc: 0.5869 - val_loss: 0.5958 - val_acc: 0.5794
Epoch 2/5
1508/1508 - 1s - loss: 0.4566 - acc: 0.8408 - val_loss: 0.3824 - val_acc: 0.9153
Epoch 3/5
1508/1508 - 1s - loss: 0.2386 - acc: 0.9775 - val_loss: 0.1934 - val_acc: 0.9683
Epoch 4/5
1508/1508 - 1s - loss: 0.0997 - acc: 0.9894 - val_loss: 0.1036 - val_acc: 0.9735
Epoch 5/5
1508/1508 - 1s - loss: 0.0436 - acc: 0.9947 - val_loss: 0.0698 - val_acc: 0.9815
> # 保存模型
> save_model_hdf5(model_mlp,'../models/categoriesOfNews_model_mlp.h5')
```

因参数 validation_split 设置为 0.2，所以在训练之前 Keras 会自动将数据分成两部分：80% 作为训练数据，20% 作为验证数据。因为全部数据有 1886 项，所以将 1508 作为训练数据，378 作为验证数据。

从以上执行结果可知，共执行了 5 个训练周期，训练误差逐步减少，准确率逐步提升。最后使用测试集评估模型准确率，运行以下代码得到评估结果。

```
> # 模型评估
> scores <- model_mlp %>%
+    evaluate(X_test,y_test,verbose = 0)
> scores
$loss
[1] 0.08948012

$acc
[1] 0.9681529
```

利用多层感知器模型对测试集的准确率为 96.8%，效果远好于前面的机器学习算法。

13.3.3　一维卷积神经网络模型

在上一小节的多层感知器模型框架上稍作调整，即可得到一个一维卷积神经网络模型。也就是说，我们只需在嵌入层之后增加一层一维辍学层、一维卷积层和池化层，后续的平坦层、隐藏层和输出层均与上一小节相同，即可创建一个一维卷积神经网络模型。

运行以下代码创建一维卷积神经网络模型，并使用 summary() 函数查看网络结构。

```
> model_cnn <- keras_model_sequential() %>%                  # 序贯模型
+     layer_embedding(input_dim = max_features,
+                     output_dim = 16,
+                     input_length = maxlen) %>%              # 嵌入层
+     layer_spatial_dropout_1d(0.25) %>%                      # 一维版本的辍学层
+     layer_conv_1d(filters = 32,kernel_size = 3,
+                   padding = 'same',activation = 'relu') %>% # 一维卷积层
+     layer_max_pooling_1d(pool_size = 2) %>%                 # 一维池化层
+     layer_flatten()   %>%                                   # 平坦层
+     layer_dropout(rate = 0.25) %>%                          # 辍学层
+     layer_dense(units = 16,activation = "relu") %>%         # 隐藏层
+     layer_dropout(rate = 0.25) %>%                          # 辍学层
+     layer_dense(units = 1,activation = "sigmoid")           # 输出层
>
> model_cnn %>% summary()
Model: "sequential_4"
```

Layer (type)	Output Shape	Param #
embedding_3 (Embedding)	(None, 100, 16)	224096
spatial_dropout1d (SpatialDropout1D)	(None, 100, 16)	0
conv1d (Conv1D)	(None, 100, 32)	1568
max_pooling1d (MaxPooling1D)	(None, 50, 32)	0
flatten_2 (Flatten)	(None, 1600)	0
dropout_4 (Dropout)	(None, 1600)	0
dense_4 (Dense)	(None, 16)	25616
dropout_5 (Dropout)	(None, 16)	0
dense_5 (Dense)	(None, 1)	17

```
Total params: 251,297
Trainable params: 251,297
Non-trainable params: 0
```

接下来的编译模型与训练模型的操作与多层感知器模型相同，这里不再赘述，训练过程保存在 history1 中。

```
> # 编译模型
> model_cnn %>% compile(
+   optimizer = "rmsprop",
+   loss = "binary_crossentropy",
+   metrics = c("acc"))
> # 训练模型
> history1 <- model_cnn %>% fit(
+   X_train,y_train,
+   epochs = 5,
+   batch_size = 32,
+   validation_split = 0.2,
+   verbose = 2)
Train on 1508 samples, validate on 378 samples
Epoch 1/5
1508/1508 - 10s - loss: 0.6602 - acc: 0.5729 - val_loss: 0.6098 - val_acc: 0.5529
Epoch 2/5
1508/1508 - 1s - loss: 0.4421 - acc: 0.8024 - val_loss: 0.3040 - val_acc: 0.8836
Epoch 3/5
1508/1508 - 1s - loss: 0.1840 - acc: 0.9536 - val_loss: 0.1184 - val_acc: 0.9630
Epoch 4/5
1508/1508 - 1s - loss: 0.0663 - acc: 0.9887 - val_loss: 0.0496 - val_acc: 0.9921
Epoch 5/5
1508/1508 - 1s - loss: 0.0247 - acc: 0.9967 - val_loss: 0.0599 - val_acc: 0.9762
> # 保存模型
> save_model_hdf5(model_cnn,'../models/categoriesOfNews_model_cnn.h5')
```

利用测试数据集对训练好的一维卷积神经网络进行效果评估，结果如下所示。

```
> # 模型评估
> scores1 <- model_cnn %>%
+   evaluate(X_test,y_test,verbose = 0)
> scores1
$loss
[1] 0.07823791

$acc
[1] 0.9639066
```

一维卷积神经网络模型对测试集进行评估的准确率为96.4%，略低于多层感知器模型的96.8%。

13.3.4　RNN 模型

接下来将使用 RNN 模型进行 IMDB 情感分析新闻内容分类，此时需要在嵌入层后面输出层前面增加一层一维辍学层和 simpleRNN 层。RNN 模型网络架构如下。

```
> model_rnn <- keras_model_sequential() %>%                    # 序贯模型
+   layer_embedding(input_dim = max_features,
+                   output_dim = 16,
+                   input_length = maxlen) %>%                  # 嵌入层
```

```
+    layer_spatial_dropout_1d(rate = 0.25) %>%          # 一维版本的辍学层
+    layer_simple_rnn(units = 64,activation = 'relu',dropout = 0.2) %>%   # SimpleRNN 层
+    layer_dense(units = 1,activation = 'sigmoid')       # 输出层
> model_rnn %>% summary()
Model: "sequential_5"
```

Layer (type)	Output Shape	Param #
embedding_4 (Embedding)	(None, 100, 16)	224096
spatial_dropout1d_1 (SpatialDropout1D)	(None, 100, 16)	0
simple_rnn (SimpleRNN)	(None, 64)	5184
dense_6 (Dense)	(None, 1)	65

```
Total params: 229,345
Trainable params: 229,345
Non-trainable params: 0
```

接下来进行模型编译和训练，训练过程存储在 history2 中。

```
> model_rnn %>% compile(
+    optimizer = "rmsprop",
+    loss = "binary_crossentropy",
+    metrics = c("acc"))
> # 训练模型
> history2 <- model_rnn %>% fit(
+    X_train,y_train,
+    epochs = 5,
+    batch_size = 32,
+    validation_split = 0.2,
+    verbose = 2)
Train on 1508 samples, validate on 378 samples
Epoch 1/5
1508/1508 - 14s - loss: 0.8302 - acc: 0.5822 - val_loss: 0.5920 - val_acc: 0.5582
Epoch 2/5
1508/1508 - 8s - loss: 0.5050 - acc: 0.6585 - val_loss: 0.4735 - val_acc: 0.6746
Epoch 3/5
1508/1508 - 8s - loss: 0.4132 - acc: 0.8820 - val_loss: 0.3695 - val_acc: 0.8545
Epoch 4/5
1508/1508 - 9s - loss: 0.2554 - acc: 0.9151 - val_loss: 0.1720 - val_acc: 0.9656
Epoch 5/5
1508/1508 - 9s - loss: 0.1749 - acc: 0.9602 - val_loss: 0.0871 - val_acc: 0.9603
> # 保存模型
> save_model_hdf5(model_rnn,'../models/categoriesOfNews_model_rnn.h5')
```

至此，我们已经完成了 RNN 模型的训练。使用测试数据集评估模型的准确率。

```
> # 模型评估
> scores3 <- model_rnn %>%
```

```
+    evaluate(X_test,y_test,verbose = 0)
> scores3
$loss
[1] 0.1091026

$acc
[1] 0.9639066
```

利用 RNN 模型对测试集的准确率为 96.4%，略低于多层感知器模型。

13.3.5 LSTM 模型

接下来创建 LSTM 模型。在嵌入层和输出层中间增加一个 LSTM 层，为了防止过拟合，还引入一个辍学层。构建好 LSTM 模型后，运用 summary() 函数查看模型结构。

```
> model_lstm <- keras_model_sequential() %>%        # 序贯模型
+    layer_embedding(input_dim = max_features,
+                    output_dim = 16,
+                    input_length = maxlen) %>%       # 嵌入层
+    layer_dropout(rate = 0.25)  %>%                  # 辍学层
+    layer_lstm(128,dropout=0.2) %>%                  # LSTM 层
+    layer_dense(units = 1, activation = "sigmoid")   # 输出层
> model_lstm %>% summary()
Model: "sequential_7"
```

Layer (type)	Output Shape	Param #
embedding_6 (Embedding)	(None, 100, 16)	224096
dropout_7 (Dropout)	(None, 100, 16)	0
lstm_1 (LSTM)	(None, 128)	74240
dense_8 (Dense)	(None, 1)	129

```
Total params: 298,465
Trainable params: 298,465
Non-trainable params: 0
```

接下来进行模型编译和训练，训练过程存储在 history3 中。

```
> model_lstm %>% compile(
+    optimizer = "rmsprop",
+    loss = "binary_crossentropy",
+    metrics = c("acc"))
> # 训练模型
> history3 <- model_lstm %>% fit(
+    X_train,y_train,
+    epochs = 5,
```

```
+    batch_size = 32,
+    validation_split = 0.2,
+    verbose = 2)
Train on 1508 samples, validate on 378 samples
Epoch 1/5
1508/1508 - 49s - loss: 0.6144 - acc: 0.7241 - val_loss: 0.2731 - val_acc: 0.9127
Epoch 2/5
1508/1508 - 27s - loss: 0.2203 - acc: 0.9403 - val_loss: 0.1747 - val_acc: 0.9392
Epoch 3/5
1508/1508 - 32s - loss: 0.1167 - acc: 0.9721 - val_loss: 0.0839 - val_acc: 0.9735
Epoch 4/5
1508/1508 - 35s - loss: 0.0714 - acc: 0.9861 - val_loss: 0.0896 - val_acc: 0.9735
Epoch 5/5
1508/1508 - 30s - loss: 0.0419 - acc: 0.9907 - val_loss: 0.0679 - val_acc: 0.9815
> # 保存模型
> save_model_hdf5(model_lstm,'../models/categoriesOfNews_model_lstm.h5')
```

使用测试数据集评估 LSTM 模型的准确率。

```
> model_lstm %>%
+    evaluate(X_test,y_test,verbose = 0)
$loss
[1] 0.06369401

$acc
[1] 0.9808917
```

LSTM 模型对测试集进行评估的准确率为 98.1%，优于前面的多层感知器模型、一维卷积神经网络和 RNN 模型。

13.3.6   GRU 模型

运行以下代码构建 GRU 模型，并运用 summary() 函数查看模型结构。

```
> model_gru <- keras_model_sequential() %>%              # 序贯模型
+    layer_embedding(input_dim = max_features,
+                    output_dim = 16,
+                    input_length = maxlen) %>%           # 嵌入层
+    layer_dropout(rate = 0.25)  %>%                      # 辍学层
+    layer_gru(128,dropout=0.2) %>%                       # GRU 层
+    layer_dense(units = 1, activation = "sigmoid")       # 输出层
>
> model_gru %>% summary()                                # 模型概要
Model: "sequential_8"
```

Layer (type)	Output Shape	Param #
embedding_7 (Embedding)	(None, 100, 16)	224096
dropout_8 (Dropout)	(None, 100, 16)	0

gru (GRU)	(None, 128)	55680
dense_9 (Dense)	(None, 1)	129

```
Total params: 279,905
Trainable params: 279,905
Non-trainable params: 0
```

接下来进行模型编译和训练，训练过程存储在 history4 中。

```
> # 编译模型
> model_gru %>% compile(
+    optimizer = "rmsprop",
+    loss = "binary_crossentropy",
+    metrics = c("acc"))
> # 训练模型
> history4 <- model_gru %>% fit(
+    X_train,y_train,
+    epochs = 5,
+    batch_size = 32,
+    validation_split = 0.2,
+    verbose = 2)
Train on 1508 samples, validate on 378 samples
Epoch 1/5
1508/1508 - 43s - loss: 0.5694 - acc: 0.6631 - val_loss: 0.3859 - val_acc: 0.8571
Epoch 2/5
1508/1508 - 26s - loss: 0.2247 - acc: 0.9277 - val_loss: 0.1097 - val_acc: 0.9550
Epoch 3/5
1508/1508 - 27s - loss: 0.1085 - acc: 0.9655 - val_loss: 0.0558 - val_acc: 0.9709
Epoch 4/5
1508/1508 - 25s - loss: 0.0594 - acc: 0.9854 - val_loss: 0.0902 - val_acc: 0.9762
Epoch 5/5
1508/1508 - 25s - loss: 0.0283 - acc: 0.9960 - val_loss: 0.0457 - val_acc: 0.9788
> # 保存模型
> save_model_hdf5(model_gru,'../models/categoriesOfNews_model_gru.h5')
```

使用测试数据集评估 GRU 模型的准确率。

```
> model_gru %>%
+    evaluate(X_test,y_test,verbose = 0)
$loss
[1] 0.04618993

$acc
[1] 0.9872612
```

GRU 模型对测试集进行评估的准确率为 98.7%，优于前面的多层感知器模型、一维卷积神经网络、RNN 模型和 LSTM 模型。

13.3.7　双向 LSTM 模型

双向 LSTM（Bidirectional LSTM）模型专注于通过输入和输出时间步长在向前和向后两个方向上获得最大输入序列。在实践中，该模型涉及复制网络中的第一个递归层，使得现在有两个并排的层，然后提供输入序列输入到第一层，并且提供输入序列到第二层的反向副本。Keras 支持通过 Bidirectional 层包裹双向 LSTM，该双向层实质上合并了来自两个并行 LSTM 的输出，即一个具有向前处理的输入和一个向后处理的输出。这个双向层将一个递归层（如 LSTM 隐藏层）作为一个参数。

运行以下代码构建双向 LSTM 模型，并运用 summary() 函数查看模型结构。

```
> model_BiLSTM <- keras_model_sequential() %>%              # 序贯模型
+   layer_embedding(input_dim = max_features,
+                   output_dim = 16,
+                   input_length = maxlen) %>%               # 嵌入层
+   layer_dropout(rate = 0.25) %>%                           # 辍学层
+   bidirectional(layer_lstm(units = 128,dropout = 0.2)) %>% # 双向 LSTM 层
+   layer_dense(units = 1,activation = "sigmoid")
> model_BiLSTM %>% summary()
Model: "sequential_10"
```

Layer (type)	Output Shape	Param #
embedding_9 (Embedding)	(None, 100, 16)	224096
dropout_10 (Dropout)	(None, 100, 16)	0
bidirectional (Bidirectional)	(None, 256)	148480
dense_10 (Dense)	(None, 1)	257

```
Total params: 372,833
Trainable params: 372,833
Non-trainable params: 0
```

接下来进行模型编译和训练，训练过程存储在 history5 中。

```
> # 编译模型
> model_BiLSTM %>% compile(
+   optimizer = "rmsprop",
+   loss = "binary_crossentropy",
+   metrics = c("acc"))
> # 训练模型
> history4 <- model_BiLSTM %>% fit(
+   X_train,y_train,
+   epochs = 5,
+   batch_size = 32,
+   validation_split = 0.2,
```

```
+    verbose = 2)
Train on 1508 samples, validate on 378 samples
Epoch 1/5
1508/1508 - 105s - loss: 0.5642 - acc: 0.7023 - val_loss: 0.5906 - val_acc: 0.7249
Epoch 2/5
1508/1508 - 93s - loss: 0.2463 - acc: 0.8879 - val_loss: 0.3472 - val_acc: 0.8757
Epoch 3/5
1508/1508 - 106s - loss: 0.1249 - acc: 0.9702 - val_loss: 0.0767 - val_acc: 0.9762
Epoch 4/5
1508/1508 - 111s - loss: 0.0744 - acc: 0.9728 - val_loss: 0.0735 - val_acc: 0.9841
Epoch 5/5
1508/1508 - 99s - loss: 0.0607 - acc: 0.9861 - val_loss: 0.3163 - val_acc: 0.8968
> # 保存模型
> save_model_hdf5(model_BiLSTM,'../models/categoriesOfNews_model_BiLSTM.h5')
```

使用测试数据集评估双向 LSTM 模型的准确率。

```
> model_BiLSTM %>%
+    evaluate(X_test,y_test,verbose = 0)
$loss
[1] 0.4123891

$acc
[1] 0.8662421
```

利用双向 LSTM 模型对测试集的准确率仅为 86.6%，比前面创建的 5 种深度学习模型效果都差。

13.3.8　比较深度学习模型的预测效果

本节将使用前面训练好的 6 种深度学习模型对测试数据集进行预测，分别计算准确率（Accuracy）、灵敏性（Sensitivity）和特效性（Specificity）指标，并将结果存放在 result 数据集中。

```
> Accuracy <- NULL
> Sensitivity <- NULL
> Specificity <- NULL
> for(i in 1:6){
+    pred <- switch(i,model_mlp,model_cnn,model_rnn,
+                model_lstm,model_gru,model_BiLSTM) %>%
+       predict_classes(X_test)
+    t <- table(y_test,pred)
+    Accuracy <- c(Accuracy,sum(diag(t))/sum(t))
+    Sensitivity <- c(Sensitivity,t[1]/(t[1]+t[3]))
+    Specificity <- c(Specificity,t[4]/(t[2]+t[4]))
+ }
> result <- data.frame(Model = c("MLP","CNN","RNN","LSTM","GRU","Bi_LSTM"),
+                Accuracy,Sensitivity,Specificity)
> # 查看预测结果
```

```
> result
    Model    Accuracy     Sensitivity    Specificity
1   MLP      0.9681529    0.9948718      0.9492754
2   CNN      0.9639066    1.0000000      0.9384058
3   RNN      0.9639066    0.9897436      0.9456522
4   LSTM     0.9808917    0.9794872      0.9818841
5   GRU      0.9872611    0.9948718      0.9818841
6 Bi_LSTM    0.8662420    0.9384615      0.8152174
```

从准确率来看，GRU 的效果最好（0.987）；从灵敏性来看，CNN 的效果最好（1.00）；从特效性来看，LSTM 和 GRU 的效果相同（0.982）。

13.4 本章小结

本章分别利用机器学习和深度学习的方式对 SPORT 中文数据集进行类别预测。我们需掌握中文文本处理方法及词云展示，也需要掌握各种机器学习和深度学习模型的构建及使用方法。

CHAPTER 14

第 14 章

通过预训练模型实现迁移学习

迁移学习（Transfer Learning）是深度学习中的一个重要研究话题，也是在实践中具有重要价值的一类技术，因为它可以在更短的时间内建立精确模型。顾名思义，迁移学习就是指将知识从一个领域迁移到另一个领域的能力，它不是从零开始学习，而是从之前解决各种问题时学到的模式开始，通过一定的技术手段将这部分知识迁移到新领域中，进而解决目标领域标签样本较少甚至没有标签的学习问题。

在计算机视觉领域中，迁移学习通常是通过使用预训练模型来表示的。预训练模型是在大型基准数据集上训练的模型，用于解决相似的问题。由于训练这种模型的计算成本较高，因此，导入已发布的成果并使用相应的模型是比较常见的做法。本章将重点介绍如何使用 Keras 内置的预训练模型来实现对花卉彩色图像的分类预测。

14.1 迁移学习概述

迁移学习的总体思路可以概括为：开发算法来最大限度地利用有标注的领域知识，以辅助目标领域的知识获取和学习。其核心是找到源领域和目标领域之间的相似性，并合理利用。

迁移学习的基本方法可以分成以下四种。

❏ 基于样本的迁移学习方法（Instance based Transfer Learning）：根据一定的权重生成规则，对数据样本进行重用，来进行迁移学习。

❏ 基于特征的迁移方法（Feature based Transfer Learning）：通过特征变换的方式互相迁移，来减少源领域和目标领域之间的差距；或者将源领域和目标领域的数据特征变换到统一特征空间中，然后利用传统的机器学习方法进行分类识别。根据特征的同构和异构性，又可以分为同构和异构迁移学习。

❑ 基于模型的迁移方法（Parameter/Model based Transfer Learning）：从源领域和目标领域中找到它们之间共享的参数信息，以实现迁移学习。这种迁移方法要求的假设条件是：源领域中的数据与目标领域中的数据可以共享一些模型的参数。

❑ 基于关系的迁移学习方法（Relation Based Transfer Learning）：与上述三种方法具有截然不同的思路，这种方法比较关注源领域和目标领域的样本之间的关系。

基于特征和基于模型的迁移学习方法是目前绝大多数研究工作的热点。卷积神经网络被证明擅长于解决计算机视觉方面的问题，所以常用的几个预训练模型都是基于大规模卷积神经网络的。它的高性能和易训练的特点是其最近几年卷积神经网络流行的主要原因。

计算机视觉领域有 3 个最著名的比赛，分别是 ImageNet ILSVRC、PASCAL VOC 和微软 COCO 图像识别大赛。其中，Keras 中的模型大多是以 ImageNet 提供的数据集进行权重训练。ImageNet 是一个包含超过 1500 万张手工标记的高分辨率图像的数据库，训练数据足够充分，因此这些经过预训练网络模型的泛化能力足够强。

对于卷积神经网络来说，经过预训练的网络模型可以实现网络结构与参数信息的分离，在保证网络结构一致的前提下，可以利用经过预训练的权重参数初始化新的网络，从而可以极大地减少训练时间。在实际应用中，我们通常不会针对一个新任务从头开始训练一个神经网络。这样的操作显然是非常耗时的。不仅如此，我们的训练数据不可能像 ImageNet 那么大，可以训练出泛化能力足够强的深度神经网络，即使有如此之多的训练数据，我们从头开始训练，其代价也是不可承受的。所以，深度网络的微调也许是简单的深度网络迁移方法。微调就是利用他人已经训练好的网络，针对自己的任务再进行调整。

根据需要复用预训练模型时，首先要删除原始的分类器，然后添加一个适合的新分类器，最后必须根据以下三种策略之一对模型进行微调。

❑ 训练整个模型。在这种情况下，利用预训练模型的网络结构，并利用训练集对其进行训练。如果从零开始学习模型，那么就需要大数据集和大量计算资源。

❑ 训练一些层而冻结其他层。对于已经训练完毕的网络模型来说，通常该网络模型的前几层学习到的是通用特征，随着网络层次的加深，更深层次的网络层更偏重于学习特定的特征，因此可将通用特征迁移到其他领域。通常，如果有一个较小数据集和大量参数，那么你会冻结更多的层，以避免过度拟合。相反，如果数据集很大，并且参数数量很少，那么可以通过给新任务训练更多的层来完善模型。

❑ 冻结卷积基。卷积基由卷积层和池化层的堆栈组成，其主要目的是由图像生成特征。这种情况适用于训练 / 冻结平衡的极端情况。其主要思想是将卷积基保持在原始形式，然后将其输出提供给分类器。把正在使用的预训练模型作为固定的特征提取途径，如果缺少计算资源，并且数据集很小，那么这种策略就很有用。

基于 ImageNet 训练完毕的网络模型的泛化能力非常强，无形中扩充了训练数据，使得新网络模型提升了训练精度，泛化能力更好、鲁棒性更强。

14.2　Keras 预训练模型概述

　　Keras 中的 application_* 系列函数提供了带有预训练权重的 Keras 模型，这些模型可以用来预测、特征提取和模型微调。Keras 提供的预置训练好的神经网络模型信息如表 14-1 所示。

表 14-1　Keras 内置的预训练模型信息

函数	模型	大小	Top1 准确率	Top5 准确率	参数数目	深度
application_xception()	Xception	88MB	0.790	0.945	22 910 480	126
application_vgg16()	VGG16	528MB	0.713	0.901	138 357 544	23
application_vgg19()	VGG19	549MB	0.713	0.900	143 667 240	26
application_resnet50()	ResNet50	99MB	0.749	0.921	25 636 712	168
application_inception_v3()	InceptionV3	92MB	0.779	0.937	23 851 784	159
application_inception_resnet_v2()	InceptionResNetV2	215MB	0.803	0.953	55 873 736	572
application_mobilenet()	MobileNet	16MB	0.704	0.895	4 253 864	88
application_mobilenet_v2()	MobileNetV2	14MB	0.713	0.901	3 538 984	88
application_densenet121()	DenseNet121	33MB	0.750	0.923	8 062 504	121
application_densenet169()	DenseNet169	57MB	0.762	0.932	14 307 880	169
application_densenet201()	DenseNet201	80MB	0.773	0.936	20 242 984	201
application_nasnet()	NASNetMobile	23MB	0.744	0.919	5 326 716	—
application_nasnetlarge()	NASNetLarge	343MB	0.825	0.960	88 949 818	—

　　表 14-1 中常用的预训练模型为 VGG16、VGG19、ResNet50、InceptionV3、Xception 和 MobileNet。它们在复杂性和网络结构方面有所不同，但是对于大多数相对简单的应用场景来讲，选择哪个模型可能并不重要。VGG16 的深度最浅，因此我们更容易验证该模型，InceptionV3 网络层数更多一些，但是其变量减少了 85%，所以它的加载速度更快，而且内存密集度更低。本章我们将重点介绍 VGGNet 卷积网络模型和 ResNet 卷积网络模型架构及其 Keras 实现。

14.3　VGGNet 卷积网络模型

　　VGGNet 的网络结构简单、规整且高效，是从图像中提取特征的卷积神经网络首选算法。本节我们将了解 VGGNet 架构及 Keras 实现，并通过实例演示如何通过 VGG16 预训练模型对花卉彩色图像进行品种分类。

14.3.1 VGGNet 概述

VGGNet 是由牛津大学视觉几何小组提出的一种深层卷积网络结构。原论文中的 VGGNet 包含 6 个版本的演进，分别对应 VGG11、VGG11-LRN、VGG13、VGG16-1、VGG16-3 和 VGG19，不同的后缀数值表示不同的网络层数（VGG11-LRN 表示在第一层中采用了 LRN 的 VGG11，VGG16-1 表示后三组卷积块中最后一层卷积的卷积核尺寸为 $1×1$，相应的 VGG16-3 表示卷积核尺寸为 $3×3$）。VGG16（通常指 VGG16-3）的网络结构如图 14-1 所示。

图 14-1   VGG16 的网络结构

VGGNet 对输入图像的默认大小是 $224×224×3$。从图 14-1 可知，VGG16 是指该网络结构含有参数的网络层一共有 16 层，即 13 个卷积层和 3 个全连接层，不包括池化层和 Softmax 激活函数层。VGG16 的卷积核大小是固定的 $3×3$，不同卷积层的卷积核个数不同。最大池化层的池化窗口大小为 $2×2$，步长为 2。最后是 3 个全连接层，神经元个数分别为 4096、4096 和 1000。其中，第 3 个全连接层有 1000 个神经元，负责分类输出，最后一层为 Softmax 输出层。表 14-2 是 VGG16 网络的参数配置。

表 14-2   VGG16 网络的参数配置

网络层	输入尺寸	核尺寸	输出尺寸	参数个数
卷积层 C_{11}	$224×224×3$	$3×3×64/1$	$224×224×64$	1792 （$(3×3×3+1)×64$）
卷积层 C_{12}	$224×224×64$	$3×3×64/1$	$224×224×64$	36 928 （$(3×3×64+1)×64$）
下采样层 S_{max1}	$224×224×64$	$2×2/2$	$112×112×64$	0
卷积层 C_{21}	$112×112×64$	$3×3×128/1$	$112×112×128$	73 856 （$(3×3×64+1)×128$）
卷积层 C_{22}	$112×112×128$	$3×3×128/1$	$112×112×128$	147 584 （$(3×3×128+1)×128$）
下采样层 S_{max2}	$112×112×128$	$2×2/2$	$56×56×128$	0
卷积层 C_{31}	$56×56×128$	$3×3×256/1$	$56×56×256$	295 168 （$(3×3×128+1)×256$）
卷积层 C_{32}	$56×56×256$	$3×3×256/1$	$56×56×256$	590 080 （$(3×3×256+1)×256$）

（续）

网络层	输入尺寸	核尺寸	输出尺寸	参数个数
卷积层 C_{33}	56×56×256	3×3×256/1	56×56×256	590 080 （（3×3×256+1）×256）
下采样层 S_{max3}	56×56×256	2×2/2	28×28×256	0
卷积层 C_{41}	28×28×256	3×3×512/1	28×28×512	1 180 160 （（3×3×256+1）×512）
卷积层 C_{42}	28×28×512	3×3×512/1	28×28×512	2 359 808 （（3×3×512+1）×512）
卷积层 C_{43}	28×28×512	3×3×512/1	28×28×512	2 359 808 （（3×3×512+1）×512）
下采样层 S_{max4}	28×28×512	2×2/2	14×14×512	0
卷积层 C_{51}	14×14×512	3×3×512/1	14×14×512	2 359 808 （（3×3×512+1）×512）
卷积层 C_{52}	14×14×512	3×3×512/1	14×14×512	2 359 808 （（3×3×512+1）×512）
卷积层 C_{53}	14×14×512	3×3×512/1	14×14×512	2 359 808 （（3×3×512+1）×512）
下采样层 S_{max5}	14×14×512	2×2/2	7×7×512	0
全连接层 FC_1	7×7×512	（7×7×512）×4096	1×4096	102 764 544 （（7×7×512+1）×4096）
全连接层 FC_2	1×4096	4096×4096	1×4096	16 781 312 （（4096+1）×4096）
全连接层 FC_3	1×4096	4096×1000	1×1000	4 097 000 （（4096+1）×1000）

14.3.2　加载预训练 VGG16 网络

使用以下命令直接导入预训练好的 VGG16 网络。注意，因为全部参数总计超过
500MB，所以当你首次运行以下命令时，Keras 会先从网上下载这些参数，这可能需要消耗
一些时间。下载内容将缓存在 ~/.keras/models 中，通常你只需要下载一次。

```
> library(keras)
> model <- application_vgg16()
```

application_vgg16() 函数的基本表达形式如下：

```
application_vgg16(include_top = TRUE, weights = "imagenet",
                  input_tensor = NULL, input_shape = NULL, pooling = NULL,
                  classes = 1000)
```

各参数描述如下。

❑ include_top：是否保留顶层的 3 个全连接层，默认为 TRUE。

❑ weights：NULL 代表随机初始化，即不加载预训练权重，imagenet 代表加载预训练权重。默认为 imagenet。

❑ input_tensor：可选，用作模型图像输入的 Keras 张量。

❑ input_shape：输入网络中的图像张量的形状，仅当参数 include_top 为 FALSE 时有效（否则输入图像的形状应为 (224, 224, 3)）。

❑ classes：可选，图片分类的类别数，仅当 include_top 为 TRUE 且不加载预训练权值时可用。

可通过 summary() 函数查看加载的 VGG16 网络结构摘要。

```
> model
Model
Model: "vgg16"
```

Layer (type)	Output Shape	Param #
input_2 (InputLayer)	[(None, 224, 224, 3)]	0
block1_conv1 (Conv2D)	(None, 224, 224, 64)	1792
block1_conv2 (Conv2D)	(None, 224, 224, 64)	36928
block1_pool (MaxPooling2D)	(None, 112, 112, 64)	0
block2_conv1 (Conv2D)	(None, 112, 112, 128)	73856
block2_conv2 (Conv2D)	(None, 112, 112, 128)	147584
block2_pool (MaxPooling2D)	(None, 56, 56, 128)	0
block3_conv1 (Conv2D)	(None, 56, 56, 256)	295168
block3_conv2 (Conv2D)	(None, 56, 56, 256)	590080
block3_conv3 (Conv2D)	(None, 56, 56, 256)	590080
block3_pool (MaxPooling2D)	(None, 28, 28, 256)	0
block4_conv1 (Conv2D)	(None, 28, 28, 512)	1180160
block4_conv2 (Conv2D)	(None, 28, 28, 512)	2359808
block4_conv3 (Conv2D)	(None, 28, 28, 512)	2359808
block4_pool (MaxPooling2D)	(None, 14, 14, 512)	0

block5_conv1 (Conv2D)	(None, 14, 14, 512)	2359808
block5_conv2 (Conv2D)	(None, 14, 14, 512)	2359808
block5_conv3 (Conv2D)	(None, 14, 14, 512)	2359808
block5_pool (MaxPooling2D)	(None, 7, 7, 512)	0
flatten (Flatten)	(None, 25088)	0
fc1 (Dense)	(None, 4096)	102764544
fc2 (Dense)	(None, 4096)	16781312
predictions (Dense)	(None, 1000)	4097000

```
=================================================================
Total params: 138,357,544
Trainable params: 138,357,544
Non-trainable params: 0
```

输出结果与表 14-2 中的结果一致。其中输入图像的尺寸为（224, 224, 3），顶层包含 3 个全连接层。

当输入图像的尺寸不是（224, 224, 3）时，需要通过参数 input_shape 来设置输入图像的尺寸，且必须将参数 include_top 设置为 FALSE，否则会报错。

```
> # 指定输入图像的尺寸
> model1 <- application_vgg16(include_top = FALSE,
+                             input_shape = c(150,150,3))
```

此时得到的 VGG16 网络，除了第一层的输入图像尺寸大小变成（150，150，3）外，顶层的 3 个全连接层也被移除，可通过 summary() 函数查看此时的网络结构摘要。

```
> summary(model1)
```

也可以使用 get_input_shape_at() 函数查看 VGG16 网络的输入图像尺寸。运行以下命令查看默认和自定义的输入图像尺寸。

```
> # 查看第一层中所需输入图像的尺寸
> unlist(get_input_shape_at(model,1))   # 查看默认输入图像尺寸
[1] 224 224   3
> unlist(get_input_shape_at(model1,1)) # 查看修改的输入图像尺寸
[1] 150 150   3
```

14.3.3　预测单张图像内容

我们利用预训练的 VGG16 网络进行图像内容预测。由于默认的 VGG16 网络的输入图

像尺寸为（224, 224, 3），所以我们在进行图像内容预测前需先进行图像数据预处理。

运行以下命令将本地的一张汽车图像读入 R 中。

```
> # 读取本地的图像
> car <- image_load("../images/car.jpg")
```

通过 image_load() 函数读取本地图像到 R 中的数据对象 car，为 PIL.Image 类型，可以使用 image_to_array() 函数将 PIL.Image 图像对象转化为三维数组，并通过 dim() 函数查看数组大小。

```
> car <- image_to_array(car)
> dim(car)
[1] 424 640   3
```

由于数组大小为（424, 640, 3），所以使用 image_array_resize() 函数将其转换成大小为（224, 224, 3）的数组，并利用 plot() 函数进行绘制，图像结果如图 14-2 所示。

图 14-2 car 图像可视化

```
> # 查看第一层中所需的输入图像尺寸
> get_input_shape_at(model,1)
[[1]]
NULL
[[2]]
[1] 224
[[3]]
[1] 224
```

```
[[4]]
[1] 3
> target_size <- max(unlist(get_input_shape_at(model,1)))
> target_size
[1] 224
> car <- image_array_resize(car,
+                           height = target_size,
+                           width = target_size)
> dim(car)
[1] 224 224   3
> plot(as.raster(car,max = 255))
```

数据预处理的最后一步，是扩展数组维度使其成为批次数据，即将 car 对象从三维数组转换为四维数组，这可通过 array_reshape() 函数实现。

```
> np_car <- array_reshape(car,dim = c(1,dim(car)))
> dim(np_car)
[1]   1 224 224   3
```

数据预处理完成后，我们就可以使用 predict() 函数对图像内容进行预测了。运行以下代码，利用 VGG16 网络对图像内容进行预测。

```
> # 预测图像内容
> features <- model %>%
+   predict(np_car)
> dim(features)
[1]    1 1000
```

对于批数据中的每个图像，预测结果以（1, 1000）的数组形式（一个大小为 1000 的向量）返回。向量中的每一个条目对应一个标签，条目的数值则表示图像展示内容为该标签的可能性，1000 个条目对应的数值总和为 1。

Keras 中有一个非常方便易用的 imagenet_decode_predictions() 函数，该函数可以找到可能性得分最高的条目，并返回该条目对应的标签和具体分值。运行以下代码可得到预测可能性最高的前五个条目和具体分值。

```
imagenet_decode_predictions(features, top = 5)
[[1]]
  class_name   class_description   score
1 n04037443    racer               0.603155136
2 n04285008    sports_car          0.346983105
3 n02974003    car_wheel           0.019117843
4 n02814533    beach_wagon         0.009443733
5 n03930630    pickup              0.005661640
```

从预测结果可以看出，VGG16 网络认为我们看到的最可能是 racer（赛车），可能性为 0.603，第二高的预测结果是 sports_car（跑车），可能性为 0.347。

14.3.4 预测多张图像内容

上一小节我们已经掌握了如何利用 VGG16 网络对单张图像内容进行预测，本节我们将对本地文件夹内的 5 张图像进行内容预测。

可利用 list.files() 函数获取本地目录中所有彩色图像的文件名称。

```
> image_paths <- list.files('../images',pattern = '.jpg')
> image_paths
[1] "airplane.jpg"  "bicycle.jpg"   "car.jpg"        "motorcycle.jpg" "ship.jpg"
```

本地目录中一共有 5 张彩色图像，利用 EBImage 包的 readImage() 将图像读入 R，并进行可视化，结果如图 14-3 所示。

```
> # 读入图像并进行可视化
> label<- c('airplane','bicycle','car','motorcycle','ship')
> options(repr.plot.width=4,repr.plot.height=4)
> op <- par(mfrow=c(1,5),mar=c(2,2,2,2))
> for(i in 1:5){
+   img <- EBImage::readImage(paste('../images',
+                               image_paths[i],sep = '/'))      # 读入图像
+   plot(img)                                                    # 绘制图像
+   text(x = 16,y = 0,labels = label[i],
+       adj = c(0,1),col = 'red',cex = 2)                        # 添加标签
+ }
> par(op)
```

图 14-3 本地目录中的 5 张彩色图像

从可视化结果可知，本地目录中有飞机、自行车、汽车、摩托车和轮船各 1 张彩色图像，且图像大小均不相同。

下一步自定义 image_loading() 函数，逐步将本地目录中的彩色图像读入 R，并进行数据预处理，使其符合 VGG16 网络输入图像所需的尺寸。

```
> image_loading <- function(image_path) {
+   image <- image_load(image_path, target_size=c(224,224))
+   image <- image_to_array(image)
+   image <- array_reshape(image, c(1, dim(image)))
+   return(image)
+ }
```

结合 lapply() 函数读取本地目录中的 5 张彩色图像，由于返回结果为 list，所以再次利

用 array_reshape() 函数对其进行转换，使其从三维数组变成四维数组。

```
> image_paths <- list.files('../images',
+                           pattern = '.jpg',
+                           full.names = TRUE)
> img_tensors <- lapply(image_paths, image_loading)
> img_tensors <- array_reshape(img_tensors,
+                           c(length(img_tensors),224,224,3))
> dim(img_tensors)
[1]   5 224 224    3
```

数据预处理完成后，我们就可以使用 predict() 函数对图像内容进行预测了。运行以下代码，利用 VGG16 网络对 5 张图像内容进行预测，返回结果为（5，1000）的数组形式，即 5 张图像分别属于 1000 个条目的可能性，各张图像的 1000 个条目的可能性总和为 1。

```
> # 图像内容预测
> img_features <- model %>%
+   predict(img_tensors)
> # 查看预测结果的维度
> dim(img_features)
[1]    5 1000
> # 查看各图像的 1000 个类目可能性合计
> round(rowSums(img_features),2)
[1] 1 1 1 1 1
```

同理，使用 imagenet_decode_predictions() 函数找出各图像内容可能性最高的前 3 个条目，结果如下所示。

```
> result <- imagenet_decode_predictions(img_features, top = 3)
> names(result) <- label
> result
$airplane
  class_name        class_description        score
1 n04266014         space_shuttle            0.73969102
2 n04376876         syringe                  0.14612865
3 n02690373         airliner                 0.07278048

$bicycle
  class_name        class_description        score
1 n03792782         mountain_bike            0.885573566
2 n02835271         bicycle-built-for-two    0.010901875
3 n04482393         tricycle                 0.008755013

$car
  class_name        class_description        score
1 n04037443         racer                    0.6723486
2 n04285008         sports_car               0.1952921
3 n02814533         beach_wagon              0.0512762

$motorcycle
```

```
      class_name       class_description      score
 1   n03791053         motor_scooter          0.4606019
 2   n03478589         half_track             0.2124881
 3   n03127747         crash_helmet           0.1558348

 $ship
      class_name       class_description      score
 1   n03673027         liner                  0.926553607
 2   n03095699         container_ship         0.051615417
 3   n09428293         seashore               0.008812842
```

飞机图像的预测内容最可能为 space_shuttle（航天飞机），可能性为 0.74；自行车图像的预测内容最可能为 mountain_bike（山地自行车），可能性为 0.89；汽车图像的预测内容最可能为 racer（比赛用车辆），可能性为 0.67；摩托车图像的预测内容最可能为 motor_scooter（小型摩托车），可能性为 046；轮船图像的预测内容最可能为 liner（游轮），可能性为 0.93。

14.3.5   提取预训练网络输出特征实现花卉图像分类器

通过上一小节的学习，我们已经掌握了如何利用 VGG16 预训练模型对图像进行预测，本小节将学习如何提取 VGG16 预训练网络输出特征构建分类器进行花卉图像识别。

1. 花卉图像读取及处理

本节我们将继续使用第 4 章的花卉彩色图像数据。数据内容非常简单，包含 10 种开花植物的 210 张图像（128×128×3）和带有标签的文件 flower-labels.csv，照片文件采用 .png 格式保存，标签数据为 0～9 的整数。

首先我们将带有标签的文件 flower-labels.csv 导入 R 中，并对其进行独热编码处理。

```
> # 读入标签文件
> flowers <- read.csv('../flower_images/flower_labels.csv')
> dim(flowers)
[1] 210    2
> # 对目标变量进行处理
> flower_targets <- as.matrix(flowers["label"])
> flower_targets <- keras::to_categorical(flower_targets, 10)
       [,1]  [,2]  [,3]   [,4]  [,5]  [,6]  [,7]   [,8]  [,9]  [,10]
[1,]     1     0     0      0     0     0     0      0     0      0
[2,]     1     0     0      0     0     0     0      0     0      0
[3,]     0     0     1      0     0     0     0      0     0      0
[4,]     1     0     0      0     0     0     0      0     0      0
[5,]     1     0     0      0     0     0     0      0     0      0
[6,]     0     1     0      0     0     0     0      0     0      0
```

下一步，我们将自定义 image_loading() 函数，逐步将 flower_images 的彩色图像读入 R 中，并进行数据转换，使其符合深度学习建模时所需自变量矩阵的要求。

```
> # 自定义图像数据读入及转换函数
```

```
> image_loading <- function(image_path) {
+   image <- image_load(image_path, target_size=c(128,128))
+   image <- image_to_array(image) / 255
+   image <- array_reshape(image, c(1, dim(image)))
+   return(image)
+ }
>
> image_paths <- list.files('../flower_images',
+                           pattern = '.png',
+                           full.names = TRUE)
> flower_tensors <- lapply(image_paths, image_loading)
> flower_tensors <- array_reshape(flower_tensors,
+                             c(length(flower_tensors),128,128,3))
> dim(flower_tensors)
[1] 210 128 128    3
```

最后，我们将进行数据分区，90% 作为训练集，10% 作为测试集。此处利用 caret 包的 createDataPartition() 函数对数据进行等比例抽样，使得抽样后的训练集和测试集中的各类别占比与原数据一样。

```
> index <- caret::createDataPartition(flowers$label,p = 0.9,list = FALSE)    # 训练集的下标集
> train_flower_tensors <- flower_tensors[index,,,]                           # 训练集的自变量
> train_flower_targets <- flower_targets[index,]                             # 训练集的因变量
> test_flower_tensors <- flower_tensors[-index,,,]                           # 测试集的自变量
> test_flower_targets <- flower_targets[-index,]                             # 测试集的因变量
```

2. 深度卷积神经网络上的分类器

基于预训练 VGG16 网络的迁移学习得到的图像分类模型通常由以下两部分组成：

1）在 VGG16 网络的卷积基上运行图像数据，得到预训练网络的输出特征；

2）利用全连接神经网络构建分类器，通过卷积基提取的特征对输入图像进行分类。

首先，我们加载不包含全连接层的 VGG16 网络，此时将参数 include_top 设置为 FALSE 即可。由于花卉图像数据的形状为 (128,128,3)，所以需指定参数 input_tensor 的大小。预训练网络加载后，使用 summary() 查看 VGG16 网络。

```
> conv_base <- application_vgg16(
+   weights = "imagenet",
+   include_top = FALSE,
+   input_shape = c(128, 128, 3)
+ )
> summary(conv_base)
Model: "vgg16"
```

Layer (type)	Output Shape	Param #
input_1 (InputLayer)	[(None, 128, 128, 3)]	0

block1_conv1 (Conv2D)	(None, 128, 128, 64)	1792
block1_conv2 (Conv2D)	(None, 128, 128, 64)	36928
block1_pool (MaxPooling2D)	(None, 64, 64, 64)	0
block2_conv1 (Conv2D)	(None, 64, 64, 128)	73856
block2_conv2 (Conv2D)	(None, 64, 64, 128)	147584
block2_pool (MaxPooling2D)	(None, 32, 32, 128)	0
block3_conv1 (Conv2D)	(None, 32, 32, 256)	295168
block3_conv2 (Conv2D)	(None, 32, 32, 256)	590080
block3_conv3 (Conv2D)	(None, 32, 32, 256)	590080
block3_pool (MaxPooling2D)	(None, 16, 16, 256)	0
block4_conv1 (Conv2D)	(None, 16, 16, 512)	1180160
block4_conv2 (Conv2D)	(None, 16, 16, 512)	2359808
block4_conv3 (Conv2D)	(None, 16, 16, 512)	2359808
block4_pool (MaxPooling2D)	(None, 8, 8, 512)	0
block5_conv1 (Conv2D)	(None, 8, 8, 512)	2359808
block5_conv2 (Conv2D)	(None, 8, 8, 512)	2359808
block5_conv3 (Conv2D)	(None, 8, 8, 512)	2359808
block5_pool (MaxPooling2D)	(None, 4, 4, 512)	0

```
=================================================================
Total params: 14,714,688
Trainable params: 14,714,688
Non-trainable params: 0
```

现在网络结构的输入图像尺寸为（128, 128, 3），网络中删除了平坦层及随后的 3 个全连接层。当我们将图像输入读入此网络结构时，就可以得到经过预训练 VGG16 网络处理后的输出特征，进而可以将结果用于构建的分类器进行花卉图像识别。

```
> train_features <- conv_base %>%
+   predict(train_flower_tensors)        # 得到训练集的输出特征
> test_features <- conv_base %>%
+   predict(test_flower_tensors)         # 得到测试集的输出特征
> cat('训练集经过 VGG16 得到的输出特征: ',dim(train_features))
```

训练集经过 VGG16 得到的输出特征: 191　4　4　512
```
> cat(' 测试集经过 VGG16 得到的输出特征: ',dim(test_features))
```
测试集经过 VGG16 得到的输出特征: 19　4　4　512

目前提取的输出特征为（samples, 4, 4, 512），我们要将其输入密集连接分类器中，所以需要将其形状展平为（sample, 4×4×512），可通过 array_reshape() 函数实现。

```
> train_features <- array_reshape(train_features,
+                         dim = c(nrow(train_features),4*4*512))
> test_features <- array_reshape(test_features,
+                         dim = c(nrow(test_features),4*4*512))
```

下一步我们就可以定义自己的密集连接分类器（此时将使用 Dropout 正则化防止出现过拟合）了。全连接层分类器网络结构如下所示。

```
> # 全连接层分类器
> model <- keras_model_sequential() %>%
+   layer_dense(units = 256, activation = "relu",
+               input_shape = 4 * 4 * 512) %>%
+   layer_dropout(rate = 0.5) %>%
+   layer_dense(units = 10, activation = "softmax")
> summary(model)
Model: "sequential"
_____
Layer (type)                    Output Shape                    Param #
========================================================================
dense (Dense)                   (None, 256)                     2097408
_____
dropout (Dropout)               (None, 256)                           0
_____
dense_1 (Dense)                 (None, 10)                         2570
========================================================================
Total params: 2,099,978
Trainable params: 2,099,978
Non-trainable params: 0
_____
```

现在可以进行模型编译和训练了，我们将训练周期次数设置为 30 次，运行以下代码得到的每个训练周期训练指标结果如图 14-4 所示。

```
> # 编译和训练模型
> model %>% compile(
+   loss = "categorical_crossentropy",
+   optimizer = optimizer_rmsprop(lr = 0.001, decay = 1e-6),
+   metrics = "accuracy")
> history <- model %>%
+   fit(
+     x=train_features,
+     y=train_flower_targets,
+     shuffle=T,
```

```
+       batch_size=64,
+       verbose = 2,
+       validation_split=0.1,
+       epochs=50)
Train on 171 samples, validate on 20 samples
Epoch 1/30
171/171 - 6s - loss: 4.6617 - accuracy: 0.0877 - val_loss: 5.2592 - val_accuracy: 0.1500
Epoch 2/30
171/171 - 1s - loss: 3.5795 - accuracy: 0.2982 - val_loss: 1.9277 - val_accuracy: 0.4500
Epoch 3/30
171/171 - 0s - loss: 1.7952 - accuracy: 0.4035 - val_loss: 1.6362 - val_accuracy: 0.4500
......
Epoch 28/30
171/171 - 1s - loss: 0.1145 - accuracy: 0.9591 - val_loss: 1.3698 - val_accuracy: 0.6000
Epoch 29/30
171/171 - 0s - loss: 0.2340 - accuracy: 0.9415 - val_loss: 1.0512 - val_accuracy: 0.8000
Epoch 30/30
171/171 - 0s - loss: 0.0678 - accuracy: 0.9825 - val_loss: 0.8230 - val_accuracy: 0.7000
> plot(history)
```

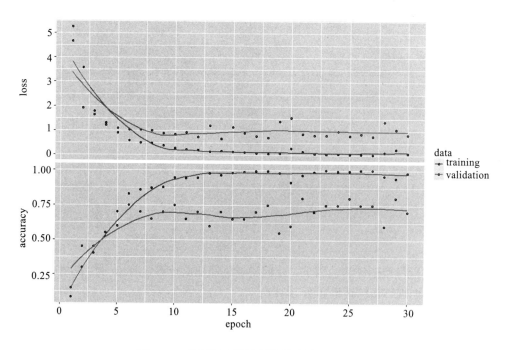

图 14-4　绘制每个训练周期的训练指标曲线

训练速度非常快，从图 14-4 可知，经过 30 次的训练周期后，验证集的准确率大约为 70%。利用训练好的深度卷积神经网络分类器对测试集进行预测，并计算测试集的整体准确率。

```
> # 对测试集进行预测，查看预测结果
> pred_label <- model %>%
```

```
+    predict_classes(x=test_features,
+                      verbose = 0)                        # 对测试集进行预测
>
> result <- data.frame(flowers[-index,],                  # 测试集实际标签
+                      'pred_label' = pred_label)          # 测试集预测标签
> result$isright <- ifelse(result$label==result$pred_label,1,0)  # 判断预测是否正确
> # cnn_result                                            # 查看结果
> # 查看测试集的整体准确率
> cat(paste('测试集的准确率为:',
+           round(sum(result$isright)*100/dim(result)[1],1),"%"))
测试集的准确率为: 57.9 %
```

分类器对测试集进行评估的准确率为 58%，比基准线（一共 10 个类别，随便猜都有 10% 猜对的可能）的效果好很多。

3. 利用数据增强改善分类器

上一小节的模型其实存在过拟合现象，因为训练集的准确率在 95% 以上，而验证集的准确率仅在 70% 左右。本小节我们希望通过数据增强技术将随机变换应用于训练集，使用新的看不见的图像人为地增强数据集，从而减少过拟合现象，进而为我们的网络提供更好的泛化能力。

在 Keras 中利用 image_data_generator() 来设置数据增强的配置，可对训练样本设置图像随机旋转的角度范围、图像在水平或上下方向平移的范围、随机错切变换的角度及图像随机缩放的范围等变换。利用 flow_images_from_data() 从图像数据和标签生成一批增强 / 标准化数据。

```
> # 从训练集再拆分 10% 作为验证集
> set.seed(1234)
> flowers_sub <- flowers[index,]
> index_sub <- caret::createDataPartition(flowers_sub$label,p = 0.9,list = FALSE)
> train_flower_tensors1 <- train_flower_tensors[index_sub,,,]     # 训练集的自变量
> train_flower_targets1 <- train_flower_targets[index_sub,]       # 训练集的因变量
> validation_flower_tensors <- train_flower_tensors[-index_sub,,,] # 验证集的自变量
> validation_flower_targets <- train_flower_targets[-index_sub,]  # 验证集的因变量
>
> # 利用 image_data_generator 设置数据增强
> datagen <- image_data_generator(
+    rotation_range = 20,
+    width_shift_range = 0.2,
+    height_shift_range = 0.2,
+    shear_range = 0.2,
+    zoom_range = 0.2,
+    horizontal_flip = TRUE,
+    fill_mode = "nearest"
+ )
> # 创建生成器
> train_generator <- flow_images_from_data(train_flower_tensors1,
+                                           train_flower_targets1,
```

```
+                                          datagen,
+                                          batch_size = 32)
```

我们在卷积基上添加一个密集连接分类器，并通过 summary() 函数查看其网络结构。

```
> model <- keras_model_sequential() %>%
+   conv_base %>%
+   layer_flatten() %>%
+   layer_dense(units = 256, activation = "relu") %>%
+   layer_dropout(rate = 0.5) %>%
+   layer_dense(units = 10, activation = "softmax")
> summary(model)
Model: "sequential_1"
```

Layer (type)	Output Shape	Param #
vgg16 (Model)	(None, 4, 4, 512)	14714688
flatten (Flatten)	(None, 8192)	0
dense_2 (Dense)	(None, 256)	2097408
dropout_1 (Dropout)	(None, 256)	0
dense_3 (Dense)	(None, 10)	2570

```
Total params: 16,814,666
Trainable params: 16,814,666
Non-trainable params: 0
```

在模型编译和训练之前，一定要"冻结"卷积基。冻结（freeze）网络层是指在训练过程中保持被冻结的层权重不变，否则预训练 VGG16 网络的卷积基权重将会在训练过程中被修改。可通过以下代码实现。

```
> freeze_weights(conv_base)
```

现在可以利用冻结的卷积基端到端地训练模型了。使用 fit_generator() 函数来拟合，它在数据生成器上的效果和 fit 相同。以下代码将训练周期次数设置为 50，得到每个训练周期的训练指标结果如图 14-5 所示。

```
> model %>% compile(
+   loss = "categorical_crossentropy",
+   optimizer = optimizer_rmsprop(lr = 0.001, decay = 1e-6),
+   metrics = "accuracy")
> history <- model %>% fit_generator(
+   train_generator,
+   steps_per_epoch = as.integer(dim(train_flower_tensors1)[1]/32),
+   epochs = 50,
+   verbose = 2,
```

```
+    validation_data = list(validation_flower_tensors,
+                      validation_flower_targets))
Epoch 1/50
5/5 - 66s 13s/step - loss: 7.2707 - accuracy: 0.0875 - val_loss: 3.2812 - val_
    accuracy: 0.2222
Epoch 2/50
5/5 - 54s 11s/step - loss: 3.4083 - accuracy: 0.2049 - val_loss: 2.0877 - val_
    accuracy: 0.3333
Epoch 3/50
5/5 - 71s 14s/step - loss: 2.2522 - accuracy: 0.3000 - val_loss: 1.4324 - val_
    accuracy: 0.6111
Epoch 4/50
5/5 - 65s 13s/step - loss: 1.8770 - accuracy: 0.4113 - val_loss: 1.4062 - val_
    accuracy: 0.5556
......
Epoch 47/50
5/5 - 58s 12s/step - loss: 0.4266 - accuracy: 0.8582 - val_loss: 0.6627 - val_
    accuracy: 0.7778
Epoch 48/50
5/5 - 58s 12s/step - loss: 0.4379 - accuracy: 0.8369 - val_loss: 0.8263 - val_
    accuracy: 0.7778
Epoch 49/50
5/5 - 57s 11s/step - loss: 0.3412 - accuracy: 0.8511 - val_loss: 0.7522 - val_
    accuracy: 0.7778
Epoch 50/50
5/5 - 58s 12s/step - loss: 0.2902 - accuracy: 0.9220 - val_loss: 0.5924 - val_
    accuracy: 0.7222
> plot(history)
```

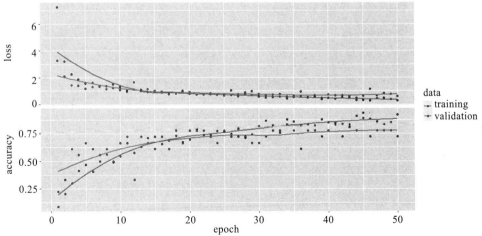

图 14-5　利用数据增强的每个训练周期的训练指标

　　经过 50 个周期后，训练集和测试集的准确率比较接近，上一小节的过拟合现象有一定
改善。下面看看通过数据增强拟合的模型对测试集进行预测的整体预测准确率。

```
> # 查看对训练集的预测准确率
> forecast_label <- model %>%
+    predict_classes(x=test_flower_tensors,
+                      verbose = 0)                    # 预测标签
>
> true_label <- flowers[-index,'label']               # 实际标签
> cat(paste(' 数据增强的 CNN 模型对测试集的准确率为 :',
+     round(sum(forecast_label==true_label)*100/length(forecast_label),1),"%"))
数据增强的 CNN 模型对测试集的准确率为 : 68.4 %
```

经过数据增强后的 CNN 模型对测试数据集的预测准确率为 68%，比上一小节的模型又提升了 10%，效果不错。

14.4   ResNet 卷积网络模型

ResNet（残差神经网络）指的是在传统卷积神经网络中加入残差学习（Residual Learning）的思想，解决了深层网络中梯度弥散和精度下降（训练集）的问题，使网络能够越来越深，既保证了精度，又控制了速度。

14.4.1   ResNet 概述

ResNet 是由微软研究院的何凯明等人在 2015 年提出的一种网络结构，其深度达到了惊人的 152 层，获得了 ILSVRC-2015 分类任务的第一名。典型的网络有 ResNet50、ResNet101 等。ResNet 网络证明了网络能够向更深（包含更多隐藏层）的方向发展，尽管它的深度远远高于 VGGNet，但是参数量却比 VGGNet 低，效果相比之下更为突出。

在提出 ResNet 的那篇论文中，作者一共提出 5 种 ResNet 网络，网络参数配置如表 14-3 所示。

表 14-3   不同层数的 ResNet 网络参数配置

layer name	output size	18-layer	34-layer	50-layer	101-layer	152-layer
conv1	112×112	7×7, 64, stride 2				
conv2_x	56×56	$\begin{bmatrix}3\times3,64\\3\times3,64\end{bmatrix}\times2$	$\begin{bmatrix}3\times3,64\\3\times3,64\end{bmatrix}\times3$	$\begin{bmatrix}1\times1,64\\3\times3,64\\1\times1,256\end{bmatrix}\times3$	$\begin{bmatrix}1\times1,64\\3\times3,64\\1\times1,256\end{bmatrix}\times3$	$\begin{bmatrix}1\times1,64\\3\times3,64\\1\times1,256\end{bmatrix}\times3$
conv3_x	28×28	$\begin{bmatrix}3\times3,128\\3\times3,128\end{bmatrix}\times2$	$\begin{bmatrix}3\times3,128\\3\times3,128\end{bmatrix}\times4$	$\begin{bmatrix}1\times1,128\\3\times3,128\\1\times1,512\end{bmatrix}\times4$	$\begin{bmatrix}1\times1,128\\3\times3,128\\1\times1,512\end{bmatrix}\times4$	$\begin{bmatrix}1\times1,128\\3\times3,128\\1\times1,512\end{bmatrix}\times8$

（续）

layer name	output size	18-layer	34-layer	50-layer	101-layer	152-layer
conv4_x	14×14	$\begin{bmatrix} 3 \times 3, 256 \\ 3 \times 3, 256 \end{bmatrix} \times 2$	$\begin{bmatrix} 3 \times 3, 256 \\ 3 \times 3, 256 \end{bmatrix} \times 6$	$\begin{bmatrix} 1 \times 1, 256 \\ 3 \times 3, 256 \\ 1 \times 1, 1024 \end{bmatrix} \times 6$	$\begin{bmatrix} 1 \times 1, 256 \\ 3 \times 3, 256 \\ 1 \times 1, 1024 \end{bmatrix} \times 23$	$\begin{bmatrix} 1 \times 1, 256 \\ 3 \times 3, 256 \\ 1 \times 1, 1024 \end{bmatrix} \times 36$
conv5_x	7×7	$\begin{bmatrix} 3 \times 3, 512 \\ 3 \times 3, 512 \end{bmatrix} \times 2$	$\begin{bmatrix} 3 \times 3, 512 \\ 3 \times 3, 512 \end{bmatrix} \times 3$	$\begin{bmatrix} 1 \times 1, 512 \\ 3 \times 3, 512 \\ 1 \times 1, 2048 \end{bmatrix} \times 3$	$\begin{bmatrix} 1 \times 1, 512 \\ 3 \times 3, 512 \\ 1 \times 1, 2048 \end{bmatrix} \times 3$	$\begin{bmatrix} 1 \times 1, 512 \\ 3 \times 3, 512 \\ 1 \times 1, 2048 \end{bmatrix} \times 3$
	1×1	average pool, 1000-d fc, softmax				
FLOPs		1.8×10^9	3.6×10^9	3.8×10^9	7.6×10^9	11.3×10^9

表 14-3 一共提出了 5 种深度的 ResNet，分别是 18、34、50、101 和 152。首先看表 14-4 的左侧，我们发现所有的网络都分成 5 部分，分别是 conv1、conv2_x、conv3_x、conv4_x、conv5_x。以 50-layer 列为例，我们先看看 50-layer 是不是真的有 50 层网络。首先有个输入 $7 \times 7 \times 64$ 的卷积，然后经过 3+4+6+3＝16 个构建块，每个块为 3 层，所以 $16 \times 3 = 48$ 层，最后有个 fc 层（用于分类），所以 1+48+1＝50 层，确实有 50 层网络。需要注意的是 50 层网络仅仅指卷积或全连接层，并没有将激活层或者池化层计算在内。其中 152 层效果最好，日常工作中 101 层和 50 层最常用，二者效果相差不大（FLOPs 为计算次数）。

14.4.2　ResNet50 的 Keras 实现

Keras 导入 ResNet50 模型的函数的基本表达形式如下：

```
application_resnet50(include_top = TRUE, weights = "imagenet",
                    input_tensor = NULL, input_shape = NULL, pooling = NULL,
                    classes = 1000)
```

参数的使用方法与 application_vgg16() 函数相同，此处不再赘述。

本节我们将使用 application_resnet50() 函数对本地文件夹内的 5 张图像进行内容预测。数据读取与预处理与上一小节相同。

```
> library(keras)
> # 自定义图像数据读入及转换函数
> image_loading <- function(image_path) {
+     image <- image_load(image_path, target_size=c(224,224))
+     image <- image_to_array(image)
+     image <- array_reshape(image, c(1, dim(image)))
+     return(image)
+ }
>
```

```
> image_paths <- list.files('../images',
+                             pattern = '.jpg',
+                             full.names = TRUE)
> img_tensors <- lapply(image_paths, image_loading)
> img_tensors <- array_reshape(img_tensors,
+                               c(length(img_tensors),224,224,3))
> dim(img_tensors)
[1]   5 224 224   3
```

下一步，运行以下代码将预训练 ResNet50 模型加载到 R 中，首次加载时 Keras 需要从网上先下载这些参数，并缓存在 ~/.keras/models 中。

```
> # 加载预训练模型
> model <- application_resnet50()
```

预训练 ResNet50 网络加载后，就可以使用 predict() 函数对图像内容进行预测了。运行以下代码来利用 ResNet50 网络对 5 张图像内容进行预测，返回结果为（5，1000）的数组形式，即 5 张图像分别属于 1000 个条目的可能性，各张图像的 1000 个条目的可能性总和为 1。

```
> # 图像内容预测
> img_features <- model %>%
+     predict(img_tensors)
> # 查看预测结果的维度
> dim(img_features)
[1]      5 1000
> # 查看各图像的 1000 个类目可能性合计
> round(rowSums(img_features),2)
[1] 1 1 1 1 1
```

同理，使用 imagenet_decode_predictions() 函数找出各图像内容可能性最高的前 3 个条目，结果如下所示。

```
> # 预测各图像内容可能性最高的前 3 个条目
> result <- imagenet_decode_predictions(img_features, top = 3)
> names(result) <- c('airplane','bicycle','car','motorcycle','ship')
> result
$airplane
  class_name     class_description     score
1  n02690373     airliner              0.52709812
2  n04266014     space_shuttle         0.43576202
3  n04552348     warplane              0.02065626

$bicycle
  class_name     class_description     score
1  n03792782     mountain_bike         0.48671812
2  n04482393     tricycle              0.06509770
3  n07749582     lemon                 0.04664237

$car
```

```
  class_name         class_description       score
1  n03100240          convertible             0.3522108
2  n02930766          cab                     0.3481648
3  n04285008          sports_car              0.1041568

$motorcycle
  class_name         class_description       score
1  n03785016          moped                   0.4693061
2  n03208938          disk_brake              0.2084264
3  n03791053          motor_scooter           0.1627781

$ship
  class_name         class_description       score
1  n03673027          liner                   0.84767097
2  n09428293          seashore                0.07212862
3  n02981792          catamaran               0.03302686
```

飞机图像的预测内容最可能为 airliner（客机），可能性为 0.53；自行车图像的预测内容最可能为 mountain_bike（山地自行车），可能性为 0.49；汽车图像的预测内容最可能为 convertible（有活动折篷的汽车），可能性为 0.35；摩托车图像的预测内容最可能为 moped（助力车 / 轻便摩托车），可能性为 0.47；轮船图像的预测内容最可能为 liner（游轮），可能性为 0.85。

14.5　本章小结

本章重点介绍了预训练的 VGGNet 卷积网络模型、ResNet 卷积网络模型、VGG16 和 ResNet50 的 Keras 实现，同时详细介绍了如何利用预训练 VGG16 网络来预测图像内容，并利用预训练 VGG16 网络的输出特征来构建分类器进而实现图像类别识别。